Praxisbuch Existenzgründung

Svenja Hofert

Praxisbuch Existenzgründung

Erfolgreich selbständig werden und bleiben

berufsstrategie

Eichborn

Die Autorin

Svenja Hofert ist Inhaberin des Büros für Karriere & Entwicklung in Hamburg und Köln und arbeitet seit Jahren erfolgreich als Autorin. Bei Eichborn sind u. a. bereits erschienen: *Existenzgründung im Team* (2006), *Bewerben ohne Bewerbung* (2005) und *Die kreative Bewerbungsmappe* (2002). Im Internet ist sie zu erreichen unter: *www.karriereundentwicklung.de, www.gruenderreports.de* und *www.svenja-hofert.de*

2   3   4   08 07

© Eichborn AG, Frankfurt am Main, März 2007
Umschlaggestaltung: Christina Hucke
Lektorat: Michael Schickerling, Thorsten Schulte
Satz: Oliver Schmitt
Druck und Bindung: Fuldaer Verlagsanstalt, Fulda
ISBN 978-3-8218-5929-3

Verlagsverzeichnis schickt gern:
Eichborn Verlag, Kaiserstraße 66, D-60329 Frankfurt am Main
www.eichborn.de

Inhalt

Vorwort

Liebe Leserin und lieber Leser,

vor drei Jahren schrieb ich das Vorwort der ersten Auflage dieses Buches. Ich sagte, dass ich ein »besseres Gründungsbuch« wollte. Die vielen positiven Besprechungen, Leserbriefe und Bewertungen bei Amazon zeigen, dass mir das gelungen ist.

Weil sich im Gründungsbereich einiges geändert hat, liegt nun die zweite, vollständig überarbeitete Auflage des »Praxisbuch Existenzgründung« vor Ihnen. Gründungszuschuss, Einstiegsgeld, Elterngeld oder Unternehmenssteuerreform – zahlreiche neue haben nun veraltete Themen abgelöst. Links wurden ausgetauscht, Formulare ersetzt und Gründergeschichten neu geschrieben oder dem aktuellen Stand angepasst. Nach wie vor ist dies Buch damit Ihr kompetenter Begleiter, Ihr Lotse durch sämtliche Themen:

- ▶ Die richtige Form der Selbständigkeit finden.
- ▶ Geschäftsideen entwickeln und testen.
- ▶ Aufträge rechtssicher abwickeln.
- ▶ Persönlichkeit entfalten und unternehmerisch denken.
- ▶ Steuern bezahlen und sparen.
- ▶ Neue Kunden und Aufträge gewinnen.
- ▶ Marketing betreiben und für sich werben.
- ▶ Mitarbeiter einstellen.
- ▶ Krisen bewältigen.

Ein Extra-Kapitel vermittelt Frauen das nötige Wissen, damit sie ihre Existenz erfolgreich aufbauen. Alle Leserinnen und Leser erhalten eine Anleitung für einen Mini-Business-Plan, den Sie unter anderem für den Antrag auf Gründungszuschuss verwenden können. Zudem zeigen verschiedene Gründerporträts, wie andere Unternehmer Probleme und Aufgaben gelöst haben.

Ich selbst habe klein angefangen und als Beraterin und Coach in den letzten Jahren eine Reihe von Existenzgründern begleitet, darunter viele, die mit Hilfe der Arbeitsagentur gestartet sind. Immer wieder habe ich gehört, dass manche Bücher die Gründer mit kaufmännischem Wissen auf hohem Niveau überfordern. Andere Ratgeber sind so dürftig, dass sie außer vielen Checklisten inhaltlich nicht viel zu bieten haben. Die meisten kleinen Unternehmer ärgert auch ganz besonders, dass stets die »Großen« angesprochen werden – die in Wahrheit nur 7 Prozent aller Gründungen ausmachen! Das ist in diesem Buch nicht so.

Mit diesem Buch in der Hand kann kaum noch etwas schiefgehen! Schreiben Sie mir an hofert@karriereundentwicklung.de, wenn Sie Anregungen haben. Ich freue mich, von Ihnen zu hören!

Ihre Svenja Hofert

P.S.: Wenn ich von »Gründern« und »Unternehmern« spreche, so meine ich natürlich immer auch Sie, liebe Gründerin, liebe Unternehmerin!

1 Vorbereitung

Bevor Sie loslegen und sich als Existenzgründer betätigen, hilft Ihnen dieses Kapitel, einen ersten Überblick zu gewinnen. Ein übersichtlicher Fahrplan bietet Ihnen Orientierung bei Ihrem Vorhaben. Und alle, die es besonders eilig haben, finden kurze Antworten auf die wichtigsten und dringendsten Fragen. Darüber hinaus stelle ich Ihnen die unterschiedlichen Formen der Selbständigkeit vor und nenne die wichtigsten Erfolgsfaktoren bei der Gründung.

1.1   Fahrplan: Schritt für Schritt durch die Existenzgründung

Diese Checkliste hilft Ihnen, Prioritäten bei der Zeitplanung zu setzen. Haken Sie die Punkte (»Meilensteine«) nacheinander ab, sobald sie erledigt sind.

Grundsatzentscheidungen treffen

Selbständig arbeiten oder nicht?   ☐

Eigene Persönlichkeit prüfen: Bin ich ein Unternehmertyp?   ☐

Rahmenbedingungen wie Familie, Geld und Zeit checken   ☐

Existenzgründungsberatung oder Seminar besuchen   ☐

Geschäftsidee festlegen

Geschäftsideen sichten   ☐

Idee prüfen und dabei Stärken und Schwächen herausfiltern   ☐

Angebot definieren   ☐

Wettbewerb analysieren   ☐

Zielgruppe analysieren   ☐

Mit Menschen aus der Zielgruppe sprechen   ☐

Geldbedarf ausrechnen

Wie viel Kapital brauche ich?   ☐

Kommen Kredite für mich in Frage?   ☐

Hilft die Bundesagentur für Arbeit?   ☐

Sind weitere Fördermittel erhältlich?   ☐

Produkt entwickeln

Leistungsumfang definieren, wenn eine Dienstleistung angeboten wird   ☐

Angebot aufstellen   ☐

Markttest unternehmen   ☐

Vertriebskanäle auswählen   ☐

Preise für jeden Vertriebskanal festlegen   ☐

Rahmenbedingungen schaffen

Büroräume oder Laden   ☐

Passenden Standort suchen   ☐

Einrichtung und Arbeitsmaterial beschaffen	☐
Eventuell Aushilfen und Mitarbeiter suchen	☐
Rechtsberatung einholen	☐
Preisliste erstellen	☐
Konto einrichten	☐
Werbemittel erstellen, zum Beispiel Visitenkarte, Geschäftspapier oder Internetauftritt	☐

Begleiter an Bord holen

Steuerberater konsultieren	☐
Rechtsanwalt aussuchen	☐
Coach oder Berater engagieren	☐

Kunden und Käufer gewinnen

Akquisestrategie festlegen	☐
Werbemöglichkeiten festlegen	☐
Strategisch werben	☐
Empfehlungsnetzwerk aufbauen	☐

1.2 30 wichtige Fragen für Existenzgründer

Am Anfang drängen alle Gründer ganz ähnliche, scheinbar einfache Fragen. Diese Fragen betreffen die Organisation der Selbständigkeit, die Vorgehensweise bei der Gründung und die eigene Präsentation und Selbstdarstellung. Dieses Kapitel gibt schnelle Antworten und stillt den ersten Wissenshunger. Die meisten Themen werden im Laufe des Buches vertieft.

Voraussetzungen für die Gründung

1. Darf sich wirklich jeder selbständig machen?

Laut § 1 der Gewerbeordnung (GewO) dürfen sich alle selbständig machen, die das wollen: »Der Betrieb eines Gewerbes ist jedermann gestattet ...« Auch in Österreich und der Schweiz ist eine Gewerbeanmeldung prinzipiell jedem möglich; in Österreich dürfen allerdings keine Vorstrafen und Insolvenzen vorliegen. Eine Ausnahme sind genehmigungspflichtige Gewerbe, bei denen der Gründer einen Befähigungsnachweis erbringen muss. Der Genehmigungspflicht unterliegen beispielsweise Omnibus- und Taxibetriebe oder Einzelhändler, die Arzneimittel vertreiben. Das örtliche Ordnungsamt verlangt den Nachweis besonderer Kenntnisse. Die meisten Handwerker müssen sich vor der Anmeldung ihres Gewerbes in die Handwerksrolle eintragen, wofür sie zuvor die Meisterprüfung abgelegt haben müssen.

Freiberufliche Tätigkeiten erfordern eine bestimmte (meist akademische) Ausbildung, teilweise genügen auch autodidaktisch erworbene Kenntnisse.

2. Müssen Sie dem Finanzamt sagen, dass Sie selbständig sind?

Dazu sind Sie verpflichtet. Einige Wochen nach der Gewerbeanmeldung erhalten Sie einen »Fragebogen zur steuerlichen Erfassung eines Gewerbebetriebes oder einer selbständigen Tätigkeit«. Starten Sie als Freiberufler, müssen Sie dies dem Finanzamt von sich aus melden. Das schickt Ihnen dann das Formular zu. Wie Sie es ausfüllen, lesen Sie in Kapitel 4.4.

3. Brauchen Sie einen Business-Plan?

Gründer, die arbeitslos sind oder von Arbeitslosigkeit bedroht werden und z. B. den Gründungszuschuss beantragen, müssen ihrer Arbeitsagentur einen Business-Plan vorlegen. Dieses Konzept beschreibt die Geschäftsidee und plant die zukünftige kaufmännische Entwicklung. Auch Jungunternehmer, die von den Banken Geld benötigen, müssen einen solchen Plan vorlegen. Alle anderen brauchen nicht zwingend ein schriftliches Unternehmenskonzept. Ratsam ist es trotzdem. Eine leicht nachvollziehbare Anleitung zur Erstellung von großen und kleinen Business-Plänen – inklusive eines Mini-Business-Plans – finden Sie im entsprechenden Kapitel 6.

4. Benötigen Sie einen Gewerbeschein?

Ja, sofern Sie einen Gewerbebetrieb eröffnen. Dazu zählen Einzelhandelsgeschäfte, produzierende und handwerkliche Betriebe. Zu unterscheiden sind genehmigungspflichtige und nicht genehmigungspflichtige Gewerbe (siehe Frage 1).

Der Gewerbeschein kostet in Deutschland je nach Gemeinde 15 bis 40 Euro, in Österreich in einigen Städten 150 Euro. In der Schweiz gibt es gar keinen Gewerbeschein. Diese Tatsache kann beim Handel mit Deutschland zu Schwierigkeiten führen, da manche Firmen einen Gewerbeschein fordern, bevor sie den Einkauf zu Großhandelspreisen zulassen. Alternativ können Sie statt eines Gewerbescheins auch den Handelsregistereintrag vorlegen.

Der eigene Status

5. Gelten Sie als Freiberufler oder Gewerbetreibender?

Ärzte, Steuerberater, Journalisten – wer als Freiberufler gilt, können Sie in der Liste der sogenannten Katalogberufe nachlesen. Der größte Trumpf der Freiberufler: Sie brauchen keine Gewerbesteuer zu zahlen und müssen lediglich eine Einnahmen- und Ausgabenrechnung anfertigen, keine Bilanz. Doch leider sind die Grenzen oft fließend, und es gilt dabei einiges zu beachten. Lesen Sie bitte das Kapitel 3.1.

6. Sollen Sie sich als Freelancer, Inhaber oder Geschäftsführer bezeichnen?

Wie sollen Sie sich darstellen? Können Sie sich großspurig als Geschäftsführer oder Inhaber oder Unternehmer bezeichnen, wenn Sie ganz allein agieren? Oder sollen Sie zu Ihrem Dasein als Einzelunternehmer stehen, der »Mickerexistenz«, wie es bei der Industrie- und Handelskammer abschätzig heißt?

Zunächst einmal müssen Sie sich an gesetzliche Vorgaben halten. *Geschäftsführer* ist ein Begriff aus dem Gesellschaftsrecht. Geschäftsführer sind Sie als Inhaber einer Gesellschaft mit beschränkter Haftung (GmbH), bei der Limited (Ltd.) oder GbR, sofern Sie deren Geschäfte führen.

Ein *Inhaber* ist zugleich auch *Besitzer* eines Ladengeschäftes, eines Betriebes, einer Agentur oder auch eines Büros (zum Beispiel eines Ingenieurbüros). Die meisten Gründer sind damit in irgendeiner Form Inhaber. Ausnahme: *Freelancer*, also Menschen, die sich von Firmen für Projekte auftragsweise engagieren lassen. Dazu gehören etwa selbständige Projektleiter, sofern sie nicht eine eigene Firma besitzen.

Vorsitzende von Aktiengesellschaften heißen *Vorstand*. meist gibt es mehrere Vorstände, die unterschiedlichen Bereichen vorstehen.

7. Betreiben Sie eine Firma oder ein Unternehmen?

Eine Firma ist der Name, unter dem ein Kaufmann seine Geschäfte betreibt. Freiberufler führen also keine Firma, sondern nur Kaufleute und Handelsgesellschaften, also Gewerbetreibende. Wer auf seine Firma verweist, muss neben dem Namen auch die Gesellschaftsform nennen. Neben der Personenfirma, die den Namen des Inhabers enthält, existiert auch eine Sachfirma, in deren Bezeichnung sich die Tätigkeit spiegelt oder deren Name der Fantasie entsprungen ist.

Unternehmen ist dagegen ein weit gespannter Begriff, den letztlich alle für sich in Anspruch nehmen können. Auch Freiberufler besitzen ein Unternehmen – genau genommen aber keine Firma.

8. Was müssen Sie bei der Namensgebung für Ihr Unternehmen beachten?

Inzwischen dürfen Sie sogar als Einzelunternehmen Fantasienamen wählen. Im Handelsgesetzbuch steht lediglich, dass der Firmenname zur Unterscheidung geeignet sein und das Unternehmen kennzeichnen muss. So darf sich ein Friseur »Die Schere« nennen oder ein Kaufmann »Handelssache«. Wer einen Handelsregistereintrag vornimmt, muss allerdings auch seine Gesellschaftsform im Namen tragen – zum Beispiel: Fantasiename e. K. (eingetragener Kaufmann).

Freiberufler und Gewerbetreibende ohne Handelsregistereintrag können ebenfalls Fantasienamen verwenden. Allerdings muss hier auch der Name mitgeführt werden, zum Beispiel »Die Hofschneiderei Martha Möhring«. Das Problem bei solchen Fantasienamen liegt im Markenrecht. Es ist sehr wahrscheinlich, dass es den jeweiligen Namen schon gibt. Dann kann eine Verletzung des Namensrechts vorliegen. Eine Recherche im Handelsregister, bei der Ihnen die Industrie- und Handelskammer (IHK) behilflich sein kann, und im Marken- und Patentregister (siehe Kapitel 2.3) sollte Ihrer Namensgebung unbedingt vorausgehen.

9. Müssen Sie sagen, dass Sie Anfänger sind?

Auftraggeber haben wenig Vertrauen in Anfänger. Niemand vergibt einen größeren Auftrag an jemanden, der gerade erst begonnen hat und neu im Geschäft ist. Etwas anderes ist es, wenn Sie durch Berufserfahrung und Weiterbildung Ihr Können belegen. Dabei dürfen Sie nicht übertreiben oder gar falsche Tatsachen vorspiegeln. Die Kunst ist es, das Richtige zu sagen beziehungsweise das Falsche nicht anzusprechen. Zwischen gesunder Selbstvermarktung und Heuchelei liegt ein schmaler Grat. Bedenken Sie: Mit dem Bild, das Sie nach außen abgeben, müssen Sie sich identifizieren. Eine Empfehlung:

▶ Wenn Sie über Berufserfahrung verfügen, die direkt in Ihre Selbständigkeit einfließt, können Sie dem Auftraggeber problemlos darlegen, dass Sie Ihr Unternehmen gerade gründen – wenn sich das im Gespräch ergibt. Es wird Ihnen nicht schaden, da Ihr Praxiswissen ja direkt in die selbständige Tätigkeit einfließt.

▶ Wenn Sie ganz neu im Geschäft sind und weder auf eine lange Referenzliste noch auf nennenswerte Berufserfahrung oder sonstige einschlägige Tätigkeitsnachweise verweisen können, sollten Sie mit deutlichen Hinweisen auf den »ersten Auftrag« vorsichtig sein. Sie wissen, dass Sie es können – Ihr Geschäftspartner aber könnte unsicher werden, wenn er keine direkten Belege Ihres Könnens sieht.

Vermarkten Sie sich als Firma, wenn Sie wirklich zu einer Firma heranwachsen wollen. Andernfalls sind Sie beispielsweise eben ein Freelancer oder einfach »Uschi Schmidt Text + Design«.

Versicherung, Steuern und Recht

10. Welche Versicherungen brauchen Sie?

Jeder Selbständige braucht eine Krankenversicherung – und seit 2007 kann niemand auf diesen Versicherungsschutz verzichten. Eine Ausnahme sind ehemals Selbständige, die zuvor privat versichert waren. Für sie gilt die Versicherungspflicht erst ab dem Jahr 2009. Wählen können Sie in der Regel zwischen »privat« (unabhängig vom Einkommen ab ca. 100 Euro) und »freiwillig gesetzlich« (einkommensabhängig ab ca. 170 Euro) versichert.

In die gesetzliche Rentenversicherung müssen nur bestimmte Gruppen von Unternehmern einzahlen, unter anderen Handwerker, freie Lehrer sowie Mitglieder der Künstlersozialkasse. Der Verzicht, in die Rentenversicherung einzuzahlen, lässt sich mit Blick auf die immer größer werdende Versorgungslücke und miserable Renditen eher begründen als der Verzicht auf eine Krankenversicherung. Die Altersvorsorge sollte dann aber auf anderem Weg sichergestellt sein, etwa durch Lebensversicherungen.

Bestimmte Berufe brauchen zudem eine Berufshaftpflicht gegen Schadensersatzforderungen und Berufsrisiken. Lesen Sie für Details das Kapitel 4.5.

11. Was ist die Sozialversicherung?

Alle staatlich »verordneten« Sicherungssysteme zählen dazu: Das fängt an bei der Arbeitslosenversicherung, führt über die Kranken- und Pflegeversicherung und endet bei der Rentenversicherung. Die meisten Arbeitnehmer sind verpflichtet, in alle diese Versicherungen einzuzahlen. Selbständige können freiwillig in eine gesetzliche Kranken- und Pflegeversicherung und in die Rentenversicherung eintreten, neuerdings auch in die Arbeitslosenversicherung.

12. Welche Steuern müssen Sie zahlen?

Für Einzelunternehmer und Freiberufler fällt die Einkommensteuer an. Diese Einkommensteuer bezahlen Sie auf Ihr zu versteuerndes Einkommen. Dies ist Ihr Gewinn, minimiert um die absetzbaren privaten Kosten wie Altersvorsorge und Krankenversicherung.

Gewerbetreibende zahlen bei Gewinnen über 25.000 Euro oder als GmbH ab dem ersten Euro derzeit Gewerbesteuer. Diese soll voraussichtlich 2008 durch die kommunale Unternehmenssteuer ersetzt werden. Hinzu kommt derzeit bei Körperschaften die Körperschaftssteuer, ab 2008 die föderale Unternehmenssteuer, deren genaue Ausgestaltung noch nicht klar ist. Dann soll bei der Besteuerung auch nicht mehr zwischen Personengesellschaften und Körperschaften unterschieden werden. Mehr dazu lesen Sie in Kapitel 4.4.

13. Was heißt eigentlich Kleinunternehmen?

Der Begriff Kleinunternehmen bezieht sich auf Ihren Umsatz. Kleinunternehmen dürfen zurzeit laut § 19 Umsatzsteuergesetz (UstG) nur weniger als 17.500 Euro erwirtschaften (Stand 2007). Gemeint sind damit sämtliche Einnahmen aus Ihrem Gewerbebetrieb oder aus freiberuflicher Tätigkeit.

Als Kleinunternehmer können Sie die sogenannte Kleinunternehmerregelung in Anspruch nehmen und sich von der Umsatzsteuerpflicht befreien lassen. Dies ist nur in bestimmten Fällen empfehlenswert. Mehr dazu lesen Sie in der passenden Frage sowie in den Kapiteln 4.4 und 8.

14. Benötigen Sie eine Umsatzsteuer-Identifikationsnummer?

Es kommt ganz darauf an, was Sie tun. Als Powerseller im Internetauktionshaus Ebay, um ein Beispiel zu nennen, brauchen Sie zwingend eine solche Nummer. Dies liegt darin begründet, dass Sie automatisch über deutsche Grenzen hinaus in der europäischen Gemeinschaft tätig werden. Und darin liegt dann auch schon der Unterschied. Sobald Sie grenzüberschreitend Aufträge annehmen oder Waren verkaufen, müssen Sie sich mit einer Umsatzsteuer-Identifikationsnummer (USt-IdNr.) ausweisen – sofern Sie zum Vorsteuerabzug berechtigt sind, sprich Umsatzsteuer erheben. Diese USt-IdNr. weist Sie als Unternehmer aus und macht Sie über die Grenzen hinweg steuerrechtlich identifizierbar. Die Nummer besteht in Deutschland aus einer neunstelligen Ziffer und dem Länderkennzeichen DE. Österreich hat AU und führt den Buchstaben U an erster Stelle. Im Nicht-EU-Land Schweiz besitzt die USt-IdNr. keine Gültigkeit.

Ihre USt-IdNr. erhalten Sie in Deutschland auf Antrag beim Bundeszentralamt für Steuern (www.bzst.bund.de). Sie können diese Nummer außerdem direkt beantragen, wenn Sie beim Finanzamt Ihre gewerbliche oder freiberufliche Tätigkeit anmelden. Wenn Sie eine USt-IdNr. besitzen, müssen Sie diese auf jeder Rechnung vermerken; sie ersetzt dabei die persönliche Steuernummer auch innerhalb Deutschlands vollwertig. Auch wenn Sie nicht grenzüberschreitend handeln, ist dies ein Vorteil: Die USt-IdNr. ist anonymer als die Steuernummer, die stattdessen auf der Rechnung angegeben werden müsste.

15. Müssen Sie Umsatzsteuer erheben?

Nicht unbedingt; wenn Sie weniger als 17.500 Euro Umsatz im Jahr einnehmen, können Sie theoretisch darauf verzichten. Sobald Sie investieren und dabei Umsatzsteuer (umgangssprachlich: Mehrwertsteuer) zahlen, rechnet sich die Umsatzsteuer für Sie. Sie können dann die Mehrwertsteuer mit der Umsatzsteuer verrechnen und zahlen an das Finanzamt nur noch die sogenannte Vorsteuer, also die Differenz aus dem Betrag. Oder genauer: Sie müssen sie nicht mehr bezahlen, aber für das Finanzamt einnehmen und es abführen.

Journalisten und PR-Texter, Autoren oder auch Grafikdesigner erheben auf ihre Arbeit einen vergünstigten Satz von 7 Prozent, zahlen aber meist 19 Prozent. Als Vorsteuer erhält das Finanzamt die Differenz aus eingenommener und bezahlter Umsatzsteuer.

Beispiel: Ein Journalist nimmt 5.000 Euro ein. Darauf hat er 350 Euro Umsatzsteuer erhalten (7 Prozent). Im Bürofachhandel kauft er einen Besprechungstisch für 800 Euro und vier Stühle für insgesamt 400 Euro, macht zusammen 1.200 Euro. Zuzüglich 19 Prozent Mehrwertsteuer zahlt er 1.428. Hätte er nichts gekauft, müsste er die 350 Euro komplett an die Behörde überweisen. Durch den Kauf werden nur noch 122 Euro (350 – 228 Euro) an das Finanzamt abgeführt. So lohnt sich die Umsatzsteuer auch bei einem Mini-Einkommen – sofern Sie Ihre Umsatzsteuererklärung selbst machen. Falls nicht, müssen Sie mit zusätzlichen Kosten für den Steuerberater rechnen, die im Jahr höher liegen können als die im Beispiel gesparten 122 Euro. Weitere Argumente für und gegen Umsatzsteuer finden Sie in Kapitel 4.4.

16. Brauchen Sie einen Steuerberater?

Ein Steuerberater bringt viele Vorteile: Sie können Ihre Steuererklärung beispielsweise später einreichen, als wenn Sie die Erklärung selbst machten. Ob Sie einen Steuerberater brauchen, hängt auch von Ihren Talenten und Ihrer Ausrichtung ab. Möchten Sie sich aufs Geschäft konzentrieren und Ihre kostbare Zeit nicht mit Buchhaltung verschwenden, dann ziehen Sie professionelle Hilfe heran. Die doppelte Buchführung, die beispielsweise ab 350.000 Euro Umsatz vorgeschrieben ist (siehe Kapitel 4.3), ist für Gründer ohne kaufmännische Kenntnisse ohnehin kaum zu bewältigen.

Wenn Sie dagegen nur Einnahmen und Ausgaben berechnen müssen, können Sie das unter Umständen allein erledigen, denn ein Steuerberater ist kein Unternehmensberater, der Sie in allen kaufmännischen Fragen berät und den Überblick über Ihr gesamtes Finanzwesen hat. Erwarten Sie also nicht, dass Ihr Steuerberater Sie auf Liquiditätsengpässe oder Ähnliches aufmerksam macht; das ist nicht seine Aufgabe. Er berät Sie vielmehr in Fragen der Steuerzahlung – oder deren Vermeidung.

17. Wie finden Sie einen guten Steuerberater?

Ein guter Steuerberater ist ein Steuerberater, der Sie gut und kompetent berät. Doch hier fangen die Probleme schon an, denn natürlich behauptet jeder, gut und kompetent zu sein. Setzen Sie also auf die Erfahrungen von anderen. Wer kann einen Steuerberater empfehlen? Nicht jeder Steuerberater ist für jedes Geschäftsmodell gleichermaßen geeignet. Eine Spezialisierung auf bestimmte Branchen ist sinnvoll. Ein Steuerberater muss sich in dem Segment auskennen, in dem Sie tätig sind – sei es in den Medien, im Handwerk oder im Einzelhandel. Niemand kann alles gleich gut, und ein guter Steuerberater wird das auch zugeben.

Fragen Sie auch nach der Ausbildung des Steuerberaters: Nur 25 Prozent der 70.000 Steuerberater verfügen über einen Hochschul- oder Fachhochschulabschluss, zum Beispiel als Diplom-Kaufmann. Allerdings kann Sie ein »gelernter« und erfahrener Steuerberater unter Umständen besser beraten als ein Akademiker. Referenzen und ein persönliches Erstgespräch verschaffen Ihnen einen ersten Eindruck. Diese Fragen sollten Sie stellen:

▸ Welche Ausbildung hat der Steuerberater?
▸ Welche Schwerpunkte setzt er in der Beratung?
▸ Was sind seine Beratungsgrundsätze? Was ist ihm bei der Beratung wichtig?
▸ Besitzt er spezielle Branchenerfahrung?

18. Was kostet ein Steuerberater?

Ein Steuerberater muss sich wie der Anwalt seit 2004 nicht mehr unbedingt an die Steuerberatergebührenverordnung (StBGebV) halten. Er kann Honorare, etwas für die monatliche Buchhaltung, auch frei mit Ihnen verhandeln. Dazu kann er zum Beispiel Ihren monatlichen Buchungsaufwand schätzen. Übernimmt er dazu Abrechnungen für Mitarbeiter, muss auch das berücksichtigt werden, wobei fünf Mitarbeiter kaum mehr Aufwand machen als ein einziger.

Aber auch wenn der Steuerberater nach seiner Gebührenverordnung abrechnet, bleibt ein Ermessensspielraum: Die Tabelle unterscheidet zwischen Wert- und Zeitgebühr. Die Wertgebühr berechnet sich nach:

▸ Bedeutung der Angelegenheit,
▸ Umfang,
▸ Schwierigkeit der beruflichen Tätigkeit.

Als Wertgebühr dürfen Steuerberater bei der Berechnung von Einkünften aus selbständiger Tätigkeit $5/10$ bis $20/10$ des Streitwertes verlangen, also des Umsatzes oder der Betriebseinnahmen. Hier ein Beispiel:

	Fall 1	Fall 2
Betriebseinnahmen	250.000,00 Euro	250.000,00 Euro
Betriebsausgaben	200.000,00 Euro	300.000,00 Euro
Gegenstandswert	250.000,00 Euro	300.000,00 Euro
Gebühr $5/10$ bis $20/10$	245,50 bis 982,00 Euro	257,00 bis 1.028,00 Euro

[Quelle: *www.bstbk.de*]

Die Zeitgebühr, die Steuerberater beispielsweise für die Recherche von Informationen berechnen dürfen, beträgt zwischen 19 und 46 Euro pro angefangene halbe Stunde.

Geld-Tipp: Unterhalten Sie sich über die Honorare, bevor Sie den Steuerberater beauftragen. Vereinbaren Sie als Existenzgründer Sonderkonditionen – viele Steuerberater bieten diese an.

19. Haftet der Steuerberater?

Ja, er haftet – sofern er über Ihre Verhältnisse Bescheid wusste. Falls Sie ihm Geldflüsse vorenthalten, kann er dafür selbstverständlich nicht zur Verantwortung gezogen werden. Dann sind Sie dran – und das zu Recht. Auskünfte, die der Steuerberater Ihnen erteilt, sind für Sie verbindlich. Lassen Sie sich deshalb möglichst alles schriftlich geben, um spätere Streitigkeiten und Missverständnisse zu vermeiden.

20. Können Sie die Buchhaltung selbst erledigen?

Wollen Sie die Buchhaltung selbst machen oder an andere abgeben? Wenn Sie sich für das Abgeben entscheiden, bedeutet das, dass Sie im Monat wahrscheinlich 50 bis 350 Euro für Buchhaltung ausgeben. Diese Ausgabe sollte in einem vernünftigen Verhältnis zu Ihren Einnahmen stehen. Bei Umsätzen um 1.000 Euro im Monat ist diese Angabe möglicherweise noch zu hoch. Engagieren Sie dann einen Steuerberater für den Jahresabschluss, und verwalten Sie Ihre Belege allein. Denn nichts anderes ist Buchhaltung: das Management von Belegen und Buchen auf Konten. Dazu können Sie spezielle Computerprogramme zuhilfe nehmen oder aber eine Excel-Tabelle. Kooperative Steuerberater werden Ihnen in ein, zwei Stunden zeigen, wie es geht und in welcher Form sie Ihre Daten brauchen. Bitten Sie Ihren Steuerberater ggf. darum.

Aber auch wenn Sie es sich leisten können, die Buchhaltung nach draußen zu geben: Wegschieben sollten und können Sie das Thema dennoch nicht. Sie sollten wissen, was mit Ihren Belegen geschieht und wie gebucht wird. So behalten Sie den Überblick und verhindern Missverständnisse. Sie sind zudem in der Lage, die Tabellen und Übersichten zu verstehen, die Sie von Ihrem Steuerberater erhalten. Das ist notwendig, um mögliche Fehler oder Falschbuchungen zu erkennen. Oft verstehen Buchhalter Rechnungen nicht und verbuchen die Kamera beispielsweise als Drucker. Das hat weniger mit der Kompetenz der Buchhalter als vielmehr mit dem Kauderwelsch auf den Rechnungsbelegen zu tun.

Eine Alternative zum Steuerberater ist ein Buchhaltungsbüro. Das ist fast immer günstiger, als einen Steuerberater zu engagieren. Der Preis für dessen Dienste beträgt etwa ab 20 Euro pro Stunde.

Fördermöglichkeiten

21. Wo erhalten Sie Fördergelder?

Die Arbeitsagentur unterstützt Existenzgründungen in Deutschland mit dem Gründungszuschuss. Dieser hilft Ihnen, den Lebensunterhalt zu bestreiten und für die zusätzlichen Kosten aufzukommen, die für Krankenkasse und Rentenversicherung anfallen, wenn Sie sich selbst versichern. Für Gründungsinvestitionen zuständig ist die KfW Mittelstandsbank in Frankfurt. Diese Bank bürgt bei Ihrer Bank für Eigenkapital, das Sie nicht einbringen können, und stellt Ihnen beispielsweise ein sogenanntes Startgeld zur Verfügung – falls Ihr Business-Plan überzeugend ist. Solche Kredite werden nicht für den Lebensunterhalt, sondern für Investitionen zur Verfügung gestellt. Darüber hinaus existieren zahlreiche regionale Förderprogramme. Tendenz: Je strukturschwächer eine Region, desto besser die Förderungen. Details lesen Sie in den Kapiteln 7.2 und 7.3.

22. Bekomme ich Einstiegsgeld?

Empfänger von Arbeitslosengeld II haben die Möglichkeit, Einstiegsgeld zu beantragen, sofern Sie sich selbstständig machen möchten. Dieses beträgt für bis zu zwei Jahre rund 175 Euro, die zusätzlich zu den Lebenshaltungskosten ausgezahlt werden. In dieser Zeit sind Sie weiterhin über die ARGE krankenversichert. Erwirtschaften Sie großzügige Gewinne, müssen Sie diese allerdings an der ARGE (die zuständig ist für Arbeitslosengeld II) zurückzahlen. Mehr Infos erhalten Sie im entsprechenden Kapitel.

23. Können Österreicher und Schweizer Gründungszuschuss beantragen?

Ja, sofern Sie in die deutsche Arbeitslosenkasse eingezahlt haben und damit Anspruch auf Arbeitslosengeld haben. Der Zuschuss ist nicht an die deutsche Staatsangehörigkeit gebunden. Haben Sie nicht in die Kasse eingezahlt, gehen Sie leer aus: In Österreich und der Schweiz gibt es keinen vergleichbaren Zuschuss.

Rund um die Organisation

24. Brauchen Sie ein eigenes Büro?

Beantworten Sie sich zuerst folgende Fragen:

▶ Brauchen Sie ein eigenes Büro, um sich selbst wohl zu fühlen?
▶ Ist Ihnen das Gefühl wichtig, morgens zur Arbeit zu gehen?
▶ Benötigen Sie für Ihre eigene Zufriedenheit eine klare Trennung zwischen Arbeits- und Lebensbereich?
▶ Möchten Sie bald Mitarbeiter einstellen, zumindest eine Aushilfe?
▶ Hilft Ihnen ein Büro dabei, Ihr Unternehmen erfolgreich zu führen?
▶ Können Sie es sich finanziell leisten?

Wenn Sie diese Fragen mit Ja beantworten können, spricht das für einen Arbeitsraum außerhalb Ihrer Wohnung. Falls die Kosten Sie noch abschrecken: Denken Sie über die Teilnahme an einer Bürogemeinschaft nach oder über die Möglichkeit, sich ein Büro mit anderen zeitlich zu teilen. Eine Alternative ist das beispielsweise für Mütter und Teilzeitselbständige: Eine arbeitet vormittags, die andere am Nachmittag. In solchen Fällen, also bei Untervermietung, benötigen Sie allerdings die Erlaubnis des Vermieters.

Bedenken Sie zudem, dass Sie die Kosten von der Steuer absetzen können. Dies lohnt sich nicht für Gründer, die (noch) so wenig einnehmen, dass Sie keine Steuern bezahlen. Besser verdienende Gründer können Ihre Umsätze jedoch durch sofort abschreibbare Kosten, zu der auch die Miete fürs Büro gehört, senken und dadurch auch die Steuerzahlungen. Je höher der Steuersatz, desto mehr lohnt sich das: Bei 19 Prozent Steuersatz »zahlt« Vater Staat 19 Prozent, bei 43 eben 43 – zusammen mit Solidaritätszuschlag und Kirchensteuer sogar fast 50 Prozent.

Insofern ist das Mieten eines Büros auch abhängig davon, in welcher Phase der Gründung Sie sich befinden. Fühlen Sie sich zu Hause wohl und besitzen Sie eine Ecke oder einen Raum zum Arbeiten, reicht das am Anfang völlig aus. Trennen Sie aber, mit Blick auf das Finanzamt, Arbeits- und Wohnraum. Auch eine kleine Arbeitsecke können Sie von der Steuer absetzen und sparen damit, immer vorausgesetzt, Sie befinden sich im steuerpflichtigen Bereich, bares Geld.

25. Sollen Sie sich in ein Gründungszentrum einmieten?

Gründerzentren bieten fertig ausgestattete Büros oder zumindest leere Räume mit bereits verlegten Telekommunikationsanschlüssen. Fast immer ist auch die Nutzung von Konferenz- und Besprechungsräumen im Preis enthalten. Manche Anbieter – etwa das Regus-Center, das es in vielen deutschen, österreichischen und schweizerischen Städten gibt – helfen bei der Büroorganisation und stellen auf Wunsch sogar die Sekretärin. Dafür sind die Regus-Büros vergleichsweise teuer. Die Einrichtung ist solide, aber wenig individuell. Räume lassen sich jedoch auch sehr kurzfristig und übergangsweise mieten. Zudem sind auch stundenweise Buchungen von Büros und Seminarräumen möglich (ab circa 7 Euro pro Stunde und Person), zum Beispiel für Besprechungen. Auch Telefonnummern lassen sich für nur wenig Geld pro Monat mieten. Immer, wenn ein Kunde für Sie anruft, meldet sich die zuständige Dame mit Ihrem Firmennamen. Das ist eine gute Übergangslösung für alle, die viel unterwegs sind, gelegentlich Beratungs- oder Konferenzräume benötigen und sich noch nicht fest binden möchten.

Gründerzentren sprechen Netzwerker an, die Kontakte schmieden wollen. Unter diesem Aspekt sind »gemischte« Gründungszentren häufig besser als branchenspezifische. Vorteil der »gemischten« Zentren: Hier kommen unterschiedliche Branchen zusammen. Dies fördert den Austausch und Synergieeffekte. Zwei Multimedia-Agenturen können sich kaum gegenseitig Aufträge verschaffen. Sitzen aber ein Büro-Service und eine Werbeagentur unter einem Dach, können Sie mehr als nur Freundlichkeiten austauschen – Aufträge und Kunden. Aus den Zeiten der New Economy existieren übrigens noch viele – inzwischen weitgehend leerstehende – Internet-Factorys, die so oder ähnlich heißen und in denen Büros oft günstig zu mieten sind. Verhandeln lohnt sich, denn der Leerstand ist für die Vermieter ein großes Problem.

26. Wie müssen Sie Ihre Ablage gestalten?

Ex und hopp? Diese Mentalität sollten Sie als Erstes zu den Akten legen – falls Sie Ihnen bisher zu eigen war. Falls nicht, machen Sie weiter so: Bewahren Sie alle unternehmensrelevanten Daten auf. Unterlagen der Buchhaltung, etwa Rechnungen, müssen Sie zehn lange Jahre aufheben. Sechs Jahre beträgt die Aufbewahrungsfrist für versandte und empfangene Handelsbriefe – fachchinesisch für geschäftlich relevante Geschäftspost – inklusive aller E-Mails. Im Zweifel gilt hier: Drucken Sie Ihre E-Mails aus; andernfalls müssen Sie sich mit der Kunst der elektronischen Archivierung und dem Dokumentenmanagement vertraut machen.

Überlegen Sie sich für die Verwaltung und Ablage Ihrer E-Mails ein durchgängiges System, das Sie auch nach mehreren Jahren noch selbst verstehen. Beispiel: Entscheiden Sie sich, ob Sie einen Ordner »Auto« erstellen, der unter anderem die Kfz-Versicherung beinhaltet, oder einen Ordner »Versicherung«, in dem sich neben der Kfz-Versicherung noch weitere Versicherungen finden.

Aufbewahren müssen Sie auch sämtliche Rechnungen fürs Finanzamt. Dies betrifft Rechnungen, die Sie stellen, und Rechnungen von Dritten an Sie. Ort und Art können Sie frei wählen, elektronische Dokumente müssen immer ausgedruckt und zusätzlich elektronisch aufbewahrt werden. Entscheiden Sie sich für diesen Weg, müssen Sie allerdings die Konsequenzen kennen: Um Datenzugriff und Prüfbarkeit digitaler Unterlagen sicherzustellen, sind Sie nämlich zur »revisionssicheren« elektronischen Archivierung verpflichtet. Revisionssicherheit bedeutet, dass sich Daten im Nachhinein nicht ändern lassen. Word-Dokumente kommen also für die elektronische Archivierung nicht in Frage. Alle ursprünglich digitalen Dokumente müssen unveränderbar elektronisch aufbewahrt werden!

Rund ums Geld

27. Was ist der Unterschied zwischen Umsatz und Gewinn?

Umsatz ist das Geld, das Sie als Gewerbetreibender oder Freiberufler einnehmen. Der Gewinn ist das, was nach Abzug Ihrer betrieblichen Ausgaben davon übrig bleibt – also noch bevor Sie Steuern zahlen. Der Gewinn ist also in jedem Fall geringer als der Umsatz. Wie viel geringer, hängt von Ihrem Geschäftsmodell ab. In manchen Branchen beträgt der Gewinn nur wenige Prozent vom Umsatz, zum Beispiel bei Lebensmitteln oder Computer-Hardware. Bei Freiberuflern ist der Umsatz im Allgemeinen näher am Gewinn. Dies liegt daran, dass sie geistige Arbeit verkaufen und dafür keine Ware einkaufen müssen, die sie vorfinanzieren müssen. Wie hoch die Abzüge von Ihrem Umsatz jedoch genau sind, hängt von den jeweiligen Kosten ab. Die Formel jedenfalls ist einfach: Je höher die Ausgaben, desto niedriger der Gewinn gemessen am Umsatz.

28. Brauchen Sie ein Geschäftskonto?

Das Finanzamt verlangt, dass die Buchungen eines Unternehmers, der zur kaufmännischen Buchführung verpflichtet ist, eindeutig nachvollziehbar sind. Wenn Sie dagegen, etwa als Freiberufler, nur eine Einnahmen- und Ausgabenrechnung abliefern müssen, besteht diese Pflicht nicht. Möglicherweise sind Sie aber dazu gezwungen, weil die Allgemeinen Geschäftsbedingungen (AGB) Ihrer Bank die Nutzung Ihres Privatkontos für geschäftliche Zwecke ausschließen.

Ein Geschäftskonto kostet Sie mehr als ein privates Girokonto, doch es gibt einige günstige Anbieter. Teuer sind in der Regel die Banken, günstig ist die Post. Ein Beispiel aus dem Dezember 2006: circa 80 Euro Kontoführungsgebühren pro Jahr für das »Business Giro« der Post im Vergleich zu rund 150 Euro bei der HypoVereinsbank. Welcher Anbieter für Sie der preiswerteste ist, hat auch mit Ihrem Guthaben und dem benötigten Kontokorrentkredit (Dispo) zu tun. Unter *www.geldsparen.de* können Sie das für Sie günstigste Geschäftskonto ermitteln.

Selbst wenn Sie nicht zum Einrichten eines Geschäftskontos verpflichtet sind: Bedenken Sie, dass es auch für Sie einfacher ist, Geschäftliches und Privates auseinander zu halten, wenn Sie für Ihr Unternehmen ein eigenes Konto eröffnen. Sie können Einnahmen und Ausgaben so auch besser beobachten. Überweisen Sie sich einmal im Monat ein Gehalt. Wenn Sie Ihre Umsatzsteuer nicht monatlich abführen müssen – zum Beispiel bei Unternehmensgründungen vor 2002 –, kommt diese auf ein Tagesgeldkonto mit höheren Zinssätzen. Auf dieses Konto sollten Sie auch den Betrag überweisen, den Sie vorsichtshalber jetzt schon für Ihre Einkommensteuer zurückstellen. Sie vermeiden somit Überraschungen und sind liquide, wenn der Steuerbescheid kommt.

29. Wie schreiben Sie eine Rechnung?

Einfach den Betrag draufschreiben und ab die Post? So einfach geht es leider nicht. Seit Januar 2004 gelten genaue Richtlinien, die dem Finanzamt helfen, den Überblick zu wahren. Diese Richtlinien sind auf Betreiben der europäischen Finanzminister zustande gekommen. Auf die Rechnung gehört:

- ▶ der Name des Rechnungstellers,
- ▶ der Name des Empfängers,
- ▶ eine genaue Bezeichnung der Leistung,
- ▶ der Netto-Betrag,
- ▶ der dafür gültige Mehrwertsteuersatz (7 oder 19 Prozent) oder ein Hinweis auf die Mehrwertsteuerbefreiung,
- ▶ die Gesamtsumme (netto plus Mehrwertsteuer),
- ▶ die Kontonummer, auf die das Geld zu überweisen ist,
- ▶ ein Hinweis auf die vereinbarte Zahlweise (beispielsweise mit Skonto – Preisnachlass bei Barzahlung oder schneller Überweisung – oder ohne),
- ▶ Ihre Umsatzsteuer-Identifikationsnummer (USt-IdNr.) oder, falls diese nicht vorhanden ist, die persönliche Steuernummer.

Seit 2004 sind Sie zudem verpflichtet, Rechnungen fortlaufend zu nummerieren. Mehr zum Thema Rechnung lesen Sie in Kapitel 4.3.

30. Was machen Sie, wenn ein Kunde nicht zahlt?

Nicht selten zahlen Ihre Auftraggeber schlecht, erst mehrere Wochen und Monate nach Abschluss des Projektes oder Kauf Ihrer Dienstleistung. Das ist sehr ärgerlich, die in Ihrer Branche übliche Zahlungsmoral sollten Sie aber bei Ihrer Liquiditätsplanung berücksichtigen. Zwar ist das Recht – § 286 des Bürgerlichen Gesetzbuches (BGB) – auf Ihrer Seite, wenn Ihr Schuldner nicht innerhalb von 30 Tagen nach Fälligkeit und Zugang einer Rechnung zahlt. Dies gilt gegenüber Unternehmen übrigens auch ohne weiteren Hinweis auf den Zahlungstermin. Ihren Endkunden, das Gesetz nennt diese Verbraucher, müssen Sie dagegen offiziell eine Frist setzen.

In Sachen Mahnung ist das Gesetz zwar maßgeblich, Überlegungen zum Thema Kundenbeziehung sollten jedoch auch eine Rolle spielen. Bevor Sie zur Mahnung greifen, fragen Sie besser erst einmal freundlich nach, wann Sie mit einem Zahlungseingang rechnen dürfen. In diesem Stadium sollten Sie noch nicht förmlich (schriftlich) werden. Erst wenn der Auftraggeber keine Anstalten macht, die Rechnung zu zahlen, und auch nicht erklärt, warum das Geld nicht fließt, greifen Sie zum letzten Mittel – nach ein bis drei höflichen Mahnungen ist das schließlich der amtsgerichtliche Mahnbescheid.

Adressen

Voraussetzung für die Gründung:

– Industrie- und Handelskammer IHK (zentrale Webadresse: *www.ihk.de*): Über gewerbliche Gründungen informieren Sie sich bei Ihrer örtlichen IHK, Handwerker bei der HWK.

– Existenzgründer-Initiative des Bundesministeriums für Wirtschaft und Arbeit (*www.existenzgruender.de*): eine sehr gute allgemeine Informationsquelle.

– Bundesministerium für Arbeit und Soziales (*www.bmas-bund.de*).

– Bund freier Berufe (*www.freie-berufe.de*): Freiberuflern empfiehlt sich vor der Gründung ein Gespräch mit der zuständigen Kammer oder dem jeweiligen Berufsverband, weitere Infos dazu gibt es hier.

– Go-Gründeroffensive unter anderem der österreichischen Ersten Bank (*www.gruender.at*): In Österreich bietet die Sparkasse mit der Go-Gründeroffensive zahlreiche Erstinformationen.

– Behörden-Wegweiser (*www.help.gv.at*): Weist nicht nur Existenzgründern den Weg durch österreichische Behörden.

– Online-Amtsschalter des Seco Schweiz (*www.kmuadmin.ch*): Möglich ist zum Beispiel die sofortige Anmeldung von Gründungen; Existenzgründung in 30 Minuten.

Eigener Status:

– Angebot der KfW Mittelstandsbank (*www.gruendungskatalog.de*): Allgemeines Hintergrund-Know-how für alle Unternehmertypen.

– E-Lancer Nordrhein-Westfalen (*www.e-lancer-nrw.de*): Aktuelle und nützliche Informationen für Freelancer im IT-Umfeld.

– Mediafon (*www.mediafon.net*): Wohl eine der informativsten Plattformen für Freie in Medienberufen.

– Diskussions- und Experten-Foren (*www.werweisswas.de*, *www.akademie.de* oder *www.hilfdirselbst.ch*): Wenn offizielle Webseiten keine Antwort wissen – hier gibt es Hilfe von »privat«.

Versicherung, Steuern und Recht:

– Bund der Steuerberater (*www.bstbk.de*): Steuerberatungsgebühren mit Rechenbeispielen.

– Impulse (*www.impulse.de*): Interaktiver Steuerberater-Test.

– Deutscher Steuerberaterverein (*www.dstv.de/suchservice*): Suchen Sie Ihren Steuerberater.

– Steuerberatung in Österreich (*www.steuerberater.at*): Suchen Sie Ihren Steuerberater in Österreich.

– Steuerberatung in der Schweiz (*www.swiss-tax.ch*): Suchen Sie Ihren Steuerberater in der Schweiz.

Fördermöglichkeiten:

– Bundesagentur für Arbeit (*www.arbeitsagentur.de*)

– KfW Mittelstandsbank (*www.kfw-foerderbank.de*): Kredite und Fördermittel.

– Österreichischer »Amtshelfer« (*www.help.gv.at*): Liefert unter anderem Formulare für Neugründungsförderungsprogramm in Österreich (Neufoeg).

– Credit Suisse (*www.credit-suisse.ch*): Alles rund um Kredite in der Schweiz.

Büroorganisation:

– Büroservices (*www.ebuero.de*, *www.topbuero.de*): »Sekretärinnen« inklusive aller Bürodienstleistungen zum »Ausleihen«.

– Regus (*www.regus.de*): Gründerzentren mit fertig eingerichteten Büros.

Geld und Finanzen:

– Anbieter von Musterformularen (*www.formblitz.de*, *www.gruenderreports.de*): Hier gibt es zum Beispiel Rechnungsformulare oder Verträge.

– Online-Mahnwesen (*www.letzte-mahnung.de*, *www.mahnung-online.de*): Alle Dienste rund um die Online-Mahnung.

– IHK Nordrhein-Westfalen (*www.ihk-nordwestfalen.de/rechtsthemen/ schuldrechtsreform.cfm*): Informationen zu den Änderungen im Mahnwesen seit der Schuldrechtsreform.

1.3 Möglichkeiten, freiberuflich oder gewerblich zu arbeiten

Ich wünsche mir Chancen, nicht Sicherheiten. Ich will kein ausgehaltener Bürger sein, gedemütigt und abgestumpft, weil der Staat für mich sorgt. Ich will dem Risiko begegnen, mich nach etwas sehnen und es verwirklichen, Schiffbruch erleiden und Erfolg haben ... Ich habe gelernt, selbst für mich zu denken und zu handeln, der Welt gerade ins Gesicht zu sehen und zu bekennen, dies ist mein Werk. (Albert Schweitzer)

Freie Mitarbeit oder Gründung eines »richtigen« Unternehmens, freiberufliche Tätigkeit oder Gewerbe, Subunternehmer oder Handelsvertreter? Wenn Sie selbstständig arbeiten möchten, bieten sich Ihnen eine Fülle von unterschiedlichen Möglichkeiten. Wählen Sie zwischen Neugründung, Franchising und Unternehmensbeteiligung, zwischen sanftem nebenberuflichem Einstieg und dem Start von jetzt auf gleich ... Dieses Kapitel stellt die verschiedenen Erscheinungsformen der Selbstständigkeit vor. Wo finden Sie sich wieder? Was ist Ihr Weg? Konkrete Entscheidungshilfen weisen Ihnen die Richtung, die für Sie persönlich Erfolg versprechend scheint.

Zahlen und Fakten zur Selbständigkeit

In Deutschland existieren keine exakten Zahlen zur Quote der Selbständigen. Schwierigkeiten bereitet beispielsweise die Erfassung der Gewerbetreibenden und Freiberufler. Legt man Gewerbeanmeldungen zugrunde wie das Statistische Bundesamt, fallen Freiberufler bei dieser Erfassungsweise unten durch.

Insgesamt liegt die Zahl der Selbständigen bei 10 bis 12 Prozent der erwerbstätigen Bevölkerung, manche Quellen sprechen bereits von 15 Prozent. In jedem Fall erhöht sich der Wert seit den letzten Jahren vor allem durch die Freiberufler oder gewerbetreibende Unternehmer, die vor allem für Ihren Unterhalt arbeiten, nicht aber eine große Firma betreiben.

Gleichzeitig sinkt die Zahl der sozialversicherungspflichtigen Beschäftigungsverhältnisse unter den Erwerbstätigkeiten seit vielen Jahren – es findet also eine Verschiebung zu den selbständigen Tätigkeiten statt. Einigkeit besteht hinsichtlich des Trends nach oben: Ende 2005 arbeiteten laut Statistischem Bundesamt 2,2 Prozent mehr Bürger auf eigene Rechnung als ein Jahr zuvor, andere Quellen nennen sogar eine Steigerungsrate von über 5 Prozent in Westdeutschland (Institut für Mittelstandsforschung).

In den Statistiken ist es nicht immer ganz klar, ob die Freiberufler zu den Unternehmern gezählt werden oder nicht. Freiberufler sind Selbständige, die aufgrund

Gewerbeanzeigen in Deutschland

Gewerbeanmeldungen	2003	2004	2005
Insgesamt	810.706	960.533	895.144
nach Wirtschaftszweigen			
Baugewerbe	63.870	91.704	90.595
Handel; Instandhaltung und Reparatur von Kfz und Gebrauchsgütern	245.756	279.357	250.990
Gastgewerbe	67.114	70.232	67.124
Grundstücks-, Wohnungswesen, Vermietung beweglicher Sachen usw.	211.380	245.811	226.206
Erbringung sonstiger öffentlicher und persönlicher Dienstleistungen	75.029	94.141	90.354
Übrige Wirtschaftszweige	147.557	179.288	169.875

Quelle: Statistisches Bundesamt

ihres Status keinen Gewerbeschein benötigen. Diese Freiberufler sind zum Teil bei den Kammern erfasst, zum Beispiel der Ärzte- oder Architektenkammer. Das Statistische Bundesamt registriert Freiberufler über den Mikrozensus. Das bedeutet, dass der Erhebung eine Befragung auf Basis einer Stichprobe von 1 Prozent der Bevölkerung zugrunde liegt. Im Jahr 2002 arbeiteten demzufolge rund 784.000 Menschen in freien Berufen auf selbständiger Basis. In Österreich und der Schweiz sind die Zahlen ähnlich. In der Schweiz beispielsweise liegt der Anteil der Unternehmer leicht über 10 Prozent, wobei fast 4 Prozent selbständige Landwirte sind. Auch wenn die Zahlen nicht die ganze Wirklichkeit widerspiegeln, so zeigt sich doch eine Tendenz: Der Anteil der Selbständigen in Deutschland ist gering. Zu gering, sagen Arbeitsmarktforscher, vor allem im Vergleich zu anderen Ländern. In Italien arbeiten immerhin 25 Prozent der Erwerbstätigen auf eigene Rechnung. Auch Spanien und Griechenland haben hohe Selbständigen-Anteile. Die meisten davon sind Ein-Personen- und Familienunternehmen. Motor ist meist der Tourismus. Auch in Osteuropa gründen mehr Menschen Unternehmen als bei uns.

80 Prozent aller Gründer gründen im Dienstleistungssektor, so der Global Entrepreneurship Monitor 2003 (*www.gemconsortium.org*). Nur 7 Prozent wollen expandieren und wachsen. Der Rest betreibt sein Unternehmen, um sich die eigene Existenz aufzubauen.

Anzahl der Selbständigen* 2005

	insgesamt	Veränderung in %		selbständige Frauen	Anteil Frauen
		zu 2004	zu 1995		
NRW	785.900	+ 5,9%	+ 24,9%	230.600	29,3%
dar.: Ruhrge-biet	161.100	+ 2,6%	+ 20,0%	k. A.	k. A.
NRW ohne Ruhrgebiet	624.900	+ 6,7%	+ 26,4%	k. A.	k. A.
Baden- Würt-temberg	521.000	+ 2,8%	+ 11,1%	147.000	28,2%
Bayern	725.000	+ 4,6%	+ 14,2%	210.000	29,0%
West-deutschland**	3.249.000	+ 4,8%	+ 18,7%	956.000	29,4%

* Insgesamt, einschließlich Land- und Forstwirtschaft, Fischerei – Ergebnisse des Mikrozensus. ** ohne Berlin.
Quelle: Statistische Ämter des Bundes und der Länder, Institut für Mittelstandsforschung und Go! Das Gründungs-netzwerk NRW, 2006

Selbständigenquote* 2005

	insgesamt	Veränderung in %	
		zu 2004	zu 1995
NRW	10,3%	+ 0,3%	+ 1,7%
dar.: Ruhrge-biet	8,6%	− 0,1%	+ 1,3%
NRW ohne Ruhrgebiet	10,8%	+ 0,3%	+ 1,8%
Baden- Würt-temberg	10,2%	− 0,1%	+ 0,3%
Bayern	12,2%	+ 0,3%	+ 1,3%
West-deutschland**	11,1%	+ 0,1%	+ 1,4%

* Insgesamt, einschließlich Land- und Forstwirtschaft, Fischerei – Ergebnisse des Mikrozensus. ** ohne Berlin. Quellen: Statistische Ämter des Bundes und der Länder, Institut für Mittelstandsforschung, 2006

Warum es einen Gründer-Boom geben wird

Der Prozentsatz frei arbeitender Menschen wird in den nächsten Jahren zunehmen. Dabei werden sich vor allem jene Arbeitsformen immer stärker durchsetzen, die nahe an einem Arbeitnehmer-Verhältnis sind. Menschen werden für einen oder wenige Auftraggeber arbeiten – ähnlich wie fest angestellte Kollegen. Sie werden jedoch keinen Arbeitsvertrag mehr besitzen, häufiger wechseln und vorwiegend projektbezogen arbeiten. Unternehmen können mit solchen »freien Mitarbeitern« Geld sparen und Flexibilität gewinnen, denn die vorhandene Arbeit lässt sich auf diese Weise besser verteilen: In Spitzenzeiten werden Mitarbeiter mobilisiert, in Konjunkturtälern bekommen sie keine oder weniger Aufträge.

Diese Tendenz geht dabei eng einher mit dem Trend zum Outsourcing: Unternehmen möchten einerseits keine wertvollen Mitarbeiter verlieren, sich aber auch andererseits nicht dauerhaft an diese binden. Immer häufiger gründen sie Firmen aus, die von ehemaligen Mitarbeitern geleitet werden. Diese Firmen arbeiten dem Mutterunternehmen dann als Subunternehmer zu, sind aber eigene Profit-Center oder gar eigenständige Gesellschaften.

Neue Modelle der Selbständigkeit

Durch die jüngeren Gründungsbewegungen und die Entwicklungen am Arbeitsmarkt werden sich neue Modelle der Selbständigkeit etablieren. Bei der Mehrzahl der neuen Existenzen handelt es sich um Kleingründungen. Diese Unternehmer zielen nicht auf unbegrenztes Wachstum, sie wollen (erst einmal) keine Mitarbeiter einstellen. Vielmehr geht es oft einzig und allein darum, die eigene Existenz zu sichern. Längst nicht immer liegt der Gründung eine konkrete Geschäftsidee zugrunde, oft ergibt sich das Unternehmenskonzept aus dem Beruf oder aus der Berufsausbildung, zum Beispiel bei Steuerberatern oder Journalisten.

Freelancer sind im angloamerikanischen Raum keine Freiberufler (die es dort nicht gibt), sondern Selbständige, die auf eigene Rechnung arbeiten, aber keine eigene Firma besitzen. Vielfach ist ihr Einsatzgebiet die Projektarbeit.

Im Bereich der IT ist zeitlich befristete Projektarbeit bereits seit Jahren etabliert. Die sogenannten E-Lancer arbeiten für mehrere Monate in Teams an der Lösung einer bestimmten Aufgabe. Ihre Projekte wechseln und orientieren sich am Firmenbedarf – von der Einführung einer neuen Software über den Aufbau eines Internet-Vertriebs bis zur Installation eines Kundenzufriedenheitsmanagement-Systems. Da diese Tätigkeiten im jeweiligen Unternehmen selbst ausgeübt werden, nehmen die Selbständigen Positionen ein, die nicht mehr die eines typischen Unternehmers sind, der über ein eigenes Büro, einen Laden oder eine Werkstätte verfügt. Dabei deklarieren aber auch solche Projektarbeiter – ob Freelancer oder E-Lancer – Einkünfte aus selbständiger Tätigkeit.

Einem neuen Trend folgen die Patchworker. Diese arbeiten in verschiedenen Firmen und Funktionen und übernehmen auch noch freie Aufträge. Sie arbeiten vielleicht ein paar Jahre überwiegend fest und ein paar Jahre überwiegend frei – je nach Angebot und Nachfrage. Um größere Aufträge zu bewältigen, schließen Sie sich mit anderen in losen Verbünden und virtuellen Teams zusammen. Solche Teams arbeiten vor allem über das Internet zusammen, gehen aber räumlich getrennte Wege.

Wenn Arbeitslose gründen

Es ist noch gar nicht lange her, da war das Gründen von Unternehmen ein Privileg der Söhne und Töchter von Industriellen. Daneben schufen sich noch etwa 10 Prozent der Handwerker, außerdem etwa ein Drittel der Akademiker wie Apotheker, Ärzte und Rechtsanwälte eine eigene Existenz. Manchmal wagte auch noch der ein oder andere Kaufmann den Sprung. Aber Existenzgründung als Massenbewegung – das ist neu. Bis vor wenigen Jahren war es zudem kaum vorstellbar, dass ein Arbeitsloser ein Unternehmen gründet. Längst ist die Gründung aus der Arbeitslosigkeit bei uns staatlich gefördert.

Inzwischen abgeschafft, hat die deutsche »Ich-AG« sicher dazu beigetragen, Selbständigkeit als eine gangbare Alternative zum Angestelltendasein zu etablieren. Seit der Ich-AG kann jeder selbständig werden, vorher war Unternehmertum eine Art Privileg bestimmter Schichten. Auch jetzt noch wird Gründung aus der Arbeitslosigkeit mit einer finanziellen Beihilfe gefördert. Die Anträge auf Überbrückungsgeld stiegen seit Jahren kontinuierlich an. Mit der Einführung des Gründungszuschusses 2006 und einer Verbesserung der Konjunktur ist zwar vorübergehend mit einem Einbruch zu rechnen, jedoch wird dies an der Gesamtentwicklung nichts ändern. Inzwischen interessieren sich auch ganz normale Arbeitnehmer für die Selbständigkeit als Alternative – immer öfter auch im fortgeschrittenen Alter, als eine Art zweite oder gar dritte Karriere.

Selbständigkeit als Alternative:
Wenn Sie aus der Not eine Tugend machen müssen

Wussten Sie schon immer, dass Sie sich einmal selbständig machen wollen? Fein: Jetzt ist nur noch die Frage, wie und womit. Nur wenige Menschen sind in dieser glücklichen Lage und geborene Unternehmer. Marktforscher haben herausgefunden, dass nur 15 Prozent der Arbeitnehmer tatsächlich ein Unternehmen gründen wollen. Die meisten wollen gar nicht selbständig sein – solange sie einen Job haben. Doch mit dem Jobverlust wird alles anders. So fand der Stellenmarkt Jobpilot in der Schweiz heraus, dass immerhin 55 Prozent im Falle der Arbeitslosigkeit eine Selbständigkeit in Betracht ziehen würden.

Diese Zahl deutet es an: Gezwungenermaßen ändert sich langsam das Bewusstsein. In vielen Branchen wie der IT oder dem Marketing ist es nahezu unmöglich, als Arbeitnehmer, der über 40 Jahre alt ist, einen Job zu finden – selbst als erfahrene Führungskraft nicht. Wer hier nicht schon in jungen Jahren aufgeben will, muss andere Wege gehen. Ähnliches gilt für Eltern, die für ihre Kinder flexibel bleiben wollen. Auch für sie ist Selbständigkeit oft eine bessere Alternative zu einem unqualifizierten Teilzeitjob. Denn dass jede Gründung automatisch zu einer 60-Stunden-Woche führt, ist ein Gerücht: Dies mag für die »wirtschaftsaktiven« Unternehmen gelten, die Mitarbeiter einstellen und wachstumsorientiert denken und handeln.

Doch solche Unternehmen stellen nur 7 Prozent aller Gründungen dar. Für die Mehrzahl der Kleingründer – und das ist also auch die Mehrzahl der Unternehmer – stimmt das so nicht. Zahlreiche Gründerporträts in diesem Buch beweisen das.

Entscheiden müssen Sie sich schon

Ein Hemmschuh für den Erfolg stellt unfreiwillige Selbständigkeit nur dann dar, wenn Sie sich nicht voll und ganz dafür entscheiden können. Für Ihre Entscheidung sollten Sie sich deshalb Zeit nehmen. Ist der Entschluss gefasst und gereift, führen Sie ihn konsequent durch. Wer Monate und Jahre zweigleisig fährt, also Jobs sucht und gleichzeitig selbständig arbeitet, wird auf beiden Gleisen in einem Sackbahnhof landen. In diesem Fall ist vielleicht eine Tätigkeit als Patchworker die bessere Alternative. Hauptsache, Sie entscheiden sich bewusst.

Suchen Sie eine Form der Selbständigkeit, mit der Sie sich identifizieren können. Zentral dabei ist, dass Sie ein Existenzgründungsmodell wählen, das Ihren finanziellen Möglichkeiten, Ihren Kenntnissen, Fähigkeiten, Voraussetzungen und dem persönlichen Umfeld entspricht.

Gründerporträt: Immer wieder neu starten

Michael Kuss schaffte mit 60 Jahren den Absprung aus der Sozialhilfe.

Firma	Kuss Manuskripte
Gesellschaftsform	Kombination aus freiberuflicher Tätigkeit und Gewerbe
Geschäftsmodell	Betrieb von Webseiten, Schreiben von Sachbüchern, Kurzgeschichten und Romanen
Ort	Grimaud (Südfrankreich)
Internet	www.kussmanuskripte.de
Gründung	2002
Kapitaleinsatz bei Gründung	0 Euro
Inhaber	Michael Kuss
Entwicklung	Schwankend
Erreichen der Gewinnschwelle	?

Michael Kuss blickt stolz auf das, was er erreicht hat. Vor einigen Jahren hat sich der heute 65-Jährige damals noch im Süden Frankreichs eine eigene Existenz aufgebaut – aus der damals sogenannten »Sozialhilfe«. Ein mutiger Sprung und ungewöhnlich dazu. Existenzgründung aus der Arbeitslosigkeit – ja, die gibt es (seit einigen Jahren spricht »man« auch darüber). Aber aus der Sozialhilfe oder modern gesagt »Hartz IV«? Wenn es dieses Phänomen gibt, so hat noch nie jemand ein offizielles Wort darüber verloren. Ganz ohne staatliche Hilfen, ohne Finanzspritzen und Mäzen, vollkommen aus eigener Kraft etwas aufbauen und davon leben? Eine absolute Ausnahmeerscheinung, dieser Journalist und Autor Michael Kuss.

Kuss' kommerzielle Plattformen waren lange Zeit Webseiten – da war der Wohnort unerheblich. Die Internetseiten sicherten ihm den finanziellen Grundstock, um die Arbeit an seinen Romanen, Reisebüchern und Kurzgeschichten voranzutreiben. Denn Schreiben ist immer eine Investition in die Zukunft. Nur wenige erfolgreiche Autoren werden über Nacht geboren, die meisten bauen sich langsam selbst auf.

So ist ihm der durchschlagende Erfolg, dieser eine kleine Bestseller, der die Spiegel-Charts stürmt, noch nicht gelungen. Aber der gelernte Journalist, der inzwischen aus Frankreich zurückgekehrt ist und in Berlin lebt, kann von seinen Unternehmungen einigermaßen leben. Bescheiden zwar, aber es geht. Nach harter Aufbauarbeit hat Kuss inzwischen ein akzeptables Auskommen, will aber noch mehr: »Ich bin fest davon überzeugt, dass meine Arbeit weitere Früchte tragen wird.« Dies sagt er mit Selbstbewusstsein – einer inneren Überzeugtheit vom eigenen Tun, die er als Sozialhilfeempfänger fast verloren hatte.

Kuss arbeitete als Reporter, Redakteur und Radiosprecher zwanzig Jahre im In- und Ausland und zog sich auch einige lukrative und interessante Aufträge beim Spiegel und bei großen TV-Stationen an Land. Nebenbei schrieb und veröffentlichte er schon damals in namhaften deutschen Sachbuchverlagen Reise- und Berufsratgeber. Durch den Verkauf seines letzten Arbeitgebers, einer Zeitung, wurde Kuss 1996 arbeitslos. Als damals 56-Jähriger galt er da von vornherein als nicht mehr vermittelbar und landete 1999 »erwartungsgemäß« in der Sozialhilfe. Eine feste und geregelte angestellte Tätigkeit – unmöglich zu finden. »Es schien sich klar abzuzeichnen, dass ich die restlichen sieben Jahre bis zur Rente als Sozialfall leben würde.«

Damit wollte er sich nicht abfinden, dazu fühlte er sich zu jung, dazu hatte er viel zu viel zu bieten und zu viel sagen. Er entschloss sich, neu anzufangen und neben Sachbüchern auch Kurzgeschichten und Romane zu schreiben. Das Internet lockte ihn als neue, aber interessante Quelle für weitere berufliche Aktivitäten. Doch da war die prekäre Finanzlage, die jedem Neustart im Weg stand. Kuss besaß nicht die nötigen Rücklagen, um bis zur Fertigstellung der geplanten Buchmanuskripte und Webseiten finanziell über die Runden zu kommen. »Sponsoren für unbekannte Genies und Künstler sind sehr dünn gesät« – das hat er selbst erfahren.

Einen vorübergehenden Ausweg gab es dennoch: eine Stelle als Gärtner für einen deutschen Villenbesitzer in Südfrankreich an der Côte d'Azur. Kuss setzte alles auf eine Karte, packte seinen persönlichen Besitz und den PC und zog nach Südfrankreich. Doch nach wenigen Monaten begründete ein Herzanfall das Ende der harten und ungewohnten körperlichen Arbeit.

Jetzt musste Kuss mit dem Rücken zur Wand vorwärtsmarschieren: Finanziell konnte sich der Autor gerade eine abgetakelte Gartenhütte leisten und die Telefongesellschaft überreden, ihm in eine abgelegene Waldgegend einen Telefonanschluss zu legen, der ihn mit dem rettenden Medium Internet verband. Kuss' Lebensstandard schrumpfte auf das Niveau von Robinson Crusoe. Zwei Jahre täglich mit etwa fünf Euro auskommen – was anderen unmöglich scheint, es ging. Mit Arbeitstagen von bis zu achtzehn Stunden entwickelte er seine Webseiten, etwa www.frankreichkontakte.de, die er nach der Aufbauphase lukrativ weiterverkaufte.

Derweil schreibt Kuss – inzwischen lebt er in Berlin – weiter Bücher. Sein Sachbuch »Lust auf Frankreich«, zunächst selbst verlegt, verkauft er inzwischen über den Verlag Interconnections im regulären Buchhandel in der zweiten Auflage.

Welche Form der Selbständigkeit eignet sich für Sie? Faktoren für Ihre Entscheidung

Gründen Sie entsprechend Ihrer persönlichen Voraussetzungen. Diese lassen nicht alle Formen der Selbständigkeit zu.

Das verfügbare Geld entscheidet mit

Gründer aus der Arbeitslosigkeit starten mit wenig oder keinem Eigenkapital vorwiegend in Dienstleistungsberufen (mehr als 95 Prozent). Durch mangelndes Eigenkapital schließen sich für diese Unternehmer größere Vorhaben von vornherein aus. Und auch später gibt es Bremsen für das Wachstum. Wird Kapital erst ein Jahr und länger nach der Gründung benötigt, gewährleisten die Banken nämlich keinen Gründerkredit mehr. Jetzt sind nur noch Unternehmerkredite möglich, die deutlich mehr Eigenkapital und Sicherheiten voraussetzen. Späteren Wachstumswünschen sind damit von Anfang an enge Grenzen gesetzt.

Deshalb ist es sehr wichtig, auf den zeitlichen Ablauf zu achten. Dies gilt auch, wenn Sie schon im ersten Gründungsschritt mehr Geld brauchen, um Ihre Idee zu realisieren. Beantragen Sie rechtzeitig Fördergelder und melden Sie erst danach Ihren Anspruch auf Gründungszuschuss an, falls dieser besteht. Fragen Sie sich:

▶ Wie viel Geld brauchen Sie?
▶ Wie viel werden Sie in ein oder zwei oder drei Jahren benötigen?

Lesen Sie anschließend das Kapitel 7 und erstellen Sie einen Business-Plan.

Ihre Ziele sind maßgeblich

Nicht jeder Unternehmer möchte ein Unternehmen auf die Beine stellen, das seinen Umsatz jährlich verdoppelt und fünfzig neue Mitarbeiter einstellt. Viele Menschen begnügen sich mit einer kleinen Existenz. Es reicht ihnen, von ihren Einkünften leben zu können. Der finanzielle Rahmen kann dabei sehr bescheiden ausfallen. Nicht ungewöhnlich, dass freiberufliche Journalisten – unterstützt durch die Sozialleistungen der Künstlersozialkasse (KSK) – mit 1.000 Euro Umsatz im Monat auskommen müssen. Manch Künstler schlägt sich so von Monat zu Monat durch – und ist glücklich dabei. Steuern muss er bei einem so geringen Einkommen ohnehin nicht zahlen.

Ihr Umfeld und Ihre Lebensumstände sind relevant

Setzen Sie die Prioritäten so, wie es Ihre privaten Lebensumstände verlangen. Fragen Sie sich:

- ▶ Was will ich erreichen?
- ▶ Was sind meine persönlichen Ziele?
- ▶ Wie viel Geld brauche ich? Oder: Mit wie wenig Geld komme ich aus?

Die Unternehmensberaterin Heike aus München, allein erziehende Mutter zweier Kinder, sagt beispielsweise: »Ich erwirtschafte immer exakt so viel, dass ich keine Steuern zahlen muss, und habe etwa 14.000 Euro Gewinn. An höheren Verdiensten habe ich gar kein Interesse. Diese würden für mich einen zeitlichen Mehraufwand bedeuten, der auf Kosten der Kinder geht.«

Ganz frei oder ziemlich abhängig: 12 Möglichkeiten, eine eigene Existenz aufzubauen

Wenn Sie sich eine eigene Existenz aufbauen, müssen Sie dafür nicht gleich ein großes Unternehmen gründen. Sie können beispielsweise für Auftraggeber arbeiten, die eigene Kunden haben oder sich einen eigenen Kundenstamm aufbauen. Das nebenberufliche Unternehmertum, eine andere Alternative, bietet ausgezeichnete Chancen, die eigenen Fähigkeiten und die Tragfähigkeit der Idee zu testen. Eine nebenberufliche Existenzgründung kann dabei Grundlage für einen nahtlosen Übergang von einer abhängigen in eine selbständige Beschäftigung sein.

Selbständig zu arbeiten, heißt erst einmal wenig und gleichzeitig viel. Es kann bedeuten, nur der Form nach selbständig zu sein – dann handelt es sich um sogenannte Scheinselbständigkeit. Dieser Begriff sagt, dass jemand eigentlich die Stellung eines Arbeitnehmers einnimmt. Solche Scheinselbständigen arbeiten de facto in einer abhängigen Beschäftigung. Ihnen fehlt lediglich ein Arbeitsvertrag, sonst besitzen sie alle Merkmale eines Angestellten: Sie arbeiten nur für einen Auftraggeber, besitzen einen Arbeitsplatz in der Firma und handeln nach Weisung.

Wer in einer solchen Position ist, wünscht sich häufig eine Festanstellung oder ist zu einem häufigen Wechsel zwischen Angestelltendasein und Unternehmertum bereit. Je nach Konjunktur, Angebot, Nachfrage und bisweilen auch Lust arbeiten diese Menschen zeitweise angestellt und auf freier Basis. Selbständige aus Überzeugung würden, nachdem sie sich einmal etabliert haben, dagegen kaum in eine feste Position wechseln.

Die Fragen und Probleme, die sich für diese auf den ersten Blick sehr unterschiedlichen Gruppen ergeben, sind trotzdem in vielen Bereichen ähnlich. Es sind aber einige Besonderheiten zu berücksichtigen, die im Folgenden erklärt werden.

Ob Gewerbetreibender oder Freiberufler – das ist vor allem eine steuerrechtliche Frage: Der eine zahlt Gewerbesteuer, der andere nicht. Die Unterscheidung hat auch mit der jeweiligen Tätigkeit zu tun: Freiberufler sind akademisch und an der geistigen Arbeit orientiert, Gewerbetreibende sind Kaufleute und Handwerker, wobei Grenzen bei neuen Berufsbildern häufig verschwimmen. Das Steuerrecht bezeichnet die Einkünfte von Freiberuflern als »Einkünfte aus selbständiger Tätigkeit« und kennt des Weiteren Einkünfte aus Gewerbebetrieb sowie Forst- und Landwirtschaft. Danach sind also nur Freiberufler Selbständige. Wir verwenden den Begriff »Selbständige« im Folgenden jedoch für alle Berufsgruppen: für Freiberufler ebenso wie für Gewerbetreibende als Synonym für Unternehmer.

1. Freiberufler

Freiberufler besitzen in Deutschland derzeit verschiedene Privilegien: So können sie ihre Einkommensteuererklärung auf der Basis einer einfachen Einnahmen- und Ausgabenrechnung erstellen. Sie benötigen keinen Gewerbeschein und müssen auch keine Gewerbesteuer zahlen. Mehr zu den steuerrechtlichen Aspekten der Freiberuflichkeit lesen Sie in Kapitel 3.1.

In der Regel qualifiziert ein bestimmter Studiengang zu einer freiberuflichen Tätigkeit, im Einzelfall genügt auch eine Ausbildung oder autodidaktisches Aneignen von Wissen.

Oft arbeiten Freiberufler als Ein-Mann- oder Ein-Frau-Unternehmen. Sie können sich aber auch zu einer Sozietät zusammenschließen. Das ist beispielsweise meist bei Anwälten der Fall, um den Beruf zusammen auszuüben und gemeinschaftlich Mandanten anzunehmen. Verbreitet ist darüber hinaus die Freiberufler-GbR, die durch den Zusammenschluss von mindestens zwei Freiberuflern entsteht. Mehr zu den verschiedenen Gesellschaftsformen sowie ihren Vorteilen und Nachteilen lesen Sie in Kapitel 3.

Eine Alternative? Freiberufler sind in erster Linie jene Selbständige, die eine akademische Ausbildung besitzen: Ärzte, Architekten, Steuerberater, Rechtsanwälte. Auch Journalisten und Grafikdesigner zählen dazu, ebenso Heilberufe wie Hebammen.

Vorsicht! Die Abgrenzung zum Gewerbetreibenden ist nicht immer eindeutig. Lesen Sie den entsprechenden Abschnitt.

2. Gewerbetreibende

Die Trennung zwischen Freiberuflern und Gewerbetreibenden ist eine Spezialität des deutschsprachigen Raums. Es gibt sie in Deutschland, Österreich und der Schweiz. Ihr historischer Zweck: Gewerbetreibende sollten eine weitere Steuer zahlen, um damit für Umweltverschmutzungen aufzukommen. Traditionell waren Gewerbetreibende vor allem Handwerker, die Gruppe der kleinen Kaufleute spielte zunächst zahlenmäßig kaum eine Rolle. Inzwischen finden die meisten gewerblichen Gründungen allerdings in Dienstleistungsberufen und im Einzelhandel statt. Auch diese Selbständigen müssen Gewerbesteuer zahlen. Mehr zur Berechnung der Gewerbesteuer lesen Sie in Kapitel 4.4.

Gewerbetreibende sind außerdem zur doppelten Buchführung verpflichtet (auch kaufmännische Buchführung genannt), die kaum ein Gründer ohne die Hilfe eines Steuerberaters oder spezielle Kenntnisse bewerkstelligen kann. Diese kaufmännische Buchführung zeichnet den Wert eines Unternehmens sehr viel genauer nach als die einfache Einnahmen-Überschuss-Rechnung (siehe Kapitel 4.3), ist aber wesentlich aufwändiger.

Die Pflicht zur Bilanzierung besteht, wenn Sie sich im Handelsregister eingetragen haben. Hier dürfen sich übrigens auch Freiberufler aufführen lassen, womit sie jedoch die Pflicht zur doppelten Buchführung annehmen. Wenn Sie weniger als 30.000 Euro Gewinn erwirtschaften, gelten Sie indes als Kleingewerbetreibender und müssen nicht im Handelsregister vermerkt sein, was Sie auch von der Pflicht zur doppelten Buchführung befreit. Sollten Sie jedoch einen Umsatz von mehr als 350.000 Euro oder einen Gewinn höher als 30.000 Euro erzielen, ist die Freistellung wiederum hinfällig – unabhängig vom Handelsregistereintrag. In diesem Fall müssen Sie bilanzieren.

Manche Gewerbe sind beim Ordnungsamt bewilligungpflichtig, etwa in der Gastronomie. Es kann sich auch nicht jeder Handwerker selbständig machen. Hier herrscht in vielen Berufen ein Meisterzwang. Das heißt, erst als Meister dürfen Handwerker ein Unternehmen aufmachen. Dies gilt etwa für Kfz-Meister, Friseure oder Maler.

Eine Alternative? Wenn Sie eine Geschäftsidee haben, die eine Gewerbeanmeldung voraussetzt, also bei den meisten Gründungsvorhaben.

3. Nebenberufliche Existenzgründung

Im ersten Monat waren es 500 Euro Umsatz, dann 1.000 Euro, schließlich 10.000 Euro. Und unter dem Strich blieb auch immer mehr Gewinn übrig, verbesserten sich die Margen (Gewinnspannen) fast täglich. Im siebten Monat wagte Petra den Absprung, kündigte und ist seitdem Ebay-Powersellerin. Doch nicht nur viele Ebay-Händler und Onlineshop-Besitzer starten nebenberuflich.

Rund die Hälfte aller Gründer beginnt mit einer nebenberuflichen Existenzgründung. Rolf etwa arbeitete zwanzig Jahre halbtags als Personalberater bei einer Reederei und führte nebenbei mit seiner Frau ein Blumengeschäft mit zwei Filialen. Auch Handwerker und Dienstleister arbeiten oft nebenbei – und erzielen durch die selbständige Tätigkeit nicht selten höhere Einkünfte als durch ihre Angestelltentätigkeit. Nebenerwerbsgründer schaffen genau wie Vollzeit-Unternehmer im Schnitt 1,5 Arbeitsplätze. Besonders positiv: Sie gehen seltener pleite.

Wer einen Job hat, sich aber nicht sicher ist, ob er selbständig arbeiten kann und will, für den ist der nebenberufliche Start ideal. Wird es funktionieren? Kann ich davon leben? Packe ich den kaufmännischen Part? Wenn Sie sich erst einmal selbst testen wollen, bevor Sie sich in das Abenteuer Selbständigkeit stürzen, versuchen Sie sich neben dem Beruf erste Sporen zu verdienen. Der Haken an der Sache: Gründungszuschuss steht nur jenen Gründern zu, die sich mit einer neuen Idee selbständig machen. Wer bereits nebenberuflich selbständig ist, muss dem Arbeitsamt erklären, dass die Tätigkeit neu ist und sich von der zuvor nebenberuflich betriebenen unterscheidet.

Gehen Sie Ihrem Arbeitgeber gegenüber offensiv mit der nebenberuflichen Selbständigkeit um. Andernfalls verärgern Sie ihn mehr, als wenn Sie von Anfang an die Karten auf den Tisch legen. Professionell betriebene nebenberufliche Selbständigkeit lässt sich kaum verheimlichen. Sie sind sogar verpflichtet, auf die nebenberufliche Existenzgründung hinzuweisen – und zwar schriftlich. Dies gilt nicht nur dann, wenn dies in Ihrem Arbeitsvertrag gefordert ist. Rechtlich kann Ihr Arbeitgeber allerdings wenig gegen Ihr Engagement tun, denn die Ausübung einer Nebenbeschäftigung ist grundsätzlich zulässig, auch wenn dies in manchen Arbeitsverträgen anders formuliert ist. Allerdings dürfen Sie Ihrem Chef keine Konkurrenz machen, und die Selbständigkeit darf Ihre Arbeitsfähigkeit nicht beeinträchtigen. Wenn Sie morgens stets übermüdet über Ihrem Schreibtisch einschlafen, regt sich Ihr Arbeitgeber zu Recht auf. Er kann Sie in diesem Fall auffordern, Ihre Selbständigkeit aufzugeben. Wenn Sie jedoch problemlos und ohne gesundheitliche Einschränkungen auf zwei Hochzeiten tanzen können, darf der Chef nichts gegen Ihre Gründung einwenden. Andernfalls können Sie sich auf Ihre Grundrechte aus Artikel 12 des Grundgesetzes berufen.

Übrigens werden auch nebenberufliche Gründungen durch Förderprogramme des Bundes und der Länder unterstützt, wenn innerhalb von 24 Monaten die wirtschaftliche Tragfähigkeit der Existenz zu erwarten ist und die abhängige Beschäftigung dann aufgegeben wird. Mehr dazu in Kapitel 7.2.

Eine Alternative? Der sichere und langsame Einstieg mit dem geringsten Risiko zu scheitern.

Vorsicht! Wenn Sie später Gründungszuschuss beantragen möchten. Und wenn Sie Ihrem Arbeitgeber Konkurrenz machen.

4. Freie Mitarbeit

Viele Selbständige starten in freier Mitarbeit. Als freier Mitarbeiter – oft auch Honorarkraft genannt – arbeiten Sie wie ein fest Angestellter, füllen die gleichen Tätigkeiten aus wie dieser und besitzen mitunter sogar einen eigenen Arbeitsplatz. Der einzige Unterschied zu einer Festanstellung: Freie Mitarbeiter haben keinen Vertrag und dürfen (theoretisch) für mehrere Unternehmen tätig sein. Unternehmen sparen sich mit dieser Form der Mitarbeit die Sozialversicherungsbeiträge. Auch die weiteren Vorteile dieser Freiheit liegen in erster Linie auf Unternehmensseite: Der Kündigungsschutz greift nicht, selbst wenn Sie über Jahre hinweg für den gleichen Arbeitgeber tätig sind.

Da Sie zudem nicht in die Arbeitslosenversicherung einzahlen, verfällt nach mehr als vier Jahren freier Tätigkeit auch Ihr Anspruch auf Arbeitslosengeld. Sollte das Unternehmen Sie auf die Straße setzen, bleibt für Sie nur noch der Gang zum Sozialamt – oder der Aufbau einer echten eigenen Existenz. Aus der freien Mitarbeit ergeben sich also keine langfristigen Perspektiven, sondern oft nur eine vage Aussicht auf Festanstellung.

In einigen Branchen ist solch eine »freie Mitarbeit« in wirtschaftlich schwierigen Zeiten manchmal die einzige Möglichkeit, am Markt zu überleben und der Arbeitslosigkeit zu entgehen. Im Journalismus führt für Einsteiger oft gar kein Weg an der freien Mitarbeit vorbei. Auch die Werbe- und PR-Branche rekrutiert ihre Talente gerne zunächst in Form von freien Mitarbeitern und bietet erst bei sicherem Auftragsvolumen einen festen Arbeitsplatz an.

Hinter freier Mitarbeit dieser Art steckt kein echtes Unternehmertum und auch keine Selbständigkeit, selbst wenn die steuerrechtlichen Rahmenbedingungen gleich sind. Aber: Aus freier Mitarbeit kann sich eine echte Geschäftsidee entwickeln. Wer weitere Auftraggeber gewinnen kann, besitzt gute Chancen, sukzessive aus der freien Tätigkeit auszusteigen, um dann als Freiberufler oder gewerblich Tätiger mit eigenem Unternehmen (und Büro) für den Auftraggeber tätig zu sein.

Tipp

Klären Sie Ihren Status! Freie Mitarbeit hat nichts mit dem Status als Freiberufler oder Gewerbetreibender zu tun. Auch wenn Sie ein Gewerbe angemeldet haben, können Sie freier Mitarbeiter werden. Und umgekehrt: Der Status als freier Mitarbeiter besitzt keine steuerrechtliche Komponente. Wenn Sie eine gewerbliche Tätigkeit ausüben, brauchen Sie einen Gewerbeschein, auch wenn manche Arbeitgeber Ihnen anderes weismachen wollen. Freier Mitarbeiter sagt lediglich etwas über die Beziehung aus, in der Sie zum Unternehmen stehen.

Eine Alternative? Wenn Sie noch jung sind und in einem Beruf Fuß fassen möchten. Wenn Sie nur zeitweise ohne Arbeitsvertrag arbeiten möchten. Wenn es in Ihrer Branche üblich ist, als freier Mitarbeiter zu arbeiten.

Vorsicht! Wenn Sie für einen Stundenlohn unter 20 Euro arbeiten sollen. Wenn Ihnen der Status Freiberufler »verkauft« wird, die Tätigkeit aber eindeutig gewerblich ist (zum Beispiel beim Telefonverkauf im Call-Center). Wenn der Auftraggeber verlangt, dass Sie ausschließlich für ihn tätig sind.

5. Pauschalist und fester Freier

Auch der Pauschalist ist letztlich ein freier Mitarbeiter – allerdings mit mehr Rechten. Ebenso wie der feste Freie ist er in einem arbeitnehmerähnlichen Verhältnis tätig. Der Pauschalist bekommt ein pauschales Entgelt, erhält also jeden Monat ein festes Honorar. Dafür muss er Kapazitäten für den Auftraggeber vorhalten und mitunter den ganzen Tag im Unternehmen anwesend sein: In dieser Situation ist es schwer bis unmöglich, auch für andere Firmen tätig zu werden.

Der Pauschalist arbeitet manchmal mehr, manchmal weniger und manchmal auch immer mit dem gleichen Zeiteinsatz. Die Pauschalhonorierung soll Belastungsspitzen mit Zeiten geringen Arbeitsvolumens ausgleichen. Statt Pauschalist wird mitunter auch der Begriff »fester Freier« verwendet. Festen Freien garantieren Auftraggeber ein Mindestauftragsvolumen. Basis ist in beiden Fällen in der Regel ein Vertrag, der auch Kündigungsfristen vorsieht. Der feste Freie arbeitet dann in einem arbeitnehmerähnlichen Verhältnis, wenn er keine weiteren Auftraggeber hat.

Tipp

Manchmal sind Sie Arbeitnehmer, ohne es zu wissen. Der Status der »Arbeitnehmerähnlichkeit«, wie es im Juristendeutsch heißt, ist nicht zu verwechseln mit der Scheinselbständigkeit! Wer in einem arbeitnehmerähnlichen Verhältnis beschäftigt ist, hat anders als der Scheinselbständige Anspruch auf Urlaub, genießt Kündigungsschutz und alle weiteren Rechte eines Arbeitnehmers – auch ohne Vertrag, allein durch Gewohnheitsrecht.

Eine Alternative? Wenn es in Ihrer Branche üblich ist, als Pauschalist zu arbeiten, ist dies fast so gut wie eine Festanstellung.

Vorsicht! Wenn der Auftraggeber möchte, dass Sie nur für ihn tätig sind, denn damit verlieren Sie den letzten Rest unternehmerischer Freiheit.

6. Subunternehmer

Ein Subunternehmer sind Sie, wenn Sie Teilaufträge von Firmen beziehen. Ein Beispiel: Ein Bauunternehmer vergibt Aufträge an Subunternehmer wie Maler oder Gartenbauer, die er direkt bezahlt. Vor dem Kunden tritt der Bauunternehmer als Vertragspartner auf. Steuerrechtlich können Subunternehmer Freiberufler oder Gewerbetreibende, besonders Kleingewerbetreibende, sein.

Derartige Konstruktionen sind auch im Dienstleistungssektor verbreitet. So kommt es häufig vor, dass eine Werbeagentur Teilaufträge an Einzelunternehmer oder Freiberufler vergibt. Steht etwa die Herstellung einer Imagebroschüre für einen Kunden an, können Texter und Grafiker jeweils unterschiedliche Aufgaben erfüllen. Auch das Projektmanagement für diesen Auftrag kann auf freier Basis vergeben werden – ebenfalls eine Form von Subunternehmertum. Da Subunternehmer meist nahe an der Grenze zur Scheinselbständigkeit stehen, wird dieser Begriff vor allem im Dienstleistungsbereich vermieden, während er bei Handwerkern offen verwendet wird. Auch manch Taxifahrer verdient sich seine Brötchen als Subunternehmer, ebenso wie einige Lkw-Fahrer.

Subunternehmer müssen nicht ausschließlich in dieser Funktion auftreten: Einige arbeiten auch direkt für Kunden. Das bedeutet, dass sie eigene Kunden haben, die den Auftrag selbst und ohne den Umweg über eine dazwischengeschaltete Firma erteilen.

Eine Alternative? Vor allem am Anfang einer Unternehmensgründung kann es sinnvoll sein, einem Unternehmen zuzuarbeiten.

Vorsicht! Wenn Sie wie ein Angestellter behandelt werden, aber gleichzeitig das volle unternehmerische Risiko tragen, zum Beispiel als Taxifahrer.

7. Projektarbeiter und E-Lancer

Vor allem in der IT-Branche ist der Projektarbeiter weit verbreitet. Auftraggeber engagieren ihn für überschaubare Projekte, damit er ein bestimmtes, zeitlich befristetes Projekt bearbeiten kann. Dabei kann er verschiedene Positionen einnehmen: Programmierer, Architekt der Software oder Projektleiter. Hierfür arbeitet er üblicherweise vor Ort in einem Unternehmen. Seine Projekte dauern zwischen sechs Wochen und einem Jahr. Ein Projektarbeiter kann freiberuflich oder auf gewerblicher Basis tätig werden, im Ausland nennt man ihn »Contractor«.

Eine Alternative? Auf jeden Fall, wenn Sie aus dem IT-Sektor kommen.

Vorsicht! Wenn Projekte länger als ein Jahr dauern, gehen Sie ein arbeitnehmerähnliches Verhältnis ein.

8. Virtuelle Teams

Virtuelle Teams (VT) entstehen ebenfalls überwiegend im Umfeld der Informationstechnologie. Auch in virtuellen Teams geht es darum, ein Projekt abzuwickeln. Allerdings werden dabei oft unterschiedliche Fähigkeiten verlangt. So kommen beispielsweise Designer, Texter und Programmierer zusammen, um gemeinsam eine Internetseite aufzubauen. Die virtuellen Teams arbeiten nicht oder nur zeitweise vor Ort beim Auftraggeber und treffen sich sonst im virtuellen Raum des Internets, um den Projektfortschritt zu besprechen.

Eine Alternative? Der Bedarf steigt. Interessant für alle, die sehr flexibel arbeiten möchten.

Vorsicht! Menschliche Aspekte kommen oft zu kurz. Deshalb ist es wichtig, sich ab und zu auch persönlich zu treffen.

9. Interimsmanager

In schwierigen Fahrwassern nehmen Schiffe Lotsen an Bord. In Unternehmen heißen diese Lotsen Interimsmanager. Es sind Vorstände, Geschäftsführer, Manager und Projektmanager, die für eine bestimmte Zeit – meist mehrere Monate – an Bord gehen und klar Schiff machen. Diese Tätigkeit ist somit verwandt mit der des Projektarbeiters. Interimsmanager sollen die Finanzen wieder in Ordnung bringen, ein Unternehmen restrukturieren, den Börsengang vorbereiten, Krisen managen, IT-Programme einführen, Prozesse optimieren und vieles mehr.

Wenn Sie als Manager in einer solchen Position eingesetzt werden, müssen Sie über umfangreiche Berufserfahrung verfügen und vorher in ähnlicher Stellung gearbeitet haben. Dann haben Sie gute Aussichten auf hohe Verdienste – üblicherweise werden Tagessätze zwischen 400 Euro für Projektmanager und 5.000 Euro auf Vorstandsebene gezahlt. Arbeitgeber können unter Umständen von der Bundesagentur für Arbeit Zuschüsse erhalten, die einen finanziellen Anreiz bieten, einen Interimsmanager an Bord zu holen.

Eine Alternative? Für erfahrene Manager, die beispielsweise die Zeit bis zur Rente sinnvoll nutzen wollen. Für alle, die Ihr Wissen einbringen möchten und Spaß daran haben, Unternehmen voranzubringen.

10. Handelsvertreter

Handelsvertreter sind selbständige Vertriebsleute. Sie arbeiten oft nur für einen einzigen oder wenige Anbieter. Es kann sich um Einzelunternehmer handeln oder auch Agenturen mit mehreren Mitarbeitern. Der Aufgabenbereich ist fast unbegrenzt: Sie können für den Vertrieb von Software, Mode oder Sportartikeln zuständig sein; auch Versicherungsvertreter zählen zu den Handelsvertretern. Das Gleiche gilt für Media-Agenturen, die Werbeplatz für Anzeigen kaufen, beispielsweise in Zeitschriften.

Der Handelsvertreter benötigt seit 2005 keinen Eintrag im Handelsgesetzbuch mehr, sondern lediglich einen Gewerbeschein. Ist er überwiegend (mehr als fünf Sechstel) nur für ein Unternehmen tätig und hat keine eigenen Mitarbeiter, die mehr als 400 Euro im Monat verdienen, so muss er – im Gegensatz zu den meisten anderen Selbständigen – in die gesetzliche Rentenkasse einzahlen. Als Mehrfirmenvertreter hat er diese Einschränkung nicht.

11. Franchise-Nehmer

McDonald's, der Blumenfachhändler Blume 2000 oder auch das Zeitarbeitsunternehmen Personal Total: Erfolgreiche Firmen und Ketten verkaufen Lizenzen an Neugründer, die das Unternehmenskonzept an einem anderen Standort aufbauen, die Idee weitertragen und entwickeln sollen. So wundert es nicht, dass Franchising zu den erfolgreichsten Existenzgründungsformen überhaupt gehört. Als Franchise-Nehmer profitieren Sie von vielen Synergieeffekten, etwa einem gemeinsamen Marketing, einem effektiven Vertrieb oder kostengünstigen Einkauf. Darüber hinaus erhalten Sie meist Gebietsschutz. Das bedeutet, dass sich in Ihrer Nähe kein anderer Franchise-Nehmer niederlassen darf, der Ihr Geschäft bedroht.

Eine Alternative? Wenn Sie Eigenkapital zur Verfügung haben – viele Franchise-Ideen fordern erst einmal Kapital von mindestens 20.000 Euro. Wenn Sie keine eigene Idee haben, sich aber für die Ideen anderer begeistern können.

Vorsicht! Wenn das Konzept nicht stimmig oder kaum erprobt ist.

Gründerporträt: »In 5 Jahren hat meine Firma 50 Franchise-Nehmer«

Beate Winklewsky verkauft Mode für Senioren.

Firma	Modemobil
Gesellschaftsform	e. K., geplant ist spätere Umwandlung in eine GmbH
Geschäftsmodell	Mode-Direktvertrieb für Senioren in Seniorenheimen, Modemobil ist Franchise-Geber
Internet	www.modemobil.de
Gründung	Juli 2002
Kapitaleinsatz bei Gründung	Fast sechsstellig
Inhaberin	Beate Winklewsky
Entwicklung	Hohe Steigerungsraten im ersten Jahr
Erreichen der Gewinnschwelle	erreicht

Einfach reinschlüpfen und sich wohlfühlen: Senioren lieben die klassisch-bequeme Schlupfhose mit Gummizug im Tunnel. Und dennoch haben die Kaufhäuser sie aus ihren Sortimenten verbannt. Bei Karstadt und Kaufhof dominiert das Shop-in-Shop-System. Da gibt es Delmod, Betty Barclay und Mexx – lauter etablierte Marken, aber keine Spezialmode mehr, die auf die Bedürfnisse alter Menschen zugeschnitten ist. Allenfalls Bader oder Otto führen die bequeme Stoffhose noch, doch die Katalogversender sind vielen Senioren zu teuer.

»Die Katalogversender müssen die Kosten für die Versendung und mögliche Rücknahme in ihre Kalkulationen einbeziehen«, weiß Beate Winklewsky, Inhaberin von Modemobil. Die Idee der gestandenen Vertriebsfrau, die Karriere bei einem großen Markenmode-Produzenten machte und die spanische Trendmarke Custo Barcelona in Deutschland aufgebaut hat, ist einfach: preiswerte und bequeme Mode direkt in den Altenheimen verkaufen. Schließlich haben die meisten alten Menschen dort Pflegestufe 1 und 2. Da quetscht man sich nicht mehr in enge Bodys und Korsagen. Reinschlüpfen und sich wohl fühlen – das steht im Vordergrund. Wenn die Sachen dann auch noch schön aussehen und eine robuste, pflegeleichte Qualität haben, kaufen die Angehörigen und die Senioren lieber vor Ort im Modemobil als im Laden. Die Kleidungsstücke treffen dabei genau den Geschmack der Senioren, wobei schlichte Stücke in klassischen Farben dominieren. »Schlupfhosen müssen aber auch nicht immer grau sein«, sagt die Geschäftsfrau. Deshalb stellt Winklewsky aus verschiedenen Kollektionen ihr eigenes Sortiment zusammen.

Nach fast fünf Jahren am Markt hat Winklewsky dabei eine eigene Marke etabliert: Modemobil ist mit seinen kleinen Renault-Vans schon von weitem erkennbar. Expansion war von Anfang an erklärtes Ziel der Wuppertalerin. Deshalb vergibt sie inzwischen Lizenzen an Franchise-Nehmer. Diese zahlen eine Fixsumme für eine einmalige Ausstattung und das Modemobil-Fahrzeug sowie eine Provision in Höhe von 6 Prozent des Umsatzes. Durch das Franchise-System erschließt sich Winklewsky, die die Idee in Spanien kennenlernte und nach Deutschland importierte, nach und nach das ganze Bundesgebiet. Rund 20 Franchise-Nehmer hat sie bis 2005, 50 wünscht sie sich bis 2008. Und der Name Modemobil soll dann als Marke so klingend sein wie bofrost und Tupperware.

Ihre Branchenkenntnis und Marketingerfahrung konnte Winklewsky schon bei der ausgiebigen Analyse ihrer Zielgruppe einbringen: Eine ständig alternde Gesellschaft sorgt für immer neue potenzielle Kunden. Hinzu kam, dass die Idee des mobilen Modevertriebs in Deutschland neu war. Immer wieder versuchten sich zwar vereinzelte Anbieter in diesem Geschäftsfeld, aber der organisierte, professionelle Direktvertrieb von Seniorenmode war hierzulande neu. Eine Chance für Winklewsky, sich dieses Feld zu erschließen und darauf ihre Geschäftsidee aufzubauen.

Bei der Planung dieses Vorhabens überließ die Diplom-Ökonomin nichts dem Zufall. Über 60 Testverkäufe startete sie in Altenheimen, bevor sie sich an den Aufbau ihres

Modemobil-Unternehmens heranwagte. Die Resonanz war so positiv, dass auch die letzten Zweifel am Gelingen der Unternehmensgründung schnell beseitigt waren. Schon während der Testverkäufe hatte Winklewsky erste Kunden gewonnen. Die Marktforschung diente also nicht nur der Datenerhebung, sondern half auch dabei, erste Verkaufserfahrungen zu sammeln. Daneben konnte sie testen, wie ihre Kollektion ankommt und wie die Senioren auf die Preise reagieren. Das Ergebnis war positiv. Die eigene Marktforschung bestätigte Winklewsky, dass sie die richtige Nase hatte.

Jetzt hofft sie darauf, dass ihre Franchise-Nehmer ähnlich erfolgreich sein werden wie sie. Dazu ist nicht allein kaufmännisches Geschick notwendig. »Die Arbeit mit alten Menschen muss auch Freude bereiten.« Der Gewinn bei einer Unternehmensgründung liegt eben nicht nur im Gewinn, sondern auch im persönlichen Engagement.

12. Unternehmensbeteiligung und -nachfolge

Ihre Eltern möchten Ihren Betrieb an Sie übergeben? Oder verfügen Sie über etwas Geld und möchten ein »fertiges« Unternehmen kaufen? Bei einer Übernahme starten Sie von heute auf morgen durch. Übernehmen Sie einen Betrieb von Familienmitgliedern, ist gleichzeitig die Weitergabe von Know-how gesichert. Schwierigkeiten liegen eher im Bereich der Führung und des Managements. Die alten Mitarbeiter haben Angst vor Veränderungen oder stehen Ihnen vielleicht sogar distanziert-kritisch gegenüber.

Eine andere Möglichkeit liegt in der Unternehmensbeteiligung. Zu unterscheiden sind stille und tätige Beteiligungen. Bei der stillen Beteiligung fungieren Sie einfach als Investor, bei der tätigen sind Sie einerseits Investor und arbeiten andererseits im Unternehmen als dessen Angestellter, zum Beispiel als Geschäftsführer.

Der Vorteil einer Unternehmensübernahme: Anstatt ein Unternehmen mühsam aufzubauen, können Sie sofort starten und (hoffentlich) Gewinne abschöpfen. Dies sollten Sie aber nur wagen, wenn Sie bereits einschlägige Erfahrungen besitzen. Ein Gründer, der ein neues Unternehmen aufbaut, macht Fehler und lernt Schritt für Schritt dazu. Wer ein etabliertes Unternehmen übernimmt, hat auch sofort die volle Verantwortung für alle Fragen und hat wenig Zeit zum Lernen.

Eine Alternative? Wenn Sie sofort loslegen und nicht erst aufbauen wollen. Wenn Sie Kapital zur Verfügung haben. Wenn für Sie kaufmännische Fragen wichtig sind. Wenn Sie über Führungserfahrung verfügen. Wenn Sie einen Familienbetrieb übernehmen wollen.

Vorsicht! Übernahmen sollten nur nach genauer Prüfung und Sachverständigengutachten erfolgen.

Test: Welche Form der Selbständigkeit eignet sich für Sie?

Die Frage, ob Freiberufler oder Gewerbetreibender, klären Sie bitte mithilfe des Kapitels 3.1.

Das spricht für eine nebenberufliche Existenzgründung:

Sie haben einen festen Job.	☐
Ihnen fehlen finanzielle Mittel, um direkt voll durchstarten zu können.	☐
Sie wissen nicht, ob Sie dauerhaft Spaß an der Selbständigkeit haben werden.	☐
Ihre Idee lässt sich problemlos nach dem Hauptberuf verwirklichen.	☐
Sie sind Familienernährer und dürfen kein Risiko eingehen.	☐
Sie möchten Ihre Geschäftsidee erst einmal testen.	☐

Empfehlung: Kaum jemand schafft es dauerhaft, zwei Jobs zu bewältigen – und dabei gut und erfolgreich zu sein. Dies gilt vor allem dann, wenn der Hauptberuf schon sehr anstrengend ist und Sie mehr als acht Stunden kostet. Bei anspruchsvollen Tätigkeiten kann sich eine nebenberufliche Existenzgründung zudem negativ auf die Angestellten-Karriere auswirken. Wahrscheinlich wird Ihr Chef Sie nicht mehr für wichtige Positionen vorsehen und rechnet mit einem baldigen Absprung. Erstellen Sie deshalb wie Ihre vollberuflich selbständigen Kollegen einen Rahmenplan, der Ihnen auch eine zeitliche Orientierung bietet. Wann möchten Sie welches Ziel erreicht haben? Bei welchem Umsatzziel ist an Kündigung zu denken?

Das spricht für einen Start als freier Mitarbeiter:

Sie haben Ihren festen Job verloren und suchen eine Übergangslösung, da es derzeit kaum feste Stellen in Ihrer Branche gibt.	☐
In Ihrer Branche ist freie Mitarbeit sehr verbreitet.	☐
Sie suchen nach Studium oder Ausbildung einen Einstieg.	☐
Ihnen fehlen finanzielle Mittel, um eine echte Selbständigkeit aufzubauen.	☐
Sie haben noch keine oder zu wenig Kontakte, um als Unternehmer am Markt aufzutreten.	☐
Sie besitzen noch keine oder zu wenig Referenzen.	☐
Sie müssen sich erst noch Kenntnisse aneignen und lernen, unternehmerisch zu denken und zu handeln.	☐

Empfehlung: Wenn Sie eine echte Selbständigkeit anstreben, ist es ein Risiko, nur auf einen Auftraggeber zu setzen. Suchen Sie sich möglichst schnell weitere Kunden.

Das Ziel sollte es sein, so viele Auftraggeber zu gewinnen, dass der Verlust eines Kunden Ihre Existenz nicht bedroht. Versuchen Sie zudem, zusätzlich direkte Kunden zu bekommen und sich langsam einen eigenen Stamm aufzubauen.

Das spricht für einen Start als Projektarbeiter:

Sie möchten unabhängig sein.	☐
Sie können problemlos eine Liste mit erfolgreichen Projekten erstellen.	☐
Ihre Erfolge sind quantitativ messbar (zum Beispiel Steigerung des Umsatzes, Einführung eines Computer-Systems, Minimierung von Kosten).	☐
Sie haben einen starken Drang danach, eigenverantwortlich zu arbeiten.	☐
Sie lieben die Abwechslung.	☐
Die Ungewissheit, nach Abschluss eines Projektes kein neues zu erhalten, macht Ihnen nichts aus.	☐
Sie verfügen über ausgewiesene Fachkenntnisse und Projektleitungserfahrung.	☐
Sie haben eine eigene Karriere im Angestelltenverhältnis vorzuweisen.	☐

Empfehlung: Als Projektmanager sind Sie über einen bestimmten Zeitraum ausschließlich an einen Auftraggeber gebunden. Dieser Zeitraum ist allerdings anders als bei der freien Mitarbeit fest umrissen. Auch die Honorierung liegt meist in anderen Dimensionen – weit über dem, was sonst für freie Mitarbeiter gezahlt wird. Der klare zeitliche Rahmen ermöglicht es Ihnen, rechtzeitig auf die Suche nach neuen Projekten zu gehen. Projektvermittler, die die Schnittstelle zwischen Ihnen und dem Unternehmen sind, können Sie dabei unterstützen. Vernachlässigen Sie trotzdem ihr eigenes Marketing nicht, auch Verkaufstalent ist bei der Kundenakquise hilfreich. Seien Sie sich bewusst, dass Sie Ihre Unternehmensgründung auf ihrem fachlichen Know-how und Ihrer Managementerfahrung aufbauen. Das ist Ihr Geschäftsmodell. Das wirtschaftliche Wachstum ist dadurch von vornherein begrenzt, dass Sie nur eine bestimmte Stundenzahl arbeiten können.

Das spricht für einen Start als Interimsmanager:

Sie verfügen über Managementerfahrung auf hoher (Abteilung, Ressort) oder besser noch auf höchster Ebene (Geschäftsführung, Vorstand).	☐
Sie haben Ihren Job verloren.	☐
Sie suchen für eine Übergangszeit einen sinnvollen Einsatz.	☐
Sie möchten und können sich für eine überschaubare Zeit voll einem Unternehmen widmen.	☐

Empfehlung: Mit Interimsmanagement erweitern Sie Ihre Referenzliste: Sie schaffen Kontakte, um beispielsweise später als Unternehmensberater zu starten. Erfolgreiche Einsätze sprechen sich in der Branche herum und erhöhen Ihre Chancen auf weitere Engagements oder eine erneute Festanstellung. Sie können sehr viel Geld verdienen.

Das spricht für Franchising, eine Unternehmensbeteiligung oder Unternehmensübernahme:

Sie besitzen eine erhebliche Summe an Eigenkapital (mindestens 20.000 Euro für Franchising, mindestens 50.000 Euro für eine Übernahme).	☐
Bei Ihnen steht wirtschaftlicher Erfolg im Vordergrund; Sie wollen nicht unbedingt eigene Ideen realisieren und ein eigenes »Baby« großziehen.	☐
Sie möchten schnell durchstarten und Geld verdienen.	☐
Sie haben eine solide berufliche Grundlage und besitzen bereits Führungserfahrung.	☐
Sie verfügen über kaufmännische Kenntnisse und idealerweise über Vertriebserfahrung.	☐

Empfehlung: Ihr Erfolg steht und fällt mit dem Geschäftsmodell, das Sie einkaufen. Die intensive wirtschaftliche Prüfung dieses Modells steht deshalb im Vordergrund. Wahrscheinlich müssen Sie einen Rechtsanwalt und andere Sachverständige einbeziehen. Sehen Sie von Bauchentscheidungen ab: Genaue Informationen und Branchenkenntnis bringen Sie weiter als Intuition.

Werden Sie erfolgreich sein? Setzen Sie eigene Maßstäbe

Lassen Sie sich nicht drängen, und setzen Sie sich persönliche Ziele als Erfolgsmaßstab: Manchem Gründer genügt es, eine bestimmte Größe zu erreichen. Dabei muss sich Größe nicht unbedingt auf den Umsatz oder die Mitarbeiterzahl beziehen. Einige Selbständige hören auf zu wachsen, wenn sie von einem 20-Quadratmeter-Geschäft in einen 50-Quadratmeter-Laden gezogen sind: Sie verfolgen gar nicht das Ziel, weiter zu wachsen und Filialen zu eröffnen. Andere dagegen bauen ihr eigenes Franchise-System auf oder wachsen zum mittelständischen Unternehmen mit mehreren hundert Mitarbeitern heran. Eine sicher nicht kleine Zahl von Menschen belässt ihre selbständigen Gewinne sogar ganz bewusst für Jahre auf einem Niveau, das weder eine Umsatzsteuervoranmeldung noch hohe Einkommensteuerzahlungen erfordert – je nach Familienstand und Kinderzahl etwa 8.000 bis 25.000 Euro.

Finden Sie Ihre eigenen Erfolgskriterien. Fragen Sie sich:

- ▸ Was bedeutet Erfolg für Sie persönlich?
- ▸ Woran erkennen Sie, dass Sie erfolgreich sind?
- ▸ Was wollen Sie erreichen?
- ▸ An welchem Punkt möchten Sie aufhören zu wachsen?

Machen Sie sich die eigenen Kriterien schon vor der Gründung klar. Orientieren Sie sich nicht an gängigen Erfolgsdefinitionen, sondern setzen Sie Ihre eigenen Maßstäbe.

Gründerporträt: »Jeder kann seinen Traum leben«

Claudia Kimich bietet Trainings mit Spaßfaktor und macht auch selbst am liebsten nur, was ihr Freude bringt.

Firmen	Claudia Kimich CK Training Consulting Coaching und Surfschule Korsika
Gesellschaftsform	Einzelunternehmen
Geschäftsmodell	Training, Consulting und Coaching im IT- und Softskill-Bereich
Ort	München, regional flexibel
Internet	www.kimich.de
Gründung	2002 Übergang in die Vollzeit-Selbständigkeit, zuvor nebenberuflich
Kapitaleinsatz	Bei Gründung 0 Euro
Inhaberin	Claudia Kimich
Entwicklung	In 5 Jahren nur noch 5 Tage im Monat arbeiten
Erreichen der Gewinnschwelle	Sofort nach Gründung

Wenn Manager Claudia Kimichs Beratungsraum betreten, sind sie erst einmal irritiert. Statt kalter, weißer Wände überall Bücher und venezianische Masken. Hier sitzen Clowns, und da lehnen Stofftiere. »Das sind Führungskräfte nicht gewohnt«, sagt die Trainerin mit Abschluss als Diplom-Informatikerin. »Doch spätestens nach zehn Minuten haben sie sich an die Umgebung gewöhnt.« Diese Minuten hat Kimich genutzt, um zu beweisen, dass Kompetenz und Spieltrieb sich nicht ausschließen, sondern im Gegenteil eine gute Ergänzung darstellen.

Als ausgebildeter systemischer Coach führt sie Aufstellungen durch mithilfe von Stofftieren und allem anderen, was gerade zu finden ist – wenn es sich anbietet und die Klienten dazu bereit sind. Jedes Tier oder jedes Püppchen nimmt eine bestimmte

Rolle ein, die ihm der Coachee zuweise die Person also, die von ihr gecoacht wird. In solchen Aufstellungen offenbaren die Coachees ihr Innerstes. Sie zeigen zum Beispiel, wie sich der Manager vor seinem Chef wirklich fühlt. Oft kommen Positionen heraus, die sie gerne ändern würden. Kimich hilft, dies zu erreichen. Sie begleitet die Veränderung und hilft, gemeinsam definierte Ziele zu erreichen – ob privat oder beruflich. Das ist Coaching: sanftes Begleiten und Lenken.

Seminare, bei denen im Gegensatz zum Coaching mehrere Teilnehmer zusammenkommen, gestaltet Kimich spielerisch, schließlich lassen sich gerade technische Themen auf diese Weise viel leichter vermitteln. Ob so ein Seminar nun in einem Weiterbildungsinstitut oder im Haus eines großen Unternehmens stattfindet: Die Lernmethode heißt unter anderem Spielen. So ist »Memory« für Kimich eine bessere Methode, Wissen zu verankern, als das bloße Herunterleiern von Stoff. Das kommt bei den meisten Teilnehmern gut an. Auch ihre Auftraggeber schätzen Kimichs spielerische Didaktik – spätestens, wenn sie sehen, dass der Lerneffekt größer ist als im traditionellen Unterricht. »Den Leuten muss das Lernen Spaß machen, dann verstehen sie auch komplexe Zusammenhänge«, lautet Kimichs Credo. Eine Klientin sagt über sie: »Sie zeigt mir gnadenlos auf, wo's bei mir hapert, und lässt nicht locker. Das ist eine sehr gute Anleitung, um die eigenen Probleme zu lösen. Ich bin schon ein gutes Stück weitergekommen.«

Kimich selbst ist ein fröhlicher Typ. Eine junge Frau, die auch die schweren Seiten des Lebens mit einem Lächeln und einer Portion Selbstironie quittiert. Sie möchte es sich selbst gut gehen lassen und hat kein Interesse daran, wie andere Existenzgründer 60 bis 80 Stunden in der Woche zu malochen. »Das habe ich nie gemacht und werde ich auch nie tun.« Stattdessen hält sie ihren eigenen Terminkalender luftig – mit genügend Platz für Freizeit und Privatleben. Im Sommer tauscht sie die Coaching-Welt gegen Sonne und Wind auf Korsika. Dann weilt sie auf ihrer Trauminsel Korsika, wo sie zusammen mit einem Bekannten eine Surfschule betreibt. »Das macht nicht reich, aber einen Riesenspaß.«

Wenn Kimich nicht auf der französischen Insel gegen den Wind stürmt, ist sie trotzdem sportlich aktiv. Mit einer Freundin tritt sie auf Partys als Comedian-Duo Xtra Vaganza auf und bewirbt sich auch schon mal für Rate-Shows. Sie engagiert sich als Trainerin für Rollstuhltanzen, leitet Tanzclubs, begleitet Sprachferien und Jugendcamps. Das gehört zu ihrem Leben, ohne das fehlt ihr die Kraft fürs Coachen und zum Selbständigsein.

Wie es weitergeht? So wie bisher – vielleicht mit noch weniger Arbeit bei (noch) besserem Verdienst. Fünf Arbeitstage im Monat, das wäre Kimichs Traum. Bisher haben sich immer Auftraggeber gefunden, und auch das schwierige Jahr 2003 war für Kimich nicht ganz so schwierig wie für manchen ihrer Kollegen. Wichtig sei eine gute Planung, sagt sie: »Wenn ich im Sommer drei Monate auf Korsika bin, muss ich schon vorher für die Aufträge danach gesorgt haben.« Aber verträgt das Coaching die Unterbrechung? »Das war nie ein Thema«, so Kimich. »Auf Korsika bin ich nicht aus der Welt. Ich habe ja Internet und ein Handy.«

Adressen für ergänzende Informationen

Infos und Broschüren:

– Rechtsanwalt Stehmann
(*www.rechtsanwalt-stehmann.de*):
Freie Mitarbeit aus rechtlicher
Sicht (Dissertation).

– Handwerksportal
(*www.handwerksportal-bw.de/
handwerk/download/broschueren/
Nebenberuf.pdf*): Handwerkliche
Existenzgründung im Nebenberuf.

– Bundesversicherungsanstalt für Angestellte (*www.bfa.de*): Clearingstelle
zur Feststellung der Scheinselbständigkeit (Telefon: 08 00-3 33 19 19).

Freie Mitarbeiter und Pauschalisten:

– Mediafon (*www.mediafon.net*):
Tipps für Freie in Medienberufen.

– Journalismus.com
(*www.journalismus.com*):
Tipps und Tools für Journalisten.

– Newsroom (*www.newsroom.de*):
Tipps und Tools für Journalisten.

Projektmanager:

– Gulp (*www.gulp.de*): Projektmanager-
Vermittlung.

– Projektwerk (*www.projektwerk.de*):
Projekte und virtuelle Teams.

Handelsvertreter:

– Handelsgesetzbuch (*http://dejure.org/
gesetze/HGB/84.html*): Gesetzestext.

– Handelsvertreter.de
(*www.handelsvertreter.de*):
Plattform für Handelsvertreter und
Agenturen.

– Verband der Handelsvertreter CDH
(*www.cdh.de*).

Franchising:

– Franchise-Net (*www.franchise-net.de*):
Verschiedene Franchising-Modelle
und Tipps.

– Franchise-Portal (*www.franchise-
portal.de*): Verschiedene Franchising-
Modelle und Tipps.

– Initiat (*www.initiat.de*): Auf
Franchising spezialisierte Unternehmensberatung.

Betriebsübernahme und Unterneh-
mensnachfolge:

– 4 Deal (*www.4-deal.de*):
Börse für Unternehmensnachfolge,
Firmenverkauf und Beteiligungen.

– nexxt-change (*www.nexxt-change.de*):
Eine Gemeinschafts-Nachfolge-
Initiative von BMWI, Kfw, DIHK, ZDH
sowie BVR und DSGV.

Fakten:

– Global Entrepreneurship Monitor
(*www.gemconsortium.org*)

– Statistisches Bundesamt
(*www.destatis.de*)

– Institut für freie Berufe
(*www.ifb.uni-erlangen.de*)

1.4 Unternehmerpersönlichkeit: Was Gründer erfolgreich macht

Ob Visionär, Macher, Denker, kreatives Genie oder kühler Rechner: Was verbindet erfolgreiche Unternehmer? Damit beschäftigt sich dieses Kapitel: mit den Komponenten einer Unternehmerpersönlichkeit und den Erfolgsfaktoren bei der Existenzgründung. Sie können sich selbst prüfen und sehen am Ende klarer, ob Sie notwendige Voraussetzungen bereits besitzen oder noch an sich arbeiten müssen.

Berühmte Gründer – und was Sie von ihnen lernen können

Gründerporträt: Knopf im Ohr

Trotz Behinderung schuf Margarete Steiff die bekannteste Stofftiermarke der Welt.

Firma	Margarete Steiff GmbH
Gesellschaftsform	GmbH
Geschäftsmodell	Stofftiere
Ort	München
Internet	www.steiff.de
Gründung	1880
Kapitaleinsatz bei Gründung	0 Mark
Gründerin	Margarete Steiff
Entwicklung	Heute die bekannteste Stofftiermarke (»Knopf im Ohr«)

Mit einem Jahr erkrankte Margarete Steiff (1847–1908), die Gründerin der Margarete Steiff GmbH, an Kinderlähmung. Bis zu ihrem Tod saß die Industriellentochter aus Brenz im Rollstuhl. Doch die Behinderung hinderte Steiff nicht, erfolgreich zu sein. Vielleicht weckte gerade die körperliche Einschränkung ihren Ehrgeiz? Schon als Mädchen begann Margarete Steiff, Puppenkleider zu nähen – mit der linken Hand, da die rechte unbeweglich war. Im Hause ihrer Eltern verkaufte sie die ersten Kleider. Die Nachfrage stieg unaufhörlich und so gründete sie ein Filzgeschäft, aus dem später eine kleine Fabrik entstand. Bei der Gründung unterstützte sie ein Vetter. 1880 entdeckte sie in einer Zeitschrift die Vorlage für einen Elefanten aus Stoff, den sie achtmal als Nähkissen zum Verkaufen anfertigen ließ. Die Tiere endeten zweckentfremdet als Spielzeug für Kinder.

Damit war eine Idee geboren, denn auch Spielzeuggeschäfte entdeckten die kleine Brenzer Firma. Sie orderten neben Elefanten auch Löwen, Katzen und Hunde. Die Fabrik expandierte rasch. Ein wesentlicher Faktor beim Wachstum waren die motivierten Mitarbeiterinnen. Margarete Steiff war als geschickte Näherin selbst ein Vorbild und vermochte, ihre Angestellten bei Laune zu halten. Für ihre Näherinnen hatte sie ein offenes Ohr. Zugleich war Margarete Steiff aber auch zögerlich und risikoscheu. Die treibende Kraft im Hintergrund war deshalb Margaretes Bruder Fritz: Er motivierte seine Schwester, ihre vielen Ideen umzusetzen. Ohne ihn wäre aus der Heimproduktion wahrscheinlich nie ein weltweit erfolgreicher Plüschtierhersteller geworden.

Erste Regel: Stärken stärken, Mängel ausgleichen

Was Sie aus dieser Geschichte lernen können? Wichtig für den unternehmerischen Erfolg sind gute Ideen, die manchmal zufällig und nebenbei entstehen. Aber auch die Persönlichkeit zählt: Margarete Steiff besaß ausgeprägte soziale Kompetenzen und viel Feingefühl. Eine große Hilfe ist für Gründer ein Netzwerk, also Personen, die sie bei ihrem Unternehmen fördern und unterstützen. Dabei sollten Mitgründer eventuelle Schwächen ausgleichen können – bei Margarete Steiff war es die fehlende Risikobereitschaft.

Persönlichkeit ist wichtiger als Intelligenz

Wenn Sie sich die Lebensläufe erfolgreicher Gründer ansehen, werden Sie feststellen: Viele Unternehmer sind eindrucksvolle Persönlichkeiten, manche sogar schillernde Exoten. Längst nicht alle waren vorher in ihrem Beruf erfolgreich. Auch schulische Intelligenz oder ein guter Uni-Abschluss scheinen mit dem unternehmerischen Erfolg nur wenig zu tun zu haben. Unter den selbstgemachten Chefs großer Unternehmen sind viele Studienabbrecher und Lernverweigerer – es gibt ganz unterschiedliche Charaktere und Erfolgskonzepte.

Der Finne Linus Torvalds beispielsweise tat nichts anderes, als seine eigenen Interessen zu verfolgen und dabei das Computer-Betriebssystem Linux zu entwickeln. Nicht, um eine Firma zu gründen, nicht, um reich zu werden. Sein Motiv lag in der Sache selbst: Er wollte etwas Besseres schaffen als Microsoft mit Windows.

Kenntnisse und Fähigkeiten sollten sich ergänzen. Nicht ohne Grund stehen vielen Erfolgsfirmen Duos vor. Oft sind es Familienangehörige, Brüder wie bei Aldi oder Brüder und Schwestern wie bei Tchibo. Auch Paare, Männer und Frauen, können miteinander erfolgreich sein – mit und ohne Beziehung. Hauptsache, die Kompetenzen ergänzen sich. Ein Beispiel ist die Firma Palm Pilot aus Palm Springs, die den Taschencomputer PDA erfand. Hier traf Jeff Hawkins, ein von seiner Idee besessener Ingenieur, mit Donna Dubinsky, einer Marketingfrau, zusammen, um gemeinsam den Markt zu erobern.

Manche stellen ihre Persönlichkeit in den Hintergrund, wie die publikums- und pressescheuen Aldi-Brüder. Andere schieben sich in den Vordergrund. Beide Strategien sind erfolgversprechend, wobei schillernde Persönlichkeiten oft Egozentriker sind, die Gefahr laufen, an ihrer eigenen Selbstverliebtheit zu scheitern. Andere Gründer wiederum sind Visionäre, die von Außenstehenden für verrückt gehalten werden. Das gilt beispielsweise für Jeff Bezos vom Online-Buchhandel Amazon.com, der von Anfang an mehr wollte als einen Internet-Buchhandel: das größte Online-Kaufhaus der Welt. Er befindet sich auf dem besten Weg, dieses Ziel tatsächlich zu erreichen. Die Besonderheit visionärer Gründer ist, dass sie wissen, was sie wollen, und ihren eigenen Weg gehen – unbeirrt von kritischen Stimmen.

Auch soziale Fähigkeiten können wie bei Margarete Steiff entscheidend sein. Ferdinand Porsche beispielsweise war ein guter Ingenieur, aber noch viel mehr ein begnadeter Manager, der seine Mannschaft zu Höchstleistungen führen konnte. Er bewies ein gutes Händchen bei der Personalauswahl, fand die richtigen Ingenieure, die ihm die passenden Konzepte entwickelten.

Einmaleins der Erfolgsfaktoren

Geheime Erfolgsrezepte gibt es nicht, denn jeder besitzt ein anderes. Es gibt jedoch Faktoren, die bei jeder Gründung eine wichtige Rolle spielen. Je mehr dieser Faktoren zusammenkommen, desto wahrscheinlicher ist unternehmerischer Erfolg.

Branchenkenntnis

In dem Ort, in dem Sie wohnen, kennen Sie jeden Winkel. Sie wissen, wie die Lebensmittel im Supermarkt angeordnet sind oder wo die Radarfallen versteckt sind. Ortsfremden können Sie den Weg weisen – oder in die Wüste schicken. Denn Ortsfremde können sich nur grob mithilfe eines Stadtplans orientieren: Ortsfremde wissen nicht, wie nett der Pastor der Kirchengemeinde ist oder dass es im Supermarkt eine freundliche Verkäuferin gibt. Ähnlich ist es in der Branche, in der Sie jahrelang gearbeitet haben. Sie kennen die Struktur, die Menschen, die Preise. Sie kennen die Möglichkeiten und Marktlücken genauso wie die Grenzen.

Wenn Sie als Pressereferent in der Verlagsbranche tätig waren, wissen Sie, wie Bücher gemacht werden und wie deren Cover aussehen müssen, damit sie sich gut verkaufen. Selbst, wenn Sie mit diesen Tätigkeiten nur am Rande zu tun hatten, profitieren Sie von den Erfahrungen aus nächster Nähe. Als Tochter eines Einzelhandelskaufmanns kennen Sie die Einkaufsbedingungen des Großhandels, als Supervisorin für Kindertagesstätten und Kindergärten die Leiter dieser sozialen Einrichtungen. Vollkommen logisch also, dass Sie mit Branchenkenntnis in den meisten Fällen erfolgreicher sein werden als ohne. Aber keine Regel ohne Ausnahme: Auch für Quereinsteiger gibt es immer gute Chancen.

Doch nicht immer ist es notwendig, dass Sie selbst in der Branche gearbeitet haben, in der Sie sich selbständig machen möchten. Auch einfache Kenntnisse aus anderen Bereichen können hilfreich sein. Wenn Sie als Projektleiterin einer Werbeagentur vorwiegend mit der Arzneimittelbranche zu tun hatten, haben Sie sicher auch die Gepflogenheiten der Pharmabranche mitbekommen.

Berufserfahrung

Berufserfahrung ist aus verschiedenen Gründen wichtig und geht Hand in Hand mit der Branchenkenntnis. Zum einen besitzen berufserfahrene Gründer bereits ein Netzwerk und können auf vorhandene Kontakte zurückgreifen. Zum anderen haben Sie bereits geübt, Verhandlungen zu führen. Sie kennen außerdem genau die Schwierigkeiten bei der Unternehmensführung oder Durchführung von bestimmten Aufgaben. Sie besitzen Einblick in verschiedene Bereiche und unterschiedliche Abteilungen. Typische Konflikte – etwa zwischen Marketing und Vertrieb – sind ihnen ebenso bekannt wie Möglichkeiten, diese beizulegen. Da ein Gründer immer als Allrounder beginnt, machen sich diese Kenntnisse positiv bemerkbar.

Auch hier gilt: Keine Regel ohne Ausnahme. Viele Gründer starten direkt von der Hochschule – sei es, weil Sie eine Idee realisieren und eigenständig arbeiten wollen oder weil sie keinen Job gefunden haben. Die fehlende Berufserfahrung sollte allerdings durch entsprechend stark ausgeprägte andere Faktoren ausgeglichen werden. Mitunter ist eine Gründung ohne Berufserfahrung allerdings überhaupt nicht möglich. Viele Handwerker, etwa Friseure oder Kfz-Mechaniker, benötigen einen Meisterbrief, bevor sie an die Gründung einer Werkstatt oder eines Betriebes denken können.

Geschäftsidee

Ob die Geschäftsidee nun über Nacht kommt oder langsam heranreift wie bei Margarete Steiff: Entscheidend ist, dass das Produkt von Kunden nachgefragt wird. Eine gute Idee allein ist allerdings nur wenig wert, wenn sie sich zu solchen Kosten verwirklichen lässt, die keinen Gewinn mehr übrig lassen. Sie muss zudem so einfach sein, dass die Kunden ihre Botschaft ohne lange Erklärungen verstehen. Ob Ihre Idee markttauglich und erfolgversprechend ist, lesen Sie im Marketing-Teil.

Kaufmännisches Wissen

Natürlich sind Betriebswirtschaftler dazu prädestiniert, ein Unternehmen zu gründen. Doch das kaufmännische Wissen allein reicht nicht aus, denn mitunter scheitert die fundierteste Theorie an der Praxis. Trotzdem benötigt jeder Gründer solides kaufmännisches Grundlagenwissen. Auf keinen Fall darf er die Augen verschließen, wenn es um Geld geht. Er muss sein Honorar oder seinen Preis durchsetzen, die Gewinnspannen im Blick behalten und darüber hinaus sofort erkennen, wenn die Existenzgründung zu scheitern droht. Viele Firmen melden nach einer erfolgreichen Anlaufzeit im dritten Jahr Insolvenz an, weil sie bestimmte finanzielle

Engpässe nicht einkalkuliert haben, die beispielsweise durch Steuernachzahlungen oder Zahlungsausfälle entstehen. So ist es oft weniger das Wissen um kaufmännische Zusammenhänge als die Bereitschaft, sich mit Geld und Problemen auseinanderzusetzen, die den Erfolg ausmacht.

Familie und Umfeld

Oft arbeitet ein Gründer in der Aufbauphase mehr als seine angestellten Kollegen und bekommt trotzdem kein oder viel weniger Geld. Das ist besonders belastend, wenn der Partner dabei nicht mitzieht. Die Gründe dafür sind vielfältig: Der Partner wird mit dem Alleinsein nicht fertig oder ist nicht bereit, unter den finanziellen Engpässen zu leiden. Trennungen kommen in der Gründungsphase deshalb häufig vor und können das ganze Unternehmen in Frage stellen. Stabile Beziehungen hingegen fördern die Gründung.

Sind Kinder da, muss auch für sie gesorgt sein: Gibt es eine flexible Tagesbetreuung, die bei Terminen einspringen kann? Ist den Kindern eine Mutter zuzumuten, die sich nur selten zu Hause befindet? Und umgekehrt: Können Sie es verkraften, Ihre Kinder fremden Händen anzuvertrauen?

Welche Rolle die Familie spielt, hat viel mit Ihrem Geschäftsmodell zu tun. Die Gründerporträts in diesem Buch zeigen, dass es auch viele Lösungen gibt, die wenig Zeiteinsatz verlangen und zum Teil ideal geeignet sind, Familie und Beruf zu vereinbaren. Doch die normale Vollzeit-Gründung fordert eben mehr als eine Tätigkeit in Festanstellung. Nicht wenige Gründer berichten, dass sie in ersten Jahren des Aufbaus Freunde verloren haben, weil sie sich nur noch auf das Unternehmen konzentrierten.

Wichtig ist, dass Sie sich über die Folgen im Klaren sind und alle informieren, die von Ihrer Firmengründung betroffen sind. Fragen Sie sich, was es für Sie und Ihr Privat- und Familienleben bedeutet, ein Unternehmen zu gründen. Können Sie mit diesen Konsequenzen leben, oder haben Sie Bauchschmerzen? In diesem Fall sollten Sie Ihr Konzept noch einmal überdenken und Lösungen finden, die dafür sorgen, dass das mulmige Gefühl verschwindet.

Geld

Wem genug Geld zur Verfügung steht, der gründet leichter, schneller und erfolgreicher. Auf der anderen Seite kann zu viel Geld auch zur Faulheit verleiten. Nicht selten kommt es vor, dass Bezieher von Überbrückungsgeld die ersten fünf Monate nichts machen – und im sechsten Monat merken, dass sie jetzt nur noch einen Monat Zeit haben. Das Fehlen von Geld kann einen starken Anreiz darstellen, endlich aktiv zu werden. Wer weiß, dass alles von einer Verhandlung abhängt, steckt mehr persönlichen Ehrgeiz hinein.

Letztlich bietet Geld aber zusätzliche Sicherheit und ist häufig ein entscheidender Vorteil. Wer ein neues Produkt erfunden hat, kann dieses mit Geld schneller auf den Markt bringen. Mit Geld können Sie mehr in Ihre Geschäftsausstattung, Ihren

Internetauftritt oder Ihre Werbung investieren. Geld hilft Ihnen zu überleben, wenn Ihre Kunden einmal nicht zahlen. Es versetzt Sie zudem in die Lage, mehr Ware zu einem günstigeren Preis einzukaufen, und erhöht damit Ihren Gewinn. Unter dem Strich ist Geld also ein klarer Vorteil. Wie Sie es beschaffen, falls es nicht vorhanden ist, lesen Sie in Kapitel 7.2.

Persönlichkeit

Lassen sich Persönlichkeitsfaktoren, die einen Unternehmer erfolgreich machen, empirisch erfassen? Seit vielen Jahren beschäftigt sich Professor Günter F. Müller mit den menschlichen Voraussetzungen für eine erfolgreiche Existenzgründung. Dabei hat der Psychologe in zahlreichen Studien gezeigt, dass die Persönlichkeit zu etwa 20 bis 25 Prozent zum Gelingen einer Selbständigenkarriere beiträgt. Dieser gering anmutende Anteil lässt viele aufatmen: Er ist nicht übermächtig, andererseits aber auch hoch genug, dass er zum Scheitern einer Idee führen kann. Gleichzeitig lässt sich mangelnde Persönlichkeit durch eine besonders gute Idee oder erstklassige Branchenkenntnisse wettmachen. Auch ein starker Partner kann fehlende Unternehmerpotenziale ausgleichen. Nicht ohne Grund finden sich immer wieder erfolgreiche Gründer-Duos, die aus einem Kaufmann und einem Kreativen bestehen, die unterschiedliche Persönlichkeitsmerkmale besitzen, sich aber in Bezug auf das Geschäftliche hervorragend ergänzen.

Gründerporträt: »Ich liebe es zu erobern«

Brigitte Zinner ist eine mobile Chefsekretärin mit Münchener Charme.

Firma	Brigitte Zinner
Gesellschaftsform	Einzelunternehmen
Geschäftsmodell	Office-Dienstleistungen zwischen Zeitarbeit und Interimsmanagement
Ort	München
Internet	www.brigitte-zinner.de
Gründung	Januar 2002
Kapitaleinsatz bei Gründung	0 Euro
Inhaberin	Brigitte Zinner
Entwicklung	Kein Job für die Ewigkeit
Erreichen der Gewinnschwelle	Schon nach zwei Wochen war Frau Zinner so gut wie ausgebucht

Es ist keine Zeitarbeit, eher ein Interimsmanagement fürs Office. Brigitte Zinner, 46 Jahre, ist eine Art Aushilfssheriff für Organisatorisches. Sie kommt ins Büro, wenn eine neue Firma oder Filiale eröffnet wird oder eine Umstrukturierung ansteht. So war das, als sich die Vertretung des amerikanischen Bundesstaates Georgia in München niederließ. Zinner ist vor allem dann gefragt, wenn sich die Chefs noch keine eigene Chefsekretärin leisten wollen oder können oder wenn sie eine Vertriebsunterstützung benötigen. Kleine und mittlere Unternehmen möchten oft auch nur für die Arbeit zahlen, die tatsächlich geleistet wird.

Genau darin liegt Brigitte Zinners Vorteil: Als selbständige Office-Managerin kennt sie keine bezahlten Mittagspausen, kein Schwätzchen auf Firmenkosten oder gar Urlaubsgeld. Wenn sie neue Strukturen für die Geschäftskorrespondenz entwickelt, wird sie nach dem gleichen Stundensatz bezahlt, für den sie Briefmarken kauft oder eine Veranstaltung organisiert. Bei der Festlegung dieses Honorarsatzes hat der Steuerberater geholfen. Ihr Tarif berücksichtigt, dass sie aufgrund der Arbeit vor Ort nur geringe Kosten hat.

Eine gefragte Dienstleistung, die die 49-Jährige da anbietet, auch bei anziehender Konjunktur. Zugleich ist es aber auch ein Knochenjob, bei dem 11-Stunden-Tage die Regel sind und nicht die Ausnahme. Die Arbeit geht an die Substanz und macht ihr gerade deshalb Spaß. »Ich liebe es zu erobern«, sagt sie. Nie habe sie es länger als zwei Jahre in einem Job ausgehalten. Immer siegte nach einer gewissen Zeit die Langeweile. Routine mag sie nicht. Das schlägt sich auch im Privatleben nieder, und so ist Zinner überzeugte Single-Frau.

Ordnung schaffen bereitet ihr Freude, aber sind erst einmal funktionierende Strukturen vorhanden, ist Zinner schon wieder fort – an einem anderen Ort, bei einem anderen Arbeit- und Auftraggeber. Das hat ihr geholfen, ein reiches Portfolio an Berufserfahrung in unterschiedlichen Positionen und Branchen zu sammeln. Berufswechsel sind ihr stets leicht gefallen. Fast jeder, dem sie eine Bewerbung schrieb, lud sie auch zum Vorstellungsgespräch ein. Dabei konnte sie stets überzeugen, weil sie sich so gut auf die Bedürfnisse ihrer Gesprächspartner einzustellen vermochte. Auf dem Weg nach oben, zur Assistentin der Geschäftsführung, sammelte sie renommierte Namen wie McKinsey und PA Consulting Group als Referenz.

Schon vor dem Start in die Selbständigkeit war sie sich sicher, dass ihre Dienstleistung gefragt sein würde. Bis sie den Schritt endlich wagte, verging aber noch ein halbes Jahr. Vor allem die Frage, ob sie die richtige Persönlichkeit für selbständiges Arbeiten sei, beschäftigte sie intensiv. »Ich habe mich Zentimeter um Zentimeter vorgetastet, bis ich mich entschieden hatte.« Die Eigenschaften, die ihr im Angestelltenverhältnis nützlich waren, halfen ihr auch in der Selbständigkeit. Eine ihrer Stärken liegt in der Fähigkeit, sich auf andere Menschen einzustellen. Neue Kunden gewinnt sie über die Akquise per E-Mail, wobei sie immer individuell schreibt und sich auf einen Kontakt beruft. Ihr Gefühl sagt ihr, wann sie sich telefonisch melden und nachfassen sollte. Auf diese Weise erreicht sie bisher immer ein persönliches Gespräch, nicht unbedingt jedoch einen Auftrag. Sehr oft aber erinnert sich der betreffende Geschäftsführer noch Monate später an sie. Falls nicht, erinnert sie ihn – und oft passt es gerade.

Überhaupt versteht sich die ehemalige Buchhändlerin hervorragend auf Networking. Hier kommen ihre männlichen Eigenschaften zum Tragen, wie sie selbst sagt. Auf Meetings und Geschäftsessen fühlt sie sich zu Hause. Dabei versteht sie Netzwerke aufzubauen und Kontakte zu nutzen. Das sieht sie als eines ihrer Erfolgsrezepte an. »Die meisten Frauen lernen das gerade erst. Sie schauen aber immer noch sehr stark auf die Konkurrenz. Und sind auch schneller und dauerhafter beleidigt als Männer.«

Auch die Bereitschaft, immer wieder neu zu lernen, ist Teil von Zinners Geschäftsmodell. Viele Kunden engagieren die selbständige Office-Managerin für Projekte, in die sie sich neu einarbeiten muss. »Die wollen mich einfach, weil sie schon gute Erfahrungen mit mir gemacht haben.« Derzeit arbeitet sie sich beispielsweise in das Datenbankprogramm Oracle ein.

Was demnächst kommt? Brigitte Zinner weiß es noch nicht. Klar ist jedoch, dass sie ihr Unternehmen nicht ewig so weiterführen kann und will. Schließlich sind jetzt schon vier Jahre herum. Zeit, mal wieder an etwas Neues zu denken.

Welche Persönlichkeitsmerkmale sind es, die Gründer auszeichnen? Ganz oben steht eine hohe Motivationsfähigkeit. Diese sorgt für Ehrgeiz und für die Kraft, sich für das eigene Geschäft zu engagieren. Jemand, der nur sein Geld mit möglichst wenig Aufwand verdienen will, wird eine solche Power nie entwickeln können. Wichtig ist außerdem die ausgeprägte Lust der Erfolgsunternehmen, Lösungen zu finden und Probleme in Angriff zu nehmen. Erfolgreiche Gründer laufen nicht weg, wenn es brenzlig wird.

Entscheidend ist daneben der Umgang mit den eigenen Emotionen. Ein Mensch, der sich durch Ereignisse, beispielsweise im Privatleben, für längere Zeit aus der Bahn werfen lässt, kann sich kaum dauerhaft für sein Geschäft engagieren. Das bedeutet nicht, dass erfolgreiche Gründer keine Gefühle besitzen, sondern dass diese ihre Arbeit nicht dauerhaft beeinträchtigen dürfen. Oft können sie zudem sehr gut zwischen Beruflichem und Privatem trennen: Ein Streit mit dem Ehepartner beispielsweise hindert sie nicht daran, die Geschäfte weiterzuführen.

Erfolgreiche Unternehmer können Menschen, Stimmungen und Persönlichkeit gut einschätzen. Sie verfügen nicht über einstudierte Verhaltensweisen, sondern reagieren flexibel auf Situationen. In Verhandlungen setzen sie sich leicht durch und sind gut darin, ihre eigenen Interessen zu vertreten. Gleichzeitig vermögen sie Geschäftspartner so zu behandeln, dass diese sich nicht »über den Tisch gezogen«, sondern sich ernst genommen fühlen. Das liegt daran, dass Gründer mit sozialer Kompetenz ihr Gegenüber ebenfalls ernst nehmen.

Test: Was für ein Gründertyp sind Sie?

In seinen empirischen Untersuchungen hat Günter Müller verschiedene Gründertypen ermittelt. Bei jedem Typ dominieren bestimmte Verhaltensweisen, wobei alle erfolgreich sein können – allerdings in unterschiedlichen Berufsfeldern. Keinen Typ gibt es in Reinform, in der Praxis kommen immer Mischtypen vor. Dabei gibt es jedoch typische und weniger typische Mischungen: So ist der kreative Akquisitionstyp nicht selten auch ein ich-bezogener Aktivitätstyp oder der distanzierte Leistungstyp darüber hinaus auch rational ausdauernd. Die folgenden Charakterisierungen von Typen und teilweise auch Stereotypen bieten also erste Anhaltspunkte. Dass Sie sich bei dem einen oder dem anderen wiederfinden, sagt nichts über Ihren Erfolg aus, sondern beschreibt lediglich Ihren Charakter – und wie Sie eingangs gesehen haben, können sehr unterschiedliche Persönlichkeiten erfolgreich sein.

Die Profile der Gründertypen beruhen auf dem Fragebogen zur Diagnose unternehmerischer Potenziale (F-DUP). Diesen Test können Sie bei Günther F. Müller anfordern unter der E-Mail-Adresse fmueller@uni-landau.de: Schreiben Sie in die Betreffzeile »Anforderung F-DUP« und weisen Sie auf dieses Buch als Quelle hin. Ein alternativer Test ist das Hohenheimer Gründerdiagramm, das allerdings deutlich aufwändiger, da es in Form eines Assessment-Centers stattfindet (*www.uni-hohenheim.de*).

Distanzierter Leistungstyp: der Denker
Sie sind ein Forscher und Denker. Die Arbeit geht Ihnen über alles, weil Sie sie über alles lieben. Sie haben höhere Ziele, Moralvorstellungen und möchten lieber die Gesellschaft verbessern als reich werden. Viele Ärzte verkörpern diesen Typ, ebenso Erfinder oder Menschen, die sich in sozialen Berufen selbständig machen.

Rationaler Ausdauertyp: der Macher
Sie rauchen, trinken viel Kaffee und arbeiten oft bis in die Nacht? Dabei haben Sie jede Menge Energie, sind hellwach, wenn andere schon schlapp machen. Dann könnten Sie ein rationaler Ausdauertyp sein. Jemand, der hartnäckig an der Erreichung seiner Ziele arbeitet und alle Situationen meistert. Rationale Ausdauertypen finden sich in verschiedenen Branchen, können Webdesigner sein oder Kaufmann.

Ideenreicher Akquisitionstyp: der Verkäufer
Wahrscheinlich arbeiten Sie in einer kreativen oder kommunikativen Branche, sind zum Beispiel Personalvermittler oder Marketingexperte. In Auseinandersetzungen mit anderen Personen reagieren Sie flexibel, ohne lange überlegen zu müssen. Überhaupt ist langfristige Planung nicht Ihre Sache: Sie können sich gut auf andere Menschen und wechselnde Situationen einstellen und verändern Ihre eigenen Strategien immer wieder.

Kontrollierter Machttyp: der Manager

Nein, klein-klein – das ist nichts für Sie: Sie streben nach etwas Größerem und sind dafür bereit, vielleicht nicht alles, aber doch eine ganze Menge zu tun. Ihre eigenen Vorteile sind Ihnen wichtig, nicht die der anderen. Sie sind überlegen – und das zeigen Sie auch. Verhandlungen führen Sie so lange, bis Sie das erreicht haben, was Ihnen hilfreich ist. Kontrollierte Machttypen sind sehr häufig Persönlichkeiten, für die das Geschäft im Vordergrund steht. Sie sind vielleicht nicht immer Sympathieträger, können aber mit unterschiedlichen Ideen sehr erfolgreich sein.

Ich-bezogener Aktivitätstyp: der Egozentriker

Sie sind sehr selbstbewusst und glauben an sich und die Kräfte, die in Ihnen schlummern. Gut möglich, dass andere Sie als einen sympathischen Egozentriker erleben. Wenn man Sie fragt, was einen Menschen erfolgreich macht, antworten Sie wahrscheinlich: »Sein Wille.« Sie sind überzeugt, dass Sie alles erreichen können, was Sie wollen. Und sollte es mal nicht klappen, dann lag es nur daran, dass Sie eigentlich ja gar nicht wollten ...

Interview: Was macht Gründer erfolgreich?

Der Diplom-Psychologe Günter F. Müller erforscht an der Universität Landau unternehmerisches Verhalten und berufliche Selbständigkeit. Seine Daten resultieren aus einem Vergleich abhängig Beschäftigter (Angestellte) und selbständiger (Freiberufler, Gewerbetreibende). Eine Studie beschäftigt sich mit den unterschiedlichen Persönlichkeitsmerkmalen von Top-Managern und Unternehmensgründern.

Herr Müller, warum wird der eine Top-Manager bei einem Großkonzern und der andere Unternehmensgründer?
Die Unterschiede sind nicht frappant. Interessant ist allerdings, dass angestellte Manager machtorientierter sind. An sich ist das ja auch logisch: Sie brauchen ihre Ellenbogen, um ganz nach oben zu kommen. Der Wunsch, Macht zu haben und zu sichern, ist dabei ein entscheidender Motivator. Unternehmensgründer sind dagegen von Anfang an oben. Sie brauchen sich nicht gegen Konkurrenten im eigenen Unternehmen durchzusetzen, nur gegen Konkurrenten von außen. Das macht sie sanfter.

Ist die Persönlichkeit entscheidend für den Erfolg?
Sie ist wichtig, aber sicher nicht alles. Der Anteil liegt laut unseren Forschungen bei 25 bis 30 Prozent. Noch wichtiger ist branchenspezifisches Wissen.

Welche persönlichen Prägungen weisen erfolgreiche Gründer denn auf? Was zeichnet ihre Persönlichkeit aus?

Erfolgreiche Gründer können zum Beispiel mit Ungewissheit leben. Es darf einem Gründer beispielsweise nichts ausmachen, nicht genau zu wissen, welche Auftragslage ihn im nächsten Frühjahr erwartet. Erfolgreiche Gründer packen Probleme sofort an, schieben nichts auf die lange Bank, suchen immer nach Lösungen. Sie sind belastbar, antriebsstark, können sich sozial anpassen und durchsetzen. Sie sind ehrgeizig und möchten immer gute Leistungen erbringen – ob für sich selbst oder für andere, ist dabei erst einmal sekundär.

Spielt auch Intelligenz eine Rolle?
Nein, am Intelligenzquotienten lässt sich Erfolg nicht festmachen. Dies könnte aber auch mit den unterschiedlichen Anforderungen für eine Gründung zusammenhängen. Nicht jeder Gründer übt eine geistig anspruchsvolle Tätigkeit aus: Handwerker etwa müssen vor allem ihren Job beherrschen und Einzelhändler Ahnung von ihrem Job haben. Allerdings müssen alle Gründer clever im Sinne von »bauernschlau« sein, beispielsweise um eigene Ideen für das Marketing zu entwickeln. Cleverness und Intelligenz – das sind zwei Paar Schuhe.

Lässt sich die Persönlichkeit eines Erwachsenen überhaupt noch verändern? Oder anders gefragt: Muss man zum Gründer geboren sein?
Persönliche Prägungen entstehen bis zum Jugendlichenalter; später sind nur noch graduelle Änderungen möglich. Das bedeutet viel Aufwand und hartes Arbeiten an sich selbst. Coaching kann eine Methode sein, Veränderungsprozesse in Gang zu setzen.

Benötigt der Gründer dafür nicht sehr viel Selbstdisziplin?
Auf jeden Fall. Er muss auch bereit sein, in die eigene Seele zu schauen. Die inneren Vorgänge sollten ihm bewusst sein.

Heißt das, dass sich Schwächen auf diese Weise ausgleichen lassen?
Nein. Ich halte es für erfolgversprechender, Stärken zu Spitzenleistungen auszubauen, als an Schwächen herumzudoktern. Die Schwächen sollten Gründer so kompensieren, dass sie damit einigermaßen klarkommen. Das reicht aus. Viele Eigenschaften lassen sich kaum verändern, da sie vermutlich genetisch bedingt sind – beispielsweise emotionale Stabilität.

Kann eine Gründung im Team helfen, Schwächen auszugleichen?
Unbedingt, denn Teamgründungen sind erfolgreicher. Wer sich mit anderen zusammentut, hat oft eine bessere Ausgangslage. Meist machen Gründer jedoch den Fehler, sich mit Menschen zu verbünden, die ähnlich gelagerte Interessen und eine verwandte Persönlichkeitsstruktur haben. Das wären weniger gute Voraussetzungen.

Sie sagten, Persönlichkeit sei nicht alles. Wie lässt sich ein Mangel in bestimmten Bereichen – etwa bei der Fähigkeit, soziale Kontakte zu knüpfen – sonst noch ausgleichen?
Neben dem branchenspezifischen Wissen ist auch das Produkt selbst

entscheidend. Ein gutes Produkt wird gekauft werden, selbst wenn sein Erfinder nur wenig ambitioniert ist oder beschränkte soziale Fähigkeiten hat. Wenn alles zusammenpasst, floriert auch das Unternehmen. Gründer, Idee und Unternehmensform müssen harmonieren. Mit Unternehmensform meine ich dabei keine Gesellschaftsform, sondern die Art des Auftretens am Markt. Ein Subunternehmer in der Bau- oder Technologiebranche benötigt die genannten Erfolgsvoraussetzungen nicht in dem Maße wie ein freiberuflicher Grafikdesigner oder ein Restaurantinhaber.

Test: Sind Sie geeignet?

In den gängigen Gründertests werden unterschiedliche Voraussetzungen abgefragt – je nach Schwerpunkt des Testentwicklers. So schaut eine Bank oder Sparkasse erst einmal auf das kaufmännische Know-how, wohingegen für Psychologen und Sozialwissenschaftler meist die Persönlichkeit im Vordergrund steht. Für dieses Buch wurden Fragen aus verschiedenen Tests zusammengeführt. Es ist kein Test, der zu einer sicheren Aussage führt – ebenso wie die meisten anderen Tests, selbst wenn die Urheber anderes behaupten. Ihre Antworten sollen Ihnen vor allem helfen, sich weitere Gedanken zu machen.

Wenn Sie möglichst viele der folgenden Aussagen mit Ja beantworten können, sind die Voraussetzungen für eine Unternehmensgründung vermutlich gut. Dabei ist aber immer zu berücksichtigen, dass das Bild, das Sie von sich selbst haben, nicht notwendig mit dem Bild übereinstimmen muss, welches sich andere von Ihnen machen. Vor diesem Hintergrund ist es sinnvoll, die Fragen einmal für sich selbst zu beantworten. Geben Sie den Fragebogen danach Freunden und Bekannten – vor allem solchen, die Sie beruflich kennen und schätzen.

Wie groß ist die Übereinstimmung? Falls es Unterschiede bei der Selbst- und Fremdwahrnehmung gibt: Was könnte der Grund dafür sein, dass Sie sich anders sehen? Diskutieren Sie diese Punkte mit Menschen, die Sie gut kennen.

Besitzen Sie genügend Selbstvertrauen, um Ihre Idee auch dann zu vertreten, wenn andere an ihr zweifeln? Warum ein Ja an dieser Stelle gut ist: Sie können den eigenen »Kurs« nicht bei jeder kritischen Stimme ändern.   ☐

Sind Sie kreativ und haben genug Einfälle, um Probleme zu lösen? Warum ein Ja an dieser Stelle gut ist: Kreative Problemlösungen sind das Erfolgsrezept schlechthin.   ☐

Sind Sie wendig und können flexibel reagieren? Warum ein Ja an dieser Stelle gut ist: Unternehmern müssen mit unerwarteten Situationen klarkommen und sich auf diese einstellen.   ☐

Fällt es Ihnen leicht, die Initiative zu ergreifen? Warum ein Ja an dieser Stelle gut ist: Sie müssen Menschen ansprechen können, beispielsweise bei der Kunden- und Auftragsakquise. ☐

Haben Sie Lust, immer neu zu lernen? Warum ein Ja an dieser Stelle gut ist: Als Unternehmer dürfen Sie nicht stehen bleiben, gleich welchen Beruf Sie ausüben. ☐

Sind Sie kommunikativ und kommen gut mit anderen aus? Warum ein Ja an dieser Stelle gut ist: Ohne Netzwerke und Kontakte gelangen Sie kaum an Aufträge. ☐

Sind Sie offen für Vorschläge und Kritik? Warum ein Ja an dieser Stelle gut ist: Wer offen ist, verändert sich, arbeitet an sich und kann sich neuen Situationen leichter anpassen. ☐

Überdenken Sie manchmal Ihre Verhaltensweisen und Strategien? Warum ein Ja an dieser Stelle gut ist: Wenn Sie dauerhaft am Markt erfolgreich sein wollen, müssen Sie Ihr Produkt beziehungsweise Ihre Dienstleistung immer wieder überdenken. ☐

Haben Sie das starke Bedürfnis, Dinge erfolgreich zu Ende zu führen? Warum ein Ja an dieser Stelle gut ist: Sie müssen eine Durststrecke am Anfang durchhalten und schwierige Zeiten überbrücken. ☐

Sind Sie bereit, Risiken einzugehen? Warum ein Ja an dieser Stelle gut ist: Das Sprichwort »Wer nichts wagt, der nichts gewinnt« gilt immer noch. Wichtig ist, dass Risiken kalkulierbar bleiben. ☐

Reicht Ihre körperliche Fitness aus, Stress zu verkraften? Warum ein Ja an dieser Stelle gut ist: Viele Gründer müssen aus gesundheitlichen Gründen aufgeben. ☐

Besitzen Sie Disziplin? Warum ein Ja an dieser Stelle gut ist: Sie müssen sich dazu zwingen, bestimmte Aufgaben regelmäßig durchzuführen. ☐

Wirft Sie so schnell nichts aus der Bahn? Warum ein Ja an dieser Stelle gut ist: Sie dürfen sich durch Krisen nicht von Ihrer Tätigkeit abhalten lassen. ☐

Haben Sie ein Gespür für Stimmungen? Warum ein Ja an dieser Stelle gut ist: Das ist eine ideale Voraussetzung, um auch bei Verhandlungen zu punkten. ☐

Haben Sie bei allem, was Sie tun, immer auch Ihren Gewinn im Kopf? Warum ein Ja an dieser Stelle gut ist: Ohne kaufmännisches Denken kommen Sie mit der besten Idee nicht weiter. ☐

Verfügen Sie über einschlägige Kenntnisse der Branche, in der Sie tätig werden? Warum ein Ja an dieser Stelle gut ist: Branchenkenntnisse sind ein entscheidender Erfolgsfaktor. ☐

Besitzen Sie einschlägige, umfangreiche Berufserfahrung? Warum ein Ja an dieser Stelle gut ist: Berufserfahrung ist ebenfalls wichtig für den Erfolg. ☐

Unterstützt Sie Ihr Lebenspartner bei dem, was Sie vorhaben? Warum ein Ja an dieser Stelle gut ist: Andernfalls können Sie auch finanziell womöglich gar nicht durchhalten. ☐

Woran Gründer scheitern

Die KfW Mittelstandsbank hat ermittelt, woran Gründer scheitern. Die Gründe für das Scheitern spiegeln zugleich die wichtigsten Erfolgsfaktoren wider:

- *Finanzierungsmängel:* Es ist nicht genug Geld da, um Pläne zu realisieren. Die finanzielle Entwicklung wurde im Business-Plan unrealistisch positiv eingeschätzt.
- *Informationsdefizit:* Der Gründer wusste zu wenig über die Branche, in der er sich selbständig gemacht hat.
- *Qualifikationsmängel:* Dem Gründer fehlte es an Wissen und Können.
- *Planungsfehler:* Schlechte Planung kann das ganze Unternehmen in Schwierigkeiten bringen.
- *Familiäre Probleme:* Trennt sich beispielsweise der Partner oder erkrankt der Gründer oder ein Familienmitglied, hat dies oft Auswirkungen auf das Geschäft.
- *Überschätzung der Betriebsleistung:* Die Versprechen aus dem Business-Plan können nicht eingelöst werden.
- *Äußere Einflüsse:* Plötzlich verändert sich das Kundenverhalten, sinkt die allgemeine Kaufkraft, bleiben Luxusgüter liegen, ändern sich Gesetze.

Adressen

Gründertests:

- EBS-Gründertest (*www.ebs-gruendertest.de*): 80 Fragen müssen Sie beantworten, dann wissen Sie mehr über Ihre Unternehmerpersönlichkeit.
- Bundesministerium für Arbeit und Soziales (*www.bmas-bund.de*): Persönlichkeitstest (mithilfe der Suchmaschine suchen).

- Gründerlotse (*www.uni-rostock.de/andere/gl/Frames/Selbsttest/test.html*): Der interaktive Test der Uni Rostock basiert auf F-DUP.
- Wirtschaftskammer Österreich Gründerservice (*www.gruenderservice.net*): Psychologen-Gründertest aus Österreich.

1.5 Beratung, Coaching und Weiterbildung

Zahlen beweisen es: Mit Beratung und Coaching gründen Sie erfolgreicher. Auch in den Jahren nach der Gründung bleibt gute Beratung unverzichtbar – ob in betriebswirtschaftlichen, steuerrechtlichen oder juristischen Fragen. Doch welche Art der Beratung brauchen Sie wann? Wie finden Sie einen guten Berater und Coach? Wann sollten Sie sich für eine Weiterbildungsmaßnahme oder ein Seminar entscheiden? Dieses Kapitel hilft Ihnen bei der Auswahl und vermittelt nützliche Adressen.

Wie Sie einen guten Coach finden

Gute Beratung lässt sich nicht immer auf den ersten Blick erkennen. Sie ist zudem individuell und auf den Gründer ausgerichtet. Nur schlechte Berater orientieren sich an Standardvorgaben. Wenn die Idee des Gründers nicht ausgereift ist, hat es beispielsweise keinen Sinn, sich über Gesellschaftsformen zu unterhalten. Der Berater sollte individuell auf Ihren Bedarf eingehen. Gleichzeitig muss er aber auch kritisch und neutral genug sein, um Themen und Probleme anzusprechen, deren Relevanz Ihnen vielleicht noch nicht bewusst ist.

Ein Coach ist für Existenzgründer das, was die Trainer für Leistungssportler sind: Er führt Sie zum Erfolg. Die Tore schießen letztlich Sie, aber Ihr Coach entwickelt mit Ihnen gemeinsam die richtige Taktik und die passende Strategie. Somit ist ein Coach eine Art Sparringspartner auf dem Weg zum Ziel. Er vereinbart mit Ihnen die Ziele, die Sie gemeinsam erreichen wollen, definiert zudem Teilziele und Etappen auf dem Weg dorthin. Diese können schriftlich fixiert sein oder nur in den Köpfen von Coach und Coachee existieren. Wirklich wichtig ist, dass sich beide einig sind und sich über die Inhalte verständigt haben.

Coach wird man nicht durch eine Lehre, sondern durch Weiterbildung. Die Berufsbezeichnung ist nicht geschützt: Jeder kann sich Coach nennen. Manche besitzen eine zweijährige Supervisionsausbildung, andere sind von verschiedenen Anbietern im Schnellverfahren zertifiziert. Wiederum andere sind einfach Coach aufgrund ihrer Erfahrungen, was nicht unbedingt das Schlechteste ist. Ein Siegel allein sagt wenig aus, denn die Qualität der unterschiedlichen Ausbildungen zum Coach ist nicht einheitlich. Hinzu kommt: Nicht jeder Coach kann auch Existenzgründer beraten. Ein auf Existenzgründungsberatung spezialisierter Coach benötigt nicht nur die Fähigkeit zum Coachen, sondern auch Marktkenntnis und Erfahrung in der Branche, in der Sie sich selbständig machen. Informieren Sie sich am besten über Netzwerke und Empfehlungen und lesen Sie aufmerksam die Selbstdarstellung der Coachs, die für Sie in Frage kommen. Vereinbaren Sie dann ein Erstgespräch; das ist in der Regel kostenlos. Manche Coachs und Berater räumen aber auch die Möglichkeit ein, ein solches Gespräch innerhalb der ersten 20 bis 30 Minuten abzubrechen, ohne dass weitere Kosten entstehen.

Beratung oder Coaching?

Coaching ist eine Wegbegleitung und ein Prozess. Der Coach hilft dem Coachee, Lösungen zu erkennen oder zu entwickeln, die bereits in ihm selbst liegen. Beratung dagegen ist eine Vermittlung von (besserem) Wissen. Unterschiede lassen sich auch zeitlich machen: Coaching dauert immer mehrere Stunden, Beratung für ein spezielles, definiertes Problem kann nach einer Stunde abgeschlossen sein. Eine Existenzgründungsgrundberatung, die sich auf mehrere Themenbereiche erstreckt, benötigt dagegen mindestens 6 bis 10 Stunden.

Die Grenzen sind bisweilen fließend. Ein guter Coach im Existenzgründungsbereich muss auch beraten können, also über umfangreicheres Wissen verfügen als der Coachee. Und umgekehrt: Ein guter Berater weiß, dass der Mensch im Mittelpunkt steht, und zielt nicht nur darauf zu sagen, wie es besser geht. Sobald ein Berater mit seinem Klienten am Erreichen von Zielen arbeitet, wird er zum Coach.

Mentoring: Lernen durch Erfahrungsaustausch

Jeder tut gut daran, einen Mentor zu haben. Ein Mentor ist Fürsprecher – meist ein erfahrener Unternehmer aus der Branche und dem beruflichen Umfeld, aus dem der Mentee stammt. Mentoring hilft mit persönlichem Rat und dem eigenen Erfahrungsschatz, ersetzt aber kein Coaching. Mentoring-Programme werden meist über die Berufsverbände angeboten.

Frauenverbände sind ebenfalls in diesem Bereich aktiv. So bietet die Käte-Ahlmann-Stiftung ein Mentoring-Programm für Gründerinnen. Interessierte Frauen können sich in den ersten drei Jahren eine versierte Unternehmerin als Mentorin an ihre Seite holen, die mit ihren Erfahrungen mindestens in vier jährlichen Gesprächen weiterhilft. Die Mentorinnen der Stiftung arbeiten ehrenamtlich. Der Mentee zahlt nur eine einmalige Bearbeitungsgebühr von 100 Euro.

Wann sollten Sie ein Seminar oder Training besuchen?

Coaching und Beratung haben Ihre Grenzen. Wenn Sie Fertigkeiten und Fähigkeiten regelrecht erlernen wollen, empfiehlt sich ein Seminar. Dies gilt vor allem für Kenntnisse, die Sie in einer Gruppe besser üben können. Themen sind beispielsweise Buchhaltung oder Verhandlungstechniken. Ein guter Trainer vermittelt Inhalte, indem er Sie Dinge tun und erfahren lässt.

Wenn Sie sich Wissen in der Theorie aneignen wollen, greifen Sie zu einem guten Buch. Möchten Sie aber praktisch üben, besuchen Sie einen Kurs. Vorsicht vor Kursen, bei denen ein Dozent nur Inhalte von der Kanzel predigt. Sie erkennen das oft schon am Seminarprogramm. Liest sich dieses wie das Inhaltsverzeichnis eines Buches, spricht das für ein ebenso theoretisch gestaltetes Programm. Achten Sie darauf, dass Ihr Seminar Übungen, Rollenspiele und moderierte Diskussionen enthält. Diese stellen den Bezug zur Praxis her.

Bei vielen Themen empfiehlt sich ein nachgelagertes Coaching. Beispiel: Idealer Abschluss eines Akquise-Trainings ist ein Akquise-Coaching. Der Coach begleitet Sie bei Ihrer Akquise, gibt Ihnen Ratschläge und ein ausführliches Feedback.

Wer kann Sie beraten?

Der Markt ist kaum noch überschaubar: Existenzgründungsberatung gibt es an jeder Ecke. Viele Angebote sind kostenlos. Doch nicht alles, was nichts kostet, ist auch gut – und umgekehrt. Leider macht das große Angebot die Auswahl eher schwerer als leichter. Zudem hat die Stiftung Warentest in einem breit angelegten Test herausgefunden, dass die Qualität der Beratung oft mäßig ist. Falsche und schlechte Beratung kann sogar den Erfolg des Vorhabens gefährden. »Jeder sagt etwas anderes«, solche Aussagen von Existenzgründern sind nicht gerade selten. Prüfen Sie die Angebote deshalb kritisch. Sehr oft steht und fällt die Qualität auch mit dem einzelnen Berater und ist weniger an eine bestimmte Institution gebunden.

▶ *Industrie- und Handelskammern (IHK):* Die Industrie- und Handelskammern beraten Gründer kostenlos. Der Schwerpunkt liegt hier vor allem auf gewerblichen, kaufmännischen Gründungen. Eine Übersicht der bundesweiten IHK finden Sie beim Deutschen Industrie- und Handelstag DIHK (*www.dihk.de*).

▶ *Handwerkskammern:* Die Handwerkskammern sind Ansprechpartner für Handwerker und kennen sich gut mit deren speziellen Problemen aus. Auch diese Beratung ist meist kostenlos. Leider gibt es keine einheitliche Internetadresse, sodass Sie die zuständige Handwerkskammer über eine Suchmaschine ausfindig machen müssen (z.B. für Hamburg: *www.hwk-hamburg.de*).

▶ *Berufsverbände und Kammern:* Freiberufler können bei ihrem jeweiligen Berufsverband oder ihrer Kammer gratis Beratungsangebote wahrnehmen. Auch der Bundesverband für Freie Berufe (BFB) berät Gründer (*www.freie-berufe.de*).

▶ *Beratungszentrum der KfW Mittelstandsbank:* Auf den kaufmännischen Aspekt konzentriert sich die KfW Mittelstandsbank, die überall in der Bundesrepublik Beratungsstellen anbietet. Erkundigen Sie sich unter der Telefonnummer 0180 241124. Für Unternehmer in der Krise bietet die Mittelstandsbank runde Tische an (*www.kfw-mittelstandsbank.de*).

Tipp: So erkennen Sie einen guten Berater oder Coach

– Das erste Gespräch ist kostenlos, oder Sie können das Gespräch innerhalb von z. B. 20 Minuten ohne weitere Kosten abbrechen.
– Der Berater ist Ihnen sympathisch – die wichtigste Grundvoraussetzung überhaupt.
– Der Berater überprüft regelmäßig durch Nachfragen, ob das Ziel erreicht wurde.
– Der Berater klärt Sie über seine Vorgehensweise und Methodik am Anfang auf.
– Der Berater besitzt Branchenkenntnisse und Erfahrung.
– Der Berater geht auf Ihre Bedürfnisse ein und holt Sie ab, wo Sie stehen.
– Der Berater prüft Ihr Geschäftsmodell kritisch.
– Der Berater vereinbart mit Ihnen ein Beratungs- beziehungsweise Coaching-Ziel sowie Meilensteine.
– Der Berater verweist Sie an kompetente Kollegen, wenn er selbst nicht weiterhelfen kann.

Ermitteln Sie Ihren Beratungsbedarf

Folgende Checkliste hilft Ihnen dabei, den eigenen Beratungsbedarf zu ermitteln. In Klammern steht eine Empfehlung, welcher Berater-Typ sich für diesen Zweck am besten eignet. Natürlich sollten Sie nicht für jeden Zweck einen anderen Berater suchen, das verwirrt nur. Suchen Sie sich lieber einen Berater mit einem Schwerpunkt, der Ihnen persönlich nahe ist. Wenn dieser Berater gut ist, wird er Ihnen weitere Anlaufstellen empfehlen, falls er mit seinem Wissen nicht mehr helfen kann.

Bei der Gründung

Persönliche Eignung	Coach
Geschäftsidee	Unternehmensberater mit einschlägiger Marktkenntnis
Welche Form der Selbständigkeit	Coach
Unternehmenskonzept	Unternehmensberater mit Schwerpunkt in diesem Bereich
Akquise	Coach mit Schwerpunkt Akquise
Marketing und Vertrieb	Berater mit Schwerpunkt Marketing
Kaufmännisches Know-how	Unternehmensberater mit Schwerpunkt im Kaufmännischen
Verhandlungstechniken	Coach mit Schwerpunkt in diesem Bereich
Einkaufsquellen	Auf Marketing und Vertrieb spezialisierter Berater

Finanzierung und Förderprogramme	Allgemeiner Existenzgründungsberater, KfW Mittelstandsbank
Rechtliche Voraussetzungen	Jurist
Steuern	Steuerberater
Versicherungen	Berufsverband
Betriebsübernahme	Spezialisierter Berater

In den ersten 5 Jahren:

Kaufmännische Beratung	Unternehmensberater
Nachfinanzierung	Unternehmensberater
Gesetzliche Rahmenbedingungen	Rechtsanwalt
Steuern	Steuerberater
Persönlichkeitsentwicklung	Coach

Eine Untersuchung der KfW Mittelstandsbank kam zu dem Ergebnis, dass die Insolvenzquote von den Unternehmen, die professionelle Beratung vor der Gründung in Anspruch genommen haben, sehr gering ist. Im Allgemeinen erleben sonst nur 50 Prozent der Existenzgründer den dritten Geburtstag ihres Unternehmens.

Interview: Was muss eine gute Gründungsberatung bieten?

Claudia Kirsch betreibt seit 13 Jahren die Claudia Kirsch Unternehmensberatung für Gründung Organisation Entwicklung in Hamburg (*www.claudiakirsch.de*). Sie qualifiziert mit ihrem Team Gründer und Selbständige in Hamburg und überregional mit Vorträgen, Beratungen und Seminaren. Von der Stiftung Finanztest ist sie als »positive Ausnahme« unter 58 getesteten Anbietern für Existenzgründungsberatungen ausgezeichnet worden. Im Interview verrät sie, worauf es bei einer erfolgreichen Gründungsberatung ankommt.

Wie sieht bei Ihnen eine Erstberatung aus?
Am Beginn der Erstberatung steht ein strukturiertes Interview, in dem wir uns intensiv mit der Gründungsmotivation, der Geschäftsidee, den fachlichen Kompetenzen, dem sozialen Umfeld sowie den finanziellen Voraussetzungen beschäftigen. Daraufhin erarbeiten wir mit den Kunden das Unternehmenskonzept in Worten und in Zahlen. Unser Beratungsansatz basiert darauf, dass wir uns in die Schuhe der Gründungswilligen stellen.

Wir orientieren uns bei der Entwicklung des Business-Plans an den individuellen Zielen der Gründer. Schließlich macht es einen Unterschied, ob jemand Marktführer in seiner Branche werden will oder ob eine nebenberufliche selbständige Tätigkeit angestrebt wird, weil ein Teil der Arbeitskraft für Familie und Haushalt vorbehalten ist.

Worauf kommt es vor allem an?
Wir verfolgen einen ganzheitlichen Beratungsansatz und bieten Hilfe zur Selbsthilfe. Wir vermitteln nicht nur Fachwissen, sondern sind auch Lotse durch die unterschiedlichen Fachgebiete wie Marketing, Recht, Betriebswirtschaft. So werden unsere Kunden befähigt, nicht nur ein Konzept zu schreiben, sondern langfristig ihre selbständige Tätigkeit zu steuern. Unsere Methoden sind prozess- und handlungsorientiert.

Wie lange dauert eine erfolgreiche Gründungsberatung?
Wir fördern die Menschen, sich mit ihren beruflichen Talenten einen eigenen Arbeitsplatz zu schaffen. Der Beratungsumfang ist individuell und kann zwischen 6 und 20 Stunden variieren. Auch die Frequenz und der Abstand der einzelnen Termine sind bei jeder Beratung anders. Jemand, der die Aktivitäten zur Gründungsvorbereitung als Vollzeitjob machen kann, wird vielleicht schon nach 3 Monaten in die Selbständigkeit starten. Wer aus einem Beschäftigungsverhältnis heraus gründet und beispielsweise nur zwischendurch telefonieren und recherchieren

kann, wird wohl eher 6 bis 9 Monate für die Gründungsvorbereitung benötigen.

Was steht am Ende: der zufriedene Kunde oder die erfolgreiche Gründung? Kann es auch vorkommen, dass Sie jemand von einem Gründungsvorhaben abraten?
In der Regel wird es nicht erforderlich, dass wir direkt von einem Gründungsvorhaben abraten müssen. Vielmehr erkennen die Kunden im Verlauf der Beratung selbst, dass entweder die Risiken des Projektes die Chancen übersteigen oder dass sie fürs Unternehmertum nicht geeignet sind. In hartnäckigen Fällen arbeiten wir auf Grundlage einer begründeten Hypothese, dass ganz bestimmte Punkte für das Scheitern der Idee sprechen. Und wir bitten den Kunden, uns vom Gegenteil zu überzeugen.

Wo liegt für Sie der Unterschied zwischen Beratung und Coaching? Wann ist Beratung hilfreich und wann Coaching? Sind das Prozesse, die ineinandergreifen?
In der Beratung werden wir stärker in unserer Rolle als Experten angesprochen. Wir trainieren Fähigkeiten und stellen unsere Einschätzung aus fachlicher Sicht zur Verfügung. Wir helfen dabei, komplexe Prozesse zu erfassen, einzuschätzen und verarbeiten zu können. Im Coaching steht die Auseinandersetzung über das Verhalten im Vordergrund. Wir beraten im Umgang mit den eigenen Schwächen und stärken die individuellen Stärken. Coaching beinhaltet ein Feedback, das

Anregen von Selbstreflexionsprozessen zum Zwecke der beruflichen Professionalisierung, die Identifikation und Veränderung von Wahrnehmungs- und Bewertungsmustern sowie Hilfe beim Finden und Umsetzen von reflektierten Zielen.

In Österreich müssen Gründer ein viermonatiges Seminar mit anschließender Prüfung ablegen, bevor sie ein Gewerbe eröffnen dürfen. Ist das ein Modell, das sich auf Deutschland übertragen lässt?

Eine zu verschulte und verpflichtende Weiterbildungsmaßname zur Existenzgründung wäre grundsätzlich ungeeignet, um das zu fördern, was sie hervorbringen möchte – nämlich Unternehmer. Für eine erfolgreiche selbständige Tätigkeit sind die Fähigkeiten zur Eigenmotivation und Eigeninitiative sowie die Bereitschaft zur Selbstverantwortung unerlässlich.

Adressen

Test von Existenzgründungsberatern:

– Stiftung Finanztest (*www.finanztest.de*): Weiterbildungsangebote im Test.

Anbieter von Existenzgründungsberatung:

– Industrie- und Handelskammern (*www.dihk.de*): Beraten gewerbliche Existenzgründer und Unternehmer.

– Claudia Kirsch Unternehmensberatung (*www.claudiakirsch.de*): Berät Gründer in Hamburg. Von der Stiftung Finanztest ausgezeichnet

– Büro für ungewöhnliche Zielerreichung in Maisach (*www.erfolgsteams.de*): Coach Ulrike Bergmann gründet »Erfolgsteams«, die sich gegenseitig bei der Gründung unterstützen.

– Gründerreports.de (*www.gruenderreports.de* und *www.kreative-karriereentwicklung.de*): Das Beratungsangebot der Autorin.

– Eder Beratung (*www.eder-beratung.de*). Barbara Eder berät in München.

– Büro für Existenzgründungen München (*www.bfe-muenchen.de*): Berät arbeitslose Existenzgründer in München.

– Bundesagentur für Arbeit (*www.arbeitsagentur.de*): Genehmigt Gelder für Existenzgründungs-Grundberatung sowie für Coaching.

– Experten-Marktplatz (*www.experten-marktplatz.de*): Hier können Sie Experten mit Referenzen für das jeweilige Fachgebiet suchen.

– Exist (*www.exist.de*): Bietet Hilfe bei der Gründung aus der Hochschule.

– Fördermitteldatenbank für Coaching und Beratung (*www.bmwi.de*).

Beachten Sie: Diese Liste bietet nur eine erste Auswahl. Die Angebote sind sehr vielfältig, mit unterschiedlichen regionalen Schwerpunkten. Informieren Sie sich bei Ihrer IHK, der Handwerkskammer und über Netzwerke. Für Frauen existieren oft spezielle Angebote, etwa von Frau und Beruf in Nordrhein-Westfalen (*www.frau-und-beruf-nrw.de*).

1.6 Wenn Mütter gründen: Chancen und Fallstricke

Zu Hause arbeiten, das Kind heranwachsen sehen und dabei auch noch Geld verdienen. Karriere und Kleinkind: Für viele Frauen ist das eine Traumvorstellung. Doch der Staat unterstützt selbständige Mütter kaum. Stattdessen müssen Unternehmerinnen, ob freiberuflich oder gewerblich tätig, über zahlreiche Hürden springen. Eine der höchsten: sich verständliche Informationen beschaffen.

Was müssen Sie in Bezug auf die Krankenkasse beachten? Können Sie Mutterschaftsgeld, Elterngeld und Gründungszuschuss parallel beziehen? Dieses Kapitel richtet sich an Frauen, die kleine Kinder haben oder haben wollen und trotzdem selbständig arbeiten oder eine Existenz gründen möchten. Es beantwortet typische Fragen, auf die oft weder Krankenkassen noch Steuerberater oder Existenzgründer eine Antwort wissen.

Selbständige Mütter tragen finanziell die doppelte Last

Glücklich sind jene Mütter, die einen flexiblen, freien Job haben. Einen Job, der bei Bedarf kleiner und größer wird. Der zeitlich, örtlich und vom Umfang her flexibel ist. Eine Kinderärztin kann die Kleinen zur Not mal bei der Sprechstundenhilfe lassen, eine Ebay-Händlerin beantwortet E-Mails bei Kinderstress auch mal nachts, und eine Journalistin dosiert ihre Arbeit einfach kindgerecht: Sie schreibt einen oder zwei Artikel im Monat, solange die Kleinen noch krabbeln, und drei oder vier, sobald sie laufen können. Kinderärztinnen, Ebay-Händlerinnen und Journalistinnen können viel und wenig arbeiten – wie viele andere Frauen auch.

Wirklich? In der Praxis sei das alles nicht ganz so leicht, sagt Annette. Die Fachjournalistin aus Kiel hat sich auf Ernährungsthemen spezialisiert und hat zwei kleine Kinder. »Artikel werden unabhängig von meiner familiären Situation bestellt. Den Auftraggebern ist es egal, ob ich gerade Zeit habe oder nicht.« Im Klartext heißt das: Nein sagen, geht nicht. Wenn nicht Annette den Auftrag übernimmt, dann eben jemand aus der zweiten Reihe – jemand ohne Kinder oder ein Mann. Jemand, der flexibler ist und vielleicht auch das kurzfristige Projekt schafft. Jemand, der auch den Termin vor Ort im fernen München wahrnehmen kann – für Kinderlose ist das ja alles gar kein Problem.

Natürlich stellen Zeitschriften, die selbständige Mütter portraitieren, das gerne alles völlig anders da. Sie brauchen Erfolgsgeschichten, wollen Vorbilder zeigen. Die Schattenseiten will niemand beschreiben. Die Wahrheit ist: Fast niemand wird sich dafür interessieren, ob Sie Mutter sind oder nicht. Ganz im Gegenteil, das Muttersein macht Sie in den Augen vieler Menschen und Auftraggeber zu einem schlechteren Geschäftspartner. »Die macht das ja nur als Hobby«, solche und ähnliche Aussagen sind hinter der Hand immer wieder zu hören.

Aus diesem Grund hat Klara ihre Schwangerschaft vor Auftraggebern versteckt oder, anders ausgedrückt: eben einfach nicht erwähnt. »Die hätten mich als Verhandlungspartner nicht mehr ernst genommen. Jeder hätte außerdem gedacht, dass ich meine Aufträge nicht durchziehe, wenn das Baby kommt. Ich bin ja auch nicht verpflichtet, es irgendjemandem zu sagen. Warum auch!« Natürlich hat Klara ihre Aufträge durchgezogen, selbstverständlich in der gewohnten Qualität. Aber das fordert seinen Tribut. Bei Licht betrachtet ist Selbständigkeit für Mütter nämlich Luxus.

Wer sich eine Kinderbetreuung leistet, muss entsprechend mehr Geld verdienen. 1.000 Euro für das Kindermädchen bedeutet, dass Sie mindestens 2.000 Euro verdienen müssen. Dann haben Sie – bis auf das Kindermädchen – nichts von diesem Verdienst. Alternative: Ein Aupair-Mädchen, das ist zwar preiswert, doch dann brauchen Sie ein Zimmer, um es unterzubringen. Wer arbeitet und ein Kind betreut, kann weniger im Haushalt tun – aber auch die Putzfrau kostet Geld. Wenn Sie mit wenig Geld auskommen wollen oder müssen, können Sie natürlich vieles selber machen. Aber das kostet Sie dann Zeit, Mühe, Ärger und Nerven – und geht zu Lasten Ihres Privatlebens, Ihrer Familie und Ihrer Freunde. Wenn Sie sich dieser Konsequenzen bewusst sind und immer noch selbständig arbeiten wollen, haben Sie die besten Voraussetzungen, das auch zu schaffen.

Selbständigkeit muss aber selbst für Mütter kein Luxus sein, den der Ehemann großzügig sponsert. Sie brauchen nicht unbedingt Kinderfrau, Babysitter oder Putzfrau. Es geht vielleicht auch ohne und anders. Denken Sie einmal nach. Vielleicht helfen die Freundin, die Mutter oder die Schwiegermutter? Wäre es nicht toll, wenn Ihr Mann nur noch Teilzeit arbeitet? Wenn Sie die Kinder Ihrer Freundin hüten, betreut diese auch die Ihren. Sie kennen keine Frau mit Kindern? Dann suchen Sie sich ein Frauennetzwerk und verbünden sich mit anderen Unternehmerinnen. Seien Sie erfinderisch: Vielleicht organisieren Sie eine professionelle Kinderbetreuung für die Kinder mehrerer Kolleginnen, bauen einen privaten Kindergarten auf oder arrangieren eine Bürogemeinschaft mit Krabbelecke. Wenn die eine telefoniert oder ein Kundengespräch führt, kann die andere mit den Kleinen spielen. Vieles ist denkbar.

Gründerporträt: »Ich wollte Beruf und Familie verbinden«

Brigitte Hild ist Mutter zweier Kinder und unterstützt Manager, die ins Ausland entsendet wurden.

Firma	Going Global
Gesellschaftsform	Einzelunternehmen
Geschäftsmodell	Unterstützung von Expatriates (Mitarbeiter, die von Firmen ins Ausland gesandt werden); Partner von Going Global sind mittlere und große Unternehmen
Ort	Kronberg
Internet	www.goingglobal.de
Gründung	Februar 2000
Kapitaleinsatz bei Gründung	Wenige tausend Euro
Inhaberin	Brigitte Hild
Entwicklung	Erster Geschäftskunde im September 2000, inzwischen sind viele weitere dazugekommen
Erreichen der Gewinnschwelle	Im ersten Jahr

Peking, Marokko, Finnland: Brigitte Hild ist mit ihrem Ehemann 13 Jahre durch die Welt gereist. In Peking war die gelernte Luftverkehrskauffrau noch berufstätig, in Finnland bereits Mutter zweier Kinder. Während der ganzen Zeit erlebte sie das unendliche Glück, aber auch Sorgen und Nöte einer Familie im Ausland. Schließlich zieht das Leben zwischen den Kulturen zahlreiche Konsequenzen für die mitreisende Familie nach sich. Eine davon: Sich selbst und die eigene Karriere zurückstellen.

Fragen, die daheim fraglos in den privaten Bereich gehören, betreffen plötzlich auch das Unternehmen. Wie gewinne ich Freunde? Was kann der mitreisende Partner tun, um seinen Lebensinhalt zu gestalten? Welche Schule ist optimal für die Kinder? Wie bleibt das Band zum Unternehmen und zu den Freunden in der Ferne erhalten?

Nach Jahren im Ausland wird die Heimat, aber auch das Unternehmen zu Hause fremd. Oft gehen nach und nach auch gute Freunde verloren. Gleichzeitig ist das Gastland selbst nach Jahren des Aufenthalts immer noch nicht zur neuen Heimat geworden. So bleiben die meisten in dem Land, in dem sie arbeiten, stets nur Gast. Die Folge: Sie fühlen sich von den Firmen oft allein gelassen, und rund 20 Prozent kehren früher heim als geplant. Diese Rückkehr kommt die entsendenden Unternehmen teuer zu stehen: Sie kostet durchschnittlich 150.000 Euro. Doch die Erkenntnis, dass diese Familien deshalb anders und intensiver betreut werden müssen als Mitarbeiter in Deutschland, hat sich längst noch nicht in allen Unternehmen durchgesetzt.

Brigitte Hild hat durch ihr Engagement – Gespräche, Studien, Presseartikel und ein Buch über die Situation der Entsandten – in den letzten Jahren viel dazu beigetragen, dass sich das Bewusstsein der Unternehmen ändert, die Mitarbeiter ins Ausland schicken. Sie hat zahlreiche Personalverantwortliche und Geschäftsführer zum Nachdenken gebracht. Diese wissen jetzt, dass sie mehr für ihre entsandten Mitarbeiter tun müssen, als Gehälter zu zahlen, dass nämlich auch das private Glück eine wichtige Rolle spielt. Denn wenn der im Ausland arbeitende Mitarbeiter nicht glücklich ist und keine Unterstützung erhält, kehrt er wahrscheinlich zurück. Der Mitarbeiter zu Hause arbeitet in einem solchen Fall vielleicht einige Wochen weniger effektiv; seinen Arbeitsplatz verlässt er jedoch nicht.

Ziel von Hild ist es, mit Going Global die Zufriedenheit der Mitarbeiter zu erhöhen. Ihre von überall auf der Welt zugängliche Anlaufstelle befindet sich im Internet. Mithilfe einer Website unterstützt sie Mitarbeiter und deren Familien, stärkt das Band zur Heimat und hilft bei drängenden und auch weniger dringlichen Fragen und Problemen. Dafür steht Brigitte Hild ein Team aus interkulturell erfahrenen Psychologen, Pädagogen und Ärzten zur Seite, die den Familien bei Bedarf helfen: Rat geben, Anlaufstellen nennen und Kontakte knüpfen. Das Team arbeitet auf Auftragsbasis bei konkreten Anfragen. Zentral ist daneben auch der Austausch der Auslandsentsandten untereinander – im Forum: »Allein das Wissen, nicht allein zu sein, kann helfen, selbst wenn Kontinente zwischen den Menschen liegen«, sagt Hild.

Going Global ist ohne Brigitte Hilds Erfahrung nicht denkbar. Deshalb ist das Unternehmen ihr »Baby«. Sie hat es auf die Welt gebracht und selbst großgezogen. Auf diesen Erfolg ist sie stolz. Dass ihre Firma inzwischen rentabel wirtschaftet, ist ein schöner Nebeneffekt, aber nicht das Wichtigste. Der Glauben an die Sache hielt Hild auch bei der Stange, als sie fast ein halbes Jahr auf den ersten Kunden warten musste. Inzwischen hat sie weitere große Unternehmen und mittelständische Firmen hinzugewonnen.

Expansion? Mitarbeiter fest einstellen? Hild möchte ihre Arbeit als Selbständige mit einem Leben verbinden, das ihrer eigenen Familie Raum lässt. Es genügt ihr, 7 bis 8 Stunden am Tag zu arbeiten, sie braucht keine hektischen 16-Stunden-Tage, die für viele Selbständige angeblich so selbstverständlich sind wie Wochenendarbeit. »Sicher könnte ich viel mehr Kunden akquirieren«, sagt Hild nachdenklich, »aber ich weiß gar nicht, ob ich im Moment noch sehr viel weiterwachsen möchte.« Es ist schließlich auch schön, sich in aller Ruhe anzusehen, wie die eigenen Kinder langsam groß werden. Das kann sie auch während der Arbeitszeit, denn Hild hat ihr Büro in einer Einliegerwohnung und ist immer da, wenn Sohn oder Tochter sie brauchen.

Test: Schaffen Sie es, zugleich selbständig und Mutter zu sein?

Wenn Sie diese Fragen mit Ja beantworten können, können Sie die Doppelrolle als Selbständige und Mutter erfolgreich ausfüllen. Wenn Sie nur wenige Punkte mit Nein beantworten, sollten Sie dafür eine Lösung suchen.

Ihr Beruf lässt sich auch mit einer begrenzten Stundenzahl ausüben.	☐
Sie können Ihre Arbeit flexibel erledigen.	☐
Für die Betreuung der Kinder ist gesorgt.	☐
Für eine (Zweit-)Betreuung ist dann gesorgt, wenn die (Erst-)Betreuung krank ist.	☐
Sie rechnen mit einer Übergangszeit, bis sich Ihr Kind an die andere Betreuung gewöhnt hat.	☐
Sie können damit leben, dass Ihr Kind von anderen (mit-)erzogen wird.	☐
Es macht Ihnen nichts aus, wenn sich Ihr Kind stark an andere Personen bindet und Sie nicht die einzige Bezugsperson in seinem Leben sind.	☐
Sie sind bereit, auf etwas Ordnung, Freizeit oder Einkäufe zu verzichten.	☐
Ihr Partner würde jederzeit einspringen und unterstützt Sie voll.	☐
Ihr Partner weiß, dass Sie eine Zeit lang auf Privatleben weitgehend verzichten müssen.	☐
Sie wissen, dass in den nächsten Jahren viel Stress auf Sie zukommen wird, und nehmen das in Kauf.	☐
Ihnen ist klar, dass Sie anfangs finanziell keine großen Sprünge machen können.	☐
Sie haben genug Geld, um auch mehrere Monate ohne Einkünfte zu leben.	☐

Interview: Was macht Existenzgründerinnen erfolgreich?

Gila Otto ist Projektmanagerin von »Frei & Profi« bei Frau & Arbeit in Hamburg (*www.frau-und-arbeit.de*), einem halbjährigen Coaching- und Seminarprogramm, das Frauen und Männer anspricht.

Was ist für Sie Grundvoraussetzung für den Erfolg als Unternehmerin? Gründerinnen und Gründer müssen zunächst selbst von ihrer Idee überzeugt sein und dies auch vermitteln können. Branchenkenntnisse sind wichtig. Die Gründerin und der Grün-

der müssen sich auf dem Gebiet auskennen, auf dem sie sich selbständig machen. Nur wer eine Branche kennt, kann sich in ihr sicher bewegen, hat Kontakte, weiß, wen er wann ansprechen muss, kennt Kostenstrukturen und so weiter. Die Banken verlangen in der Regel bei der Vergabe von Gründungskrediten Branchenkenntnisse und einschlägige Berufserfahrung. Für das Manko von fehlender Branchenkenntnis braucht es eine gute Kompensation, um die Idee zum Erfolg zu führen. Erfolgreiche Gründungen ohne Branchenkenntnisse zeichnen sich deshalb oft durch branchenübliche Besonderheiten aus und gleichen so die fehlenden Kenntnisse aus.

Welche Rolle spielt Persönlichkeit?
Die Persönlichkeit ist meiner Meinung nach der Dreh- und Angelpunkt des Erfolges. Es gibt aber nicht die unternehmerische Persönlichkeit per se. Jede Gründerin, jeder Gründer muss die Rolle als Selbständige so ausfüllen, dass sie zur eigenen Persönlichkeit passt. Unternehmerisches Denken und Handeln lassen sich erlernen. Gründerinnen und Gründer müssen sich bewusst machen. dass sie als Selbständige öffentliche Personen sind, denn sie vertreten in der Öffentlichkeit immer auch ihr Unternehmen. Als Gründerin oder Gründer gilt es Strategien zu entwickeln, wie das Unternehmen den passenden Platz am Markt einnehmen kann. Ohne Networking und Kooperation geht das nicht.

Wer Beziehungen knüpft, benötigt einen langen Atem. Und was ist mit Geld?
Ohne Geld gibt es keine Existenz. So gut wie keine Gründung trägt sich vom ersten Tag an selbst. In der Regel ist eine Gründung auf einem finanziellen Polster erfolgversprechender als eine Gründung ohne Geld. Wer liquide ist,

hat es leichter, schwierige Phasen zu überbrücken. Der Gründungszuschuss bietet somit Vorteile für Gründerinnen und Gründern, die mit diesen Hilfen der Bundesagentur für Arbeit den Schritt in die Selbständigkeit wagen. Ausruhen können sie sich darauf jedoch nicht, die zeitliche und finanzielle Spanne der Förderung ist knapp bemessen.

Frauen haben ja rein statistisch weniger Geld als Männer zur Verfügung. Gründen Frauen deshalb anders?
Frauen definieren ihren Erfolg überwiegend nicht vorrangig über das Geldverdienen. Ihnen ist häufig wichtig, wie sie sich mit ihrer Arbeit als Selbständige identifizieren können. Wir ermutigen unsere Teilnehmerinnen, diesen Aspekt der Selbständigkeit mehr in den Fokus zu nehmen. Weiblichen Gründern wird nachgesagt, dass sie eher klein und vorsichtig gründen, dass sie aber auch seltener Insolvenzen erleben als ihre männlichen Kollegen.

Auch Sie haben eine Existenz gegründet ...
Neben meiner angestellten Tätigkeit als pädagogische Leiterin bei Frau und Arbeit e. V. bin ich seit über 13 Jahren freiberuflich tätig als Supervisorin und Organisationsentwicklerin. Zeitlich gab es verschiedene Konstellationen zwischen der Anstellung und der Selbständigkeit. Beide Professionen profitieren voneinander, so entstehen Synergieeffekte in meiner Arbeit. Ich leite bei Frau und Arbeit ein Projekt, das aus Mitteln des Europäischen Sozi-

alfonds und der Stadt Hamburg finanziert wird. »Frei & Profi« unterstützt Gründerinnen und Gründer mit Coaching, Fachseminaren und Netzwerktreffen bei ihren ersten Schritten als Selbständige.

Was bedeutet für Sie Erfolg?
Ich persönlich möchte mich mit den Zielen und Inhalten meiner Arbeit identifizieren. Ich will ein Klima schaffen, welches bei meinen Kunden, den Teilnehmenden und mir Wachstum fordert und fördert. Außerdem möchte ich so viel Geld verdienen, dass ich mir ein gutes Leben leisten kann, auch mit Luxuskomponenten wie meinem Pferd. Jede und jeder sollte von sich wissen,

wie der eigene Erfolg definiert wird. Existenzgründerinnen und -gründer müssen beispielsweise entscheiden, wie groß ihre Unternehmen werden sollen. Wichtig ist, welche Vision sich hinter der Idee verbirgt und wie diese Zukunftsvorstellung verfolgt wird. Der Stellenwert des Privatlebens ist nicht unerheblich für das individuelle Denken und Handeln. Es ist von Vorteil, wenn ich weiß, warum ich tue, was ich tue. Ich zum Beispiel liebe es, Andere im guten Sinn herauszufordern und sie in ihrem persönlichen und unternehmerischen Wachstum zu fördern. Wenn mir das gelingt, ist mein Handeln erfolgreich.

Ihre Rechte als selbständige Mutter

Mutterschutz? Von wegen! Der Gesetzgeber hat leider nicht an die spezielle Situation von Unternehmerinnen gedacht. Deshalb sind Selbständige schlechter gestellt als Angestellte. Das Mutterschutzgesetz gilt für sie nicht. Schade, denn dieses Gesetz tut Mutter und Kind gut. Arbeitgeber müssen schwangere und gerade niedergekommene Arbeitnehmerinnen vor Gesundheitsschäden und Überbeanspruchung schützen – auch in kleinen Betrieben. Selbständig arbeitende Frauen sind dagegen für ihren Mutterschutz selbst zuständig.

Und noch ein Bonbon können Selbständige nicht genießen: Während Angestellte 6 Wochen vor und 8 Wochen nach der Entbindung nicht arbeiten dürfen und dabei weiterhin ihr Gehalt beziehen, können oder müssen Sie als Unternehmerin weiter schuften. Wenn Sie das Geld brauchen und sich keine Pause gönnen, bedeutet das unter Umständen, bis zum Tag der Entbindung voll im Einsatz zu sein.

Freie Mitarbeiterinnen, die nicht im eigenen Büro, sondern vor Ort bei ihrem Arbeitgeber arbeiten, sind ebenfalls nicht besonders geschützt. Dem Status nach sind sie schließlich selbständig: Es besteht also kein Unterschied zu echten Freiberuflern oder Unternehmern – jedenfalls dann, wenn sie noch für andere Auftraggeber tätig sind. Andernfalls könnten sie als arbeitnehmerähnlich eingestuft werden. Dann greifen alle Gesetze, die auch für Angestellte gelten. Wird dieser Status im Nachhinein festgestellt, muss der Arbeitgeber unter Umständen sämtliche Sozialversicherungsbeiträge später nachzahlen. Sie selbst wären dann »quasi« angestellt und hätten bei Kündigung auch Anspruch auf Arbeitslosengeld. Wenden Sie sich in solchen Fällen an die Clearingstelle der Bundesanstalt für Angestellte in Berlin (siehe Kapitel 4.5).

Durch das 2007 eingeführte Elterngeld, das auch Selbständige erhalten, ist eine gewisse finanzielle Sicherheit gegeben. Sie erhalten das Elterngeld wie Angestellte – 67 Prozent von Ihrem Gewinn oder maximal 1800 und minimal 300 Euro.

Mutterschutzgeld

Sind Sie freiwillig versichert oder pflichtversichert über die Künstlersozialkasse? Dann haben Sie vielleicht Glück und genießen zwar keinen Mutterschutz vom Arbeitgeber, können aber Mutterschutzgeld beziehen – wenn Sie einen Vertrag mit Krankentagegeld abgeschlossen haben. Denn die gesetzlichen Krankenkassen behandeln – anders als die privaten Kassen – die Geburt wie eine Krankheit. Voraussetzung für den Bezug des Geldes ist, dass Sie am 42. Tag vor der voraussichtlichen Entbindung eine solche Versicherung abgeschlossen haben. Lassen Sie also gegebenenfalls den Vertrag mit Ihrer Krankenversicherung ändern.

Ob es sich dauerhaft lohnt, mit Krankentagegeld versichert zu sein, ist ein Rechenexempel. Die Leistung kann die Krankenversicherung um mehr als zwei Prozentpunkte verteuern. Sie versichert Sie vor allem gegen schwerere Krankheiten, denn der Schutz gilt in der Regel erst ab dem 43. Tag der Krankheit. Je früher Sie Tagegeld beziehen, desto teurer wird die Versicherung: Die Zahlungen erhöhen sich also noch mal kräftig, wenn Sie Tagegeld ab dem 22. oder gar 8. Tag wünschen. So beträgt der Krankenkassenbeitrag-Prozentsatz ohne Tagegeld bei der Techniker Krankenkasse 13,4 und mit Tagegeld 16,3 Prozent. Erzielen Sie monatlich einen Gewinn von rund 2.500 Euro, zahlen Sie mit Tagegeld 407,50 Euro und ohne 335,00. Ein Unterschied von immerhin rund 72,50 Euro, der sich im Jahr auf 870 Euro summiert. Fragen Sie sich, ob Sie so oft krank werden und ob es sich nicht lohnt, sich ohne Anspruch auf Tagegeld oder privat zu versichern. Ein wichtiger Schutz bleibt das Krankentagegeld aber in jedem Fall bei kaum berechenbaren schweren Krankheiten, die Sie monatelang außer Gefecht setzen.

Werden Sie krank (mit Attest) oder bekommen Sie ein Kind, erhalten Sie Krankentagegeld als Mutterschutzgeld. Eine Bestätigung Ihres Arztes über den voraussichtlichen Geburtstermin reicht aus. Das Krankengeld beträgt 70 Prozent des letzten durchschnittlichen Jahreseinkommens. Bei Mitgliedern der Künstlersozialkasse dient dabei das bei der KSK gemeldete geschätzte Jahreseinkommen als Berechnungsgrundlage für die Krankenkassenbeiträge und damit auch das Mutterschutzgeld. Mutterschutzgeld wird allerdings auf das Elterngeld angerechnet.

Sind Sie freiwillig bei einer gesetzlichen Krankenkasse versichert, richten sich Ihre Krankenkassenbeiträge ebenfalls nach dem Einkommen. Die meisten Krankenkassen gehen erst einmal davon aus, dass Sie den Höchstsatz verdienen. Erst mit dem Nachweis, dass Sie unter diesen derzeit 47.750 Euro im Jahr (3.562,50 Euro im

Monat) liegen, erhalten Sie einen günstigeren Tarif. Mindestens werden allerdings 1.837,50 Euro angenommen – auch wenn Sie weniger verdienen, müssen Sie den für diese Summe fälligen Krankenkassenbeitrag abführen; bei der Techniker Krankenkasse sind das zum Beispiel 230,03 Euro im Monat. Die Höhe des Krankentagegelds berechnet sich nach Ihrem letztlich bezahlten Tarif. Liegen Sie über der Höchstgrenze, bedeutet das, dass Sie ein Mutterschutzgeld in Höhe von 2.493,75 Euro erhalten (70 Prozent). Die Grenze für den Höchstbeitrag zur Krankenkasse ist also zugleich auch die Bemessungsgrenze – mehr Mutterschutzgeld gibt es nur für Angestellte, bei denen der Arbeitgeber das volle Gehalt weiter zahlt.

Während des Bezugs von Kranken- oder Mutterschutzgeld – in der Regel 14 Wochen – sind Sie als KSK-Mitglied von den Beiträgen zur Sozialversicherung befreit. Sie müssen also keine Beiträge zur Kranken- und Pflegeversicherung zahlen. Eine Ausnahme gilt für freiwillig in der gesetzlichen Krankenversicherung versicherten Frauen: Von ihnen wird weiterhin der Mindestbeitrag verlangt, bei der Techniker Krankenkasse zum Beispiel in Höhe von 230,03 Euro im Monat. Deshalb haben es Mitglieder der KSK, die in der Regel pflichtversichert sind, hier besser.

Das Mutterschaftsgeld ist steuerfrei, geht allerdings in die Steuerprogression ein. Das gleiche gilt für das Elterngeld. Das bedeutet, dass Sie zwar für diese staatlichen Einnahmen keine Steuern zahlen. Haben Sie aber andere Einnahmen, beispielsweise aus Vermietung, so bemisst sich Ihr Steuersatz an diesen Einnahmen.

Wenn Sie in der Schutzfrist arbeiten, verlieren Sie den Anspruch auf Mutterschaftsgeld! Allerdings ist der Nachweis bei vielen Tätigkeiten in der Praxis schwer. Das Datum der Rechnungstellung muss schließlich nichts über das Datum aussagen, an dem Sie einen Auftrag ausgeführt haben. Das Gleiche gilt für Zahlungseingänge. Besitzen Sie ein Einzelhandelsgeschäft oder einen Internet-Shop erwartet der Staat nicht, dass Sie die Pforten schließen. In diesen Fällen müssen Sie aber nachweisen, dass eine Stellvertretung Ihre Aufgaben übernommen hat.

Öffentliche Auftritte und allgemeine Kontaktpflege darf Ihnen ebenfalls niemand verbieten. Schließlich müssen Sie Ihren Laden am Laufen halten. Wenn Sie während Ihres Mutterschutzes zu einer Messe fahren, so können Sie die Kosten dafür absetzen und müssen sich keine Sorge machen, dass Ihnen das Mutterschutzgeld aberkannt wird. Auch eine Weiterbildung während des Mutterschutzes ist zulässig.

Sind Sie in der gesetzlichen Krankenversicherung bei Ihrem Mann als Familienmitglied mitversichert oder Studentin, erhalten Sie von der Krankenkasse bei der Entbindung ein einmaliges Entbindungsgeld in Höhe von 77 Euro. Mutterschutzgeld bekommen Sie jedoch auch dann nicht, wenn Ihr Mann eine Krankentagegeld-Versicherung abgeschlossen hat. Den Status als Mitversicherte können Sie auch erhalten, wenn Ihre Gewinne kurzzeitig unter 400 Euro im Monat liegen.

Wichtige Unterschiede zwischen gesetzlicher (freiwilliger) und privater Krankenversicherung	Gesetzliche Krankenversicherung	Private Krankenversicherung
Werden die Beiträge einkommensabhängig berechnet, ist also bei geringerem Einkommen auch ein geringerer Betrag zu zahlen?	Ja	Nein
Sind Ehegatten und Kinder ohne zusätzlichen Beitrag familienversichert?	Ja	Nein
Kann bei Versicherungsbeginn entsprechend Ihrem Gesundheitszustand ein Risikozuschlag oder Leistungsausschluss verlangt werden?	Nein	Ja
Ist von Frauen und Älteren bei Versicherungsbeginn ein höherer Beitrag zu zahlen?	Nein	Ja
Wird ein Muterschaftsgeld gezahlt?	Ja	Nein
Kann gegen einen höheren Beitrag ein Versicherungsschutz vereinbart werden, der nicht nur in der EU, sondern weltweit gilt?	Nein	Ja
Wird Krankengeld bei Erkrankung eines Kindes gezahlt?	Ja	Nein
Muss der Versicherte selbst für die Begleichung von Arztrechnungen sorgen und Nachweise über erbrachte Leistungen vorlegen?	Nein	Ja
Kann im Streitfall der kostengünstige Klageweg über das Sozialgericht genommen werden?	Ja	Nein

[Quelle: vgl. www.g-k-v.com und eigene Recherchen]

Privatversicherte

Frauen, die privat krankenversichert sind, erhalten kein Mutterschaftsgeld von ihrer Krankenversicherung – auch nicht, wenn sie eine Krankentagegeld-Versicherung abgeschlossen haben. Bei der Privatversicherung gilt die Mutterschaft nicht als Krankheit. Trotzdem ist es möglich, dass Sie Geld erhalten. Ob und welche Leistung sie bekommen, hängt von den jeweiligen Verträgen ab. Die Barmenia Krankenversicherung zahlt bei der Entbindung beispielsweise eine Pauschale in Höhe des siebenfachen vereinbarten Krankentagegeldes. Solche Leistungen werden ebenfalls nicht auf das Elterngeld angerechnet.

Allerdings ist auch die Leistung der Barmenia nur ein Tropfen auf den heißen Stein. Privat versicherte Frauen müssen auch während der Mutterschutzfrist und der Elternzeit Beiträge in normaler Höhe zahlen. Eine kleine Beitragsersparnis ergibt sich, weil Sie die Krankentagegeld-Versicherung in Anwartschaft stellen können. Das bedeutet in der Praxis, dass Sie zum Beispiel 2 Prozent weniger bezahlen. Keine große Ersparnis, wenn Sie bedenken, dass Sie als Mitglied einer privaten Kasse vielleicht mehrere Monate Krankenversicherungsbeiträge zahlen, ohne einen Pfennig zu verdienen.

Wenn das Kind krank ist

Wenn Ihr Kind krank wird, haben Sie als Mutter schlechte Karten. Besitzen Sie eine Versicherung mit Krankentagegeld, gibt es das Kinderkrankengeld erst von dem Tag an, an dem Anspruch auf Krankengeld besteht – also in der Regel ab dem 43. Tag. Bei vorgezogenem Krankengeld (ab dem 8. Tag) wird entsprechend früher gezahlt. Fragen Sie aber besser immer nach. Manche Krankenkassen zahlen freiwillig vom ersten Tag an – was durchaus ein Grund für einen Kassenwechsel darstellen könnte.

Elterngeld

Seit dem 1. Januar 2007 gibt es Elterngeld. Sie oder Ihr Partner erhalten nach der Geburt für 12 oder längstens 14 Monate 67 Prozent des letzten Einkommens, maximal jedoch 1.800 Euro. Alleinerziehende haben die vollen 14 Monate Anspruch. Wenn Sie als Elternpaar die gesamten 14 Monate in Anspruch nehmen möchten, müssen Sie indes mit Ihrem Partner wechseln. Auf dieses Geld haben auch Selbständige Anspruch. Bei Ihnen ist der Gewinn das Einkommen. Dieser wird wie bei Arbeitslosengeld II durch monatliche Gewinn-und-Verlust-Rechnungen nachgewiesen. Ersatzweise können auch Kontoauszüge eingereicht werden. Wie bei den Angestellten wird der Durchschnitt der letzten drei Monate als Berechnungsgrundlage herangezogen. Hier können Sie Ihre Einnahmen also bewusst steuern, zum Beispiel durch geschickte Wahl des Zeitpunkts der Rechnungsstellung.

Ist kein Einkommen erzielt worden, so gibt es mindestens 300 Euro. Die letzten zwei Monate Elterngeld erhalten Sie nur, wenn auch der andere Elternteil zeitweise aus dem Job aussteigt. Um Personen mit einem geringen Einkommen (bis 1.000 Euro »Netto-Einkommen«) besserzustellen als Personen, die keiner Erwerbstätigkeit nachgehen, wurde die Geringverdiener-Komponente eingeführt. Durch diese Regelung bekommen Geringverdiener (auch geringverdienende Selbständige) nicht 67 Prozent Ihres »Netto-Einkommens«, sondern mehr als 67 Prozent als Elterngeld ausbezahlt. Das geschieht nach einer komplizierten Berechnungsformel.

Berechnungsformel: 67 + (1.000 – Ihr »Netto-Einkommen«) / 20 = Prozentsatz für die Elterngeld-Berechnung.

▶ Beispiel A (800 Euro »Netto-Einkommen«):
  1. Schritt: 1.000 – 800 = 200
  2. Schritt: 200 / 20 = 10
  3. Schritt: 67 + 10 = 77

▶ Beispiel B (400 Euro »Netto-Einkommen«):
  1. Schritt: 1.000 – 400 = 600
  2. Schritt: 600 / 20 = 30
  3. Schritt: 67 + 30 = 97

Ergebnis: Sie bekommen 77 Prozent (Beispiel A) bzw. 97 Prozent (Beispiel B) Ihres »Netto-Einkommens« als Elterngeld ausbezahlt.

Für Mehrlingsgeburten erhalten Sie noch einmal 300 Euro pro weiterem Kind. Bekommen Sie innerhalb von 24 Monaten ein zweites Kind, so können Sie zusätzlich zum neuen Elterngeld für das zweite Kind die Hälfte der Differenz zum ersten Elterngeld erhalten. Beispiel: Erstes Elterngeld beträgt 1.800 Euro, zweites würde aufgrund geschmolzener Gewinne in der Zwischenzeit nur 600 Euro betragen. Sie bekommen dann noch einmal 600 Euro (1.800 – 600 = 1200 / 2 = 600).

Um das Elterngeld zu bekommen, dürfen Sie während des Bezugs nicht mehr als 30 Stunden arbeiten, was bei Selbständigen schwer nachweisbar ist. Das Arbeiten lohnt sich nur, wenn Sie weniger verdienen als vor der Entbindung: Sie erhalten lediglich die Differenz zwischen dem Einkommen vor und nach der Geburt. Beispiel: Vor der Geburt verdienten Sie 2000 Euro, danach 1.000 Euro. Sie erhalten auf der Berechnungsgrundlage von 1.000 Euro Ihr Elterngeld, also 670 Euro.

Wichtiges für Mitglieder der Künstlersozialkasse

Teilen Sie der Künstlersozialkasse (KSK) rechtzeitig vor Ende des Mutterschaftsgeldbezuges (8 Wochen nach der Entbindung) mit, was danach geschehen soll. Schränken Sie Ihre Tätigkeit ein, oder geben Sie diese gar auf? Erhält die KSK bis spätestens drei Wochen nach dem Ende des Mutterschaftsgeldbezuges keine Mitteilung, geht sie automatisch davon aus, dass Sie Ihre selbständige Tätigkeit bis auf Weiteres nicht mehr ausüben. In der Folge erhalten Sie einen Bescheid über das Ende der Versicherung nach dem Künstlersozialversicherungsgesetz (KSVG). Vorher erhalten Sie aber Gelegenheit, dazu Stellung zu beziehen.

Da die Aufnahmekriterien für die KSK streng sind, sollten Sie sich einen Austritt gut überlegen. Es genügt, wenn Sie den Mindestsatz von 3.900 Euro im Jahr verdienen (Gewinn), um Mitglied zu bleiben. Dieses Geld können Sie auch in einem einzigen Monat einnehmen. Die Grenze verändert sich von Jahr zu Jahr. Über die aktuell gültigen Werte informiert Sie *www.mediafon.net* oder die KSK selbst unter *www.kuenstlersozialkasse.de.*

Existenzgründungsförderung und Elterngeld

Sie haben gerade die Förderung vom Arbeitsamt bewilligt bekommen und von der Schwangerschaft erfahren? Keine Sorge, Sie können weiter an Ihrem Unternehmen bauen, denn Sie müssen das Geld nicht zurückzahlen.

Besondere Bestimmungen in Österreich und der Schweiz

In Österreich erhalten Mütter ein Karenzgeld – ähnlich dem Elterngeld – bis zu zwei Jahren nach der Geburt, Selbständige bekommen ein halbes Karenzgeld. Hier können Gründer beiderlei Geschlechts das Neufoeg als staatliches Fördermittel in Anspruch nehmen.

Ein Anspruch auf Elterngeld besteht in der Schweiz nicht, hier ist sogar die Lohnfortzahlung bei Schwangerschaft nicht allgemein gültig geregelt. Besondere Leistungen für unternehmerisch tätige Frauen und Mütter gibt es in beiden Ländern nicht.

Adressen

Informationsbroschüren:

- Bundesfamilienministerium (*www.bmfsfj.de/Kategorien/ Publikationen/Publikationen,did= 3028.html*): Broschüre über das Elterngeld zum kostenlosen Download.

- Bundesfamilienministerium (*www.bmfsfj.de/* oder telefonisch unter 01 80-5 32 93 29): Bestell-Broschüre über die »Vereinbarkeit von Familie und Erwerbstätigkeit«.

- Bundesagentur für Arbeit (*www.arbeitsagentur.de/RD-NRW/ RD-NRW/A04-Vermittlung/Publikation/ Wegweiser-Frau-und-Beruf.pdf*): Die Broschüre »Frau und Beruf« können Sie kostenlos bestellen.

- Institut für freie Berufe Bayern (*www.ifb-bayern.de/pdf-etc/ Krankenversicherung_fuer_ Selbstsaendige.pdf*): Eine allgemeine Information über Krankenversicherungen vom Institut für freie Berufe.

Aupairs, Babysitter, Tagesmütter, Haushaltshilfen und Kindermädchen:

- Verband der Aupair-Agenturen (*www.au-pair-society.org*).

- Aupair-Agentur Aupair (*www.aupair.de*).

- Aupair-Agentur Avantaupair (*www.avantaupair.de*): Aupair-Agentur von Anja Jeffries, kooperiert mit einer USA-Cultural-Exchange-Agentur.

- Aupair-Agentur Au Pairs (*www.au-pairs.de*).

- Aupair-Agentur Aupair Contact (*www.aupair-contact.com*).

- Babysitter-Agentur (*www.babysitteragentur.de*).

- Hauspersonal-Agentur (*www.hauspersonalagentur.de*): Kindermädchen und Haushaltshilfen.

- Tagesmütter Bundesverband (*www.tagesmuetter-bundesverband.de*).

- Tagesmütter (*www.tagesmuetter.ch*): Tagesmütter in der Schweiz.

- Kinderkrippen (*www.kinderkrippen-online.ch*): Kinderkrippen in der Schweiz.

- Tagesmütter (*www.tagesmuetter.co.at*): Tagesmütter in Österreich.

- Tagesmütter (*www.tagesmuetter.at*): Tagesmütter in Tirol.

Frauennetzwerke:

– Verband berufstätiger Mütter (*www.berufstaetige-muetter.de*).

– BPW Business and Professional Women (Telefon 04152 885210, in Österreich und der Schweiz unter *www.bpw.at* und *www.bpw.ch*): Berufsübergreifender Verband, eines der weltweit größten Frauennetzwerke. Förderung von Berufstätigen.

– Deutscher Ingenieurinnenbund (*www.dibev.de*).

– Mentorinnennetzwerk (*www.mentorinnennetzwerk.de*).

– Bundesverband der Frau im freien Beruf und Management (*www.bfbm.de*).

– Designerinnen-Forum (*www.designerinnen-forum.org*).

– Feminity (*www.femity.net*): Internet-Netzwerk für Frauen.

– Webgrrls (*www.webgrrls.de*): Frauen in den neuen Medien sind bei den Webgrrls.

– Verband deutscher Unternehmerinnen (*www.vdu.de*).

– Womans Business Club (*www.womans-business-club.de*).

– Frühstück für Business-Woman (*www.business-breakfast-club.de*).

– Powerladies (*www.powerladies.de*): Verzeichnis selbständiger Frauen.

Österreich:

– Ceiberweiber (*www.ceiberweiber.at*).

– Frauenratgeberin (*www.frauenratgeberin.at*).

Schweiz:

– Femnet (*www.femnet.ch*).

– Frauen-Unternehmen (*www.frauen-unternehmen.ch*).

– Netzwerk für Ein-Frau-Unternehmerinnen (*www.nefu.ch*).

2 Geschäftsidee

Sie wissen, dass Sie sich selbständig machen wollen, aber nicht womit? Ihnen fehlt die zündende Idee? Sie haben mehrere Eisen im Feuer und können sich nicht entscheiden? Die Idee ist da, aber Sie wissen nicht, ob sie wirklich gut ist? Dieses Kapitel hilft Ihnen, eine zündende Idee zu finden und diese zu prüfen. Es richtet sich an Branchenkenner und an Quereinsteiger, die sich in ganz neuen Berufsfeldern und Branchen verwirklichen wollen.

2.1 Die richtige Geschäftsidee finden

Schuster, bleib bei deinen Leisten! So altmodisch dieser Spruch in Ihren Ohren klingen mag: Er ist kein schlechter Rat. Ein radikaler Wechsel der Branche oder des Berufsfeldes fällt Existenzgründern schwer. Je spezieller die ursprüngliche Berufsausbildung, je spezifischer das neue Umfeld in der Zielbranche, desto unwahrscheinlicher wird der geschäftliche Erfolg. Bezogen auf Gründungen aus der Arbeitslosigkeit heraus, wurde das vom Institut für Arbeitsmarktforschung untersucht: Rund drei Jahre nach der Gründung hatten 78 Prozent der branchentreuen Gründer überlebt, aber nur 71 Prozent der Branchenwechsler. Zu beachten ist hierbei, dass ein Branchenwechsel nicht zwingend mit einem Berufswechsel verbunden ist. Ein Gründer mit kaufmännischer Ausbildung kann gleichermaßen erfolgreich ein Einzelhandelsgeschäft für Dessous oder einen Buchhaltungsservice gründen. Übrigens ist Ihnen schon eine andere Zahl begegnet, wonach nach drei Jahren nur 50 Prozent der Gründer überlebt hatten – eine Zahl der KfW Mittelstandsbank. Die Unterschiede erklären sich vermutlich aus der Größe der Gründungsvorhaben: Gründer, die auf Kredite der KfW Mittelstandsbank zurückgreifen, planen meist teurere und größere Unternehmungen. Gründer aus der Arbeitslosigkeit fangen in der Regel kleiner an. Interessant bleibt jedoch, dass hier die kapitalintensiveren Ideen offenbar weniger erfolgreich sind.

Erfahrungen in einer bestimmten Branche wirken sich positiv aus. Auf das Beispiel übertragen bedeutet das: Verfügt ein Gründer bereits über Erfahrungen im Modemarkt, speziell mit Dessous, steigen seine Erfolgsaussichten. War der Kaufmann jahrelang in unterschiedlichen Positionen bei großen wie bei kleinen Unternehmen als Buchhalter tätig, besitzt er bessere Voraussetzungen als ein Wettbewerber, der mal als Sachbearbeiter, mal als Reiseleiter, mal als Marketingreferent gearbeitet hat. Stimmen sogar Beruf und Branche überein, steigen die Überlebenschancen auf 80 Prozent.

Eine noch höhere Überlebensquote besitzen Sie als Franchise-Nehmer, so der Deutsche Franchise-Nehmer-Verband (DFNV). Der Grund liegt nahe: Sie profitieren von einer Idee, die bereits erfolgreich ist, von etablierten Vertriebs- und Marketingstrukturen. Zudem genießen Sie in der Regel Gebietsschutz. Das bedeutet, dass sich kein anderer Lizenznehmer in Ihrer Nähe niederlassen darf. Allerdings müssen Sie dafür unter vielen teils zweifelhaften Ideen die für Sie beste Idee ausfindig machen.

Kapitalintensive Geschäftsideen sowie Gründungen, die mit der Herstellung von Waren und Gütern einhergehen, sind ebenfalls erfolgreicher als Kleingründungen. Das liegt möglicherweise daran, dass eine Gründung, die viel Geld verschlingt, eine besonders gründliche Vorbereitung erfordert. Kleingründungen werden dagegen häufig aus der Not geboren und finden spontan und ohne Unternehmenskonzept statt (siehe Kapitel 6). Dieser Trend wird derzeit durch den Gründungszuschuss in

Deutschland gefördert: Geld gibt es schon auf einen einfachen Antrag hin – ein Business-Plan ist für die Bewilligung nicht notwendig.

Womit Sie sich selbständig machen können

Ideen gibt es wie Sand am Meer. Die Zeitschrift *Geschäftsidee* hält sich nicht ohne Grund seit Jahren am Markt: Sie liefert immer wieder neue Ideen. Zudem existieren über 900 Franchise-Systeme. Leider sind nicht alle Ideen gut und langfristig tragfähig. Hinzu kommt, dass Trends oft schon überholt sind, wenn sie von Zeitschriften oder Büchern veröffentlicht werden. Zu viele Menschen machen diese Idee dann nach. Die besten Ideen entstehen deshalb in Ihrem Kopf, bevor jemand anderes darauf kommt.

Holen Sie sich Anregungen

Im vergangenen Abschnitt haben Sie bereits gelernt, dass Unternehmensgründungen erfolgreicher sind, wenn der Gründer selbst aus der Branche kommt, in der er gründet. Schauen Sie sich also vor allem in Ihrer näheren Umgebung um: Wo fehlt etwas? Welcher Mangelzustand wurde schon immer beklagt? In welchen Bereichen ist die Branche zurückgeblieben, wo gibt es etwas aufzuholen? Sehen Sie sich in anderen Ländern um, die dem deutschen, österreichischen und schweizerischen Markt voraus sind. Wie hat sich die Branche dort entwickelt? Welche Ideen wurden dazu gebraucht? Neue rechtliche Bestimmungen können Sie ebenfalls auf eine gute Geschäftsidee bringen. Beispielsweise hat der Zwangsaufdruck auf Zigarettenschachteln die Idee des Schachtel-Überzugs nach sich gezogen. Auch die Änderungen im Gesundheitswesen bringen viele neue Ideen zutage.

Das sind Ansatzpunkte für eine Geschäftsidee:

▶ *Erfindungen und neue Produkte:* Neue Produkte sollen Probleme beseitigen und die Lebensqualität bestimmter Berufsgruppen, Altersgruppen oder von Menschen allgemein verbessern.

▶ *Nichts ist gut genug – alles geht besser:* Neue Produktqualitäten zeigen neue Wege und Möglichkeiten, an die bisher nicht gedacht wurde.

▶ *Alternative Produktionsmethoden:* So können Sie Altbewährtes zu einem anderen Preis oder besonders umweltfreundlich herstellen. Sie können damit werben, Lebensmittel nur im Inland zu produzieren oder auf eine besonders schonende Weise, sodass beispielsweise ein bestimmtes Aroma oder der natürliche Geschmack erhalten bleiben.

▶ *Neue Absatzmärkte erschließen:* Sie müssen nicht unbedingt ein neues Produkt vertreiben, vielmehr können Sie für ein altes Produkt einen neuen Kundenkreis gewinnen. Absatzmärkte können beispielsweise regional betrachtet werden: So können Sie indonesische Puppenmöbel in Deutschland vertreiben oder deutschen Obstschnaps in Indien. Ein Einkaufsparadies ist derzeit Osteuropa: Wer jetzt in Polen, Tschechien, Rumänien oder Weißrussland neue Produkte einkauft und vertreibt, hat beste Chancen auf hohen Gewinn.

▸ *Neue Vertriebskanäle erschließen:* Alte (und erfolgreiche) Produkte können Sie über einen neuen Vertriebsweg anbieten, zum Beispiel über das Internet-Auktionshaus Ebay.

▸ *Im Einkauf liegt der Gewinn:* Die Eroberung neuer Bezugsquellen für Waren oder Rohstoffe ist ebenfalls ein interessantes Geschäftsmodell. So können Sie beispielsweise als Zulieferer Ihr Geld verdienen.

▸ *Persönlichkeit gewinnt:* Viele Ideen sind mit der dahinter stehenden Person verbunden, ohne die die Idee nicht funktionieren würde. So können auch altbekannte Geschäftsmodelle funktionieren – allein aufgrund persönlicher Fähigkeiten, Kompetenzen, eines überzeugenden und einnehmenden Wesens.

▸ *Ideen kopieren:* Vor allem die Recherche in anderen Ländern bringt oft vieles an neuen Geschäftsideen. Allerdings sind nicht alle Ideen ohne weiteres importierbar, da sich die kulturellen und gesetzlichen Rahmenbedingungen oft stark voneinander unterscheiden.

▸ *Technologische Trends erkennen:* Wo geht die Technik-Reise hin? Wer Trends der Zukunft schon jetzt erkennt, ist auch der idealen Geschäftsidee auf der Spur.

▸ *Ersatzprodukte entwickeln:* Märkte sind gesättigt: Jeder hat ein Fernsehgerät, einen Computer, ein Auto. Wenn neue Produkte alte verdrängen, entsteht jedoch auch wieder ein neuer Markt. Beispiel: MP3-Player haben mobilen CD-Playern längst den Rang abgelaufen.

Gründerporträt: Wildwuchs, der schmeckt

Olaf Schnelle gründete sein Unternehmen auf Initiative der Bundesagentur für Arbeit.

Firma	Essbare Landschaften
Gesellschaftsform	GmbH & Co. KG
Geschäftsmodell	Zucht und Versand von Wildkräutern
Internet	www.essbare-landschaften.de
Gründung	März 2000
Kapitaleinsatz bei Gründung	30.000 Euro

Geschäftsführung	Ralf Hiener (Koch und früher Inhaber eines Feinschmecker-Restaurants) und Olaf Schnelle (Gartenbau-Ingenieur)
Mitarbeiter	11 bis 13 Mitarbeiter, die jeweils neun Monate arbeiten (Einstellung im Frühjahr, Entlassung im Winter), und Profis mit speziellem Fachwissen
Umsatzentwicklung	Bisher jedes Jahr eine Verdopplung
Gewinn	Seit 2004 Gewinnschwelle erreicht

Taubnessel statt Champignons? Kapuzinerkresse-Pesto oder Wildkräuter-Salat? Solche Delikatessen bestellen Gourmet-Köche aus dem ganzen Bundesgebiet bei den Essbaren Landschaften in Süderholz in Mecklenburg-Vorpommern. Zu den Kunden der Essbaren Landschaften gehören beispielsweise das Hotel Louis C. Jacob in Hamburg und die Kantine von Daimler-Chrysler in München. Auch Privatkunden bestellen immer häufiger bei dem exquisiten Kräutergarten, der seine Ladentore auch im Internet geöffnet hat.

Die Idee zu dem Kräutershop hatte Olaf Schnelle bereits 1998. Der Fan des Survival-Abenteurers Rüdiger Nehberg war auf einem Überlebenstrip auf den Geschmack der wilden Kräuter gekommen. Mit Überleben hatte der Verzehr des Wildwuchses nichts zu tun, eher mit »bonne cuisine«. In einem Rundschreiben fragte Gartenbau-Ingenieur Schnelle Köche in ganz Deutschland, ob sie Interesse an frischen Wildkräutern hätten. Doch in den Kräutergärten der bundesdeutschen Köche wuchs nur schnöder Schnittlauch. Die wohlschmeckenden wilden Artgenossen wurden noch nirgends angebaut. Seine intensive Suche nach dem Feinschmecker-Kraut brachte Schnelle schließlich ins Regionalfernsehen. Den Bericht sah eine Mitarbeiterin des Arbeitsamtes, die sogleich bei ihm anrief. Ob er die Kräuter nicht selbst anbauen und vertreiben wollte? Die kreative Beamtin roch eine Geschäftsidee und hatte tatsächlich einen guten Riecher. Immerhin herrscht in der Region um Stralsund und Greifswald eine Arbeitslosenquote von knapp 30 Prozent. Solche Not macht auch das Arbeitsamt erfinderisch.

2000 ging Schnelle an den Start. Zuvor hatte er seinen Wunschpartner, den Küchenmeister Ralf Hiener aus dem Schwarzwald, als Partner gewonnen. Der eine Profi-Koch, der andere erfahren in der Landwirtschaft – ein besseres Team konnte sich kaum finden. Einziger Nachteil: Keiner hatte einen kaufmännischen Hintergrund. »Und das Kaufmännische macht heute nun mal fast 90 Prozent der Arbeit aus«, so Hiener.

Ein Kredit war im Jahr 2000 noch recht einfach zu haben. Dazu gesellte sich ein Lohnkostenzuschuss des Arbeitsamtes, der für die Mitarbeiter gezahlt wurde, die vom ersten Tag dabei waren. Keine Frage war anfangs, dass das Unternehmen eine GmbH sein sollte. Die Größe des Unternehmens, die langfristigen Wachstumschancen und Gewinnaussichten sprachen dafür, eine Unternehmensform zu wählen, die das private Vermögen sichert. Heute würde Hiener das anders machen und mit einer GbR anfangen. Der Grund ist vor allem finanzieller Natur: »Damals gab es noch Startgeld in Höhe von 12.500 Euro für Gründungen im Agrarbereich. Die hätten wir als GbR bekommen können. So nicht.«

Doch wozu verpassten Chancen nachweinen? Alle anderen Gelegenheiten haben die Essbaren Landschaften ergriffen. In Werbung mussten sie dabei bisher nicht einen Cent stecken. Alle kamen von selbst: die Feinschmecker-Journale und die Frauenzeitschriften, das Regionalfernsehen und die Privatsender. Wenn eine Firma unter dem Motto »die höchstgelegene Kräuterwiese Deutschlands« im Olympiaturm ausstellt, ist die Aufmerksamkeit der Öffentlichkeit garantiert. Fast fatalistisch mutet Hieners Werbeprinzip an: »Entweder sie merken es von selbst, oder es wird nichts.« Aggressives Verkaufen kam für den Kräuterfan deshalb nie in Frage. Alle Kunden kamen von selbst, ohne Akquise, einfach vom Hörensagen.

Zu den Kunden gehört das Lufthansa First-Class-Catering. Seit einigen Jahren werden auch Bio-Supermärkte beliefert. Und auch der Besitzer einer Avocado-Plantage ist über einen Bericht in der *Hobbythek* des WDR-Fernsehens auf die beiden Deutschen aufmerksam geworden. Durch die Kooperation mit ausländischen Wildkräuterzüchtern boomt das Geschäft jetzt das ganze Jahr. Nun muss das Online-Standbein – der Shop im Internet – weiter angekurbelt werden. Viele Liebhaber der gehobenen Küche schätzen Wildkräuter und lassen sich gerne Wildkräuter-Pakete aus Mecklenburg-Vorpommern liefern.

Quereinstieg: Sprung ins kalte Wasser

Die meisten Gründungsberater werden Ihnen raten: Wählen Sie sich eine Branche aus, in der Sie sich auskennen. Ein Quereinstieg ist ein Sprung in eisiges Wasser, ein unkalkulierbares Risiko. Trotzdem gibt es immer wieder Menschen, die den Quereinstieg wagen, weil sie von einer anderen Branche magisch angezogen werden. Doch machen Sie sich nichts vor: Es sind Ausnahmen. Ein Malermeister wird nicht einfach zum Bäcker und der Florist nicht zum Unternehmensberater. Wer dagegen eine sehr breite und allgemeine Grundausbildung besitzt, etwa im kaufmännischen Bereich, kann es auch jenseits der angestammten Branche schaffen.

Wer sich eine neue Branche erschließen möchte, braucht mehr Energie als andere. Ein Quereinstieg bedeutet einen besonders großen Kraftakt, erfordert mehr Zeit und damit fast immer auch mehr Geld. Dies ist im Angestelltenverhältnis nicht anders. Bewerber, die in eine andere Branche oder sogar einen völlig neuen Beruf wechseln wollen, müssen ungewöhnliche Wege gehen, um das zu schaffen. Sie müssen beispielsweise bereit sein, vorübergehend finanzielle Einbußen in Kauf zu nehmen. Wenn Sie Neuland betreten, müssen Sie also mit sehr viel mehr Arbeit rechnen.

Prüfen Sie sich selbst genau: Sind Sie reif für den Quereinstieg?

Sie fühlen sich in Ihrer Branche überhaupt nicht wohl.		
Eine andere Branche übt einen nahezu unwiderstehlichen Reiz auf Sie aus.		
Eine bestimmte Geschäftsidee spukt Ihnen schon lange im Kopf herum. Sie sind sicher, dass es dafür einen Markt gibt.		
Sie sind bereit, alles von der Pike auf zu lernen.		
Sie sind ausgesprochen hartnäckig.		
Ihr Selbstbewusstsein und Vertrauen in die Sache sind durch keinen Rückschlag zu erschüttern.		
Sie haben genug Geld, um die ersten Monate und vielleicht das erste Jahr zu überstehen.		

Falls Sie die meisten Fragen mit Ja beantworten können, ist das ein Anhaltspunkt dafür, dass Sie sich für einen Quereinstieg eignen – mehr nicht. Planen Sie Ihre Idee, und führen Sie einen Markttest durch (siehe Kapitel 2.2). Prüfen Sie unbedingt, ob es gesetzliche oder branchenspezifische Bestimmungen gibt, die Ihnen im Weg stehen könnten. Holen Sie sich einen Berater, der genau diese Branche bestens kennt.

Woran erkennen Sie eine gute Idee?

Wahrscheinlich wissen Sie selbst, dass die Idee gut ist. Sie spüren Ihre eigene Begeisterung, haben ein gutes Gefühl und erhalten in Gesprächen positives Feedback. Darüber hinaus sollten Sie Ihre Geschäftsidee aber auch noch mithilfe der folgenden Liste prüfen:

▶ Ihre Idee ist einfach zu kommunizieren. Testen Sie es: Rufen Sie zehn Bekannte ohne Vorwarnung an, und vermitteln Sie Ihnen Ihre Idee in nicht mehr als drei Sätzen. Ihre Gesprächspartner dürfen keine Fragen stellen, während Sie reden. Nach Beendigung des Telefonats sollen sie Ihre Geschäftsidee schriftlich in einem einzigen Satz skizzieren. Bitte beachten Sie: Einfach zu kommunizieren bezieht sich auf die jeweilige Zielgruppe. Je nach Geschäftsmodell müssen und können Sie (Fach-)Wissen voraussetzen.

▶ Ihre Idee löst ein Problem. Aber welches? Formulieren Sie es auf einem Blatt Papier.

▶ Ihre Idee ist einzigartig. Es gibt sie in dieser Form noch nicht. Oder: Sie drängen auf einen Markt, den ein anderer gerade erschlossen hat und der noch nicht gesättigt ist.

▶ Was Sie vorhaben, stößt nicht auf rechtliche oder branchenspezifische Grenzen.

▶ Ihre Idee lässt sich einfach und mit einem kalkulierbaren Kostenaufwand realisieren.

▶ Es gibt Käufer für Ihr Produkt, die Sie benennen und deren wesentliche Merkmale Sie genau beschreiben können.

▶ Ihre Idee ist geeignet, Ihnen einen Gewinn zu bescheren. Das ist nicht selbstverständlich. Wenn Sie Blüten in kleinen Fläschchen à 5 Euro im Direktvertrieb verkaufen und von der Bestellannahme über das Verpacken bis zur Reklamation alles selbst abwickeln, müssen Sie hundert Fläschchen am Tag versenden, um einen Umsatz von 500 Euro zu erzielen. Umsatz – nicht Gewinn! Rechnen Sie nach, wie viel am Ende für Sie übrig bleibt. Seien Sie realistisch. Viele gute Ideen sind gescheitert oder nie realisiert worden, weil sich damit kein Geld verdienen ließ. So bedauerlich das auch ist: Sagen Sie nicht rentablen Ideen adieu.

▶ Sind Sie der richtige Mann oder die geeignete Frau, um die Idee zu verkaufen? Wenn Sie als Nicht-Bäcker eine neue magenschonende Brotsorte für Kinder mit Milchsäureallergie entwickelt haben, aber von Haus aus Lehrer sind, sollten Sie sich genau prüfen. Passen Sie und die Idee wirklich zusammen?

▶ Die Idee lässt sich nicht ohne weiteres von anderen nachmachen. Bedenken Sie: Gute, einfache Ideen lassen sich oft kaufen. Ganz schnell kommt ein reicher Unternehmer daher und sahnt auf einem Markt ab, der Ihnen gehören könnte. Bauen Sie Hürden auf, und denken Sie etwa an Patente und Gebrauchsmusterschutz.

Interview: Was macht eigentlich eine gute Idee aus?

Matthias Klopp ist Inhaber der Berliner Ideen- und Marketingagentur Knack-die-Nuss (*www.knackdienuss.de*) und Besitzer von *www.gruenderland.de*. Seine Agentur, die heute vor allem Internet-Marketing für Dienstleister macht, gründete er 1999. Im Interview verrät er, worauf es bei der Gründung ankommt.

Was sind die Kennzeichen einer guten Idee?
Drei Punkte sind entscheidend: Die Idee macht Spaß. Der Gründer kann sie mit seinen Ressourcen realisieren. Es lässt sich ausreichend Geld damit verdienen.

Wieso Spaß?
Nur wer Spaß hat, bringt die nötige Motivation auf, eine Idee zu realisieren. Ohne Spaß keine Energie. Deshalb sind Zwangsgründungen aus der Arbeitslosigkeit in meinen Augen meistens zum Scheitern verurteilt.

Und was mache ich, wenn ich noch keine Idee habe? Wie komme ich drauf?
Schauen Sie sich Ihren Markt an. Wo sind die Lücken? Was hat schon immer gefehlt? Was lässt sich besser machen? Wenn ich hier in Berlin auf

die Straße schaue, fallen mir ad hoc mehrere Dinge ein, die ich als Diplom-Kaufmann machen könnte. Aber ich habe ja schon ein erfolgreiches Unternehmen …

Was wäre das?
Dort drüben ist ein Hotel, an dem nicht mehr weitergebaut wird. Dem Unternehmer ist offensichtlich das Geld ausgegangen. Ich könnte für solche Fälle Investoren suchen. Das Hotel steht in einer guten Lage, das Projekt ist vielversprechend.

Und woher weiß ich als Gründer, dass meine Idee Erfolg verspricht?
Indem Sie es testen! Jede Idee lässt sich unter realen Bedingungen testen.

Wie sieht so ein Test aus?
Künftige Online-Shops können Artikel im Internet zunächst probeweise verkaufen: erst einmal auf einer ganz einfachen Seite ohne tolles Design oder Logo. Entscheidend ist Ihre Fähigkeit, den Nutzen zu vermitteln. Wenn Sie das auf einer einfachen Seite nicht schaffen, schaffen Sie es auch nicht auf einer durchgestylten Plattform.

Das kostet doch alles Geld.
Jede Existenzgründung kostet – oft sogar viel Geld. Besser, Sie investieren ein paar hundert oder wenige tausend Euro in einen Test, als dass Sie ein Vielfaches davon in den Sand setzen.

Lässt sich das nicht durch einen guten Business-Plan abfedern?
Wo denken Sie hin? Die Zahlen in einem Business-Plan sind erfunden.

Sie stimmen nie mit der wirklichen Entwicklung überein. Ob sich Ihr Produkt verkauft, können Sie nur mit einem Test unter realen Bedingungen herausfinden.

Viele Gründer haben viele Ideen und wissen nicht, welche Sie realisieren sollen. Was empfehlen Sie?
Diese Gründer sollten sich fragen, welche ihrer Ideen die beste ist. Welche macht am meisten Spaß, entspricht am meisten ihrem Können und verspricht den höchsten Gewinn?

Wie ermittle ich denn das Profit-Potenzial?
Indem Sie erst einmal logisch über Ihre Idee nachdenken. Eine Software entwickeln Sie einmal und verkaufen Sie mehrfach. Das bedeutet großen Profit. Wenn Sie eine neue Dusche zum Mitnehmen erfinden, müssen Sie sich dagegen fragen, ob Sie diese zu einem Preis produzieren können, der Gewinne zulässt. Andere Dinge müssen Sie immer wieder neu entwickeln, die maßgeschneiderte Beratungsleistung etwa. Fragen Sie sich, ob unter dem Strich genügend für Sie übrig bleibt.

Was macht einen guten Unternehmer aus?
Die Tatsache, dass er überhaupt etwas unternimmt. Viele potenzielle Gründer grübeln ewig über Ideen nach, ohne jemals etwas zu tun. Ein Unternehmer muss erst einmal überhaupt etwas unternehmen. Dann kann er auch mit einer mittelprächtigen Idee Erfolg haben. Beispiele gibt es genug.

Kreativ-Workshop: Damit die Glühbirne brennt

Manchmal kommt die Idee über Nacht, viele Ideen wurden in Kneipen geboren. Bettina Boos, die Gründerin aus dem Kapitel 9.4, entwickelte die Idee für ihr Business in einer Hamburg-Eppendorfer Spelunke. Für andere wiederum ist das Geschäftsmodell sonnenklar. Wenn ein Steuerberater eine Steuerberatungskanzlei aufmacht, muss er nur eine sorgfältige Standortanalyse erstellen und gutes Marketing betreiben – eine innovative Geschäftsidee braucht er nicht unbedingt.

Andere Existenzgründer überlegen gezielt, in welchen Bereichen Sie mit einer neuen Idee noch Fuß fassen könnten. Einige Anregungen konnten Sie im ersten Abschnitt bereits lesen. Bei der Entwicklung von Ideen helfen Ideenagenturen. Noch besser (und vor allem kostengünstiger) ist aber, wenn Sie selbst das richtige Geschäftskonzept erfinden.

Mindmapping: Zeichnen Sie Ideenbäume

Eine beliebte Methode, Ideen zu finden, ist das Mindmapping. Diese Methode können Sie auch mithilfe eines Computer-Programms durchführen, beispielsweise mit dem Mindmanager (*www.mindmanager.de*). Ausgehend von einem Grundgedanken entwickeln Sie weitere Assoziationen. Das Bild, das Sie dabei entwerfen, ähnelt einem Baum. Diese Assoziationen können frei sein oder strukturiert. Frei bedeutet, dass Sie die Verästelungen, die von Ihrem Baum abgehen, zeichnen und beschriften, ohne darüber nachzudenken. Strukturiert heißt, dass Sie die Ideen in Ihrem Kopf einordnen und in Bereiche gliedern, die sich logisch ergeben.

▶ **Beispiel 1:** Sie beginnen mit dem Gedanken Existenzgründung. Ausgehend von diesem Kern zeichnen Sie Zweige, die in verschiedenen Branchen enden – etwa Touristik und Kultur. Von »Touristik« und »Kultur« beginnend, denken Sie weiter. »Touristik« führt sie beispielsweise zu »Reisen«, dann zu »Reiseveranstaltern«, schließlich zu »Spezialreisen« und irgendwann zu »Senioren«. Eine Idee, die Ihrem Mindmap entspringt, wäre damit die Veranstaltung von Reisen speziell für Senioren.

▶ **Beispiel 2:** Sie wissen genau, dass Sie etwas mit Kultur machen möchten. Um Ihre Kernaussage »Kultur« herum zeichnen Sie kleine Äste, die in verschiedene Richtungen wachsen. Da ist »Musik« und dort »Theater«, hier »Kleinkunst«. Den Musik-Ast verfeinern Sie mit Verästelungen in Richtung »Pop«, »Klassik« oder »Lounge«. Schließlich schreiben Sie irgendwo »Produktion« heran – und sind damit bei der Idee gelandet, eine Produktionsfirma für Lounge-Musik zu gründen.

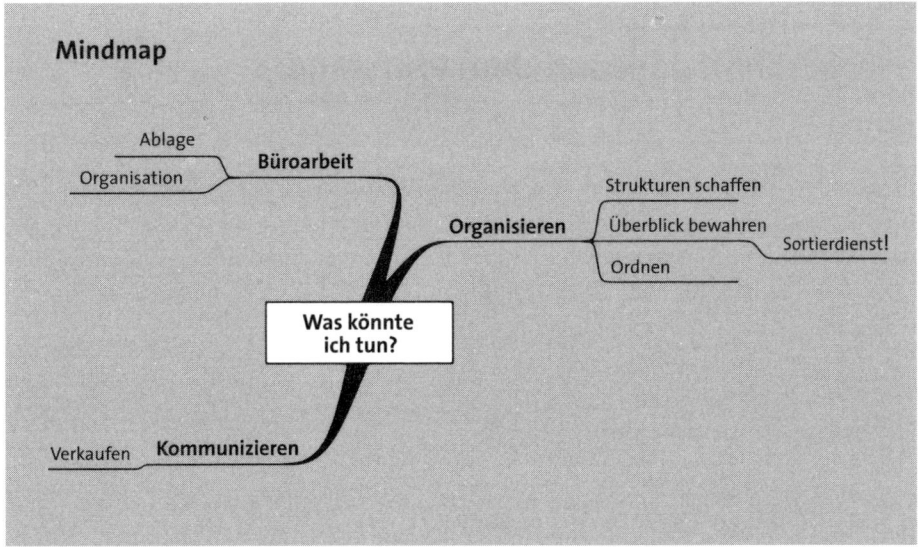

Brainstorming: Gemeinsam mehr Ideen

Das klassische Brainstorming ist ein freies Assoziieren in der Gruppe. Treffen Sie sich dazu mit Freunden und Bekannten, die Ihre Branche kennen. Sie geben ein Thema vor, zu dem die Gruppe während einer bestimmten Zeit Ideen entwickeln soll – unkommentiert von den anderen Gruppenmitgliedern. Diese Ideen werden von einem Moderator beispielsweise auf einer Posterwand notiert. Er notiert alles unkommentiert und unreflektiert und greift nur dann ein, wenn Kommentare aus der Gruppe kommen, die den freien Ideenfluss eindämmen könnten. Eine ideale Gruppengröße für Brainstorming liegt zwischen fünf und zehn Personen. Am Ende gilt es, die Ideen zu ordnen und zu strukturieren. Die Favoriten können dann in der Gruppe nach dem gleichen System weitergedacht werden.

Adressen

- Ideennet (*www.ideennet.de*): Geschäftsideen vom Verlag für die deutsche Wirtschaft.

- Internetidee (*www.internetidee.de*): Existenzgründungsideen zu allen möglichen Themen.

- Deutsche Forschungsgemeinschaft (*www.dfg.de*): Für wissenschaftliche Ideen.

- Mindmanager (*www.mindmanager.de*): Beliebte Software zum Brainstormen am Computer.

2.2 Marktforschung: Geschäftsidee auf dem Prüfstand

Es gibt viele geniale Ideen, aber längst nicht alle lassen sich gut verkaufen. Bevor Sie Ihr Produkt oder Ihre Dienstleistung offiziell anbieten, sollten Sie sie deshalb testen. Für solche Marktforschung brauchen Sie kein großes Budget. Dieses Kapitel zeigt, wie Sie Ihrer Idee auf den Zahn fühlen und Marktforschung auch in späteren Gründungsphasen effektiv nutzen.

Experimente und Probeverkäufe

Sicher ist sicher. Wenn Sie einen Flop vermeiden wollen, dürfen Sie sich nicht auf Ihre Intuition verlassen, sondern müssen einen Praxistest unternehmen. Sofern Sie dazu ein Marktforschungsinstitut beauftragen, kommt einiges an Kosten auf Sie zu. Diese Kosten sind immer dann gut investiert, wenn die Realisierung Ihrer Idee ebenfalls ein größeres Budget verschlingt.

Sie können aber auch einen Prototyp bauen und selbst einen Testlauf starten. Dies hat beispielsweise Beate Winklewsky von Modemobil so gemacht (siehe Porträt). Die Modespezialistin vertreibt Mode für Senioren direkt vor Ort – in Altersheimen. Vor dem offiziellen Start führte sie mehrere Testverkäufe durch. Dabei konnte sie die Resonanz auf ihre Kollektion und auf ihre Geschäftsidee testen und das Kaufverhalten der alten Leute kennenlernen. Fast jede Idee erlaubt einen solchen Testlauf – auch wenn Sie oft nicht das komplette Geschäftsszenario durchspielen können.

So sieht der Ablaufplan für Ihren Testlauf aus:

- ▶ Definieren Sie ein Ziel: Was wollen Sie herausfinden?
- ▶ Überlegen Sie, an welchen Faktoren sich Ihr Erfolg zeigt: Woran lässt sich eine positive Resonanz auf Ihre Idee erkennen? Wo und wie könnten Sie diese Resonanz testen? Denken Sie beispielsweise an Testanzeigen in Zeitschriften und Zeitungen, spezielle Veranstaltungen, Tage der offenen Tür, Probeverkäufe in ausgewählten Geschäften, Experimente, probeweise Kaltakquise oder Testmailings.
- ▶ Beschreiben Sie den Test möglichst genau. Definieren Sie einzelne Schritte des Testlaufs.
- ▶ Führen Sie den Test durch.
- ▶ Werten Sie die Ergebnisse aus.

Marktforschung für kleine Budgets

Marktforschung bringt erst einmal kein Geld in die Tasche – deshalb sparen viele Gründer daran. Dabei zahlt sich der geldwerte Vorteil von Marktforschung immer aus: Wer seinen Markt erkundet, bevor er aktiv wird und investiert, vermeidet überflüssige Ausgaben und Fehlentscheidungen. Das muss Sie nicht einmal viel Geld kosten.

Als kleines Unternehmen erlangen Sie durch Marktforschung wichtige Erkenntnisse und kommen auf Ideen für künftige Strategien. Als Gründer prüfen Sie die Marktfähigkeit Ihrer Idee, noch bevor Sie investieren und ein Unternehmenskonzept aufstellen. Dabei hilft Ihnen im ersten Schritt Sekundärmaterial, also bereits existierende Studien und Umfrageergebnisse, die Sie kostenlos anfordern oder kaufen können. Sie erfahren beispielsweise, wie groß der Markt ist, auf dem Sie sich bewegen. Diese Fragen lassen sich meist problemlos mithilfe vorhandener Studien beantworten. Markt meint dabei ein virtuelles Gebilde, einen Ort, an dem Nachfrage für ein bestimmtes Produkt besteht, zum Beispiel der Markt für Sportartikel. Solche Studien von Marktforschungsinstituten können mehrere hundert bis tausend Euro kosten. Bevor Sie eine Studie bestellen, sollten Sie sich deshalb in der Zusammenfassung informieren, ob Ihnen der Inhalt Nutzen bringt. Diese Zusammenfassungen sind für sich genommen oft schon sehr aufschlussreich – und kosten nichts.

Eine weitere Kosten-Alternative: Viele Berufsverbände stellen Studien gratis oder gegen eine geringe Gebühr zur Verfügung, so zum Beispiel der Bundesverband Digitale Wirtschaft (*www.bvdw.org*). Erkundigen Sie sich bei den für Sie relevanten Berufsverbänden nach solchen Studien.

Institute wie Nielsen Netratings, TNS Emnid, die Gartner Group und Jupiter Research besitzen Daten zu vielen Themen. Auch öffentliche Forschungsstellen, wie das Fraunhofer Institut oder das E-Commerce-Center Handel (ECC-Handel), halten wichtige Informationen für Unternehmen bereit. Recherchieren Sie auf den Internetseiten der Institute, ob diese Studien zu den für Sie relevanten Themen herausgegeben haben.

Von Marktforschungsinstituten durchgeführte Umfragen oder Experimente kosten meist sehr viel Geld. Kaum ein Gründer kann sich diese Investition leisten. Selbst gemachte Marktforschung ist zwar nicht ganz so professionell und fundiert, bringt aber oft nicht minder wichtige Erkenntnisse zutage. So können Sie eigene Fragebögen konzipieren oder Experimente durchführen – etwa Verkaufssituationen simulieren und beobachten. Weitere Möglichkeiten sind:

- andere Ladenbesitzer offen nach ihren Erfahrungen befragen;
- inkognito als Testkäufer auftreten, um Service und Verkaufssituation zu »testen«;
- Testverkäufe durchführen, etwa auf Märkten oder in der eigenen Garage;
- Testberatungen durchführen;
- Testanzeigen schalten.

Gerade das Internet bietet Ihnen eine hervorragende Plattform für Ihre eigene Marktforschung. Sie können:

▸ in Internetforen nach Erfahrungswerten fragen;
▸ in Mailing-Listen Umfragen durchführen oder Ihre Internetseite besuchen und bewerten lassen;
▸ über ein Modul auf der eigenen Website Umfragen durchführen.

Telefoninterviews

Eigene Umfragen sind in der Regel teuer – es sei denn, sie sind selbst gemacht. Dann kosten sie vor allem Zeit, bringen dafür aber auch jede Menge wertvoller Erkenntnisse. Wer zum Beispiel in Hamburg im Enigma-Gründungszentrum, gesponsert von der Arbeitsagentur, seine Existenz aufbaut, muss erst einmal telefonieren und 108 Interviews mit fremden Menschen führen. Das sind Menschen, die zur eigenen Zielgruppe gehören, also potenzielle Kunden. Auch Wettbewerber sind zulässig. Kurzum: alle, die etwas zur Idee sagen können, deren Meinung bei der Entwicklung weiterer Schritte wichtig ist. Machen Sie es wie die Gründer von Enigma. Sie müssen ja nicht gleich 108 Anrufe durchführen, 10 bis 50 – je nach Idee – reichen aus. Überlegen Sie sich für die Auswahl:

▸ Wer macht etwas Ähnliches wie ich?
▸ Wer ist möglicher Kunde?
▸ Wer hat Kontakt oder ist eine Schnittstelle zu Menschen, die etwas Ähnliches anbieten?

Beachten Sie, dass es im Einzelfall besser ist, mit den Menschen von Angesicht zu Angesicht zu sprechen. Wenn Sie als Ladenbesitzer andere Ladenbesitzer interviewen wollen, sollten Sie persönlich zu Ihren Wettbewerbern gehen. Zerstreuen Sie Bedenken, dass Sie nur die Konkurrenz ausspionieren wollen. Machen Sie klar, dass Sie keine direkte Konkurrenz sind, weil Sie beispielsweise Ihren Laden ganz woanders eröffnen möchten. Seien Sie höflich und bieten Sie Ihrerseits Hilfe an.

Stellen Sie anschließend eine Liste mit Fragen zusammen. Ihr Fragenkatalog muss individuell auf den jeweiligen Gesprächspartner zugeschnitten sein. Beispiel: Als Anbieter von Kinder-Mode wollen Sie in Erfahrung bringen, welche Marken gut laufen, was beim Einkauf zu beachten ist. Fragen Sie andere Ladenbesitzer:

▸ Wie lange hat es gedauert, bis sich Ihr Geschäft etabliert hat?
▸ Wie viele Kunden kommen am Tag?
▸ Für wie viel kaufen die Kunden im Durchschnitt ein?
▸ Wo kaufen Sie ein?
▸ Haben Sie mit den Händlern spezielle Konditionen ausgehandelt?
▸ Haben Sie viele Stammkunden?

- Was machen Sie, um Stammkunden zu gewinnen?
- Welche Werbemittel sind in Ihrem Geschäft erfolgreich?
- Was ist eine realistische Gewinnspanne?
- Was kosten Mitarbeiter?
- Wie findet man gute Mitarbeiter?
- Was ist Ihrer Meinung nach Voraussetzung für Erfolg?

Bei Ihrer Marktforschung werden Sie häufig abgewiesen werden, weil die Menschen misstrauisch sind und erst einmal in Abwehrhaltung gehen, wenn Sie von Fremden ausgefragt werden. Davon sollten Sie sich nicht abschrecken lassen. Für Sie ist das zugleich eine gute Akquise-Übung. Sie lernen dabei zu überzeugen und andere für sich zu gewinnen. Und wenn 10 bis 50 Gespräche nicht reichen, versuchen Sie es doch mit 108.

Tipp: Schon erste Auftraggeber gewinnen

Wenn Sie Firmen ansprechen, können Sie bei Ihrer Marktforschung vielleicht schon erste Auftraggeber gewinnen. Sprechen Sie ganz offen an, dass Sie in der Gründung sind und erst Ihr Produkt oder Dienstleistungsangebot testen wollen. Erhalten Sie viele positive Antworten, fragen Sie, ob der Gesprächspartner Ihnen einen ersten Probeauftrag erteilt – zum Einstieg vielleicht sogar zu Sonderkonditionen.

Schriftliche Befragungen

Mit einem professionellen Fragebogen können Sie den Bedürfnissen Ihrer Zielgruppe gezielt auf die Spur kommen. Aber Vorsicht: Die schönsten Fragebögen sind überflüssig, wenn sie niemand beantwortet. Planen Sie unbedingt, wie und wo Sie die Fragebögen an Ihre Zielgruppe bringen. Doch der richtige Ort – etwa eine Messe oder ein Kongress – allein reicht nicht. Bieten Sie keinen speziellen Anreiz, Fragen zu beantworten, werden Sie auf Ihren Formularen sitzen bleiben. Locken Sie: Ein Gewinnspiel oder ein Gutschein ist das Mindeste, was Sie den Ausfüllern bieten müssen. Das sind Beispiele für Anreize:

- Als Coach bieten Sie eine Stunde Gratis-Coaching für alle, die Ihren Fragebogen ausfüllen. Damit bieten Sie nicht nur den Anreiz, sondern finden auch mögliche erste Kunden.
- Als Ladenbesitzer offerieren Sie einen Wertgutschein in Höhe von 20 Euro für jeden ausgefüllten Fragebogen.
- Als Brötchendienst verlosen Sie 56 Wochen lang Sonntagsbrötchen für den Gewinner.
- Als Büroservice verlosen Sie Ihren Sekretariatsdienst für einen Tag gratis.

Fragebögen zu erstellen, ist fast eine wissenschaftliche Aufgabe. Selbst gemachte Fragebögen müssen Sie deshalb mit der notwendigen Distanz betrachten. Die größte Falle liegt darin, dass Sie Ihren Kunden Antworten vorgeben. Prüfen Sie deshalb Ihren Fragebogen: Suggerieren Fragen Antworten? Beispiel für eine suggestive Frage: »30 Prozent aller Menschen haben Rückenprobleme. Sie doch auch?« Stellen Sie Fragen so, dass der Kunde mehrere Möglichkeiten hat und nicht zu einer Antwort gezwungen wird.

Wenn Sie das Geld haben, können Sie professionelle Hilfe nutzen – am besten bei einem Institut, das sich mit Ihrer Branche und kleinen Unternehmen auskennt. Wenn Sie sich einen Fragebogen bei einem Marktforschungsinstitut erstellen lassen, kostet Sie das mindestens 500 Euro.

Tipps für gute Fragebögen

- Gestalten Sie den Fragebogen übersichtlich. Mehr als 10 bis 20 Fragen schrecken ab. Je kürzer, desto besser.
- Schreiben Sie verständlich und eindeutig. Lassen Sie sich von jemand helfen, der gut mit Texten umgehen kann.
- Fragen Sie persönliche Daten wie Alter und Geschlecht ab. Das erleichtert die Einschätzung der Antworten. Eventuell sind auch Angaben zu Vorerfahrungen oder Kenntnissen sinnvoll.
- Reduzieren Sie die Auswahlmöglichkeiten. Wenn Sie beispielsweise die Preisbereitschaft erfragen wollen, bieten Sie nur drei Antwortalternativen: »Welches Stundenhonorar würden Sie für ein solches Produkt bezahlen: bis 40 Euro, bis 60 Euro, bis 100 Euro?«
- Geben Sie Antwortmöglichkeiten vor und bieten Sie außerdem ein Feld für Aussagen wie »Sonstiges« oder »Nichts davon«.
- Suggerieren Sie keine Antworten, indem Sie rhetorische Fragen stellen.
- Lassen Sie nicht zu viele Felder frei, das überfordert. Ideal ist ein freies Feld für eigene Bemerkungen am Ende des Formulars.
- Testen Sie den Fragebogen mit Bekannten, bevor Sie damit unter die Leute gehen.

Kundendaten für Ihre Marktforschung

Denken Sie frühzeitig daran, dass Ihr Unternehmen sich auch nach der Gründung weiterentwickeln soll. Alle Daten, die Sie über Ihre Kunden sammeln können, sind wichtig. Daraus lassen sich wertvolle Erkenntnisse für Ihr Marketing ziehen: Was können Sie tun, damit aus Kunden Stammkunden werden? Wie können Sie für Kundenzufriedenheit sorgen? Wenn Sie wissen, wer Ihre Kunden sind, lassen sich daraus leicht geeignete Maßnahmen ableiten. Legen Sie in einer Datenbank eine Adressdatei an, die alle Angaben enthält, die für Ihr Geschäft sinnvoll sind.

- ▶ *Kontaktdaten:* Name, Anschrift, Telefonnummer und E-Mail-Adresse sind das Mindeste, was Ihre Datei enthalten sollte.
- ▶ *Alter:* Mithilfe des Geburtsdatums können Sie Statistiken erstellen oder Ihren Kunden zum Geburtstag gratulieren.
- ▶ *Beruf:* Vermerken Sie, ob der Kunde selbständig, angestellt, verbeamtet, in Ausbildung oder arbeitslos ist.
- ▶ *Familienstand:* Ist der Kunde verheiratet, Single oder geschieden?
- ▶ *Entscheider:* Kann der Kunde selbst die Kaufentscheidung treffen, oder muss er bei seinem Chef, Geschäftspartner oder Ehepartner rückfragen?
- ▶ *Verwender:* Kauft der Kunde für sich oder für eine andere Person?
- ▶ *Kundenklasse:* Wie viel Umsatz bringt der jeweilige Kunde, und wie häufig kauft er tatsächlich? Klassifizieren Sie nach dem Ertragspotenzial (A für hoch, B für mittel und C für gering). A-Kunden sollten Sie besonders intensiv betreuen. Berücksichtigen Sie dabei auch das zukünftige Potenzial: Aus manchem C-Kunden kann durch guten Service ein A-Kunde werden.

Online-Umfragen

Kennen Sie diese kleinen, meist störenden Fenster, die aufpoppen, sobald Sie eine Website aufrufen? So etwas können Sie auch haben – und für die eigene Marktforschung nutzen. Längst existieren kleine Softwaretools, mit denen Sie in wenigen Schritten ein solches Umfragemodul selbst in Ihren Internetauftritt integrieren können. Das sollten Sie allerdings erst wagen, wenn Sie genügend Besucher haben. Umfragen mit einem Teilnehmer sind wenig wert und machen nach außen einen schlechten Eindruck. Ist Ihre Internetseite noch nicht so gut besucht, empfehlen sich Kundenumfragen per E-Mail eher.

Online-Umfragen haben keine statistisch relevanten Aussagen zum Ziel – dennoch liefern Sie Anhaltspunkte und die eine oder andere wichtige Erkenntnis. Sie sollten zudem möglichst nicht das eigene Angebot betreffen. Wenn Sie nämlich Fragen stellen, die mit Ihrem Angebot zu tun haben, haben Sie eventuell ein Problem, falls die Antwort auf die Frage »Wie gefällt Ihnen unser Angebot?« nicht durchweg positiv ausfällt. Fangen Sie lieber die Stimmungen und Meinungen Ihrer Zielgruppe ein, zum Beispiel:

- ▶ Sehen Sie Chancen im Beitritt der Türkei zur EU (»ja/nein/weiß nicht«)?
- ▶ Planen Sie, in Zukunft auf das Betriebssystem Linux umzusteigen (»ja/nein/ weiß nicht«)?
- ▶ Besitzen Sie bereits einen DVD-Player (»ja/nein«)?
- ▶ Vertrauen Sie auf astrologische Vorhersagen (»ja/nein/manchmal«)?

Die Fragen sollten auf eine Art und Weise gestellt sein, die es Ihnen ermöglicht, aus den Antworten Schlüsse für Ihr Geschäft zu ziehen, beispielsweise neue Produkte in Ihr Sortiment aufzunehmen. Fragen Sie als Inhaber eines Weinshops nach den Vorlieben beim Essen, eines Modeshops nach der Lieblingsfarbe oder dem Lieblingslabel, eines Buchshops nach den Lieblingsautoren, eines Blumenshops nach den Lieblingsblumen. Oder fragen Sie ganz allgemein: Wie oft fahren Sie in Urlaub? Was sind Ihre liebsten Reiseländer? Welches sind Ihre favorisierten Automarken? Die Antworten sollten selbstverständlich für Sie verwertbar sein. Beispiel: Wenn 80 Prozent als Lieblingsfarbe Blau nennen, werden sich blaue Produkte in Ihrem Angebot möglicherweise besonders gut verkaufen.

Das ist aber durchaus nicht der einzige wichtige Aspekt: Umfragen dienen auch der Kundenbindung, wecken Interesse und stillen Neugier. Den meisten Menschen macht es schlicht und ergreifend Spaß, an Umfragen teilzunehmen.

Für Online-Shop- und Portal-Betreiber: Auswertung des Nutzerverhaltens

Den Erfolg Ihrer Website können Sie leicht kontrollieren. So gibt es die Analyse von sogenannten Logfiles. Dabei handelt es sich um Datenmüll, der beim Besuch einer Internetseite anfällt und beim Internetprovider gespeichert wird. Diese Logfiles dokumentieren, wer wann und wie lange auf Ihrer Website gewesen ist. Damit geben sie Aufschluss über die Attraktivität Ihres Angebots und die Surfgewohnheiten der Nutzer. Sie können Informationen über den Zugriffszeitpunkt (zum Beispiel morgens zwischen 9 und 12 Uhr), die Nutzungsdauer Ihres Angebots (zum Beispiel durchschnittlich drei Minuten), die benutzte Software (zum Beispiel Internet Explorer 6) und über die bestbesuchten Angebote innerhalb Ihres Internetauftritts erhalten.

Eine andere Methode zum Auswerten von Benutzerverhalten im Internet liegt in der Pixeltechnik. Dabei wird auf der zu untersuchenden Seite ein kleines unsichtbares Element (Pixel) eingebunden, das fortan die Website beobachtet. Anbieter dieser Auswertungsmethode sind zum Beispiel die in Kapitel 10 vorgestellten Etracker (*www.etracker.de*). Die Pixeltechnik liefert etwas genauere Daten als Logfiles.

Fragen Sie Ihre Provider nach der sogenannten Web-Statistik (das sind ausgewertete Logfiles) oder bitten Sie einen Online-Marketing-Experten um Hilfe. Die Möglichkeit, Webseiten zu analysieren, hat jeder Besitzer einer Internetpräsenz: Sie ist vollkommen legal und einfach durchzuführen – wenn Sie wissen, wie es geht.

Adressen

Marktforschungsagenturen:

- Consline (*www.consline.de*): Sucht per Auftrag Marktstudien.

- Emnid (*www.emnid.de*): Eine der bekanntesten Marktforschungsagenturen.

- Skopos (*www.skopos.de*): Bekannte Marktforschungsagentur.

- GfK Gesellschaft für Konsumforschung (*www.gfk.de*): Eine der größten Marktforschungsagenturen.

- W3B (*www.w3b.de*): Die richtige Marktforschungsagentur, wenn es ums Internet geht.

- Nielsen Netratings (*www.nielsennetratings.com*): Marktforschungsagentur mit Internet-Fokus.

- AC Nielsen (*www.acnielsen.at* und *www.acnielsen.de*): Marktforschungsagentur (Österreich).

- Gallup (*www.gallup.de* und *gallup.at*): Marktforschungsagentur, auf den Bereich Personal und Unternehmen spezialisiert.

- Gartner (*www.gartner.at*): Internationale Marktforschungsagentur (Österreich).

Online-Befragungen:

- Online-Panels (*www.epanel.emnid.de*, *www.online-panel.de*, *www.psychonomics.de*).

- Rogator (*www.rogator.de*): Online-Befragungssoftware.

- Letmeknow (*www.letmeknow.ch*): Online-Befragungen Schweiz.

Ideenagenturen:

- Knackdienuss (*www.knackdienuss.de*): Ideenagentur.

- Zum Goldenen Hirschen (*www.hirschen.de*): Kreative Ideen- und Werbeagentur.

2.3 Vom Marken- zum Patentschutz: Ideen schützen

Sie haben eine gute Geschäftsidee und möchten wissen, ob sie sich schützen lässt? Sie haben ein neues Produkt entwickelt oder eine neue Technik und fragen sich, ob Sie ein Patent anmelden können? Sie möchten Marken etablieren und sich vor Nachahmern schützen? Wenn Sie solche Fragen beschäftigen, sollten Sie dieses Kapitel lesen, das sich rund um Patente, Gebrauchsmuster und Marken dreht. Ein wichtiger Aspekt in diesem Zusammenhang ist die Reservierung von Domain-Namen im Internet – dieses Thema betrifft inzwischen jeden Gründer.

Lässt sich eine Geschäftsidee vor Nachahmern schützen?

Stellen Sie sich vor, es gäbe nur eine Burger-Braterei: McDonald's. Langweilig, nicht wahr? Schnell wäre es mit der freien Marktwirtschaft aus und vorbei. Nur eine 24-Stunden-Tankstelle, eine Sorte Schlaufengardinen, einen Blumen-Versandhandel … Im Klartext: Nein, Geschäftsideen lassen sich nicht schützen. Glücklicherweise. Denn was würde passieren, wenn der erste Anbieter seine Sache nur halbherzig machte, der zweite aber viel besser wäre? Ein allzu umfassender Patentschutz könnte unser ganzes Wirtschaftssystem aushebeln.

Zu Komplikationen kommt es in den USA bereits seit Jahren. Dort sind Geschäftsideen, anders als in Europa, teilweise schützbar. Auch der Patentschutz greift dort viel früher. So musste das Internet-Unternehmen Ebay 2003 eine Entschädigung an den echten oder vermeintlichen Erfinder der Sofort-Kaufen-Funktion zahlen. In Deutschland wäre diese Funktion vermutlich weder als ein Patent (»große Erfindung«) noch als ein Gebrauchsmuster (»kleine Erfindung«) schützenswert gewesen. Trotzdem stellt sich jeder Gründer diese Frage. Vor allem bei besonders guten neuen Ideen schmerzt schließlich der Gedanke, dass jemand anderes die eigene Erfindung nachmachen könne. Verhindern lässt sich das nicht. Und die Frage ist, ob die Kopierbarkeit für den Kunden nicht sogar von Vorteil sein kann. Schließlich kann sich dadurch etwas Neues schneller durchsetzen, wovon auch der Existenzgründer, der als Erster die Idee entwickelte, profitiert. Wenn der eine in Hamburg und der andere in Bayern startet, entsteht möglicherweise ein überregionaler und unternehmensübergreifender Marketingeffekt.

Einen gewissen Schutz gibt es trotzdem – und zwar in Form der Marke (früher Warenzeichen genannt). Wer eine Marke für ein Produkt anmeldet und es schafft, diese zu etablieren, gewinnt dadurch einen Vorsprung, den andere kaum noch einholen können. Denken Sie an *Tempo*-Taschentücher, *Maggi*-Suppenwürze oder auch die Suchmaschine Google. Diese Produkte waren und sind so berühmt, dass alle Nachmacher bisher eine schlechtere Ausgangsposition besaßen.

Gründerporträt: Die Idee kam beim Zähneputzen

Sabine Schön hat die erste vollelektronische Zahnputzuhr der Welt erfunden.

Firma	Schön & Greiner
Gesellschaftsform	GbR
Geschäftsmodell	Vertrieb einer Zahnputzuhr (Dentimer, eine geschützte Marke)
Ort	Pirmasens
Internet	www.dentimer.de
Gründung	Juli 2002
Kapitaleinsatz bei Gründung	Dreistellig
Inhaber	Sabine Schön und Gerd Greiner
Entwicklung	langsam geht es aufwärts
Erreichen der Gewinnschwelle	Ab 10.000 verkauften Dentimer

Zwei Minuten können ganz schön lange dauern. Doch wie lange genau? Als Mutter dreier Kinder hatte sich Sabine Schön schon immer darüber geärgert, dass es keinen Kurzzeitmesser zu kaufen gab, der für die von Zahnärzten empfohlene Zahnputzzeit von zwei Minuten wirklich geeignet war. Schön hatte schon etliche Sanduhren verschlissen. Die Kinder fanden sie alle langweilig. Und irgendwann fielen sie doch runter – das gab Scherben im Bad, Tränen und Ärger.

Anfang 2003 entschied sich Schön, als Webdesignerin bereits seit vier Jahren erfolgreich selbständig, die Zahnputzuhren selbst zu produzieren. Zusammen mit ihrem Kompagnon Gerd Greiner, einem Techniker, tüftelte sie an einem Modell. Das Ergebnis war eine Zahnputzuhr, die komfortabel mit einem einzigen Tastendruck gestartet werden kann. Die helle LED-Anzeige zeigt, wie lange die Zähne schon geputzt worden sind. Alle 15 Sekunden leuchtet ein weiteres Licht auf der Anzeige auf, und es ertönt ein Piep. Diese stufenweise Anzeige der Zahnputzzeit fördert die Einhaltung der von Zahnärzten empfohlenen KAI-Putztechnik (Kauflächen, Innenseiten, Außenseiten).

Der genialen Idee folgten lange Monate, in denen Schön auf ein Problem nach dem anderen stieß. Bereits vor zehn Jahren hatte ein Wettbewerber einen Gebrauchsmusterschutz auf eine Zahnputzuhr angemeldet, war mit der Produktion jedoch nie in Serie gegangen. Für Schön bedeutete das aber, dass sie selbst keinen Schutz mehr beantragen konnte. Die Recherche bei Gebrauchsmustern und Patenten zerstörte nach und nach ohnehin alle Illusionen, Nachahmer ausschließen zu können, denn auch ein Patent schützt nicht wirklich davor.

Wichtigster Gebrauchsschutz ist letztendlich ein Markenname. *Tempo*-Taschentücher sind eben immer noch etwas anderes als No-Name-Naseputzer – auch wenn sie teurer sind. Fortan konzentrierten sich die beiden Gründer auf die Namensfindung. Der Favorit *Dentimer*, ein Name der sich auch international nutzen lässt und somit wichtige Erfolgsvoraussichten erfüllt, ist inzwischen als Trademark geschützt. Ein einprägsamer Name, der vielleicht schon bald als Synonym für Zahnputzuhren schlechthin verwendet wird: *Tempo* lässt grüßen.

Als »First Mover« – also Gründer, die einen neuen Markt erschließen – haben Schön und Greiner zudem die Chance, schnell erfolgreich zu sein. Kleine Bremse ist derzeit das nicht besonders üppige Kapital. Obwohl der *Dentimer* aufgrund der erheblich günstigeren Kosten in China produziert wird, reichte es in der ersten Serie erst einmal nur für 3.000 Stück. Größere Auflagen fordern jedoch höhere Investitionssummen, einen Kredit und möglicherweise Risikokapital.

Schön und Greiner haben für alle Fälle vorgesorgt. Auch der chinesische Produzent, den Schön über das Internet ausfindig gemacht hat, ist gewappnet: Weitere Uhren können jederzeit und fast von heute auf morgen produziert werden. Die erste Serie *Dentimer* möchten die jungen Gründer noch direkt vertreiben, etwa in Kindergärten, und erst danach auf den Großhandel zugehen, damit dieser den Einzelhandel beliefert. Bei der Erschließung dieser Verkaufskanäle sollen Freunde mit Vertriebserfahrung helfen. Dann könnten sich Schön und Greiner gut vorstellen, dass der *Dentimer* bald bundesweit in Kaufhäusern und Supermärkten erhältlich ist. Aber wenn die Idee wirklich so einschlägt, wie die begeisterten Rückmeldungen von Eltern und Kindern jetzt schon vermuten lassen, wird sich schnell ein Kapitalgeber finden.

Patente

Wenn sich Ihre Geschäftsidee schon nicht schützen lässt: Wie sieht es denn mit dem Produkt aus, das Sie vertreiben wollen? Hier lautet die Antwort: Es kommt darauf an. Per Gesetz ist alles schützbar, was »Lehren zum planmäßigen Handeln unter Einsatz der Naturkräfte zur Erreichung eines kausal übersehbaren Erfolges« ermöglicht. Finden Sie auch, dass dieser Satz vollkommen unverständlich ist? Auf Deutsch heißt das:

▶ Die Erfindung muss neu sein.
▶ Sie darf nicht naheliegend sein.
▶ Sie muss die gewerbliche Nutzung zulassen.

Auf zum Patentamt, das heißt zum Deutschen Patent- und Markenamt (DPMA), und schon drückt der Staat seinen Stempel drauf? So leicht geht es leider nicht: Voraussetzung für die Anmeldung eines Patents ist, dass Sie eine neue Idee vorlegen. Zudem muss Ihre Erfindung ein hohes Niveau aufweisen – also eine gewisse »Erfindungshöhe« besitzen – und den derzeitigen Stand der Technik übertreffen. Sehr viele Patente werden an Universitäten entwickelt, andere stammen aus den Forschungs- und Entwicklungsabteilungen von Großunternehmen. Natürlich kann ein Patent auch aus einem kleinen Unternehmen kommen. Spezielle Förderprogramme helfen diesen meist ungeübten Firmen bei der Patentanmeldung.

Was »Stand der Technik« bedeutet, ist von Branche zu Branche verschieden. Einige Beispiele: Zum Patent angemeldet war bei Drucklegung dieses Buches eine Schneidetechnik für die Herstellung von Katalysatoren, eine Hautcreme und ein Verschlusssauger für Babys. Sobald eine Erfindung beim Patentamt vorgemerkt ist, darf das Produkt öffentlich vorgestellt und beworben werden. Möglich ist dann der Zusatz »zum Patent angemeldet«, der verschwindet, wenn der Staat die Lizenz nicht erteilt oder der Zusatz durch das wertvolle »richtige« Patent ersetzt wird.

Neue Erfindung bedeutet auch, dass Sie nach intensiver Recherche sicher sind, dass es diese Idee noch nicht gibt. Das heißt außerdem, dass niemand Ihre Erfindung kennen darf – es sei denn, diese Person ist schriftlich zur Geheimhaltung verpflichtet. Wird die Erfindung vor ihrer Anmeldung zum Patent in einer Zeitschrift veröffentlicht oder in einer Ausstellung gezeigt, so kann sie nicht mehr patentiert werden. Frühzeitige Eitelkeiten sind im Zusammenhang mit einer Patentanmeldung also geradezu gefährlich; Schweigen ist angesagt. Gerade kleine Firmen begehen häufig den Fehler, zu früh an die Öffentlichkeit zu gehen – mit fatalen Folgen: Nicht selten war ein Konkurrent zwar etwas langsamer, verhielt sich aber klüger. Wenn er seine Erfindung im Gegensatz zu ihnen geheim hielt, wird ihm das Patent erteilt.

Patente anmelden

Die Patentanmeldung ist ein aufwändiger Prozess, der sich über mehr als ein Jahr hinziehen kann. Vor allem die vorab nötige Recherche kostet sehr viel Zeit. Wenn Sie kein Recherche-Spezialist sind, sollten Sie diese Aufgabe andere erledigen lassen. Übernehmen Sie lediglich die Vorrecherche selbst und klären Sie in wenigen Schritten, ob Ihre Idee wirklich so neu ist, wie Sie glauben.

- Welche Firma oder Institution könnte sich für Ihr neues Produkt interessieren? Recherchieren Sie auf den Internetseiten, ob es dieses Produkt wirklich noch nicht gibt. Dabei sammeln Sie zugleich Adressen für mögliche Ansprechpartner, wenn es um die Verwertung und Vermarktung Ihres Patents geht.
- Erstellen Sie eine Stichwortliste. Unter welchen Begriffen könnte eine Erfindung, wie Sie sie gemacht haben, aufzufinden sein? Denken Sie auch an Präfixe (Vorsilben) und englische Begriffe.
- Überprüfen Sie bei den zentralen Registrierungsstellen für Internet-Domains, *http://www.denic.de* und *www.internic.com*, ob diese Stichwörter bereits als Domain-Namen angemeldet worden sind. Wenn das der Fall ist: Wer hat diese Domain-Namen angemeldet? Besuchen Sie die entsprechende Internetseite. Finden Sie dort Ihr Produkt oder einen Hinweis darauf, dass es entwickelt wird?
- Suchen Sie in Suchmaschinen nach den Begriffen. Berücksichtigen Sie alle denkbaren Schreibweisen.

Sie finden keinen Hinweis darauf, dass es Ihre Idee schon gibt? Fragen Sie sich, warum das so ist. Versuchen Sie Gegenargumente zu finden. Warum gibt es Ihr Produkt noch nicht?

- Lässt es sich schwer vermarkten?
- Sind die Produktionskosten zu hoch?
- Gibt es eine Zielgruppe? Ist diese groß genug?
- Ist diese Zielgruppe bereit, Geld für die neue Lösung zu zahlen? Stehen die zu erwartenden Kosten in einem vernünftigen Verhältnis zu den zu erwartenden Erlösen?
- Gibt es gesetzliche oder andere Bestimmungen, die gegen die Realisierung sprechen?

Wenn Sie immer noch kein Haar in der Suppe finden, können Sie eine kostenlose Erfinderberatung aufsuchen oder einen Patentanwalt engagieren. Die Erstberatung ist in der Regel kostenlos. Die Ausarbeitung einer Patentanmeldung für das Patentamt kostet rund 2.000 Euro, die Anmeldung 310 und die Prüfung 150 Euro. Spricht alles für die Realisierung Ihres Projekts, kontaktieren Sie nun Recherche-Agenturen. Beauftragen Sie nur solche Profis, die über Erfahrungen in Ihrer Branche und in Ihrem Umfeld verfügen. Im nächsten Schritt müssen Sie ein Exposé erstellen, das alle wesentlichen Aspekte beinhalten sollte:

- ▶ Beschreibung und Skizze der Idee,
- ▶ Kosten der Realisierung,
- ▶ Vermarktungsmöglichkeiten.

Um Zeit zu gewinnen, bietet sich eine sogenannte Prioritätsanmeldung an. Damit genießen Sie einen vorläufigen Schutz für ein Jahr. Während dieser Zeit können Sie an Ihrer Idee weiterarbeiten und das Exposé fertigstellen. Mehr Informationen über das Exposé enthält eine Broschüre des Insti-Netzwerkes für Erfindungen und Patentierungen.

Patente vermarkten

Nachdem Sie die Patentanmeldung eingereicht haben, können Sie mit der Vermarktung beginnen. Marketing ist ebenso wichtig wie die Erfindung selbst, denn eine Erfindung, die sich nicht vermarkten lässt, weil keiner sie braucht, taugt nur für den Hausgebrauch.

Wenn Sie Ihre Idee nicht selbst vertreiben wollen oder können, müssen Sie einen Partner finden. Dieser erwirbt bei Ihnen eine Lizenz, um das Produkt herzustellen und zu vermarkten. Mögliche Ansprechpartner sind Firmen und Patentvermarktungsagenturen. Eine Liste solcher Agenturen finden Sie in einer Broschüre des Bundesforschungsministeriums. Wenn Sie sich entschieden haben, eine Lizenz zu vergeben, benötigen Sie auf jeden Fall einen funktionierenden Prototyp als Vorführmodell sowie hochwertige Verkaufsunterlagen, mit denen Sie Ihre Idee präsentieren. Eine gut ausgearbeitete und überzeugende Präsentation ist stets genauso wichtig wie die Idee selbst. Mögliche Kooperationspartner werden zudem immer das Kosten-Nutzen-Verhältnis betrachten. Realistische Rechenbeispiele stützen Ihre Argumentation ebenso wie aktuelle Marktforschungsergebnisse.

Informieren Sie sich vorab über in Ihrer Branche übliche Lizenzgebühren. Die Spanne reicht von 1 bis 80 Prozent – eine allgemein gültige Empfehlung lässt sich hier nicht geben. Klar ist, dass sowohl Vermarktungspartner als auch der Erfinder einen Gewinn erwirtschaften wollen. Berücksichtigen Sie dabei Ihre eigenen Kosten, zum Beispiel die Jahresgebühr beim Patentamt, die sich von 70 Euro im ersten auf 1.940 Euro im 20. Patentjahr steigert. Das scheint teuer, aber immerhin ist Ihre Erfindung dann lange geschützt. Gehen Sie also immer mit einer klaren Vorstellung über die Höhe in die Lizenzverhandlung, und bedenken Sie, dass ein exklusives Vermarktungsrecht teurer ist als die Vermarktung über mehrere Partner.

Gebrauchs- und Geschmacksmuster

Ein Patent ist das Recht, eine Erfindung gewerblich zu nutzen. Die Erlaubnis dazu erteilt der Staat, der sich dafür Zeit lässt. Schneller geht es mit Gebrauchsmustern. Diese sind dem Patent ähnlich, beziehen sich aber auf kleinere technische Erfindungen, also Geniestreiche geringerer Bedeutung. Ein Gebrauchsmuster ist ohne Prüfung von Seiten des Patentamts, also einfacher, schneller und kostengünstiger zu erlangen als ein Patent. Dafür besitzt es nur eine Laufzeit von 10 Jahren. Typisches Beispiel eines Gebrauchsmusters wäre etwa der weiter vorne vorgestellte *Dentimer* von Sabine Schön. Weitere Beispiele: ein Kinderesstisch, ein Ohrclip oder ein Dokumentenhalter.

Eine bestimmte Gestaltung lässt sich ebenfalls schützen. Dafür wurden Geschmacksmuster für ästhetische Neuheiten geschaffen. Dies kann eine besondere Form oder ein innovatives Produktdesign sein. Auf jeden Fall müssen das zweidimensionale Muster oder das dreidimensionale Modell neu und zur Nachahmung geeignet sein. Dabei kann es sich um eine Autofelge handeln, die so gestaltet ist, dass das Design den Autohersteller identifiziert. Daimler-Chrysler hat sich vom Frontscheinwerfer bis zu den Heckleuchten viele Designelemente seiner Fahrzeuge schützen lassen.

Markenschutz

Wenn schon kein Patent oder Gebrauchsmuster, dann doch bitte eine Marke! Marken dienen der Identifikation, signalisieren gleichbleibende Qualität und sind überall leicht wiedererkennbar. Marken sind oft wichtiger als Geschmack oder Nutzen, wie die Marke *Coca-Cola* im Vergleich zu seinen Konkurrenten beweist. Eine Marke

- ▶ garantiert die sichere Herkunft,
- ▶ bietet Garantie und Güte,
- ▶ vermittelt Vertrauen.

Marken sind zumindest in Deutschland und Europa, also beim Deutschen Patentamt in München und bei der Europäischen Markenregistrierungsstelle in Alicante in Spanien, eingetragen. Marken entstehen einfach durch den Gebrauch, lassen sich aber auch offiziell schützen. Geschützte Marken haben den Vorteil, dass sie nicht kopiert werden dürfen – das signalisiert das ® am Namen eines Produkts.

Was aber ist eine Marke? Die Antwort ist einfach: Alles, was sich wiedererkennen lässt, weil das Auftreten in der Öffentlichkeit immer gleich ist. Das ist auch der Grund, warum sich Marken nur wenig verändern dürfen. Denken Sie beispielsweise an *Nivea*: Hätte Beiersdorf es gewagt, die Creme in einem roten, rechteckigen Tiegel zu vertreiben, hätte dies die bekannte und umsatzstarke Marke *Nivea* vermutlich zerstört.

Als Marke können Zeichen in jeder beliebigen Form geschützt werden, sofern sie sich irgendwie grafisch darstellen lassen. Das Markengesetz definiert die Marke nicht näher, nennt aber als schutzfähige Zeichen insbesondere Wörter einschließlich Personennamen, Abbildungen, Buchstaben, Zahlen, Hörzeichen, dreidimensionale Gestaltungen einschließlich der Form einer Ware oder ihrer Verpackung sowie sonstige Aufmachungen einschließlich Farben und Farbkombinationen, durch die sich Waren oder Dienstleistungen eines Unternehmens von denen anderer unterscheiden lassen.

Ist die Marke erst einmal eingetragen, können Sie allen anderen den Gebrauch des identischen Wortes, aber auch ähnlicher Wörter in einem verwechslungsfähigen Zusammenhang verbieten. Umgekehrt können Sie für Ihr eigenes Produkt oder Ihre eigene Firmenbezeichnung besonders sicher sein, dass niemand daran Rechte besitzt und so Ihre Bezeichnung verbieten lassen kann.

Die Anmeldegebühr richtet sich nach Waren- und Dienstleistungsklassen. Das Verzeichnis umfasst 42 Waren- und Dienstleistungsklassen wie »Unterhaltung« oder »Lebensmittel«. Bei elektronischer Anmeldung zahlen Sie zurzeit 300 Euro für drei Klassen – je mehr Klassen, desto teurer. Eine Anmeldung in mehr als drei Klassen ist aber selten erforderlich. »Focus« zum Beispiel ist ein in unterschiedlichen Klassen geschützter Begriff. Das Auto berührt die Zeitschrift nicht, der Bekanntheitsgrad der Zeitschrift könnte für das Auto sogar von Vorteil sein. Für Sie als Unternehmer birgt die Begrenzung der Markenanmeldung auf Bereiche Chancen: Wenn jemand Bananen aus eigener Zucht »Conchita« nennt, können Sie Ihre Tanzschulen-Kette trotzdem noch »Conchita Tanzschulen« nennen.

Markenrecherche

Bevor Sie eine Marke anmelden, müssen Sie sicherstellen, dass es sie noch nicht gibt. Hier können Sie recherchieren:

- ▶ Deutsches Patent- und Markenamt (*www.dpma.de*),
- ▶ Harmonisierungsamt für den Binnenmarkt (*http://oami.eu.int/de/ default.htm*),
- ▶ Handelsregister (zum Beispiel über *www.robin-ffm.de/ handelsregister.html*),
- ▶ Telefonbücher, die *Gelben Seiten*, *Wer liefert was* oder ähnliche Verzeichnisse.

Achtung: Es reicht nicht aus, wenn Sie nur nach exakt Ihrem Begriff suchen. Auch ähnliche Begriffe sind relevant.

Domain-Namen

Wer zuerst kommt, mahlt zuerst – so die Regel bei der Anmeldung einer Domain im Internet. Doch letzte Sicherheit bietet Ihnen eine freie Adresse nicht. Immer wieder kommt es vor, dass Domain-Besitzer aus Ihrer Internetpräsenz geklagt werden. Das kann selbst dann passieren, wenn Sie Malermeister Müller heißen und die gleichnamige Domain »müller.de« registrieren lassen – was seit 2004 auch mit Umlautnamen möglich ist. Das Namensrecht gemäß dem Bürgerlichen Gesetzbuch (BGB) kann nämlich dem Markenrecht zuwiderlaufen. Wenn sich zum Beispiel die bekannte Molkerei »müller.de« nicht rechtzeitig angelt und Maler Müller ihr zuvorkommt, so kann sie ihn später immer noch den Domain-Namen streitig machen. Dazu existiert ein Grundsatzurteil des Bundesgerichtshofes.

Wenn ein Namensträger eine »überragende Bekanntheit« genießt und die Menschen intuitiv seinen Internet-Auftritt unter diesem Namen erwarten, muss Malermeister Müller sich so nennen, wie seine Firma wirklich heißt: Malermeister Müller – in der Internetsprache: »*www.malermeister-müller.de*«. Für die große Molkerei gleichen Namens gilt das nicht: Sie kann beim kurzen Müller bleiben. Es sei denn, da kommt ein Müller mit noch mehr Bedeutung, der die Molkerei wegdrängt. Vermeiden Sie also Domain-Anmeldungen, bei denen eine Verwechslungsgefahr mit einer großen Marke besteht. Besitzen Sie selbst einen Markennamen, so empfiehlt es sich, alle möglichen Schreibweisen zu berücksichtigen. *Coca-Cola* findet sich beispielsweise unter »*koka-kola.de*«, »*cocacola.de*« oder auch »*coke.de*«. Diese Strategie vermeidet Ärger, nachträgliche Streitigkeiten oder gar juristische Auseinandersetzungen.

Laut aktueller Rechtssprechung sind Gattungsbegriffe dagegen meist unproblematisch. Diese verschaffen in einem frühen Stadium einen Wettbewerbsvorteil, wenn sich noch kein Markenname etabliert hat. So sicherte sich der Blumenshop Florito die Domain »*blumen.de*« – und dürfte allein dadurch viel Zulauf erhalten. Leider sind Gattungsbezeichnungen unter de-Domänen längst nicht mehr frei. Weichen Sie eventuell auf andere Top-Level-Domains aus, etwa auf die neuen .eu-Domänen.

Tipps

– Melden Sie sich erst nach einer umfassenden Konkurrenzanalyse an, um weitestgehend auszuschließen, dass Sie die Rechte anderer tangieren.

– Registrieren Sie alle denkbaren Schreibweisen.

– Sichern Sie sich gegebenenfalls Domain-Namen mit Umlauten (ä, ö, ü) oder ohne Umlaute (ae, oe, ue).

– Verwenden Sie nach Möglichkeit eine gängige Top-Level-Domain. Ideal sind »de«, »at« oder »ch« sowie »com« bei internationaler Nutzung.

– Wenn Sie selbst noch keinen etablierten Markennamen besitzen, kann es sinnvoll sein, erst einmal einen allgemeinen Begriff zu verwenden, zum Beispiel »coaching-fuer-alle.de«. Melden Sie in einem solchen Fall alle Schreibweisen an, also auch »www.coachingfueralle.de«.

– Vermeiden Sie zu komplexe Domain-Namen, die schwer zu merken sind.

– Bewerben Sie Ihren Domain-Namen in allen Ihren Unterlagen!

Marken in Suchmaschinen

In den Programmiercode Ihrer Website können Sie Begriffe einpflanzen, die Suchmaschinen Informationen liefern. Diese Befehle nennen sich Meta-Tags. Mit ihnen können Sie den Besucherzufluss zwar nicht steuern, aber in jedem Fall mitbestimmen. Verwenden Sie Markennamen, so kann dies für die Besucherzahlen Ihrer Internetseite von Vorteil sein.

Sie dürfen eine geschützte Marke in diesen Befehlen aber nur dann nutzen, wenn Sie auf Ihrer Website auch Informationen dazu bereithalten. Beispiel: Als Online-Shop-Besitzer verkaufen Sie Computer von Fujitsu-Siemens. In diesem Fall dürfen Sie die Marke in den Meta-Tags verwenden. Oder umgekehrt: Ein Shop verkauft Ihre Futschiritos-Bonbons. Dann haben Sie zwar ein Interesse daran, dass dieser Shop auch Ihre Marke in den Meta-Tags aufführt, können ihn allerdings nicht dazu zwingen.

Interview: Das sollten Existenzgründer über Marken und Internet wissen

Der Marken- und Domainanwalt Ulrich Luckhaus von der Kanzlei Danuser & Luckhaus in Köln (*www.ihr-domainanwalt.de*, *www.ihr-markenanwalt.de*) gibt im Interview Auskunft. Beachten Sie, dass seine Antworten eine individuelle Beratung nicht ersetzen können.

Was müssen Existenzgründer bei der Domain-Registrierung beachten?
Bei der Domain-Registrierung gilt insbesondere für Existenzgründer der Grundsatz, sich vorher ausreichend und umfassend zu informieren, da die Rechtsmaterie sehr unübersichtlich und kompliziert ist. Die Registrierung einer Domain geht innerhalb von wenigen Minuten vonstatten, mögliche Verletzungen von anderen Kennzeichnungsrechten können jedoch existenzgefährdend sein. Insofern ist zumindest eine Erstberatung bei einem Rechtsanwalt anzuraten, die preislich in einem sehr moderaten Rahmen liegt.

Wo lauern die größten Fallen?
Marken- oder Firmennamen von Dritten, fremde Werbeslogans oder Ähnliches kommen grundsätzlich als eigener Domain-Name nicht in Betracht. Eine entsprechende Recherche ist nach Anmeldung beim Deutschen Patent- und Markenamt unter *www.dpma.de* möglich.

Entsprechendes gilt für »ähnliche« Begriffe und grundsätzlich auch für Behörden oder auch Gemeinden. Die Rechtsinhaber können in der Regel das »bessere Recht« vorweisen und unter Umständen die Unterlassung der Domain-Registrierung verlangen.

Kann ich denn meinen eigenen Firmen- und Familiennamen verwenden?
Ja. Allerdings kann dieser Name bereits vergeben sein. Denn typischerweise

treffen im Internet die jeweiligen Namen weltweit aufeinander. Wem dieser dann zusteht, lässt sich meist außergerichtlich klären und hängt in der Regel maßgeblich davon ab, wer die älteren Rechte an einem Begriff geltend machen kann und welche Nationalitäten aufeinandertreffen.

Wie verhalte ich mich, wenn ich Müller heiße und eine bekannte Marke ebenfalls?
Wahrscheinlich haben Sie wenig Chancen, die Domain »müller.de« zu verwenden. Der Bundesgerichtshof hat in der »Shell.de-Entscheidung« klargemacht, dass im Fall von überragend bekannten Marken der Grundsatz »Wer zu erst kommt, mahlt zu erst« nicht unbedingt gelten muss.

Wie aber steht es mit »müller-gmbh.de« oder »müller-hh.de«?
Auch hier müssten Sie zunächst ein Recht an dem Namen geltend machen können. Wenn Sie selbst nicht Müller heißen, haben Sie ebenfalls schlechte Karten, eine derartige Domain zu verteidigen. Bei Variationen des Namens (etwa »müller-ag.de«) kommt es darauf an, ob eine Verwechslungsgefahr besteht. Dann ist nämlich für das deutsche Recht an ein besonderes Freihaltebedürfnis der Mitbewerber zu denken. Das wird bei »müller-hh.de« weniger der Fall sein; bei »müller-gmbh.de« hätte eine tatsächlich existierende Müller GmbH aber wohl das eindeutig »bessere« Recht.

Gilt das nur für de-Adressen, also Internetseiten aus Deutschland?

Gegen Variationen auf dem sogenannten Top-Level (».com«, ».info«, ».es«) kann sich ein Markenrechtsinhaber gegen die Verwendung seines Kennzeichens grundsätzlich in gleicher Weise zur Wehr setzen wie bei einer de-Adresse, da es den Top-Level-Domains gerade an der kennzeichnenden Wirkung fehlt. Es ist also nicht ratsam, auf diese Weise an einen gewünschten Namen zu kommen, zumal sich hier Kollisionen mit ausländischen Kennzeichnungen ergeben können.

Wie sieht es zum Beispiel bei »focus.de« aus? »Focus« ist eine Automarke und eine Zeitschrift. Wer hat in einem solchen Beispiel das Marken-Vorrecht?
Hier treffen mehrere Rechte aufeinander: zum einen der sogenannte Titelschutz der Zeitschrift *Focus* nach § 5 Abs. 3 des Markengesetzes und die Wortmarke beziehungsweise das Unternehmenskennzeichen *Focus* des Automobilherstellers. Zwischen den Inhabern wird dieser Konflikt durch Gerichte in der Regel nach dem Prioritätsprinzip gelöst. Wer das Kennzeichen zuerst benutzt beziehungsweise angemeldet hat, ist auf jeden Fall auf der sicheren Seite. Wichtiger dabei ist aber, dass Dritte hier immer das Nachsehen haben.

Darf ein Freiberufler mit den Namen von Referenz-Kunden auf der Website oder in Meta-Tags werben?
Entscheidend ist hier die Sicht des Users, der die Seiten aufruft. Eine Kundenliste auf der Website ist nicht zu beanstanden; es können sich jedoch

urheberrechtliche Probleme ergeben, wenn Sie Werke des Kunden auf Ihrer Seite verwenden – auch wenn Sie diese selbst erstellt haben. Sie bleiben zwar ein Leben lang Urheber an dem Werk, übertragen aber in der Regel die Nutzungsrechte vollständig an den Auftraggeber. Hier sollte eine kurze schriftliche Regelung getroffen werden, in welchem Umfang eine Präsentation auf der Seite erfolgen darf.

Die Verwendung von Meta-Tags ist umstritten und kann nur im Einzelfall beantwortet werden. Sogenannte Gattungsbegriffe sind in der Regel in Ordnung. Nicht zulässig ist es allerdings, wenn die Firma Ford den Begriff »Opel« als Meta-Tag verwendet und damit den User, der eigentlich einen Opel kaufen will, auf die Internetseite der Firma Ford leitet. Auch wenn keine Unterlassungsansprüche aus dem Markenrecht vorliegen, so können sich Ansprüche aus dem Wettbewerbsrecht ergeben, wenn es sich um eine Irreführung der Verbraucher handelt.

Marken und Patente in Österreich und der Schweiz

Die Regelungen in Österreich und der Schweiz entsprechen weitestgehend den deutschen – bis hin zu den Preisen für Patent- und Markenanmeldung.

- ▸ Österreich: *www.patent.bmvit.av.at*
- ▸ Schweiz: *www.ige.ch*

Adressen

Patente und Gebrauchsmuster:

Deutsches Patent- und Markenamt (*www.dpma.de*): Alle Informationen und Online-Formulare zur Patent- und Gebrauchsmusteranmeldung.

Researcher24 (*www.researcher24.de*): Hilft bei der Patent- und Markenrecherche.

Insti (*www.insti.de*): Deutschlands größtes Netzwerk für Erfindungen und Patentierungen.

Insti-Aktion (*www.bmvit.gv.at/eu_rat/innotech/patentwesen.html*): Patentaktion speziell für kleinere und mittlere Unternehmen.

Erfinderclubs (*www.erfinderclubs.de*): Hier kommen Erfinder zusammen.

Patent-Marketing (*www.patente.bmbf.de/de/pdf/pva-adressen_fuer_serve210104.pdf*, *www.patent-marketing.com*): Adressen und Infos von Patentverwertungsagenturen, die sich um das Marketing kümmern.

Marken:

Markenrecht (*www.marken-recht.de*): Deutsches, europäisches und internationales Markenrecht.

Eidgenössisches Institut für geistiges Eigentum (*https://e-trademark.ige.ch*): Hier können Sie online Marken anmelden.

Endmark (*www.endmark.com*): Professionelle internationale Namensfindung.

2.4 Stärken und Schwächen analysieren

Jede Idee hat Schwächen und Stärken. Diese wandeln sich im Laufe der Gründung und des Wachstums. Fehlt zum Beispiel bei der Existenzgründung Geld, können nach einem Jahr fehlende Geschäftsräume ein kritischer Faktor sein. Nach drei Jahren brauchen Sie vielleicht dringend gute Mitarbeiter, und nach vier Jahren müssen Sie sich mit aller Kraft gegen die erstarkenden Wettbewerber rüsten … In diesem Kapital lernen Sie zwei Methoden kennen, mit denen Sie Ihre Geschäftsidee und auch die langfristige Unternehmensentwicklung prüfen können: die Stärken-Schwächen-Analyse (SWOT) und die KEF-Methode (kritische Erfolgsfaktoren).

SWOT-Analyse

Was sind die Schwächen Ihrer Idee? Worin liegen die Stärken? Welche Erfolgschancen haben Sie mit Ihrem Unternehmen? Und mit welchen Risiken müssen Sie rechnen? Mit einer SWOT-Analyse können Sie Ihre Geschäftsidee genau untersuchen. Sie bringt Dinge an den Tag, die Sie sonst vielleicht übersehen hätten. SWOT steht dabei für die englischen Begriffe »strengths« (Stärken), »weaknesses« (Schwächen), »opportunities« (Möglichkeiten) und »threads« (Bedrohungen).

So funktioniert die SWOT-Analyse: Je nach Geschäftsidee ermitteln Sie, welche Faktoren den Erfolg Ihrer Idee beeinflussen. Diese Faktoren sind nicht bei jeder Gründung gleich: Für einen Arzt können beispielsweise der Standort, die Erreichbarkeit sowie das Vorhandensein von Parkplätzen vor der Praxis entscheidende Erfolgsfaktoren sein. Auch das Personal spielt eine nicht zu unterschätzende Rolle. Patienten, die von der Sprechstundenhilfe vergrault werden, kommen vermutlich nur in größter Not wieder. Für den Besitzer eines Online-Shops sind andere Faktoren im Spiel, zum Beispiel die Technik: Die Wahl der richtigen Software für den Shop hat entscheidenden Einfluss auf die Funktionsfähigkeit und die Ausbaumöglichkeiten. Viele Faktoren sind jedoch immer gültig – unabhängig vom Geschäftsmodell. Geld spielt etwa in beiden Beispielen eine Rolle. Ohne Geld kann der Arzt keine Praxis übernehmen, und ohne Geld kann auch der Online-Shop-Besitzer keine Waren einkaufen und keine Werbung machen. Bei den meisten Geschäftsideen geht es dabei um externe und interne Faktoren.

Externe Faktoren, die Sie beeinflussen können:
- ▶ Markt,
- ▶ Geschäftsidee,
- ▶ Kapital,
- ▶ Standort,
- ▶ Geschäftsräume (Ausstattung, Erweiterbarkeit).

Externe Faktoren, auf die Sie keinen Einfluss haben:

▸ gesetzliche Bestimmungen,
▸ konjunkturelle Rahmenbedingungen,
▸ Wettbewerb.

Interne Faktoren:

▸ Persönlichkeit des Gründers,
▸ Fachkompetenz des Gründers,
▸ Branchenerfahrung des Gründers,
▸ Kompetenz des Teams,
▸ Kontakte.

Fragen Sie jetzt zum Beispiel: Was sind die Stärken Ihrer Geschäftsidee in Bezug auf den Markt? Was sind die Schwächen Ihrer Idee in Bezug auf den Markt? Welche Chancen ergeben sich, wenn Sie sich den Markt betrachten? Und welche Risiken?

Beispiel: SWOT-Analyse

Durch die Abschaffung des Zivildienstes entsteht eine Marktlücke für neue, private Dienstleister. Der Gründer Heinz Zivi plant einen flexiblen Fahrdienst für ältere Menschen. Behinderte und Kranke sollen mithilfe von Kulturmobil die Möglichkeit erhalten, preiswert und komfortabel zu Konzerten, Theaterveranstaltungen und Seniorentreffen zu reisen. Außerdem erhalten sie eine Begleitung, die Unterhaltung verspricht, aber auch beim Gang zur Toilette hilft oder den Rollstuhl schiebt. Zur Realisierung möchte Heinz Zivi ein Büro und einen Kleinbus mieten. Sein Partner ist Sozialarbeiter, der sich gleichfalls in der Szene auskennt.

	Stärken	Schwächen	Chancen	Risiken
Markt	Es gibt eine große Nachfrage.	Siehe Idee.	Siehe Zielgruppe.	Siehe Idee.
Geschäftsidee	Nach der Abschaffung des Zivildienstes werden neue Lösungen gefragt sein.	Bisher war der Transport kostenlos. Werden alte Menschen dafür bezahlen (können)?	Es könnte sich eine ganz neue Dienstleistung etablieren. Der erste Anbieter wird sich den Markt erschließen.	Die Idee wird nicht angenommen.
Zielgruppe	Die Zielgruppe wünscht es sich, mobil zu sein.	Es ist angesichts der derzeitigen Einbrüche im sozialen System kaum abzusehen, wie sich die Einkaufskraft alter Menschen entwickeln wird.	Die Zielgruppe wächst: Im Jahr 2040 werden 40 Prozent der deutschen Bevölkerung älter als 59 Jahre sein.	Die Zielgruppe kann die Dienstleistung nicht bezahlen.

	Stärken	Schwächen	Chancen	Risiken
Preis	–	Zahlungsbereitschaft muss erst ermittelt werden.	–	Der nachfragebestimmte Preis liegt möglicherweise so niedrig, dass die Gewinnspanne zu gering ist, um Kosten zu decken.
Kapital	Es ist ausreichend Eigenkapital in Höhe von 100.000 Euro vorhanden.	–	Umsätze sind vom ersten Tag an möglich.	Die Umsatzentwicklung ist schwer vorhersehbar.
Wettbewerb	Es gibt (noch) keinen privaten Wettbewerb.	Die Idee lässt sich leicht umsetzen und nachmachen.	»Kulturmobil« kann der erste Anbieter am Markt sein.	Die Nachmacher können von der bereits erfolgten Markterschließung und Preisfindung profitieren.
Räumlichkeiten	Büro kann günstig gemietet werden. Standort: Das Büro liegt in einer vornehmen Wohngegend mit mehreren Seniorenwohnheimen.	–	Betuchte Senioren sind auch zahlungsbereit.	–
Erreichbarkeit	kein Besucherverkehr, irrelevant	–	–	–
Persönlichkeit des Gründers	Hohes soziales Engagement, kaufmännischer Denker.	–	Bei allem Engagement verliert der Gründer auch die Rentabilität nicht aus dem Blick.	–
Branchenerfahrung des Gründers	10 Jahre Erfahrung als Altenpfleger und stellvertretender Leiter eines Heims.	–	–	–
Kompetenz des Teams	Partner ist ein ausgebildeter Sozialarbeiter mit guten Kontakten.	–	Geballte Branchenerfahrung.	Die Kompetenzen ergänzen sich nicht. Es kann zu Überschneidungen kommen.
Mitarbeiter	Eine sehr kompetente und engagierte Halbtagssekretärin für den Telefondienst.	Von Anfang an sind Kosten da.	Akquisestärke der Mitarbeiterin kann beim schnellen Aufbau des Unternehmens helfen.	Die Mitarbeiterin kann das »Produkt« nicht verkaufen
Kontakte/ Netzwerk	Sehr gute Beziehungen zu sozialen Vereinen und Einrichtungen.	–	Viele Kontakte können als Türöffner fungieren.	–

	Stärken	Schwächen	Chancen	Risiken
Konjunkturelle und wirtschaftliche Rahmenbedingungen	–	–	Eine gute Konjunktur und sich verbessernde wirtschaftliche Rahmenbedingungen können sich positiv auswirken.	Es kann aber genauso gut umgekehrt kommen. Die Entwicklung ist kaum planbar.
Gesetzliche Bestimmungen	–	Ob es Gesetzesbestimmungen gibt, die der Idee im Weg stehen, ist noch zu klären.	–	Gesetzliche Einschränkungen können das Aus für die Idee bedeuten.

Fazit: Die kritischen Faktoren sind aus dieser Analyse sofort ersichtlich. Es sind vor allem der Preis und die damit verbundene Frage, ob alte Menschen bereit und in der Lage sind, für diese Dienstleistung Geld auszugeben. Auch das Gründerteam ist nicht optimal zusammengesetzt, weil sich die Kompetenzen nicht ergänzen. Wichtig scheint es hier, Aufgaben klar zu verteilen, damit es nicht zu Überschneidungen kommt. So kann Heinz Zivi für das Kaufmännische zuständig sein, während der Partner vor allem als Fahrer aktiv ist. Das Ergebnis der Analyse bringt Heinz Zivi dazu, einen Markttest durchzuführen, bevor er in seine Geschäftsausstattung und das Auto investiert. Dazu nimmt er mit drei Seniorenheimen Kontakt auf und verkauft seine Dienstleistung auf preiswert produzierten Flyern. Hierbei setzt er verschiedene Preise an:

Oper *Der fliegende Holländer*, Dresden	Flyer 1	Flyer 2	Flyer 3
Holen und Bringen pro Person:	30 Euro	15 Euro	10 Euro
Mit Begleitung:	70 Euro	50 Euro	30 Euro

Bei welchem Preis greift die Klientel zu? Ermöglicht dieser Preis einen Gewinn? Oder muss das Konzept geändert werden? Ein Markttest bringt es an den Tag. Mehr dazu lesen Sie in Kapitel 2.2.

Ihre persönliche SWOT-Analyse

	Stärken	Schwächen	Chancen	Risiken
Markt				
Geschäftsidee				
Zielgruppe				
Preis				
Kapital				
Wettbewerb				
Räumlichkeiten				
Standort				

	Stärken	Schwächen	Chancen	Risiken
Erreichbarkeit				
Persönlichkeit des Gründers				
Branchen- erfahrung des Gründers				
Kompetenz des Teams				
Mitarbeiter				
Kontakte/ Netzwerk				
Konjunkturelle und wirtschaft- liche Rahmen- bedingungen				
Gesetzliche Bestimmungen				

Warum Sie regelmäßig eine SWOT-Analyse durchführen sollten

Die meisten Gründungen entwickeln sich in den ersten Monaten und Jahren schnell. Dabei nehmen sie oft einen sehr ähnlichen Verlauf. Bekannt sind diese typischen Entwicklungslinien als sogenannter Produktlebenszyklus, der sich auch für die Darstellung von Geschäftsideen eignet.

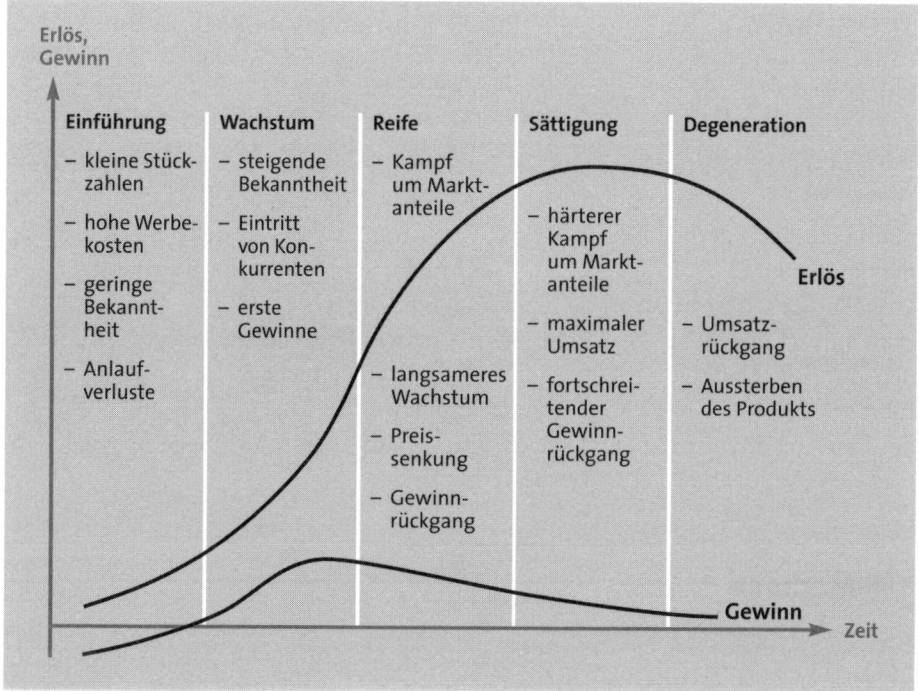

[Quelle: www.4managers.de]

Dieser Produktlebenszyklus besagt, dass jedes Produkt und jedes Unternehmen seine »Zeit« hat. Wenn das Unternehmen auf den Markt geht, sich also in der Einführungsphase befindet, verkauft es wenig, hat hohe Werbekosten, ist kaum bekannt und macht höchstwahrscheinlich Verluste. Wächst es, wird es bekannter, muss sich mit Wettbewerbern auseinandersetzen, freut sich aber höchstwahrscheinlich auch über Gewinne. In der Reifephase wird der Kampf um Marktanteile immer härter, die Wachstumsschritte sind kleiner und eventuell gehen Gewinne zurück. Es kann sein, dass in dieser Phase der Preis korrigiert oder das Produkt noch einmal überdacht werden muss. Unternehmen erschließen neue Märkte oder positionieren sich neu. Die Sättigung setzt fort, was während der Reife begonnen hat: Jetzt gehen die Gewinne deutlich zurück, zum Beispiel aufgrund höherer Personal- und Marketingkosten. Schließlich droht Insolvenz (Zahlungsunfähigkeit) und das Unternehmen muss seine Geschäftstätigkeit aufgeben.

So weit muss es nicht kommen: Unternehmen können sehr lange wachsen und sich in der Reifephase halten. Das schaffen sie aber selten ohne regelmäßige Anpassung des Geschäftsmodells, des Produkts oder der regionalen Ausrichtung. So ist immer damit zu rechnen, dass neue Trends oder technische Entwicklungen dafür sorgen, dass Ihre alte Geschäftsidee den neuen Gegebenheiten nicht mehr gewachsen ist. Kluge Unternehmer sorgen deshalb vor, bleiben nie auf der Stelle stehen, denken immer über eine Erweiterung oder Veränderung Ihres Sortiments nach. Die SWOT-Analyse ist ein Mittel, die aktuelle Entwicklung im Blick zu halten. Viele Unternehmer neigen dazu, die Augen zu verschließen und so weiterzumachen wie bisher. Wenn Sie genau das nicht tun, verfügen Sie damit über einen klaren Vorteil gegenüber Ihren Wettbewerbern.

Das Gleiche gilt für Freiberufler: Auch sie unterliegen einem Produktlebenszyklus. Wenn die Praxisräume eines Arztes bersten oder technische Geräte veralten und keine Veränderung erfolgt, ist das Wachstum in Frage gestellt. Ein Journalist, der immer mehr Auftraggeber an Land zieht, hat bald seine Kapazitätsgrenze erreicht. Schafft er es nicht, zu einer anderen Organisationsform überzugehen – etwa durch Einstellung von Mitarbeitern –, ist sein Unternehmen insgesamt gefährdet. Zu viele Aufträge bedeuten schließlich, dass sie nicht mehr sorgfältig ausgeführt werden können. Es kommt zu terminlichen Engpässen, die Kunden sind mit der Leistung unzufrieden, und schnell springen die ersten Auftraggeber wieder ab, weil sich ein zuverlässigerer Wettbewerber findet.

KEF-Methode

Eine andere Methode, die Gründungsidee und Unternehmensentwicklung im Blick zu halten, ist die KEF-Methode (auch CSF für »Critical Success Factors«). KEF steht für »kritische Erfolgsfaktoren« und wurde von Ron Daniel, dem ehemaligen Chef der Unternehmensberatung McKinsey, entwickelt. Sie sollten diese Methode zusätzlich zur SWOT-Analyse nutzen, da sie detaillierter ist und eine bessere Vorlage für Ihre strategische Planung liefert.

Hinter KEF steckt ein simpler Kerngedanke: In jeder Branche und für jedes Geschäftsmodell lassen sich Faktoren definieren, die über Erfolg und Misserfolg entscheiden, die kritischen Erfolgsfaktoren. Diese Faktoren sind abhängig vom jeweiligen Gründungsmodell. Beispiele dafür sind:

▶ Management,   ▶ Geschäftsräume,
▶ Mitarbeiter,   ▶ Kapital,
▶ Standort,   ▶ Markt.

KEF kennt ähnlich wie der Computer nur zwei Zustände: 0 und 1, nicht vorhanden oder vorhanden. Ist etwas nicht (ausreichend) da, spricht man von einem Mangelfaktor. Andernfalls ist es ein Erfolgsfaktor. Ziel ist, eventuelle Mangelfaktoren sofort auszugleichen, wenn sie entstehen.

Wie bei der SWOT-Analyse gilt es deshalb, alle Faktoren ständig im Blick zu halten, da sie sich dynamisch verändern – oft innerhalb weniger Monate. Der Faktor Mitarbeiter mag bei der Unternehmensgründung beispielsweise noch keine Rolle spielen, nach einem Jahr kann er jedoch zentrale Bedeutung erlangen. Wenn Sie so gewachsen sind, dass Sie keine Sekretariatsaufgaben mehr erledigen können, benötigen Sie dafür Personal. Ein weiteres Beispiel: Kapital. Gut möglich, dass Ihnen das Überbrückungsgeld zu Beginn der Geschäftsidee ausreicht. Nach einem Jahr brauchen Sie jedoch neues Geld, um wachsen zu können. Besteht dann die Aussicht auf einen Kredit? Sind Sicherheiten vorhanden?

Wie Sie Ihre kritischen Erfolgsfaktoren ermitteln

Ihre Zukunft kann davon abhängen, deshalb sollten Sie sich für die KEF-Analyse Zeit nehmen. Ziehen Sie sich dazu am besten einen halben Tag an einen stillen Ort zurück. Schauen Sie sich Ihr Unternehmenskonzept an, oder bringen Sie es endlich zu Papier (siehe Kapitel 6). Was sind Ihre unternehmerischen Ziele? Wenn Sie sich nicht darüber klar sind, ist es jetzt höchste Zeit, sich darüber Gedanken zu machen. Unterscheiden Sie wie beim Marketing zwischen strategischen und operativen Zielen. Beispiel für ein strategisches Ziel: »Ich möchte mit meinem Lieferservice in der ganzen Region Dithmarschen bekannt werden.« Definieren Sie dieses Ziel möglichst genau und mit möglichst vielen Eckdaten. Etwa so: »Ich möchte innerhalb von einem Jahr mit einem 24-Stunden-Lieferservice für Öko-Produkte in der gesamten Region Dithmarschen bei allen Einwohnern bekannt werden.« Ein operatives Ziel, das dazu passt: »Mein Unternehmen soll schon nach einem halben Jahr einen Umsatz von 180.000 Euro machen und einen Gewinn von 36.000 Euro erwirtschaften, also eine Umsatzrendite von 20 Prozent.«

Wenn Sie diese Vorarbeit geleistet haben, können Sie mit der KEF-Analyse beginnen:

1. Kritische Erfolgsfaktoren sammeln: Erstellen Sie eine Liste aller Faktoren, die für den Erfolg Ihres Unternehmens relevant sind.

▶ Was müssen Sie in Bezug auf Ihre Branche beachten?
▶ Welche Faktoren basieren auf Ihrer Strategie, den Markt zu bearbeiten?
▶ Welche Faktoren hängen unmittelbar mit Ihrer Geschäftsidee zusammen?
▶ Welche externen Einflüsse wie Lieferanten, Gesetze, Kunden,
   Wetter oder Region gibt es?

Schreiben Sie wie in einem Brainstorming alle Gedanken erst einmal ungeordnet auf. Ordnen Sie die Faktoren später. Streichen Sie Doppelungen und bringen Sie dann die wichtigsten Erfolgsfaktoren zu Papier.

- ▸ Beispiel Coaching: Qualität der Beratung, Marketing, Raum, Zielgruppe.
- ▸ Beispiel Steuerberatung: Qualität der Beratung, Spezialisierung, Raum, Standort.
- ▸ Beispiel Lieferservice: Kapital, Einkauf, Qualität, Service, Mitarbeiter.

2. Kriterien messen: Angenommen, einer Ihrer Erfolgsfaktoren sind die Mitarbeiter. Woran messen Sie diesen Faktor? Was macht einen guten Mitarbeiter in Bezug auf Ihr Geschäftsmodell aus? Vielleicht gehört auch die Qualität Ihres Angebots zu den Erfolgsfaktoren. Was ist eine gute Qualität hinsichtlich Ihres Geschäftsmodells?

- ▸ Beispiel Coaching: Gute Qualität zeigt sich darin, dass Kunden wiederkommen.
- ▸ Beispiel Steuerberatung: Gute Qualität zeigt sich an einer niedrigen Fluktuationsrate unter den Kunden und einer hohen Weiterempfehlungsquote.
- ▸ Beispiel Lieferservice: Gute Qualität spiegelt sich in der Wiederkaufrate. Wie viele Erstbesteller ordern auch ein zweites Mal?

3. Standards bestimmen: Wer misst Ihre Qualität? Für einen Restaurantbesitzer ist das recht einfach. Er kann sagen: Wichtig ist, dass es mir schmeckt. Aber was sind die Kriterien für Ihre Coaching-Praxis, Ihre Steuerberater-Kanzlei oder Ihren Lieferservice? Ihre Standards müssen Sie immer individuell festlegen.

- ▸ Beispiel Coaching: »Mein Qualitätsstandard ist erreicht, wenn ich auf einem Feedbackbogen mindestens die Note 2 erhalte und jeder zweite Klient wiederkommt.«
- ▸ Beispiel Steuerberatung: »Mein Qualitätsstandard ist erreicht, wenn die Klienten aus meiner subjektiven Sicht mit meiner Leistung zufrieden sind.«
- ▸ Beispiel Lieferservice: »Mein Qualitätsstandard ist erreicht, wenn jeder zweite Kunde noch einmal bei mir bestellt.«

4. Faktoren steuern: Im letzten Schritt gilt es, die Erfolgsfaktoren zu erreichen. Doch wie schaffen Sie das? Auch das sollten Sie genau planen.

- ▸ Beispiel Coaching: Zum hohen Qualitätsstandard beim Coaching trägt stetige Weiterbildung bei sowie die Bereitschaft, auf die Kunden einzugehen. Denkbar ist auch, dass die Eingrenzung auf bestimmte Zielgruppen die Qualität erhöht. Wer jahrelang in der Medienbranche gearbeitet hat, kennt sich dort entsprechend gut aus und kann Kollegen besser beraten als ein Fachfremder.
- ▸ Beispiel Steuerberatung: Beim Steuerberater ist das Personal entscheidend. Es kann eine Strategie sein, nur Buchhalter einzustellen, die kommunikatives Talent besitzen. Wichtiger Faktor kann auch das Fachwissen sein, das sich

beispielsweise dadurch steuern lässt, dass für Ihre Mitarbeiter der Besuch einer Weiterbildungsmaßnahme pro Jahr obligatorisch ist.

▶ Beispiel Lieferservice: Eine niedrige Reklamationsquote beim Lieferservice erreichen Sie durch gute Produkte und eine hohe Zuverlässigkeit.

Damit haben Sie eine Basis-Analyse erstellt. Im nächsten Schritt müssen Sie diese erweitern und ständig verfeinern. So lassen sich die Standards immer konkreter fassen. Beispiel Standort:

▶ Mindestens 10.000 Passanten sollen täglich an Ihrem Geschäft vorbeikommen.
▶ Das Ladenlokal soll mindesten 100 m² groß sein und eine eigene Küche besitzen.
▶ Die Umgebung muss repräsentativ sein, eine bevorzugte Lage.
▶ Die Geschäftsräume sollten sich in einem Altbau befinden.
▶ Die Miete darf 2.000 Euro im Monat nicht überschreiten.

Ihre persönliche KEF-Analyse
Definieren Sie mindesten vier und maximal sieben Erfolgsfaktoren:

Erfolgsfaktoren	Messkriterien	Standards	Steuerung

Adressen

- SWOT-Analyse (*Menüführung:*
  www.redmark.de > Arbeitsdokumente >
  Arbeitshilfen > Marekting > Analyse-
  instrument SWOT).

- IHK Nordrhein-Westfalen
  (*www.ihk-nordwestfalen.de/*
  rechtsthemen/standortbro.cfm):
  »Broschüre Standorte planen
  und sichern« (15 Euro).

3 Steuerstatus und Rechtsform

In diesem Kapitel finden Sie heraus, ob Sie als Freiberufler oder Gewerbetreibender gelten und was dabei zu beachten ist. Darüber hinaus lernen Sie die Vor- und Nachteile aller wichtigen Rechtsformen kennen.

3.1   Status: Freiberufler und Gewerbetreibender

Die Frage, ob Sie als Freiberufler oder als Gewerbetreibender tätig sein wollen, sollten Sie spätestens mit der Anmeldung Ihrer Tätigkeit beim Finanzamt klären. Das Finanzamt kann Ihnen bis zu sieben Jahre nach der Gründung den Status als Freiberufler aberkennen und von Ihnen die Nachzahlung der Gewerbesteuer verlangen. Seien Sie also gewappnet, und informieren Sie sich rechtzeitig über die Vor- und Nachteile einer freiberuflichen Tätigkeit und eines Gewerbes. Dieses Kapitel ist unter der fachlichen Beratung von Rechtsanwalt und Steuerspezialist Dr. Benno Grunewald (*www.dr-grunewald.de*) entstanden.

Eigentlich ist die Unterscheidung zwischen freiberuflicher und gewerblicher Tätigkeit einfach: Während bei gewerblich Tätigen der Einsatz von Kapital – das Verkaufen – im Vordergrund steht, sind die freien Berufe in erster Linie durch eigenen Arbeitseinsatz geprägt. Doch in der Praxis verwischen oft die Grenzen. Neue Berufsbilder und Geschäftsfelder entstehen, die neue Anforderungen mit sich bringen. Es ist kaum noch möglich, geistig-intellektuelle von kaufmännisch-handwerklicher Tätigkeit zu trennen. Gleichzeitig mit dem Trend, verschiedene Tätigkeiten in einem Geschäftsmodell zu verbinden, wachsen die Abgrenzungsprobleme. Um nur einige wenige Beispiele zu nennen: Es gibt Künstler (Freiberufler), die ihre Werke auf T-Shirts (Gewerbe) drucken, Designer (Freiberufler), die Platz im Internet verkaufen (Gewerbe), oder Journalisten (Freiberufler), die als EDV-Berater (Gewerbe) unterwegs sind … Einfach ist die Unterscheidung also wirklich nicht mehr.

Als Freiberufler genießen Sie Privilegien: Anders als Ihre gewerbetreibenden Kollegen entfällt für Sie die Gewerbesteuer. Sie sind auch nicht zur aufwändigen doppelten Buchführung verpflichtet und sparen dadurch Kosten für den Steuerberater. Ihre Betriebsausgaben können Sie unter Umständen (siehe Kapitel 4.4) pauschal abziehen. Sie besitzen außerdem die Möglichkeit, eine Partnergesellschaft zu gründen (siehe Kapitel 3.2). Sie sind kein Pflichtmitglied der Industrie- und Handelskammer (IHK) und müssen damit auch keine Mitgliedsbeiträge zahlen.

Diesen Vorteilen stehen auch einige Nachteile oder zumindest Einschränkungen gegenüber: Bestimmte Gruppen von Freiberuflern unterliegen einem eingeschränkten Werbeverbot, beispielsweise Zahnärzte. Statt der Handelskammer verpflichten örtliche Kammern Rechtsanwälte, Steuerberater, Ingenieure, Wirtschaftsprüfer, Architekten und Notare zur (zahlenden) Mitgliedschaft.

Test: Sind Sie Freiberufler?
Wenn Sie mindestens eine der folgenden Fragen mit Ja beantworten können, sind Sie mit großer Wahrscheinlichkeit ein Freiberufler:

- ▶ Sind Sie wissenschaftlich tätig?
- ▶ Sind Sie künstlerisch tätig?
- ▶ Sind Sie schriftstellerisch tätig?
- ▶ Sind Sie unterrichtend oder erziehend tätig?
- ▶ Können Sie für Ihre Tätigkeit eine besondere berufliche – meist akademische – Qualifikation nachweisen?
- ▶ Erbringen Sie geistig-ideelle Leistungen?

Achtung: Als sogenannter freier Mitarbeiter können Sie vor dem Finanzamt als Freiberufler oder Gewerbetreibender gelten. Dabei handelt es sich aber nur um eine steuerrechtliche Einstufung. Als freier Mitarbeiter kann Sie die Bundesversicherungsanstalt für Angestellte zudem zur Rentenversicherungszahlung heranziehen. Lesen Sie dazu bitte Kapitel 4.5.

Übersicht: Was sind freie Berufe?

Die Definition freier Berufe lautet gemäß Partnergesellschaftsgesetz (§ 1, Abs. 2): »Die freien Berufe haben im Allgemeinen auf der Grundlage besonderer beruflicher Qualifikationen oder schöpferischer Begabung die persönliche, eigenverantwortliche und fachlich unabhängige Erbringung von Dienstleistungen höherer Art im Interesse der Auftraggeber und der Allgemeinheit zum Inhalt.« Das Einkommensteuergesetz regelt in § 18, wer als Freiberufler zählt. Zu den sogenannten Katalogberufen gehören:

- ▶ *Heilberufe:* Ärzte, Zahnärzte, Tierärzte, Heilpraktiker, Dentisten, Krankengymnasten, Apotheker (Achtung: der Betrieb einer Apotheke gilt aber als gewerblich).
- ▶ *Rechts-, steuer- und wirtschaftsberatende Berufe:* Rechtsanwälte, Steuerberater, Steuerbevollmächtigte, Patentanwälte, Notare, Wirtschaftsprüfer, beratende Volks- und Betriebswirte, vereidigte Buchprüfer und Bücherrevisoren.
- ▶ *Naturwissenschaftliche und technische Berufe:* Vermessungsingenieure, Ingenieure, Handelschemiker, Architekten, Lotsen.
- ▶ *Informationsvermittelnde Berufe:* Journalisten, Bildberichterstatter, Dolmetscher, Übersetzer.

Hinzu kommen die sogenannten Kulturberufe, für die keine besondere Ausbildung notwendig ist. Als kulturtreibende Freiberufler gelten beispielsweise Schriftsteller, Bildhauer, Schauspieler oder Musiker.

Klarheit vor dem Finanzamt

Sind Sie als Unternehmensberater oder IT-Consultant freiberuflich oder gewerblich tätig? Was bedeutet die Gründung einer GbR für Ihren Status? Die meisten Existenzgründer beschäftigen sich erst mit diesen Fragen, wenn es zu spät ist, eine Steuerprüfung ansteht oder bereits eine saftige Steuernachzahlung ins Haus geflattert ist. Das kann sogar noch viele Jahre nach der Gründung passieren, wenn Sie schon gar nicht mehr an böse Fallen denken und Ihr Unternehmen »Gründung« schon längst zum Unternehmen »Expansion« geworden ist.

Das Finanzamt kann Sie nämlich zum »Ex-Freiberufler« machen, Ihnen rückwirkend den Status aberkennen und die Arbeiten der letzten Jahre nachträglich als gewerblich einstufen. Nach aktuellem Recht darf dies noch bis zu sieben Jahre nach der Gründung geschehen. Der Grund dafür liegt darin, dass sich viele Tätigkeiten nicht eindeutig den Katalogberufen zuordnen lassen, sodass Finanzämter und sogar einzelne Finanzbeamte bestimmte Tätigkeiten unterschiedlich einschätzen. Es kommt auch vor, dass der Status überhaupt erst nach vielen Jahren erstmalig geprüft wird.

Unternehmensberater

Welche Tätigkeiten eindeutig freiberuflich sind, haben Sie ja bereits erfahren. Zum Beispiel ist ein Unternehmensberater nur als »beratender Betriebswirt« (Katalogberuf) zweifelsfrei freiberuflich tätig. Sind Sie als Berater auf den IT-Bereich spezialisiert, könnte das Finanzamt eine gewerbliche Tätigkeit vermuten, selbst wenn Sie Unternehmensberatung auf Ihre Visitenkarte geschrieben haben. Eine überzeugende Argumentationsstrategie brauchen Sie auch, wenn Sie Firmen in Personalfragen beraten. Da Personalwesen ein Teil der Betriebswirtschaft ist, spricht jedoch viel für den Freiberuflerstatus. Gute Karten haben Sie, wenn Sie Betriebswirtschaft studiert haben. Doch längst nicht jeder Unternehmensberater ist Betriebswirt.

Akademiker aus anderen Sparten sowie Nicht-Akademiker könnten den gefürchteten Stempel »gewerbetreibend« aufgedrückt bekommen. Doch das muss nicht zwangsläufig der Fall sein, da vor dem Finanzamt neben dem Studium auch andere Argumente zählen, etwa einschlägige Berufserfahrung. War ein Geisteswissenschaftler jahrelang mit Aufgaben eines Betriebswirts betraut, so werden ihm die Beamten auch das Durchführen von Unternehmensberatungen zutrauen.

IT-Selbständige

In einem Grenzbereich bewegen sich neben den Unternehmensberatern auch Selbständige im IT-Bereich. Zwar ist eine akademische Ausbildung eine der Grundvoraussetzungen für die Anerkennung als Freiberufler, jedoch belegt ein Informatikstudium allein noch keine freie Tätigkeit. Andersherum ist eine fehlende akademische Ausbildung kein Beweis für das Bestehen eines Gewerbes. Berater und Projektleiter stehen vor diesem Abgrenzungsproblem, sofern sie fachfremde Ingenieure sind, also nicht Informatik studiert oder ihr Studium nicht abgeschlossen haben.

In der Vergangenheit differenzierten die Finanzämter oft nach der Art der Programmierung: Anwendungsprogrammierung galt als gewerbliche Tätigkeit, systemnahe Programmierung als frei. Begründet wurde das mit der Nähe der systemnahen Tätigkeit zu einer Ingenieurstätigkeit. Grundlage war ein Urteil des Bundesfinanzhofes (BFH) von 1989 und 1991, wonach zwischen systemnaher und anwendungsnaher Programmierung unterschieden wurde. Systemnah war demnach freiberuflich, anwendungsorientiert bedeutete gewerblich.

Die einst strikte Unterscheidung zwischen System und Anwendung ist inzwischen veraltet. Auch früher grundsätzlich gewerblich tätige SAP-Berater können laut einem aktuellen Urteil freiberuflich tätig sein. Das gilt vor allem, wenn ein Diplom vorhanden ist. Achten Sie bei der Anmeldung auf eine möglichst akademische Bezeichnung Ihrer Tätigkeit. So hat der freiberufliche »SAP-Berater Dipl.-Mathematiker Hans Müller« bessere Chancen als Freiberufler anerkannt zu werden als der Inhaber einer »EDV-Beratung München«.

Grauzone: Konsequenzen verschiedener Tätigkeiten

An der Grenze zwischen Gewerbe und freier Tätigkeit tummeln sich aber nicht nur IT-Selbständige. Selbst Ärzte können in einen Konflikt kommen, wenn sie beispielsweise Provisionen verdienen, welche die Geringfügigkeit (1 Prozent des Gewinns) überschreiten. Grenzen verwischen immer dann, wenn Sie als Unternehmer einen Gemischtwarenladen betreiben. Beispiele sind eine Architektin, die eine individuelle Innenraumberatung anbietet und nebenbei Einrichtungsgegenstände verkauft, ein Bauingenieur, der gewerbliche Grundstücksverkäufe tätigt, oder ein Sicherheitsingenieur, der ein Arbeitsschutzprodukt vertritt. Eine solche Mischung kann die gesamte Tätigkeit gewerblich färben.

In solchen Fällen empfiehlt sich eine saubere Trennung zwischen den einzelnen Tätigkeiten: Ein Teil der Arbeit ist freiberuflich, der andere gewerblich. Einnahmen und Ausnahmen werden den jeweiligen Tätigkeiten zugerechnet. Besteht allerdings ein sachlicher und wirtschaftlicher Zusammenhang (»gemischte Tätigkeit«), kann es auch zu einer einheitlichen Beurteilung kommen. Das Finanzamt könnte dann unter Umständen das komplette Unternehmen als Gewerbebetrieb einstufen. Es gilt also, dem Finanzamt gegenüber glaubhaft zu machen, dass zwischen beiden Tätigkeiten kein sachlicher und wirtschaftlicher Zusammenhang besteht.

Viele Selbständige haben ein Gewerbe angemeldet, oft auf Empfehlung des Steuerberaters. Dieser Gewerbeschein ist ungültig: Ein Freiberufler kann für seine Tätigkeit kein Gewerbe anmelden. Auch für die Vergangenheit hat ein angemeldetes Gewerbe keine rechtliche Konsequenz, wenn später festgestellt wird, dass eine freiberufliche Tätigkeit vorlag. Ein Selbständiger kann also auch mit angemeldetem Gewerbe als Freiberufler anerkannt werden.

Nur eine verbindliche Auskunft vom Finanzamt zählt

Wenn Sie Ihren selbständigen Beruf nicht in den Katalogberufen finden, bewegen Sie sich mit Ihrer Argumentation stets auf dünnem Eis. Die Finanzämter sind in Zeiten leerer Kassen bemüht, möglichst viele Gewerbesteuerzahler zu gewinnen, und versuchen manchmal, den Status als Freiberufler anzuzweifeln, selbst wenn dieser relativ unstrittig ist. Wenn Sie schon mit der ersten Anmeldung eine klare Strategie verfolgen, dürften die Beamten damit keine Chance haben.

Wer sich unsicher ist, kann direkt beim Finanzamt anfragen und schriftlich eine verbindliche Auskunft anfordern. Diese kann das Finanzamt im Nachhinein nicht anfechten. Weniger Rückendeckung bietet die Auskunft eines Steuerberaters: Sofern diese nicht schriftlich erteilt worden ist, hat sie nur geringen Wert. Zwar können Sie Ihren Steuerberater für Falschauskünfte haftbar machen, was aber nur möglich ist, wenn Sie nachweisen können, dass er Sie falsch beraten hat.

Frei zu zweit: Freiberufler-GbR und gewerbliche GmbH

Freiberuflich oder gewerblich ist nicht zuletzt auch eine Frage der Gesellschaftsform. So kann eine Gesellschaft bürgerlichen Rechts (GbR) freiberuflich sein, wenn sie aus Freiberuflern besteht. Ihre Alarmglocken sollten aber läuten, wenn einer der Gesellschafter eine teilweise gewerbliche Tätigkeit ausübt – möglicherweise ohne eigene Kenntnis davon. In diesem Fall könnte die gesamte GbR gewerbesteuerpflichtig werden.

Achtung: Sie können eine GbR gründen, ohne es selbst zu wissen. Schon das gemeinsame Auftreten am Markt (Visitenkarten, Geschäftsausstattung) kann das Finanzamt als Indiz für das Bestehen einer GbR werten. Sie müssen keinen offiziellen Gesellschaftervertrag abgeschlossen haben. Mehr dazu in Kapitel 3.2.

Eine GmbH ist grundsätzlich nicht freiberuflich; mit der Gründung geht ein eventuell bestehender Status als Freiberufler sofort verloren. Zudem gilt der für Einzelunternehmer und Partnergesellschaften gültige Gewerbesteuer-Freibetrag in Höhe von 24.500 Euro für eine GmbH nicht. Dafür genießt die GmbH zahlreiche andere Vergünstigungen (siehe Kapitel 3.2).

Übersicht: Freie und gewerbliche Berufe

Eine aktuelle Übersicht finden Sie auf der Website des Bundesverbandes freier Berufe unter *www.freie-berufe.de*.

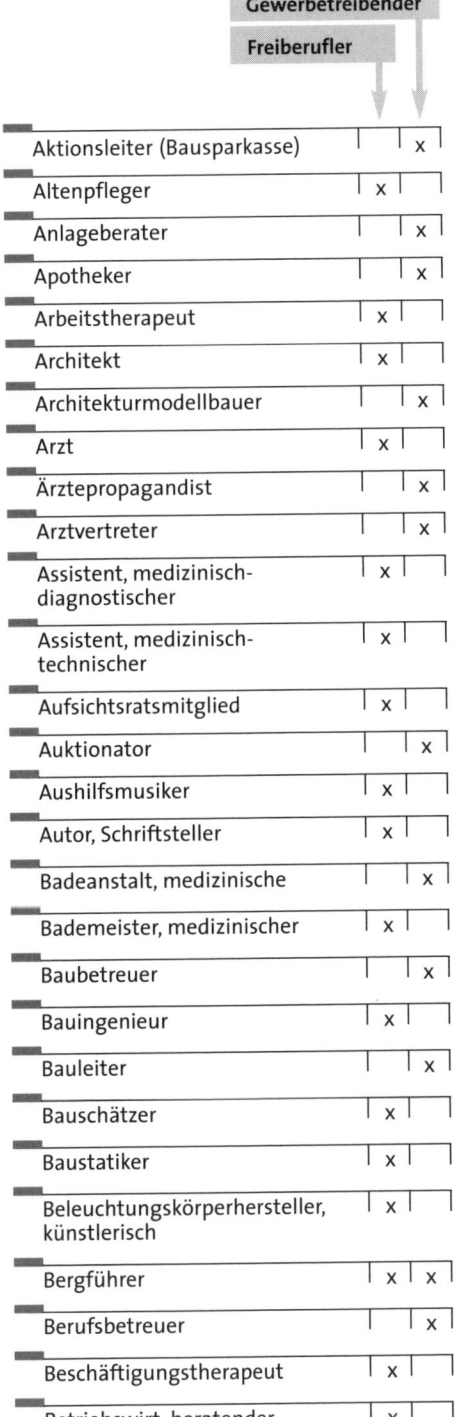

Beruf	Gewerbetreibender	Freiberufler
Aktionsleiter (Bausparkasse)		x
Altenpfleger	x	
Anlageberater		x
Apotheker		x
Arbeitstherapeut	x	
Architekt	x	
Architekturmodellbauer		x
Arzt	x	
Ärztepropagandist		x
Arztvertreter		x
Assistent, medizinisch-diagnostischer	x	
Assistent, medizinisch-technischer	x	
Aufsichtsratsmitglied	x	
Auktionator		x
Aushilfsmusiker	x	
Autor, Schriftsteller	x	
Badeanstalt, medizinische		x
Bademeister, medizinischer	x	
Baubetreuer		x
Bauingenieur	x	
Bauleiter		x
Bauschätzer	x	
Baustatiker	x	
Beleuchtungskörperhersteller, künstlerisch	x	
Bergführer	x	x
Berufsbetreuer		x
Beschäftigungstherapeut	x	
Betriebswirt, beratender	x	
Bildberichterstatter	x	
Bildhauer	x	
Biologe	x	
Blutgruppengutachter	x	
Briefmarkenrestaurator		x
Buchführungshelfer		x
Buchmacher		x
Buchprüfer, vereidigter	x	
Büttenredner		x
Chemiker, klinischer	x	
Dentist	x	
Designer	x	
Diätassistent	x	
Diplom-Informatiker	x	
Diplom-Mathematiker	x	
Dirigent	x	
Diskjockey	x	
Dolmetscher	x	
Dozent	x	
EDV-Berater, SAP freiberuflich	x	x
EDV-Projektleiter		x
Ehrenamt	x	
Elektroanlagenplaner, -techniker		x
Genealoge		x
Erfinder	x	
Erzieher	x	
Fahrlehrer	x	
Fakir		x
Familienhelfer		x
Fernsehansager	x	
Filmhersteller	x	
Finanzanalyst		x

Beruf	Freiberufler	Gewerbetreibender
Finanzberater		x
Fitness-Studio		x
Fleischbeschauer		x
Fußpfleger, medizinischer	x	
Fotodesigner	x	
Fotograf, Fotodesigner freiberufl.	x	x
Fotoreporter	x	
Frachtenprüfer	x	
Frauenbeauftragte	x	
Fremdenführer		x
Führungskräfteberater		x
Fußballspielerberater		x
Fußballtrainer	x	
Gartenarchitekt	x	
Geschäftsführer		x
Ghostwriter	x	
Grafiker	x	
Gutachter	x	
Gymnastiklehrer, -trainer	x	
Handaufleger		x
Handelschemiker	x	
Handelsvertreter		x
Hausverwalter (je nach Größe)	x	x
Hebamme	x	
Heil-Eurythmist	x	x
Heilpraktiker	x	
Hellseher		x
Hochbautechniker	x	
Hochschullehrer	x	
Hypnose-Therapeut		x
Informationsdienst-Herausgeber		x
Ingenieur	x	
Inkassobüro		x
Innenarchitekt	x	
Internatsbetreiber		x
Interviewer	x	
Inventuraufnehmer, -büro		x
Journalist	x	
Kameramann	x	
Kartograf	x	
Kfz-Sachverständiger (soweit kein Ingenieur)		x
Kinderheim	x	x
Klavierstimmer		x
Kompass-Kompensierer	x	
Komponist	x	
Konkursverwalter	x	
Konstrukteur, Bauzeichner		x
Kosmetikerin		x
Krankengymnast	x	
Krankenhausberater		x
Krankenpflegehelfer		x
Krankenpfleger, -schwester	x	
Kreditberater		x
Küchenplaner	x	
Kunstagent, -manager		x
Kunstgewerbe, -handwerker	x	x
Künstler	x	
Kunsttherapeut	x	

Beruf	Freiberufler	Gewerbetreibender
Kurpackerin		x
Layouter	x	
Lehrer, Unterrichtender	x	
Logopäde	x	
Lohnsteuerhilfe (Ortsstellenleiter)		x
Lotse	x	
Magier	x	
Maler, Kunstmaler	x	
Managerberater		x
Marketingberater	x	
Marktforscher	x	
Markscheider	x	
Maschinenbau-Techniker		x
Masseur	x	
Medikamentenerprobung	x	
Meinungsforscher	x	
Modellbauer		x
Moderator	x	
Modeschöpfer	x	
Musiker	x	
Musiklehrer	x	
Musiktherapeut		x
Netzplantechniker	x	
Notar	x	
Ökotrophologe		x
Organist	x	
Orgelbauer		x
Orthopist	x	
Parapsychologe		x
Patentanwalt	x	
Patentberichterstatter	x	
Personalberater		x
Personalsachbearbeiter		x
Pfleger	x	
Pharma-Kosmetologe		x
Physiotherapeut	x	
Pilot		x
Planungsberater (Bau)		x
Podologe	x	
PR-Berater		x
Programmierer von Lern-Software	x	
Prüfungstätigkeit	x	
Psychologe	x	x
Psychotherapeut	x	
Rätselhersteller	x	
Raumgestalter	x	
Rechtsanwalt	x	
Rechtsbeistand	x	
Redakteur	x	
Reitlehrer		
– falls unterrichtend:	x	
– falls Besitzer eines Reithotes mit angestellten Reitlehrern:		x
Restaurator	x	
Rettungsassistent	x	
Rezeptabrechner		x
Rezepturenentwickler		x
Sachverständiger	x	x
Saunabetrieb		x
Schauspieler	x	
Schiffssachverständiger		x
Schornsteinfegermeister	x	
Schwesternhelfer		x

	Gewerbetreibender	Freiberufler
Spielerberater		x
Sportberater	x	
Sportlehrer, -trainer	x	
Sprachheilpädagoge	x	
Standortberater		x
Steuerberater	x	
Steuerbevollmächtigte	x	
Supervisor	x	
Systemanalytiker	x	
Tagesmutter	x	
Tanzlehrer	x	
Testamentsvollstrecker	x	
Textildesigner	x	
Tierarzt	x	x
Tontechniker	x	
Trainer	x	
Treuhänder	x	
Tutor	x	

	Gewerbetreibender	Freiberufler
Übersetzer	x	
Umweltberater	x	
Unternehmensberater	x	x
Vermessungsingenieur	x	
Vermögensberater		x
Vermögensverwalter	x	
Versicherungsberater		x
Versicherungsmathematiker	x	
Versicherungsschäden-Gutachter	x	
Visagist		x
Volkswirt, beratender	x	
Webdesigner		x
Werbeberater		x
Werbeschriftsteller	x	
Wirtschaftsprüfer	x	
Wissenschaftler	x	
Zahnarzt	x	
Zahnpraktiker	x	
Zauberkünstler	x	
Zollberater		x

Adressen

- RA Dr. Grunewald (*www.dr-grunewald.de*): Die Seite von Anwalt Dr. Benno Grunewald bietet zahlreiche weiterführende Informationen.

- Jasper Steuerberatung (*www.jasper-steuerberatung.de/Branche_kurz_info/freie_berufe.htm*): Eine Übersicht über freie Berufe und Tätigkeiten.

- Gesellschaft für Informatik (*www.gi-ev.de*): Interessenverband IT

- Bund der Selbständigen und der Informatik (*bvsi.de*): Schützenhilfe für IT-Freelancer

- Myfreelancer (*www.myfreelancer.at/machfrei/index.html*): Mehr Info für E-Lancer in Österreich.

3.2 Die richtige Rechtsform wählen

Lohnt es sich für eine einzelne Person, eine GmbH zu gründen? Welche Chancen und Risiken bieten die Gesellschaft bürgerlichen Rechts, die BGB-Gesellschaft oder auch GbR? Ist die Limited, die englische Variante einer GmbH, eine Alternative? Dieses Kapitel beantwortet alle Fragen zu Gesellschaftsformen auf einfache und verständliche Weise.

Einzelunternehmen, Personengesellschaften und Kapitalgesellschaften

Kennen Sie den Unterschied zwischen einer juristischen und einer natürlichen Person? Eine natürliche Person sind Sie, wenn Sie als Privatperson agieren, aber auch als Einzelunternehmer gelten Sie vor dem Gesetz als eine natürliche Person. Mit der Gründung einer GmbH schaffen Sie hingegen eine juristische Person, in deren Kleid Sie schlüpfen und für die Sie sprechen können. Eine Gesellschaft gründen Sie als Einzelperson oder zusammen mit anderen. Juristische Personen handeln durch Organe als deren gesetzliche Vertreter. Bei der GmbH ist das der Geschäftsführer (angestellt) oder der geschäftsführende Gesellschafter (der den Gesellschaftervertrag unterschrieben hat), bei einer Aktiengesellschaft der Vorstand.

Haftung

Diese Einleitung führt zu einem wichtigen Unterschied zwischen den einzelnen Gesellschaftsformen: Handelt eine juristische Person, so haftet diese nicht mit ihrem Privatvermögen, sondern nur mit dem Vermögen der Gesellschaft. Dies ist bei Personengesellschaften anders. Hier handelt eine natürliche Person, und diese kann mitsamt ihrem Privatvermögen zur Rechenschaft gezogen werden.

Personengesellschaften tragen ein besonders hohes Risiko. Unterläuft einem Einzelunternehmer oder einem Gesellschafter einer Personengesellschaft ein kostspieliger Fehler, kann das den geschäftlichen und privaten Ruin bedeuten. Das passiert schneller, als viele vermuten. So kann ein Beratungsfehler bei einem Unternehmensberater für Umweltschutz Schadensersatzklagen zur Folge haben, die diesen ruinieren, falls keine entsprechende Versicherung einspringt oder die Höhe der Schadenssumme den Versicherungsbetrag übersteigt. Wenn aber eine juristische Person die Firma führt, ist das Privatvermögen des Gesellschafters geschützt: Haus und Hof bleiben auch im schlimmsten Fall im Besitz des Geschäftsführers, sofern diese zum Privateigentum gehören.

Daraus ergibt sich schon die Antwort auf eine Frage, die Sie sich wahrscheinlich stellen: Sollen Sie eine GmbH (Gesellschaft mit beschränkter Haftung, also eine juristische Person) gründen oder reicht eine GbR (Gesellschaft bürgerlichen

Rechts)? Eine GmbH empfiehlt sich, wenn ein hoher Umsatz zu erwarten und das Risiko, Schiffbruch zu erleiden, groß ist. Eine Personengesellschaft dagegen bietet sich an, wenn Sie klein anfangen wollen. Wichtigstes Entscheidungskriterium ist das Risiko: Wer erst einmal Millionen investieren muss und selbst produziert, ist mit einer GmbH gut beraten. Wer ohne Kapitaleinsatz startet und geringes Risiko hat, dem genügt in der Regel die Personengesellschaft.

Unterschiede und Gründungskosten im Überblick

Rechtsform	Haftung mit Privatvermögen	Doppelte Buchführung	Eintrag ins Handelsregister	Persönlicher Entscheidungsspielraum	Gründungskosten
Einzelunternehmen, Kleingewerbetreibende	ja	nein (bis 30.000 € Gewinn, 350.000 € Umsatz und ohne Eintrag ins Handelsregister)	nicht zwingend	groß	Gewerbeschein, je nach Stadt: circa 18 und 40 €
Eingetragener Kaufmann/ eingetragene Kauffrau	ja	ja	ja	groß	Gewerbeschein: circa 18 bis 40 €; Kosten für den Eintrag ins Handelsregister, je nach Betriebsvermögen: 200 bis 500 €
Freiberufler	ja	nein	nein, freiwillig möglich (dann doppelte Buchführung)	groß	keine
GbR	ja	nein	nein	groß	Gewerbeschein: circa 18 bis 40 €; bei Freiberuflichkeit keine Kosten; Kosten für den Eintrag ins Handelsregister, falls Eintrag gewünscht oder aufgrund hohen Umsatzes (über 350.000 €) nötig, je nach Betriebsvermögen: 200 bis 500 €, dann Bilanzierung
OHG	ja	ja	ja	ja	Gewerbeschein: circa 18 bis 40 €; bei Freiberuflichkeit keine Kosten; Kosten für den Eintrag ins Handelsregister, je nach Betriebsvermögen: 200 bis 500 €

Rechtsform	Haftung mit Privatvermögen	Doppelte Buchführung	Eintrag ins Handelsregister	Persönlicher Entscheidungsspielraum	Kosten
GmbH	nein	ja	ja	groß	Kosten für die Gründung: circa 1.500 € (Gesellschaftervertrag, notarielle Beglaubigung); Kosten für den Eintrag ins Handelsregister: bei Kapital von 10.000 € 700 bis 1.000 €
UG	nein	ja	ja	groß	Kosten für den Eintrag ins Handelsregister: circa 100 €
KG	nein, nur bis zur Höhe der Einlage	ja	ja	groß	Gewerbeschein: circa 18 €; bei Freiberuflichkeit keine Kosten; Kosten für den Eintrag ins Handelsregister, je nach Betriebsvermögen: 200 bis 500 €
GmbH & Co. KG	nein	ja	ja	groß	wie GmbH plus Kosten für die Gründung der 2. Gesellschaft (der KG)
Limited	nein	ja	empfehlenswert	ja	circa 500 bis 1.000 € plus Kosten für den Eintrag ins Handelsregister, der sich am Betriebsvermögen orientiert: in der Regel circa 200 bis 500 €, hohe Folgekosten
Limited & Co. KG	nein	ja	ja, notwendig	groß	circa 500 bis 1000 € plus Kosten für den Eintrag ins Handelsregister, der sich am Betriebsvermögen orientiert: in der Regel circa 200 bis 500 €
AG	nein	ja	ja	gering	Mindesteinlage: 50.000 €
Genossenschaft	nein	ja	Genossenschaftsregister	gering	Eintrag ins Genossenschaftsregister: circa 80 € (je nach Amtsgericht)

Test: Welche Unternehmensform eignet sich für Sie?

Wenn Sie wissen wollen, welche Form sich für Ihr Vorhaben am besten eignet, sollten Sie die folgenden Fragen beantworten. Detaillierte Informationen zu den verschiedenen Rechtsformen finden Sie in den folgenden Abschnitten.

	Einzelunternehmer, Freiberufler	GbR, OHG	PartnG	GmbH/UG	AG	Ltd.	Genossenschaft
Ist Ihnen die Haftungsbeschränkung wichtig?			(x)	x	x	x	x
Wollen Sie sich einen möglichst großen eigenen Entscheidungsspielraum sichern?	x	x	x	x		x	
Wollen Sie Ihr Unternehmen mit Partnern führen?		x	x	x	x	x	x
Wollen Sie möglichst wenig Formalitäten bei der Gründung haben?	x	x					
Soll die Rechtsform Ihre Haftung begrenzen?				x	x	x	
Soll die Rechtsform ein gutes Image im Inland vermitteln?				x	x		
Soll die Rechtsform ein gutes Image im Ausland vermitteln?				x	x	x	
Liegt Ihre Steuerbelastung vermutlich über 30 Prozent und wollen Sie die Steuerbelastung senken (Körperschaftsteuer statt Einkommensteuer)?				x	x	x	
Soll die Rechtsform möglichst geringen Aufwand für Ihre Buchführung bieten?	x	x					
Sind Sie Freiberufler und wollen Sie sich mit anderen zu einem Team zusammenschließen?		x	x				
Möchten Sie schnell expandieren, und benötigen Sie dafür Kapital?					x		
Sind Sie bereit, Ihre Unternehmenszahlen zu veröffentlichen?					x		
Soll die Rechtsform möglichst geringe Gründungskosten verursachen (keine Kapitaleinlage, Notarkosten)?	x	(x)	x				
Soll Ihr Unternehmen ins Handelsregister eingetragen werden?		x		x	x	x	
Wollen Sie keinen Eintrag im Handelsregister?	x					x	
Möchten Sie gemeinsam etwas erwerben oder produzieren oder vermarkten, wozu Ihnen alleine die Mittel fehlen?							x
Möchten Sie in einer demokratischen Gesellschaftsform agieren, in der alle etwas zu sagen haben?							x

Einzelunternehmen

Um ein Einzelunternehmen zu gründen, müssen Sie zunächst nichts tun, denn das Einzelunternehmen ist eine Unternehmens- und keine Gesellschaftsform. Erforderlich ist lediglich die Anmeldung beim Gewerbeamt, wo Sie eine Gewerbeanmeldung erhalten. Bestimmte Berufsgruppen, etwa aus der Gastronomie, müssen weitere Hürden nehmen, weil ihr Gewerbe genehmigungspflichtig ist. Die Anmeldung muss in der Gemeinde erfolgen, in der Sie Ihr Büro oder Ihren Betrieb haben.

Als Einzelunternehmen sind Sie ausschließlich für sich selbst verantwortlich und haften mit Ihrem gesamten Privatvermögen. Das gilt auch für fachliche Fehler, die Ihnen beruflich unterlaufen. Sie stehen mit allem gerade, was Sie besitzen: mit Ihrem Haus, Ihrem Sparbuch, Ihrem Auto. Sie sollten sich also unbedingt mit entsprechenden Versicherungen absichern! Das gilt natürlich auch für Freiberufler, die keine Gewerbeanmeldung benötigen und deshalb nicht als Einzelunternehmer gelten, denn sie haften grundsätzlich mit ihrem gesamten Privatvermögen.

Möchten Sie Ihre Seriosität betonen, können Sie sich auch ins Handelsregister eintragen lassen und werden damit zum eingetragenen Kaufmann (e. K.). Damit sind Sie »Vollkaufmann« – und im Unterschied zum »Kleingewerbetreibenden« zur kaufmännischen Buchhaltung verpflichtet. Als Kleingewerbetreibende gelten Sie, wenn Sie weniger als 30.000 Euro Gewinn machen und weniger als 350.000 Euro Umsatz.

Wenn Sie Gründungszuschuss beziehen, hat dies keinerlei Einfluss auf die Gesellschaftsform. Sie können Freiberufler sein oder eine GmbH gründen. Ihr Anteil an einer Gesellschaft muss allerdings mindestens 50 Prozent betragen.

Handelsregister

Das neuerdings elektronische Handelsregister ist ein öffentliches Firmenverzeichnis, das Informationen zu einem Unternehmen bereithält, etwa zum Firmensitz und zu den Gesellschaftern. Wer hier eingetragen wird, besitzt einen Vertrauensbonus bei Banken, aber auch bei Geschäftspartnern, da er offiziell als Kaufmann gilt. Damit greifen für ihn die Regeln des Handelsgesetzbuches (HGB). Ohne den Eintrag wäre das Bürgerliche Gesetzbuch (BGB) maßgeblich – oft zum Nachteil des Unternehmers. So darf der eingetragene Kaufmann Prokura erteilen, womit Angestellte weit reichende Geschäftsführungs- und Vertretungsbefugnisse erhalten. Der Gerichtsstand ist frei vereinbar, und Bürgschaften, Schuldversprechen oder ein Schuldanerkenntnis können auch mündlich erfolgen. Ein Nachteil: Der Kaufmann muss die handelsrechtlichen Buchführungs- und Bilanzierungsvorschriften beachten. Eine einfache Einnahmen-Ausgaben-Rechnung reicht also nicht aus, und die komplizierte doppelte Buchführung wird fällig. Der Eintrag erfolgt über einen Notar, der auch bei der Formulierung des Eintragstextes hilft. Jede spätere Änderung ist mit Kosten verbunden, da auch dafür stets ein Notar benötigt wird.

Die Kosten für den Eintrag in das Handelsregister sind unterschiedlich: Eine Personengesellschaft zahlt zwischen 100 Euro (neue Unternehmergesellschaft UG) und ca. 1000 Euro (GmbH mit jetzt nur noch 10.000 Euro Stammkapital). Kosten für den Rechtsanwalt, der die (notwendige) Satzung ausarbeitet, kommen natürlich noch hinzu.

Gesellschaft des bürgerlichen Rechts (GbR)

Wer im Team gründet, entscheidet sich gern für die auf den ersten Blick unkomplizierte Gesellschaft bürgerlichen Rechts. Sie eignet sich auch für den organisierten Zusammenschluss von Freiberuflern. Dann handelt es sich um eine Freiberufler-GbR. Die GbR ist vor allem deshalb eine beliebte Gesellschaftsform, weil sie schnell und einfach zu gründen ist – manchmal zu schnell und zu einfach.

Eine Gesellschaft bürgerlichen Rechts gründen Sie nämlich oft schon, ohne es zu wissen. Allein die Tatsache, dass Sie gemeinsam mit anderen Personen als Unternehmen auftreten, macht Sie zur GbR. Virtuelle Teams, die keine gemeinsamen Büroräume haben, aber zusammen Geschäfte ausüben, finden sich rasch in dieser Gesellschaftsform wieder – selbst wenn sie vorher nicht planten, vor dem Gesetz eine Gesellschaft zu bilden. In solchen Fällen besitzen Sie keinen Gesellschaftervertrag und haben nichts in der Hand, was die Beziehungen zu Ihrem Geschäftspartner regelt. Das ist vor allem deshalb gefährlich, weil für eine GbR – auch BGB-Gesellschaft genannt – kaum gesetzliche Regelungen existieren.

Gefährlich: Gegenseitige Haftung mit dem Privatvermögen

Gesetzlich vorgeschrieben ist lediglich, dass alle Partner uneingeschränkt mit ihrem Privatvermögen haften – selbst wenn sie gar keine Partner sind oder niemals sein wollten. Für die Bildung einer GbR reicht allein der Zusammenschluss zur Verfolgung eines gemeinsamen Zwecks aus. Dieser Zweck kann sogar zeitlich begrenzt sein, weswegen auch Lotterie- und Spielergemeinschaften eine GbR bilden. Hier spielen steuerliche Gründe die Hauptrolle, die in diesem Beispiel zum Vorteil der Gesellschafter sind. Durch den Status GbR stellt die Lottogemeinschaft sicher, dass es sich um Privateinkünfte handelt. Bei anderen Gesellschaftsformen wie der GmbH wäre das nicht der Fall.

Hier ein Beispiel für die Gefährdung durch persönliche Haftung, die gerade für kleinere Unternehmen besteht: Sabine Müller hat sich mit Susanne Meier zu einer GbR zusammengeschlossen, um einen Büroservice anzubieten. Meier nimmt einen Kredit in Höhe von 50.000 Euro auf, den sie gar nicht für den Büroservice, sondern für ein anderes Vorhaben nutzen möchte, von dem die Kollegin nichts weiß. Sie ahnt seit langem, dass der Büroservice kein Erfolg wird. In der Tat scheitert die gemeinsame Existenzgründung, und am Ende bleibt ein Schuldenberg. Da Müller privates Vermögen besitzt, muss sie dieses jetzt zur Begleichung der Schulden ihrer Kollegin heranziehen – obwohl Sie nichts von deren Plänen und Extratouren wusste und von dem Geld nichts hatte. Auch wenn Müller und Meier gar nicht darüber informiert gewesen wären, dass Sie eine GbR sind, wäre das der Fall!

Finanzielle Engpässe führen demzufolge bei einer GbR schnell zu einer völligen Zahlungsunfähigkeit und im Extremfall zur Pleite aller Beteiligten. Denken Sie also frühzeitig über alternative Gesellschaftsformen nach, wenn Sie gemeinsam mit anderen am Markt aktiv werden. Vermeiden Sie Kennzeichen einer gemeinsamen Unternehmung, wenn Sie nicht als GbR auftreten wollen. Das ist unabhängig von einem eigenen Büro: So müssen Bürogemeinschaften nicht zwangsläufig eine GbR bilden, wenn jeder seinem eigenen Geschäft nachgeht.

Vorsicht: Freiberufler-GbR

Wie eingangs erwähnt, können Freiberufler und Gewerbetreibende eine GbR gründen. Dabei gilt es sauber zu trennen: Wenn auch nur ein Partner der Freiberufler-GbR gewerbliche Einkünfte hat, färbt das auf alle anderen ab. Das kann, je nach Gewinn, zur Zahlung von Gewerbesteuer führen. Zudem können Freiberufler ihre Versicherungspflicht in der Künstlersozialkasse verlieren, was wiederum erheblich höhere Beiträge in der Kranken- und Rentenversicherung nach sich zieht.

Schließen Sie einen GbR-Vertrag

Umgekehrt setzt die GbR kein gemeinsames Büro voraus. Auch virtuelle Unternehmen, bei denen die Partner von unterschiedlichen Standorten aus arbeiten, können eine GbR sein oder vom Finanzamt als solche eingestuft werden. Spätestens wenn Sie sich gemeinsames Briefpapier oder einen gemeinsamen Internetauftritt anschaffen, sollten Sie daran denken, einen Gesellschaftervertrag aufzusetzen.

Mit einem Gesellschaftervertrag können Sie die gegenseitige Haftung so einschränken, dass sie auf das Gesellschaftsvermögen (die Gewinne und gemeinsam angeschafften Besitztümer) beschränkt bleibt. Auch kann so die Vertretungsmacht des geschäftsführenden Gesellschafters vertraglich begrenzt werden. Diese Begrenzung muss nach außen kenntlich gemacht werden, zum Beispiel bei Kreditverhandlungen mit der Bank.

Haftungsbeschränkungen innerhalb einer GbR können nur individualrechtlich vereinbart werden. Das heißt, Sie müssen sich mit Ihrem Partner einigen. Schreiben Sie dabei alle kritischen Punkte auf. Beispiel: Sie möchten zu zweit ein Einzelhandelsgeschäft eröffnen. Jeder ist zu 50 Prozent beteiligt. Geregelt werden sollte beispielsweise:

▶ Wer darf einkaufen? Bis zu welcher Höhe ohne Zustimmung des anderen?

▶ Wer darf Rabatte vergeben? Mit Rücksprache oder ohne?

▶ Wer darf Kredite aufnehmen? Mit Rücksprache oder ohne?

▶ Was geschieht, wenn ein Partner aussteigt? Wer übernimmt? Wie wird der andere ausgezahlt?

Setzen Sie sich zusammen und notieren Sie alle kritischen Punkte. Nehmen Sie einen GbR-Vertrag der IHK und ergänzen Sie ihn. Lassen Sie das Werk vor der Unterschrift unbedingt noch einmal von einem erfahrenen Anwalt prüfen.

GbR im Überblick

– Die GbR können Sie als Freiberufler und Gewerbetreibender gründen. Falls Sie Freiberufler sind: Gründen Sie eine reine Freiberufler-GbR, in der keiner der Gesellschafter gewerbliche Einkünfte verzeichnet.

– Die GbR gründet sich auch von selbst – die Gründung bedarf keiner schriftlichen Form. Allein die Verfolgung eines gemeinsamen Zweckes (typischerweise die Gewinnerzielung) reicht zur Gründung einer GbR aus. Deshalb empfiehlt sich unbedingt ein Gesellschaftervertrag.

– Die GbR ist rechtsfähig, kann also selbst Verträge unterzeichnen und als Geschäftspartner auftreten. Sie kann vor Gericht klagen und selbst verklagt werden. Das bedeutet, dass nicht für alle Handlungen die Unterschriften aller Gesellschafter erforderlich sind – es sei denn, Sie vereinbaren das explizit.

– Die GbR kann einen Namen tragen, aus dem der Zweck des Unternehmens hervorgeht. Sie muss aber auch die Namen der Gesellschafter mitführen.

– Die Geschäftsführung darf einem Dritten übertragen werden, der nicht Gesellschafter ist.

– Das Gesellschaftsvermögen besteht aus den Gewinnen und den gemeinsamen Anschaffungen.

– Alle Gesellschafter besitzen ein gegenseitiges Kontrollrecht und das Recht auf Akteneinsicht.

– Im Geschäftsverkehr müssen alle mit Vor- und Nachnamen auftreten. In der Praxis bedeutet das, dass auch auf dem Briefpapier und der Internetseite alle Namen vollständig genannt werden müssen.

– Das Kürzel GbR ist dagegen nicht notwendiger Namensbestandteil, wohl aber die Namen der Gesellschafter

§ 1 Name, Sitz und Zweck der Gesellschaft

Zum gemeinsamen Betrieb eines Ebay-Shops wird von den Unterzeichnenden eine Gesellschaft bürgerlichen Rechts unter der Bezeichnung:

»Lieschen Müller und Heinz Meiser, Uhreneinzelhandel«

gegründet.

Die Gesellschaft ist auf alle dem Zweck der Gesellschaft dienenden Tätigkeiten gerichtet. Es können Filialen gegründet werden.

Sitz der Gesellschaft ist Musterstadt.

§ 2 Dauer der Gesellschaft

Die Gesellschaft beginnt am _____ Ihre Dauer ist unbestimmt. Der Gesellschaftsvertrag kann unter Einhaltung einer Frist von sechs Monaten jeweils zum Schluss eines Kalenderjahres gekündigt werden.

Die Kündigung muss schriftlich erfolgen.

§ 3 Geschäftsjahr

Das Geschäftsjahr entspricht dem Kalenderjahr.

§ 4 Einlagen der Gesellschafter

Frau Müller bringt in bar _____ Euro sowie Einrichtungsgegenstände und Maschinen im Wert von _____ Euro ein. Herr Meiser bringt in bar _____ Euro sowie Einrichtungsgegenstände und Maschinen im Wert von _____ Euro ein. Beide Gesellschafter sind entsprechend ihrer Anteile mit sofortiger Wirkung je zur Hälfte am Gesellschaftsvermögen beteiligt.

§ 5 Geschäftsführung und Vertretung

Die Geschäfte werden von beiden Gesellschaftern gemeinschaftlich geführt. Jeder Gesellschafter ist zur Geschäftsführung alleine berechtigt. Er vertritt die Gesellschaft im Außenverhältnis allein.

Im Innenverhältnis ist die Zustimmung beider Gesellschafter zu nachfolgenden Rechtshandlungen und Rechtsgeschäften erforderlich:

- Ankauf, Verkauf und Belastung von Grundstücken;
- Abschluss von Miet- und Dienstverträgen jeglicher Art;
- Aufnahme von Krediten, Übernahme von Bürgschaften;
- Abschluss von Verträgen, deren Wert im Einzelfall den Betrag von 2.000 Euro übersteigt;
- Aufnahme neuer Gesellschafter und Erhöhung der Einlagen.

§ 6 Pflichten der Gesellschafter

Keiner der Gesellschafter darf ohne schriftliches Einverständnis des anderen Gesellschafters außerhalb der Gesellschaft ohne Rücksicht auf die jeweilige Branche geschäftlich tätig werden. Dazu gehört auch eine mittelbare oder unmittelbare Beteiligung an Konkurrenzgeschäften. Für Zuwiderhandlungen wird eine Vertragsstrafe in Höhe von je 4.500 Euro vereinbart.

Fristlose Kündigung bleibt vorbehalten.

Jeder Gesellschafter kann verlangen, dass der Mitgesellschafter alle auf eigene Rechnung abgeschlossene Geschäfte als für die Gesellschaft eingegangen gelten lässt. Daraus folgt, dass die aus solchen Geschäften bezogenen Vergütungen herauszugeben sind oder die Ansprüche auf Vergütung an die Gesellschaft abgetreten werden müssen.

§ 7 Gewinn-und-Verlust-Rechnung / Entnahmerecht

Gewinn und Verlust der Gesellschaft werden nach Maßgabe der Beteiligung der Gesellschafter aufgeteilt. Jedem Gesellschafter steht eine Vorabvergütung in Höhe von _____ Euro zu. Sollte die Gesellschaft nach Feststellung des Jahresabschlusses durch Auszahlung der Vorabvergütung in die Verlustzone geraten, sind die Gesellschafter zu entsprechendem Ausgleich verpflichtet.

§ 8 Kündigung eines Gesellschafters

Im Falle der Kündigung scheidet der kündigende Gesellschafter aus der Gesellschaft aus. Der verbleibende Gesellschafter ist berechtigt, das Unternehmen mit Aktiva und Passiva unter Ausschluss der Liquidation zu übernehmen und fortzuführen. Dem ausscheidenden Gesellschafter ist das Auseinandersetzungsguthaben auszuzahlen.

Bei der Feststellung des Auseinandersetzungsguthabens sind Aktiva und Passiva mit ihrem wahren Wert einzusetzen. Der Geschäftswert ist nicht zu berücksichtigen.

Die Auszahlung des Auseinandersetzungsguthabens hat in vier gleichen Vierteljahresraten zu erfolgen, von denen die erste drei Monate nach dem Ausscheiden fällig ist. Das Auseinandersetzungsguthaben ist ab dem Ausscheidungszeitpunkt in Höhe des jeweiligen Hauptrefinanzierungssatzes der Europäischen Zentralbank zu verzinsen.

§ 9 Tod eines Gesellschafters

Im Falle des Todes eines Gesellschafters gilt § 8 entsprechend mit der Maßgabe, dass die Auseinandersetzungsbilanz zum Todestag aufzustellen ist.

§ 10 Einsichtsrecht

Jeder Gesellschafter ist berechtigt, sich über die Angelegenheiten der Gesellschaft durch Einsicht in die Geschäftsbücher und Papiere zu unterrichten und sich aus ihnen eine Übersicht über den Stand des Gesellschaftsvermögens anzufertigen.

Jeder Gesellschafter kann auf eigene Kosten einen zur Berufsverschwiegenheit verpflichteten Dritten bei der Wahrnehmung dieser Rechte hinzuziehen oder zur Wahrnehmung dieser Rechte beauftragen.

§ 11 Salvatorische Klausel

Sollte eine Bestimmung dieses Vertrages unwirksam sein, so bleibt der Vertrag im Übrigen wirksam.

Für den Fall der Unwirksamkeit verpflichten sich die Gesellschafter, eine neue Regelung zu treffen, die wirtschaftlich der unwirksamen Regelung weitestgehend entspricht.

§ 12 Änderungen des Vertrages

Änderungen und Ergänzungen dieses Vertrages bedürfen der Schriftform.

Ort, Datum

Offene Handelsgesellschaft (OHG)

Die OHG zählt ebenfalls zu den Personengesellschaften. Zwischen einer GbR und einer OHG bestehen lediglich zwei wesentlich Unterschiede: Die OHG setzt einen Eintrag im Handelsregister voraus und eignet sich anders als die GbR nicht für Freiberufler, dafür aber für alle anderen Betriebe – also nicht nur, wie der Name impliziert, für Kaufleute, sondern auch für Dienstleister, Handwerker und produzierende Betriebe.

Bei der OHG haften alle Partner voll und mit ihrem gesamten privaten Vermögen. Vor einigen Jahrzehnten war sie die vorherrschende Gesellschaftsform. Vor allem Familienbetriebe setzten darauf und firmierten beispielsweise als Müller & Sohn OHG, denn dort ist das Problem der Haftung meist nicht bedeutend. Da es für eine OHG außerdem früher kaum möglich war, Fremdkapital zu beschaffen, war die Privathaftung zu verkraften: Ohne hohen Kapitaleinsatz drohten schließlich keine Riesenverluste.

Heute kann diese Gesellschaftsform nicht mehr empfohlen werden. Die Anzahl der Familienbetriebe nimmt rasant ab, zudem ist die Kapitalbeschaffung trotz aller Vorbehalte der Banken gegenüber Kleinbetrieben und Mittelständlern einfacher geworden und damit das Risiko gestiegen, mit dem Unternehmen zu scheitern. Ohne den Schutz der persönlichen Eigentumswerte ist das gefährlich. Aufgrund der Umsatzhöhe empfielt sich eher eine GmbH.

OHG im Überblick

- Eine GbR, die mehr als 500.000 Euro Umsatz oder 30.000 Euro Gewinn erwirtschaftet, wird durch den Eintrag ins Handelsregister zur OHG.
- Ein Eintrag ins Handelsregister ist Pflicht.
- Doppelte Buchführung ist Pflicht.
- Die OHG kann auch einfache Namen tragen, zum Beispiel Müller & Sohn OHG.
- Die OHG unterliegt den Regeln des Handelsgesetzbuches (HGB).

Partnergesellschaft (PartnG)

Die Partnergesellschaft wurde 1995 speziell für Freiberufler geschaffen und bietet klare Vorteile gegenüber der GbR. Die Haftung lässt sich nämlich auf das beschränken, was ein Partner zu verantworten hat. Beispiel: Ein Unternehmensberater wird aufgrund eines Beratungsfehlers verklagt und zur Zahlung von Schadenersatz verurteilt. Seine Partner sind aus dem Schneider und müssen für den Fehler nicht geradestehen. Denn bei der Partnerschaft kann nur derjenige zur Verantwortung gezogen werden, der den Schaden verursacht hat. Bei der GbR haften dagegen alle für den Fehler eines Einzigen. Das ist gerade bei freien Berufen wie Ärzten, Architekten oder Rechtsanwälten wichtig, bei denen falsche Beratung oder Behandlung zu hohen Schadenersatzforderungen führen kann und nicht immer von Versicherungen abgedeckt wird.

Anders als bei der GbR ist allerdings ein Vertrag notwendig, also die Schriftform. Zudem erfordert die Partnergesellschaft einen Eintrag ins Partnerschaftsregister beim Amtsgericht. Dieser kostet bei einem Mindestjahresumsatz von 25.000 Euro rund 125 Euro; liegt der Umsatz darüber, steigt dieser Betrag. Der Name der Partnerschaft muss immer mindestens einen Personnamen der Gesellschafter enthalten. Beispiel: Sven Möller und Partner. Oder: Meier, Müller und Möller Rechtsanwälte.

PartnG im Überblick

- Nur für Freiberufler.
- Keine gemischte gewerblich-freiberufliche Tätigkeit möglich.
- Jeder haftet mit seinem Privatvermögen. Allerdings kann ausgeschlossen werden, dass der eine für die fachlichen Fehler des anderen geradestehen muss.
- Der Name mindestens eines Gesellschafters muss im Firmennamen vorkommen.
- Es muss ein schriftlicher Vertrag geschlossen werden.
- Eintrag ins Partnerschaftsregister beim Amtsgericht.

Kommanditgesellschaft (KG)

Die KG zählt zu den Personengesellschaften. Das Besondere an ihr ist, dass sie neben mindestens einem persönlich haftenden Gesellschafter (Komplementär) auch noch Kommanditisten umfasst. Diese Kommanditisten haften nur mit der Höhe ihrer Einlage. Bei den Kommanditisten handelt es sich also de facto um Geldgeber, die keine aktiven Aufgaben ausüben, sondern lediglich Kapital zur Verfügung stellen.

Als Reinform wird die KG heute kaum noch gewählt. Sie bietet aber auch keine Vorteile im Vergleich zur GmbH, da der Komplementär (also der voll haftende Gesellschafter) wie bei der GbR und OHG mit seinem gesamten Privatvermögen haftet.

KG im Überblick

- Personengesellschaft zwischen OHG und GmbH.
- Beinhaltet einen Kommanditisten, der als Geldgeber fungiert.
- Nicht mehr empfehlenswert.

GmbH & Co. KG

Die Bezeichnung Co. KG hinter GmbH bedeutet letztlich, das eine weitere Gesellschaft mit weiteren Kapitalgebern beteiligt ist: eine Kommanditgesellschaft. Der persönlich – also theoretisch mit seinem vollen Privatvermögen – haftende Gesellschafter der KG kann eine GmbH sein. Daraus entsteht eine GmbH & Co. KG. Die Kommanditisten der KG haften nur in Höhe ihrer eigenen Einlage. Da die GmbH in der Haftung beschränkt ist, entziehen sich in der Praxis damit alle Beteiligten der persönlichen Haftung.

Die Rechtsverhältnisse der Gesellschafter untereinander richten sich nach dem Recht der KG. Die KG wird durch die GmbH, Letztere durch ihren Geschäftsführer vertreten.

GmbH & Co. KG im Überblick

- Verbindet GmbH und KG.
- GmbH mit weiteren Kapitalgebern im Boot.
- Rundum beschränkte Haftung.

Gesellschaft mit beschränkter Haftung (GmbH)

Die Gesellschaft mit beschränkter Haftung ist ab 2008 weniger aufwändig und kostengünstiger zu gründen, da das Stammkapital auf 10.000 Euro gesenkt wurde. Das Hauptargument für eine GmbH ist die Haftungsbeschränkung. Diese ist für Gründer allerdings oft nur theoretisch gegeben. Zur Vergabe eines Kredits verlangen die Banken bei zu wenig Eigenkapital der GmbH in der Regel private Sicherheiten. Bei einer Insolvenz hat die Bank damit auch Zugriff auf Ihr Privateigentum. Seit 2008 gibt es eine kleine GmbH, die Unternehmergesellschaft (UG), die sich mit nur 1 Euro gründen lässt. Diese bietet eine schnellere und formlose Gründung und kann später in die GmbH umgewandelt werden. Auch hier werden die Banken natürlich entsprechende Sicherheiten aus dem Privatbereich verlangen, denn bei einem Stammkapital von 1 Euro wären Sie beim Kauf von zwei Briefmarken bereits pleite.

Bei der Einlage in die GmbH muss es sich nicht unbedingt um Geld, sondern kann es sich auch um Sacheinlagen handeln, beispielsweise ein Grundstück. Natürlich können Sie auch mehr Geld in die GmbH einzahlen. Das ergibt aus den oben geschilderten Gründen sogar Sinn: Je mehr Kapital in der GmbH steckt, desto höhere Sicherheiten können Sie der Bank bieten, wenn Sie einen Kredit benötigen. Für eine Sicherheit von 25.000 Euro wird Ihnen kaum eine Bank einen Kredit gewähren, für 300.000 Euro schon eher. Dieses Geld stellt dann das Betriebsvermögen der jungen Firma dar, das sogenannte Stammkapital.

Die Gründung einer GmbH kostet ungefähr 1.500 Euro und dauert mitunter ein halbes Jahr. In der Vorgründungsphase bilden Sie und Ihr Team (die Gesellschafter) eine GbR oder eine OHG. Im nächsten Schritt erarbeiten Sie mit einem Rechtsanwalt einen Gesellschaftervertrag. Mit der notariellen Bekundung dieses Vertrages entsteht die Vor-GmbH (GmbH in Gründung), die bereits eine juristische Person darstellt. Das bedeutet, dass die Haftung schon zu diesem Zeitpunkt eingeschränkt ist: Nicht Sie persönlich haften, sondern die GmbH als juristische Person – und zwar mit dem Kapital, das Sie darauf eingezahlt haben.

Ein oder mehrere der Gesellschafter können Geschäftsführer sein oder einen Geschäftsführer im Angestelltenverhältnis beschäftigen. Wie das im Einzelfall aussehen soll, muss im Vertrag festgehalten sein. Mit der Gründung verbunden ist auch ein Eintrag ins Handelsregister. Jede Änderung in der Gesellschafterstruktur und der Geschäftsführung erfordert eine Änderung oder Ergänzung im Handelsregister.

Ob ein Mann oder zwei Männer oder auch eine Frau: Wie viele Unternehmer sich zu einer GmbH zusammenschließen, spielt übrigens keine Rolle. Auch bei der Gründung durch eine einzige Person entsteht eine juristische Person, die damit auch nur mit dem Betriebsvermögen haftet.

Konkursverschleppung hebt die Haftungsbeschränkung auf

Ganz wichtig: Bei Zahlungsunfähigkeit, Überschuldung und nachfolgender Konkursverschleppung wird die Haftungsbeschränkung der GmbH aufgehoben! Das hat zur Folge, dass Sie automatisch mit Ihrem Privatkapital haften, falls Ihr Betrieb in Schwierigkeiten gekommen ist und Sie nicht umgehend handeln.

Steuern

Als GmbH sind Sie eine Kapitalgesellschaft und automatisch gewerbesteuerpflichtig. Sie zahlen statt Einkommensteuer Körperschaftsteuer bzw. ab 2008 mit der Unternehmenssteuerreform kommunale und föderale Unternehmenssteuer. Damit fällt Ihre Steuerschuld ab einem Umsatz von etwa 125.000 Euro geringer aus als die Ihrer Kollegen von Personengesellschaften, die Einkommensteuer berappen müssen.

GmbH im Überblick

- Haftung ist auf das Vermögen der Gesellschaft beschränkt.
- Mindesteinlage: 10.000 Euro.
- Weitere Gründungskosten: 1.500 Euro.
- Aufwändig zu gründen, Dauer circa 3 bis 6 Monate.
- Vorsicht: Hat die Gesellschaft noch kein eigenes Vermögen, verlangen Banken in der Regel private Sicherheiten und können somit auch auf das Privatvermögen zugreifen, wenn es zu Zahlungsengpässen kommt.

Unternehmergesellschaft (UG)

Ab 2008 ist die Gründung einer haftungsbeschränkten Unternehmergesellschaft (UG) ab 1 Euro Mindestkapital möglich. Sie können in drei Bereichen tätig werden: Handel mit Waren, Produktion oder Erbringen von Dienstleistungen. Wie die GmbH haftet die Gesellschaft der UG nicht mit dem Privatvermögen. Anders als bei der GmbH ist die Anzahl der Gesellschafter allerdings auf maximal drei beschränkt. Allerdings müssen die Gesellschafter bis zum Erreichen eines Stammkapitals von 10.000 Euro jedes Jahr 25 Prozent ihres Gewinns zurücklegen. Dies ist sinnvoll, da ein gesundes Unternehmen Eigenkapital benötigt. Ist das Stammkapital erreicht, kann die UG auch in eine GmbH umgewandelt werden.

Die Gründung einer UG ist einfacher und schneller möglich als die einer GmbH. Eine Mustersatzung ohne notarielle Beglaubigung kann für den Eintrag ins elektronische Handelsregister verwendet werden. Durch die Nutzung dieser Mustersatzung wird die Gründungsdauer auf bis zu einen Tag reduziert. Die Firma muss mit dem Kürzel UG firmieren.

Trotz dieser Vorzüge sollten Sie Vor- und Nachteile sorgfältig abwägen. Die UG zahlt Körperschaftsteuer und Gewerbesteuer auf den Gewinn, rund 29 Prozent. Dies ist in der Regel mehr als das, was Sie mit einem geringen Gewinn als Einzelunternehmer oder Freiberufler durchschnittlich an Einkommensteuer zu zahlen haben. Auch als geschäftsführender Gesellschafter einer UG sind Sie selbst Angestellter Ihres eigenen Unternehmens und zahlen Einkommensteuer auf Ihr Gehalt.

Hinzu kommt, dass Sie auch als UG bilanzieren müssen, was einen größeren Aufwand bedeutet. Trotzdem ist die UG, für die Sie auf die Gewinne Körperschaftssteuer und Gewerbesteuer (zusammen ca. 29 Prozent) zahlen eine sehr gute Alternative für alle Gründer, die ein Haftungsrisiko vermeiden möchten. Einzelunternehmer und Freiberufler fahren am Anfang Ihrer Tätigkeit bei niedrigen Gewinnen oft mit der Einkommensteuer besser. Doch das ist eine Einzelfallentscheidung. Lassen Sie sich das von Ihrem Steuerberater ausrechnen.

Im Vergleich zur UG bietet die Limited den Vorteil, dass Sie nicht bis zum Erreichen des Stammkapitals »sparen« müssen. Dieser wird dadurch aufgehoben, dass Sie eine Buchhaltung nach englischem Recht einreichen.

UG im Überblick
- Eine Mini-GmbH mit voller Haftungsbeschränkung.
- Maximal drei Personen dürfen sie gründen.
- Stammkapital von nur 1 Euro macht Sie attraktiver als die Limited.
- Geringer Gründungsaufwand durch Mustersatzung.
- Vom Gewinn werden so lange 25 Prozent einbehalten, bis ein Stammkapital von 10.000 Euro erreicht ist.
- Danach leicht umwandelbar in eine GmbH.

Kleine Aktiengesellschaft (AG)

1994 trat in Deutschland das Gesetz für kleine Aktiengesellschaften in Kraft, das diese Rechtsform auch für mittelständische Unternehmen interessant macht. Die Gesellschafter bleiben geheim, sofern Inhaberaktien ausgegeben werden. Deshalb heißt die AG in anderen Ländern auch S. A. (Société Anonyme).

Der große Vorteil der kleinen AG im Vergleich zur GmbH ist die einfache Beteiligung weiterer Gesellschafter am Unternehmen. Diese Gesellschafter sind die Aktionäre. Allerdings kostet die Gründung viel Geld – Geld, das kaum ein Unternehmer bei Beginn seines Vorhabens aufbringen kann und möchte. Das Mindestkapital zur Gründung einer kleinen AG beträgt 50.000 Euro. Es müssen ein Vorstand, der auch alleiniger Aktionär sein kann, sowie drei Aufsichtsräte bestellt werden.

Entscheidungen fallen auf der Hauptversammlung der Aktionäre. Hier beschließen die Gesellschafter vor allem die Verwendung des Bilanzgewinns und die Durchführung von Kapitalerhöhungen. Außerdem werden Aufsichtsratsmitglieder bestellt.

Das Vermögen der Gesellschaft darf nicht an die Gesellschafter ausbezahlt werden – wohl aber die einzelnen Anteile. Genauso können jederzeit Anteile erworben werden. Das verschafft der AG einen erheblichen Bonitätsvorteil bei den Banken. Das Kapital kann zudem durch Eigenkapitalerhöhungen dynamisch beschafft werden. Reicht das vorhandene Geld nicht aus, gibt die AG neue Aktien aus und erweitert damit Zahl beziehungsweise Volumen der Beteiligungen am Unternehmen.

Kleine AG im Überblick

- Für bereits gewachsene Firmen, bei denen die Firmeninhaber auch Verantwortung aus der Hand geben und weitere Gesellschafter einbeziehen möchten.
- Eignet sich zur raschen und unkomplizierten Geldbeschaffung.
- Das Mindestkapital beträgt 50.000 Euro.
- Entscheidungsgremium ist die Hauptversammlung der Aktionäre.

GmbH & Co. KGaA

Die GmbH & Co. KGaA ist eine Mischform aus GmbH, KG und AG. Sie spricht vor allem Mittelständler an, die ihr Unternehmen nicht aus der Hand geben und mindestens 50 Prozent der Anteile behalten möchten. Das ist mit einer AG kaum möglich, da der eigene Aktienanteil die Obergrenze für Investitionen bestimmt. Möchten Sie eine Kapitalerhöhung durchführen, müssen Sie zugleich auch die Anzahl der eigenen Aktien erhöhen. Dafür fehlen in der Regel die Mittel.

Eine Lösung stellt die GmbH & Co. KGaA dar, nämlich die Kommanditgesellschaft auf Aktien mit einer GmbH als persönlich haftender Gesellschafterin. Die

GmbH & Co. KGaA vereint die Vorteile der GmbH und der AG und bietet damit ideale Möglichkeiten für mittlere Unternehmen, die Firma weiterhin persönlich zu führen, auch wenn sie überwiegend über den Kapitalmarkt finanziert wird. Die Mehrheit des Aktienkapitals kann nämlich nicht die Personalentscheidung bei der Unternehmensführung treffen. Diese Entscheidung obliegt weiterhin allein den GmbH-Gesellschaftern, die keine Anteile an der GmbH abgeben und damit stets alleinige oder zumindest mehrheitliche Inhaber der GmbH sind.

GmbH & Co. KGaA im Überblick

– Mischform aus GmbH, KG und AG.
– Ideal für mittelständische Unternehmen, die ihre Firma weiter selbst führen wollen.

Euro-GmbH und Limited (Ltd.)

Der Nachteil der GbR liegt in der unbeschränkten Haftung, der Fallstrick der GmbH in dem auch nach der Reform immer noch hohen Gründungsaufwand und den Kosten. Hier war die Limited einige Jahre ein guter Kompromiss. Mit der Einführung der Unternehmergesellschaft (UG) dürfte sie allerdings bald an Bedeutung verlieren. Dann spricht für die Limited nur noch ihre Internationalität und die Tatsache, dass in der ersten Phase kein Stammkapital angespart werden muss.

Die bekannteste Euro-GmbH ist die Limited (Ltd.). Sie ist eine Gesellschaft mit beschränkter Haftung, die Sie in einem beliebigen europäischen Land gründen. Großbritannien ist wegen seiner liberalen und mittelstandsfreundlichen Gesetzgebung beliebt; deshalb wird die Euro-GmbH häufig mit Limited gleichgesetzt. Außerdem ist die Limited auch in Übersee bekannter als die spanische S. L. (Sociedad con responsabilidad limitada) oder die niederländische BV (Besloten Vennoootschap met beperkte aansprakelijkheid), die ebenfalls eine Euro-GmbH darstellen. Grundlage ist ein Urteil des Europäischen Gerichtshofes aus dem Jahr 2003, das Unternehmen Niederlassungsfreiheit innerhalb der gesamten Europäischen Union zubilligt – unabhängig davon, wo sie ihre Geschäfte ausüben.

Sie können die Verträge der Gesellschaft so gestalten, dass bei einer Liquidation die Gläubiger nur auf die bestehenden Vermögenswerte der Gesellschaft zurückgreifen können. Das Privatvermögen des Unternehmers und seiner eventuellen Partner wird dann nicht angetastet.

Dafür müssen Sie dort nur eine Büroadresse besitzen, der ständige Aufenthaltsort darf sich in Deutschland befinden. Sie sind nicht verpflichtet, selbst nach Großbritannien zu kommen. Als Adresse fungiert dabei zum Beispiel eine Wirtschaftsprüferkanzlei.

Gründung

Die Gründung der Limited ist einfach und günstig. Inzwischen gibt es zahlreiche Unternehmen, die Ihnen bei den Formalitäten helfen. Dies kostet ab ca. 259 Euro (*www.go-limited.de*). Das sind allerdings nur die Grundgebühren, zu denen sich weitere Kosten gesellen können. Die Gründung mit Unterstützung durch einen deutschen Anwalt, die Ihnen mehr Sicherheit bietet, kostet in der Regel mehr – abhängig vom Umfang der Beratung. Da der Mustervertrag, das englische »Articles & Memorandum«, oft kaum geändert werden muss und auch anders als bei der GmbH keine notarielle Beglaubigung erforderlich ist, halten sich weitere Kosten meist in überschaubaren Grenzen.

Für die Gründung müssen Sie kein Kapital einlegen oder nachweisen. Die Gesellschafterverträge sind so ausgelegt, dass Sie Geschäfte fast beliebiger Art ausüben können, es gibt auch kaum Einschränkungen zur Namenwahl. Die Gründung kann sich innerhalb von 24 Stunden vollziehen, für weitere Formalitäten fallen nochmals 4 bis 5 Tage an. Ab dem Zeitpunkt der Unterzeichnung des Gesellschaftervertrages ist die Limited voll rechtsfähig.

Steuern

Steuern fallen nur in Deutschland an, wenn allein die deutsche Niederlassung eine Geschäftstätigkeit ausübt. Eine Steuerflucht ins Ausland ist dann nicht möglich. »Niemand soll glauben«, so Michael Silberberger von Go Ahead Limited, »dass sich eine Limited eignet, in betrügerischer Absicht zu handeln. Besteht ein Missbrauch des Gesellschaftsrechts, kommt es auch hier zur Durchgriffshaftung.« Im Klartext: Ob AG, GmbH oder Limited – es werden die gleichen Maßstäbe angelegt. Daran ändert auch die geringere Kapitalausstattung einer Limited nichts. Setzen Gesellschafter die Haftungsfreistellung bewusst zum Nachteil ihrer Gläubiger ein, werden sie persönlich haftbar gemacht. Unseriöse oder unehrliche Geschäftemacher werden auch in England keine juristischen Schlupflöcher finden.

Nachteile

Ein Nachteil der Limited liegt deshalb in ihrem manchmal zweifelhaften Image begründet. Das dürfte sich aber mit einer steigenden Zahl an seriösen Gründungen ändern. Banken verhalten sich bei der Kreditvergabe allerdings zurzeit noch zögerlich. Allerdings soll es inzwischen interne Weisungen geben, diese Gesellschaftsform nicht zu benachteiligen. Auch einige Industrie- und Handelskammern empfehlen inzwischen die Limited, andere raten ab.

Die beschränkte Haftung hat bei der Limited wie bei der GmbH Grenzen. Möchten Sie Kredite aufnehmen, verlangen die Banken in der Regel Bürgschaften oder Sicherheiten der Gründer, die aus dem Privatbereich stammen. Somit könnten die Banken bei finanziellen Engpässen auch hier das Privatvermögen anzapfen. Zu bedenken ist auch: Die Limited verursacht Folgekosten, sie ist gewerbesteuerpflichtig, und es wird Körperschaftssteuer fällig. Außerdem geht mit der Gründung fortan wie bei der GmbH die Pflicht zur doppelten Buchführung einher sowie zu einer speziellen, englischen Form der Bilanzierung.

Eine pauschale Empfehlung pro oder contra Limited ist kaum möglich. Bei der Wahl der Gesellschaftsform gilt es, den Einzelfall genau zu betrachten. Ein Beratungsgespräch mit einem erfahrenen Steuerberater und Rechtsanwalt ist in jedem Fall eine gute Investition.

Limited im Überblick

- Eine Alternative zur GmbH, die sich auch für Freiberufler, Ein-Mann-Unternehmen und Handwerksbetriebe eignet.
- Die Gründung ist innerhalb von 24 Stunden möglich.
- Das Unternehmen braucht nur eine Anschrift in England, die Geschäftstätigkeit kann in Deutschland ausgeübt werden.
- Keine persönliche Haftung.
- Keine Mindesteinlage erforderlich.
- Bestimmte Berufsgruppen wie Handwerker oder Dozenten unterliegen nicht mehr der Rentenversicherungspflicht.
- Eintrag im Handelsregister je nach Rechtsauslegung vorteilhaft.
- In der Folge werden Gewerbe- und Kapitalsteuer fällig.

Limited & Co. KG

Die Limited & Co. KG ist vor allem im Hinblick auf die Banken und die Anerkennung in Deutschland eine interessante Gesellschaftsform. Es handelt sich hierbei um einen Zusammenschluss zweier Formen – der englischen Limited und der deutschen KG. Die Limited ist ein Komplementär, also Gesellschafter. Die KG ist eine Gesellschaft, die aus einem Komplementär (Gesellschafter) und Kommanditisten besteht. Die Kommanditisten zahlen ein und haften mit dieser Einlage. Die Höhe ist dabei nicht vorgegeben: 100 Euro können ausreichen. Der Komplementär haftet mit seinem ganzen Vermögen – aber nur theoretisch, denn praktisch ist diese Haftung durch die Gesellschaftsform Limited ausgehöhlt. Da die Limited nur mit ihrem eignen Vermögen zur Kasse gebeten werden kann, entzieht sich das Privatvermögen der Gesellschafter dem Zugriff durch Banken.

Limited & Co. KG im Überblick

- Kombiniert die internationale Limited mit der deutschen KG.
- Gut für die Außenwirkung.
- Wie die GmbH & Co. KG in der Haftung rundum beschränkt.

Interview

Tobias Ziegler ist Fachanwalt für Arbeitsrecht in Düsseldorf. Er hat sich zusätzlich auf Gesellschaftsrecht spezialisiert und berät zum Thema Limited (*www.anwalt-ziegler.de*).

Empfiehlt sich die Limited als Alternative zur GmbH und GbR?
Ähnlich wie bei der GmbH beschränkt die Limited nach englischem Recht die persönliche Haftung der Gesellschafter für Verbindlichkeiten der Gesellschaft. Viele Existenzgründer scheuen aber die Gründung einer GmbH, da das zu erbringende Stammkapital (mindestens 25.000 Euro) eine große Hürde ist. Im Vergleich zur GmbH ist die Ltd. schneller und einfacher zu gründen.

Wie kam es zu dem schwunghaften Anstieg der Nachfrage nach Limited-Gründungen?
Der europäische Gerichtshof entschied im November 2002, dass ein Unternehmen in einem EU-Mitgliedsstaat gegründet werden darf und aufgrund der Niederlassungsfreiheit rechts- und parteifähig ist. Und zwar auch dann, wenn die Gesellschaft im Gründungsstaat keine Geschäfte ausübt, sondern z.B. in Deutschland.

Kann dieses Urteil noch widerrufen werden?
Es handelt sich um eine Einzelfallentscheidung, die rechtskräftig ist. Der Bundesgerichtshof hat sich im März 2003 übrigens dem Urteil des EuGH gebeugt. Natürlich kann ein anderes Verfahren in einem anderen Fall anders ausfallen. Entscheidend sind die jeweiligen Begleitumstände. Doch was den Grundsatz der vom EuGH hevorgehobenen Niederlassungsfreiheit in Europa angeht, wird sich daran nichts ändern.

In welchem Land muss die Limited Steuern zahlen?
Entscheidend sind die deutschen und internationalen Steuergesetze. Nach deutschem Recht sind als steuerliche Betriebsstätten insbesondere Zweigniederlassungen und Geschäftsstellen anzusehen. In der Regel ist von einer Steuerpflicht in Deutschland auszugehen, wenn nicht auch ein laufender Geschäftsbetrieb in England geführt wird.

Dabei gibt es aber günstigere Steuersätze in England.
Das ist richtig. Die in England geltenden Steuersätze sind grundsätzlich niedriger als in Deutschland. Bei Gewinnen zwischen 50.001 und 300.000 Pfund beträgt der Steuersatz beispielsweise 19 Prozent. Manche Firmengründer versuchen durch den Einsatz von in England ansässigen Treuhändern, die aber keine Vollzugsvollmacht haben, geltendes Steuerrecht mehr oder weniger legal zu umgehen. Ich halte das aber für einen Graubereich, der sehr risikoreich ist. Das deutsche Finanzamt dürfte sich das nicht so ohne Weiteres gefallen lassen.

Wie wird die Limited allgemein angesehen?

Natürlich besteht noch eine gewisse Zurückhaltung. Diese in Deutschland recht neue Gesellschaftsform muss sich erst einmal einbürgern, im allgemeinen Geschäftsverkehr, bei den Behörden und bei den Banken. Das ist ein Punkt, den Gründer beachten sollten. An den Malerbetrieb Meier Limited müssen sich alle erst einmal gewöhnen. Es ist in der Praxis bereits festzustellen, dass die Ltd. mehr und mehr Zuspruch im deutschen Geschäftsleben erhält.

Viele Unternehmen berichten von einer gesteigerten Auftragslage, seitdem sie als Limited firmieren.

Vor allem international ausgerichtete Firmen profitieren schon jetzt. Die Limited ist in fast allen anderen Ländern bekannt, die GmbH nicht.

Welche Rolle spielt die Limited & Co. KG?

Dies ist meiner Ansicht nach eine sehr interessante Gesellschaftsform für einen deutschen Unternehmer, denn sie kombiniert die internationale Limited mit der deutschen KG. In der KG sitzen Kommanditisten, die Kapital geben und mit ihrer Einlage haften, die beliebig hoch oder niedrig sein darf. Der für die KG vertretungsberechtigte Komplementär ist ein voll haftender Gesellschafter. In diesem Fall ist der Komplementär aber die Limited. Da diese aber per Gesetz nicht voll haftet, ist die persönliche Haftung de facto ausgehöhlt.

Eignet sich die Limited für alle Berufsgruppen?

Wer als einzelner Freiberufler arbeitet, dem ist mit einer Limited nicht unbedingt geholfen. Freiberufler verlieren durch die Limited wie durch die GmbH ihren steuerlich bevorzugten Status. Statt Einkommensteuer zahlen sie dann Körperschafts- und Gewerbesteuer. Dies kann allerdings ein Vorteil für größere Freiberufler-Zusammenschlüsse mit höheren Gewinnen sein, da die Körperschaftsteuer ab einem gewissen Punkt niedriger ausfällt als Einkommensteuer. Hier muss der Einzelfall betrachtet werden.

Genossenschaft (e. G.)

Nur noch rund 8.000 Genossenschaften gibt es in Deutschland, mehr als 30.000 waren es im Jahr 1930. Dabei ist die Genossenschaft die demokratischste Gesellschaftsform überhaupt: Jedes Mitglied besitzt einen eigenen Anteil und ist stimmberechtigt. Wolfram Püschel, Vorstandsmitglied des Bundesvereins zur Förderung des Genossenschaftsgedankens erklärt: »Nicht die Gewinnmaximierung ist das ausgesprochene Ziel bei der Gründung von Genossenschaften, sondern die Förderung der Mitglieder.« Trotzdem schließen sich Gewinnmaximierung und Genossenschaftsgedanke nicht aus: So gibt es zahlreiche wirtschaftlich sehr erfolgreiche Genossenschaften.

Selbsthilfe, Selbstverwaltung und Selbstverantwortung sind oft die Leitmotive, die bei einer Gründung einer eingetragenen Genossenschaft (e. G.) im Vordergrund stehen. Anders als eine AG erfordert die Genossenschaft kein Mindestkapital. Aber auch bei der Genossenschaft haften die Gesellschafter, hier Mitglieder genannt, nicht persönlich. Das heißt, dass das eigene Vermögen unantastbar ist.

Zur Gründung einer Genossenschaft müssen sich mindestens drei Gesellschafter zusammenfinden, die einen gemeinsamen Zweck verfolgen. Dieser gemeinsame Zweck kann im Wohnungsbau liegen, in der landwirtschaftlichen Nutzung, im gemeinsamen Weinbau oder auch in der Kreditvergabe (Genossenschaftsbanken).

Entscheidungsgremium ist die Mitgliederversammlung. Diese Versammlung der Genossen, Generalversammlung genannt, ist oberstes Organ der Genossenschaft. Hier werden alle wichtigen Entscheidungen getroffen. Bei mehr als 1.500 Mitgliedern kann das Statut bestimmen, dass es Vertreterversammlungen gibt. Vorstände werden demokratisch gewählt. Seit der Novellierung des Genossenschaftsgesetzes Ende 2006 ist bei bis zu 20 Genossenschaftsmitgliedern auch kein Aufsichtsrat mehr nötig. Die Gründungsformalitäten sind seitdem weniger aufwändig. Ein Statut ist notwendig, ebenso die Einschaltung eines im Genossenschaftsrecht erfahrenen Anwalts. Genossenschaften müssen sich in das Genossenschaftsregister beim Amtsgericht eintragen lassen.

Gründerporträt: »Meine Firma ist die Summe ihrer Mitglieder«

Uwe Müller, Vorstandsvorsitzender der Hostsharing e. G., schätzt die basisdemokratische Struktur der Genossenschaft.

Firma	Hostsharing e.G.
Gesellschaftsform	Genossenschaft
Geschäftsmodell	Webhosting
Internet	www.hostsharing.org
Gründung	2000
Kapitaleinsatz bei Gründung	10.000 Euro
Vorstand	Uwe Müller (Diplom-Biologe und freischaffender Web-Akteur), Michael Hönnig (Software-Entwickler), Peter Niederlag (Kommunikationstrainer, freiberuflicher Künstler)
Umsatzentwicklung	Rund 200.000 Euro pro Jahr
Überschuss	Ein »kleiner«, der derzeit noch nicht ausreicht, aktive Mitglieder zu bezahlen

Uwe Müller lebt auf einem Hof mit Freunden. Der 44-jährige Diplom-Biologe, der nie in seinem studierten Beruf gearbeitet hat, ist Vorstand der Genossenschaft Hostsharing. Hostsharing bedeutet das Teilen eines Hosts. Der Host ist der Webserver, also ein leistungsfähiger Computer. Alle Mitglieder der Genossenschaft, die sich im ganzen Bundesgebiet befinden, nutzen diese Hosts gemeinsam – so wie auf dem Land, wo Müller lebt, sich landwirtschaftliche Genossenschaften Kühe, Hühner, Katzen und Ziegen teilen.

Hostsharing ist die bundesweit erste Genossenschaft im Bereich Webhosting. Die Gemeinschafts-Rechner der Genossen speichern – »hosten« – deren Webseiten. Das »Sharing«, das Teilen, im Namen der Genossenschaft steht für Gemeinschaftlichkeit: Der Platz im Internet gehört allen zusammen, jeder nutzt sein eigenes Stückchen Webspace auf einem gemeinsamen Areal. So wie jeder Genossenschaftsbauer sein Schlückchen von der Milch der Gemeinschaftskühe und sein Ei von den Hühnern bekommt. So wie jeder Wohnungsgenosse rein theoretisch auch irgendwann einmal in den Genuss einer Wohnung kommen kann.

Hostsharing will optimale Lösungen für das Hosting bieten. Deshalb kostet das Webspace-Paket etwas mehr als beim Billigprovider. Hinzu kommt eine einmalige Gebühr für Genossenschaftsanteile und ein geringer monatlicher Mitgliedsbeitrag, aber auch die Chance, irgendwann einmal Überschüsse zu machen, die die Bezahlung der aktiven Mitglieder ermöglicht. »Im nächsten Jahr«, so Müller, »könnte es so weit sein.« Schon jetzt setzt Hostsharing etwa 20.000 Euro pro Monat um. Müllers Ziel ist es, aus diesem Umsatz Überschüsse zu erzielen, denn Umsatz allein macht nicht satt. Vorsichtig bringt Müller die Genossenschaft deshalb auf Gewinnkurs, um endlich die Host-Master bezahlen zu können.

Dafür muss die Gemeinde der Mitglieder (derzeit 156) weiter wachsen, dafür muss sie in ihrer virtuellen Mitgliederversammlung – der ersten dieser Art – die richtigen Entscheidungen treffen. Ein autarkes Management, das von der Spitze die Basis regiert, gibt es bei den Genossenschaften nicht. Jeder entscheidet; alle reden mit. »Hostsharing ist keine Firma, sondern die Summe seiner Mitglieder«, sagt Müller. Das bietet Vorteile, aber nicht nur. Über ein neues Logo beispielsweise konnten sich die Genossen nicht einig werden.

Müller selbst engagiert sich bisher für eine Aufwandsentschädigung von 50 Euro. Er rechnet Gewinne und Verluste aus, kalkuliert, führt Statistiken und korrespondiert mit dem gleichfalls ehrenamtlichen Genossenschaftsanwalt. Um sich den Luxus, als ehrenamtlicher Vorstand zu arbeiten, leisten zu können, muss Müller durch IT-Beratung und Webdesign seinen Lebensunterhalt bestreiten. Auch das Studium zum Medieninformatiker, das er nebenbei via E-Learning absolviert, muss auf diese Weise mitfinanziert werden.

Das soll sich irgendwann, am besten bald, ändern. »Geld ist mir wirklich nicht wichtig«, zuckt Müller mit den Schultern. Ob und wie viel die Genossenschaft ihm demnächst zahlt? Das bleibt den Mitgliedern ebenso überlassen, wie sie Jahr für Jahr darüber abstimmen, ob er Vorstand bleiben darf. Das ist basisdemokratisch, aber da alle Mitglieder an einem Strang ziehen und das gleiche Interesse verfolgen, bislang »noch wenig politisch«.

Gesellschaftsformen in Österreich und der Schweiz

Österreich

Die Gesellschaftsformen in Österreich ähneln den deutschen. So existiert ein Einzelunternehmen, das als Kleinunternehmer und Vollkaufmann auftreten kann – je nach Umsatz und Gewinn.

Die Gesellschaft bürgerlichen Rechts heißt in Österreich GesbR und birgt dieselben Risiken wie die deutsche GbR. Alle Gesellschafter haften mit ihrem vollen Privatvermögen gegenseitig. Für Kleingewerbetreibende bietet sich auch die Offene Erwerbsgesellschaft (OEG) an, bei der alle Gesellschafter ebenfalls voll haften. Die OEG muss aus mindestens einem Gesellschafter und einer Arbeitskraft bestehen, die 20 Stunden oder mehr arbeitet. Ab 400.000 Euro Umsatz wird die OEG automatisch zur offenen Handelsgesellschaft (OHG), einem Pendant zur deutschen Version. Auch hier sind ein Gesellschafter und eine Arbeitskraft Gründungsvoraussetzung.

Eine analoge Unterscheidung zwischen Kleingewerbetreibenden und Vollkaufleuten findet sich bei der Kommandit-Erwerbsgesellschaft (KEG) und der Kommanditgesellschaft (KG).

Die GmbH in Österreich ist ähnlich aufwändig zu gründen wie die deutsche Schwester. Die Mindesteinlage beträgt hier sogar 35.000 Euro. Auch in Österreich gibt es die Variante der GmbH & Co. KG. Teilweise findet sich auch die Schreibweise GesmbH. Da Österreich Mitglied der EU ist, ist auch die englische Limited eine Alternative zur österreichischen GmbH. Die Gründungsformalitäten sind dabei identisch.

Die AG ist teurer zu gründen als in Deutschland, da eine Mindesteinlage von 70.000 Euro fällig wird. Dazu müssen sich mindesten zwei Aktionäre finden. Es muss einen Aufsichtsrat geben und eine Hauptversammlung, die genau protokolliert wird.

Schweiz

In der Schweiz ist die kleinste Unternehmensform die Einzelfirma, in der wie bei der GbR alle Beteiligten voll haften. Eine Buchführung ist bei einer Einzelfirma erst ab einem Umsatz von 100.000 Franken im Jahr nötig.

Anders ist das bei der Kollektivgesellschaft, die oft von Familienbetrieben gegründet wird und mit der OHG vergleichbar ist. Doppelte Buchführung ist hier nötig, zudem muss der Familienname Namensbestandteil sein und ein Eintrag im Handelsregister erfolgen. Die Kommanditgesellschaft funktioniert wie die deutsche KG: Sie besteht aus einem voll haftenden Komplementär und Kommanditisten. Ist der Komplementär eine GmbH, ist die Haftung auch hier de facto ausgehöhlt.

Die kleine AG ist in der Schweiz genauso üblich wie in Deutschland die GmbH. Die Gründung ist an bestimmte Voraussetzungen gebunden. Obwohl ein Ausländer alle Aktien besitzen kann, muss der Verwaltungsrat mehrheitlich aus Schweizer Bürgern, die in der Schweiz wohnhaft sind, zusammengesetzt sein. Das Gesellschaftskapital muss mindestens 100.000 Schweizer Franken betragen. 20 Prozent des Aktienkapitals, mindestens aber 50.000 Schweizer Franken, müssen einbezahlt sein.

Daneben existiert die Gesellschaft mit beschränkter Haftung (GmbH) als Variante zur Aktiengesellschaft. Hier muss das Gesellschaftskapital mindestens 20.000 Schweizer Franken betragen, wovon die Hälfte einbezahlt sein muss. Das Kapital wird in Anteile aufgeteilt, die mindestens je 1.000 Schweizer Franken betragen müssen. Der Name, die Nationalität und die Anzahl der jeweils gehaltenen Anteile sind im Handelsregister einzutragen. Das Gesetz sieht keine Beschränkungen für ausländische Anteilseigner vor; mindestens ein Geschäftsführer muss jedoch in der Schweiz wohnhaft sein.

Auch in der Schweiz zahlen juristische Personen Körperschaftssteuer. Diese fällt je nach Kanton unterschiedlich aus, denn die Schweiz ist dezentralisiert und die Steuersätze setzen sich aus einem Bundesanteil und einem kantonalen Faktor zusammen. De facto liegt die Körperschaftsteuer anders als die Einkommensteuer in der Schweiz nur gering unter dem Wert in Deutschland.

Adressen

- Unternehmensberatung Seefelder (*www.seefelder.de/shop/ag.htm*): Kostenpflichtige Informationsbroschüre für alle, die eine kleine AG gründen möchten.

- Eurojuris-Law-Journal (*http://www.eurojurislawjournal.net/ ra/hoek-dr/beitraege-d/auswahl-aus- verfuegbaren-gesellschaftsformen.htm*): Gesellschaftsformen in Europa.

- Wirtschaftslexikon Online (*www.mein- wirtschaftslexikon.de*): Unter »G« nach- sehen, gute Kurzübersicht.

Österreich:

- Gründerservice (*www.gruenderservice.net/upload/ pub/338/211782.pdf*): Übersicht über Gesellschaftsformen.

- Help.gv.at (*www.help.gv.at*): Gesellschaftsformen eingeben.

- Taxes.at (*www.taxes.at/pdf/ gesellschaftsformen-ueberblick.pdf*): gute Übersicht für Österreich.

Schweiz:

- Swiss Life (*www.swisslife.ch*): Übersicht über Gesellschaftsformen in der Schweiz, Gesellschaftsformen in Suchmaschine eingeben.

4 Buchhaltung, Steuern und Versicherung

Über 90 Prozent der Gründer plagen mehr oder weniger große Schwierigkeiten bei ihrer Buchhaltung, hat das Bundesministerium für Wirtschaft und Arbeit herausgefunden. Schlechte Voraussetzungen, denn nur wer seine Buchführung im Griff hat, besitzt einen genauen Überblick über sein Unternehmen. Das beginnt schon bei der korrekten Rechnungstellung und beim ordentlichen Sammeln von Belegen. Was Buchführung bedeutet und wie sie in der Praxis aussieht, verrät Ihnen dieses Kapitel.

4.1 Rechnungen

Ohne Belege geht in der Buchhaltung gar nichts, denn Sie müssen sowohl Ihre Einnahmen als auch Ihre Ausgaben dokumentieren. Das geschieht bei Einnahmen wie Ausgaben mit Quittungen oder mit Zahlungsbelegen (Zahlungsavis), die manche Unternehmen nach erbrachter Leistung automatisch ausstellen. Die häufigste Belegform ist die Rechnung. Seit 2004 sind Sie verpflichtet, diese bis zu sechs Monate nach Erbringung einer Leistung zu erstellen. Ob der Rechnungsempfänger eine Privatperson oder eine Firma ist, ist dabei unerheblich. Erst wenn Sie diese schreiben, erhalten Sie Ihr Geld. Sie brauchen Rechnungen zudem, um dem Finanzamt Ihre Ausgaben darlegen zu können. Alles, was Sie an Quittungen und Rechnungen erhalten, müssen Sie folglich sammeln.

Damit das Finanzamt eine Rechnung akzeptiert und Sie die Vorsteuer (siehe Kapitel 4.4) geltend machen können, muss sie bestimmte Formalien erfüllen. Sie muss außerdem als Original vorliegen oder eine gültige digitale Unterschrift besitzen. Da jedoch noch kein allgemein gültiges digitales Verfahren existiert, bleibt Ihnen dafür im Zweifelsfall nur der klassische Postweg. Auf Nummer sicher gehen Sie, wenn Ihre Rechnung folgende Daten enthält:

▶ *Rechnungsteller:* Vollständiger Name und Anschrift, bei Firmen die Firmenbezeichnung.

▶ *Rechnungsempfänger:* Vollständiger Name und Anschrift, bei Firmen die Firmenbezeichnung.

▶ *Fortlaufende Rechnungsnummer:* Diese Nummer muss nicht mit 1 beginnen, zum Beispiel 2007/1, 2007/2, ... Aus Marketinggesichtspunkten ist sowieso davon abzuraten, die erste Rechnung als solche erscheinen zu lassen.

▶ *Rechnungsdatum:* Ausstellungsdatum der Rechnung.

▶ *Lieferdatum/Leistungsdatum:* Tag der Lieferung bzw. Tag oder Zeitraum der erbrachten Leistung.

▶ *Auftrag:* Bezug zu einer Bestellung oder einem Vertrag, aufgrund dessen die Lieferung oder Dienstleistung zustande kam (»Ihr Auftrag vom ...«).

▶ *Bezeichnung der Rechnungspositionen:* Beschreibung der Ware oder Dienstleistung, Angabe von Menge, Stundenzahl oder Pauschalpreis, Zeitpunkt der Lieferung (bei Waren), Einzelpreis (netto) und Gesamtpreis (netto). Eine fortlaufende Nummerierung der einzelnen Rechnungspositionen ist ebenfalls sinnvoll, da sie das Gespräch mit dem Kunden über Einzelheiten der Rechnung erleichtert.

▶ *Nettosumme:* Summe der Nettobeträge.

▶ *Rabatte:* Einen Rabatt vermerken Sie vor Berechnung der Mehrwertsteuer und ziehen diesen ab.

▶ *Verpackung und Porto:* Sie werden vor Ermittlung der Rechnungssumme

Beispiel für eine korrekte Rechnung

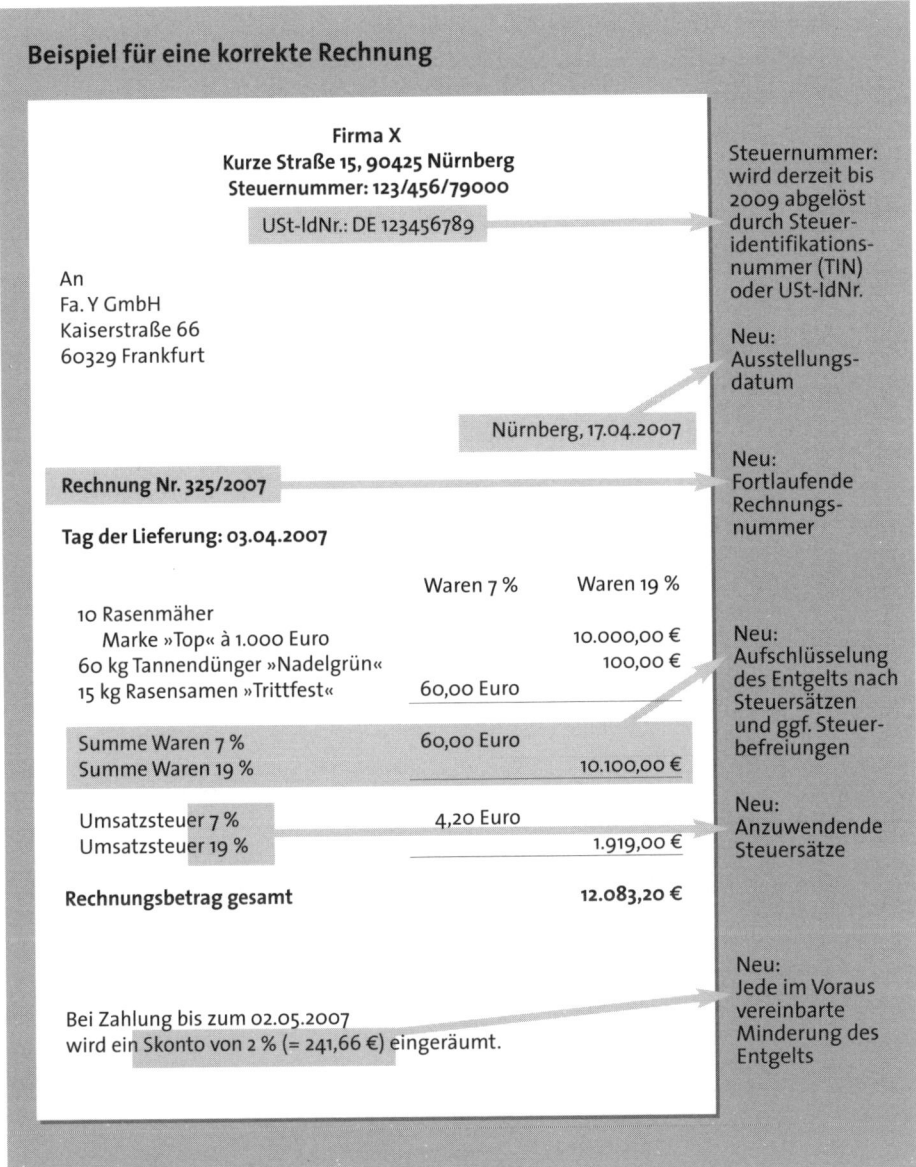

Firma X
Kurze Straße 15, 90425 Nürnberg
Steuernummer: 123/456/79000

USt-IdNr.: DE 123456789

Steuernummer:
wird derzeit bis
2009 abgelöst
durch Steuer-
identifikations-
nummer (TIN)
oder USt-IdNr.

An
Fa. Y GmbH
Kaiserstraße 66
60329 Frankfurt

Neu:
Ausstellungs-
datum

Nürnberg, 17.04.2007

Rechnung Nr. 325/2007

Tag der Lieferung: 03.04.2007

Neu:
Fortlaufende
Rechnungs-
nummer

	Waren 7 %	Waren 19 %
10 Rasenmäher Marke »Top« à 1.000 Euro		10.000,00 €
60 kg Tannendünger »Nadelgrün«		100,00 €
15 kg Rasensamen »Trittfest«	60,00 Euro	
Summe Waren 7 %	60,00 Euro	
Summe Waren 19 %		10.100,00 €
Umsatzsteuer 7 %	4,20 Euro	
Umsatzsteuer 19 %		1.919,00 €
Rechnungsbetrag gesamt		12.083,20 €

Neu:
Aufschlüsselung
des Entgelts nach
Steuersätzen
und ggf. Steuer-
befreiungen

Neu:
Anzuwendende
Steuersätze

Bei Zahlung bis zum 02.05.2007
wird ein Skonto von 2 % (= 241,66 €) eingeräumt.

Neu:
Jede im Voraus
vereinbarte
Minderung des
Entgelts

angegeben. Sie unterliegen dem gleichen Mehrwertsteuersatz wie die gesamte Rechnung.

▶ *Umsatzsteuersatz:* Mehrwertsteuer in Prozent (7 oder 19 Prozent). Ein Hinweis ist erforderlich, falls einzelne Rechnungspositionen nicht dem üblichen Mehrwertsteuersatz unterliegen. Falls Sie sich etwa als Kleingewerbetreibender von der Umsatzsteuer befreit haben, müssen Sie ebenfalls darauf hinweisen.

- ► *Gesamtsumme:* Endbetrag der Rechnung.
- ► *Steuernummer:* Falls vorhanden, die Umsatzsteuer-Identfikationsnummer (USt-IdNr.), andernfalls die Steuernummer oder Steueridentifikationsnummer (TiN).
- ► *Zahlungsfrist und Zahlungsbedingungen:* Definieren Sie ein realistisches Zahlungsziel zwischen 14 und 21 Tagen (»zahlbar bis ...«). Sagen Sie, ob Sie Skonto gewähren, zum Beispiel als Nachlass bei Barzahlung in Höhe von 2 Prozent, andernfalls gilt der Zusatz »zahlbar ohne Abzug«.
- ► *Bankverbindung des Zahlungsempfängers:* Name der Bank, Bankleitzahl und Kontonummer. Bei Rechnungen ins Ausland sollten Sie die international gültige Kontonummer (IBAN) sowie den internationalen Bankencode (BIC) angeben, die Sie von Ihrer Bank erhalten.
- ► *Sonstiges:* Keine Pflicht, aber eine Sache der Höflichkeit oder auch cleveres Marketing. Bedanken Sie sich für den Auftrag und weisen Sie auf eine neue Internetseite, ein besonderes Aktionsangebot oder einen Termin hin.

Wenn Sie Waren gebraucht einkaufen, erhalten Sie in der Regel keine Rechnung. Verlangen Sie aber zumindest eine Quittung, die den Kauf belegt – darauf haben Sie ein Recht. Dieser Beleg sollte Datum und Unterschrift beziehungsweise Unterschrift und Stempel des Zahlungsempfängers enthalten. Das reicht als Nachweis für Ihre Buchhaltung und das Finanzamt.

Tipp: Alle Belege sammeln

Sammeln Sie die Belege für jeden Kauf, der in Verbindung mit Ihrem Geschäft steht. Auch wenn Sie bei Privatleuten für Ihr Unternehmen einkaufen, sollten Sie nicht vergessen, eine Quittung anzufordern. Dies ist Ihr gutes Recht, etwa auch bei Käufen von Gebrauchtgütern über das Auktionshaus Ebay oder von preiswerten Secondhand-Büchern beim Online-Buchhändler Amazon. Ein Privatverkäufer darf allerdings keine Mehrwertsteuer ausweisen. Das bedeutet, dass Sie Ihrerseits bei privaten Rechnungen auch keine Vorsteuer abziehen können.

Rechnungen für Beträge unter 150 Euro

Für Rechnungen, deren Gesamtbetrag unter 150 Euro liegt, gelten andere Regeln. Diese Rechnungen müssen mindestens folgende Angaben besitzen:

- ► *Rechnungsempfänger:* Vollständiger Namen und Anschrift des Rechnungsempfängers.
- ► *Rechnungsdatum:* Ausstellungsdatum der Rechnung.

- *Lieferdatum/Leistungsdatum:* Tag der Lieferung bzw. Tag oder Zeitraum der erbrachten Leistung.
- *Bezeichnung der Rechnungspositionen:* Menge und handelsübliche Bezeichnung der Lieferung oder sonstigen Leistung.
- *Rechnungsbetrag:* Nettosumme und der darauf entfallende Steuerbetrag in einer Summe.
- *Umsatzsteuersatz:* Anzuwendender Umsatzsteuersatz (7 oder 19 Prozent) oder einen Hinweis auf die Umsatzsteuerbefreiung.

Auslandsrechnungen

Fast jeder Unternehmer hat im Laufe seiner Tätigkeit mit dem Ausland zu tun, speziell mit Ländern der EU. Auch diese Länder haben eine Umsatzsteuer, die teils höher, teils niedriger als die deutsche ist. Diese fremde Umsatzsteuer müssen Sie als Firma oder Freiberufler nicht bezahlen, also setzen Sie die Umsatzsteuer auf der Rechnung auf null. Voraussetzung dafür ist, dass Sie eine Umsatzsteuer-Identifikationsnummer (USt-IdNr.) besitzen (bei der Gewerbeanmeldung oder beim Bundeszentralamt für Steuern beantragen).

Zwischen dem Warenverkauf und dem Verkauf freiberuflicher Dienstleistungen besteht ein Unterschied. Verkaufen Sie Waren, müssen Sie nicht nur Ihre eigene Ust-Id-Nr. auf der Rechnung nennen, sondern auch die des Empfängers. Schreiben Sie zusätzlich auf die Rechnung »Steuerfreie innergemeinschaftliche Leistung gemäß §4 Nr. 1b sowie 6a UStG (englisch: »Taxfree intracommunity delivery«).

Die umsatzsteuerfreien Leistungen für den Warenverkauf müssen Sie bei Umsätzen unter 15.000 Euro einmal jährlich beim Bundeszentralamt für Steuern (www.bzst.bund.de) auf einer zusammenfassenden Meldung (»ZM«) angeben. Dies ist eine Art zweite Einkommensteuererklärung.

Einfacher haben es Freiberufler: Ihre Dienstleistungen (zum Beispiel Übersetzungen, Texte, Beratung) sind – auch wenn im Home Office in Deutschland erbracht – bei einem Auftraggeber mit Sitz im Ausland ebenfalls steuerfrei. Eine zusammenfassende Meldung ist aber nicht nötig.

Auf die Rechnung schreiben Sie: »In Deutschland steuerfreie Leistung gemäß §3a Nr. 3 und 4 UStG«.

Parat halten sollten Sie Ihre IBAN (International Bank Account Number). Das ist ein internationaler Konto-Code, der es Ihrem Auftraggeber erleichtert, Ihnen das wohl verdiente Geld zu überweisen.

Elektronische Rechnungen

Die europäischen Steuerbehörden sind verpflichtet, elektronische Rechnungen ohne weitere Notifizierungs- oder Genehmigungsverfahren anzuerkennen. Allerdings muss eine elektronische Signatur beziehungsweise die sogenannte EDI-Technologie die Echtheit der Herkunft und die Unversehrtheit der Daten gewährleisten. Doch genau an diesem Punkt hakt es: Kleinunternehmen kennen EDI nicht und können es sich nicht leisten. Derzeit existiert somit noch kein wirklich sicheres Verfahren für die digitale Unterschrift. Der Umkehrschluss: Alle nicht persönlich unterzeichneten Rechnungen gelten eigentlich nicht mehr.

Für viele kleine Unternehmen ist das eine mittelschwere Katastrophe. Die elektronische Rechnungstellung ist nämlich billig: Die Kosten liegen bei 0,28 bis 0,47 Euro, die der herkömmlichen Rechnung dagegen bei 1,13 bis 1,65 Euro. Umgekehrt haben Sie als Unternehmer kaum Einfluss auf die Rechnungstellung von Großunternehmen. Hier bekommen Sie manchmal einfach ungefragt eine E-Mail-Rechnung präsentiert. Der können Sie zwar widersprechen, Erfolg werden Sie damit kaum haben. Sie sind somit auf das Gutdünken Ihres Finanzbeamten angewiesen – oder auf neue, präzisere Vorschriften der Finanzbehörden. Aktuelle Informationen zu diesem Thema finden Sie unter *www.bundesfinanzministerium.de* und *www.steuerinfo.zdh.de*.

4.2 Mahnungen

Die Zahlungsmoral ist miserabel. Manche Kunden lassen die erste Rechnung unbeachtet passieren und zahlen aus Prinzip erst nach einer Mahnung. Darauf müssen Sie sich einstellen, sonst können Sie in eine finanzielle Schieflage geraten.

Glücklicherweise kommen Sie seit der Schuldrechtsreform schneller und einfacher an Ihr Geld – sofern beim Schuldner Geld zu holen ist. Andernfalls gehen Sie mit großer Wahrscheinlichkeit leer aus. Vorsicht also vor Geschäften mit Unternehmen, die vor der Insolvenz stehen oder bei denen Sie das vermuten.

Sie müssen nicht erst mehrere Rechnungen verschicken, bevor Sie Ihr Geld eintreiben lassen können – eine einzige Mahnung genügt: Danach können Sie theoretisch gleich den gerichtlichen Weg einschlagen. Verzugszinsen fallen übrigens schon ab dem 30. Tag nach der Rechnungstellung (oder dem Vertragsabschluss) an. Dafür müssen Sie gar keine Mahnung geschrieben haben. Nach § 286, Absatz 3, Satz 1 BGB kommt Ihr Schuldner spätestens 30 Tage nach Fälligkeit und Zugang einer Rechnung oder einer gleichwertigen Zahlungsaufforderung in Verzug. Das heißt: Ab diesem Zeitpunkt muss er Zinsen zahlen. In mehreren Fällen ist eine Mahnung sogar grundsätzlich entbehrlich:

- Für die Zahlung ist eine Zeit nach dem Kalender bestimmt. Beispiel: »Der Kaufpreis ist bis zum 21. November 2007 zahlbar.«
- Der Zahlung geht ein Ereignis voraus, und eine angemessene Frist ist in der Weise bestimmt, dass sie sich von dem Ereignis an nach dem Kalender berechnen lässt: Beispiele: »Der Kaufpreis ist zahlbar innerhalb von 10 Tagen nach Lieferung« oder »Der Kaufpreis ist innerhalb von 15 Tagen nach Rechnungslegung zahlbar«. Nicht ausreichend ist dagegen folgende Formulierung: »Zahlung sofort nach Lieferung.«
- Der Schuldner verweigert die Zahlung ernsthaft und endgültig.

In Ihrer Mahnung können Sie einen Verzugszins festsetzen. Der Verzugszinssatz beträgt fünf Prozentpunkte über dem variablen Basiszinssatz, wenn an dem Kaufvertrag ein Verbraucher beteiligt ist. Zurzeit liegt der Basiszinssatz bei 1,95 Prozent, der Verzugszins gegenüber Privatkäufern also bei bis zu 6,95 Prozent. Bei Kaufverträgen zwischen Unternehmen sind bis zu acht Prozent über dem Basiszinssatz erlaubt, also derzeit maximal 9,95 Prozent. Der Basiszinssatz ändert sich zweimal im Jahr, zum 1. Januar und zum 1. Juli. Aktuelle Werte erhalten Sie im Internet unter *www.bundesbank.de.*

Ist nach der Mahnung keine Zahlung eingegangen, können Sie einen gerichtlichen Mahnbescheid beantragen. Der einfachste Weg führt über das Internet, zum Beispiel über *www.mahnung-online.de.* Für die Nutzung eines Internetservices entstehen Ihnen keine Kosten. Erst wenn der Mahnbescheid erstellt wird, müssen Sie Geld vorstrecken. Natürlich können Sie aber auch den traditionellen Weg gehen und ein Formular im Schreibwarenladen erhalten. Auch ein Anwalt kann ein Mahnverfahren einleiten. Dafür muss in der Regel aber der Streitwert entsprechend hoch ausfallen, denn sonst lohnt sich der Aufwand für den Juristen nicht. Die Kosten für das Verfahren berechnen sich nach dem Streitwert. Ein Beispiel für die Kosten bei Inanspruchnahme eines Internetdienstleisters:

Kosten bei einem Gesamtwert der Forderung(en) von 500 Euro

	Mahnbescheid	Vollstreckung
Gerichtsgebühren (§ 11, Nr. 1100 GKG)	23,00 Euro	
Rechtsanwaltsgebühren (Nr. 3305, 3308 VV-RVG)	45,00 Euro	22,50 Euro
Auslagen des Rechtsanwalts (Nr. 7002, VV-RVG)	9,00 Euro	4,50 Euro
Summe (netto)	77,00 Euro	27,00 Euro

[Quelle: www.mahnung-online.de]

4.3 Buchhaltung

Buchhaltung und Buchführung sind synonyme Begriffe. Der Begriff kommt von den Büchern, die in der Buchhaltung auch heute noch oft handschriftlich geführt werden. Beispiele sind das Kassenbuch und das Fahrtenbuch. Das Kassenbuch führt alle Einzahlungen und Barentnahmen aus Ihrer Kasse auf, das Fahrtenbuch sämtliche Fahrten mit einem beruflich genutzten Pkw. Im Bürofachhandel sind Blanko-Bücher für diese Zwecke erhältlich. Orientieren Sie sich an den dort aufgeführten Vorgaben, denn diese wiederum richten sich nach den Anforderungen des Finanzamts.

Eine korrekte Buchhaltung gibt Ihnen einen Überblick über Ihre Einnahmen und Ausgaben. Auf dieser Grundlage können Sie Ihre unternehmerische Situation einschätzen. Danach berechnen Sie Ihre Steuern, die Sie im nächsten Kapitel näher kennenlernen: Einkommensteuer, gegebenenfalls auch Umsatz- und Gewerbesteuer sowie die Körperschaftssteuer, wenn Sie eine GmbH, Limited oder AG gründen. Deshalb verlangt auch das Finanzamt eine Buchhaltung, die vollständig und jederzeit nachvollziehbar ist. Außerdem erwarten Banken eine ordnungsgemäße Buchhaltung, wenn sie Kredite gewähren sollen.

Die Buchhaltung muss es Dritten ermöglichen, sich jederzeit einen Überblick über die Vermögenslage Ihres Unternehmens zu verschaffen. Dazu sind Sie gesetzlich verpflichtet. Kommen Sie Ihrer Buchführungspflicht nicht nach, drohen seitens des Finanzamts unangenehme Steuerschätzungen und Säumniszuschläge sowie Steuernachzahlungen inklusive Verzugszinsen. Vermeiden Sie deshalb Ärger mit den Behörden und führen Sie von Anfang an sauber Buch.

Aufgaben der Buchhaltung: Gewinn ermitteln, Statistik führen, planen

Die erste Aufgabe der Buchführung ist die Ermittlung des Gewinns oder Verlusts. In der Gewinn-und-Verlust-Rechnung werden alle finanziellen Bewegungen berücksichtigt, die »erfolgswirksam« sind, wenn sie also den Gewinn oder Verlust beeinflussen. Denn jede Aufwendung verringert den Gewinn, so wie auch jeder Erlös den Gewinn erhöht.

Wichtig ist außerdem die Kostenrechnung, die sich auf Teilbereiche des Unternehmens bezieht. Mit der Kostenrechnung finden Sie beispielsweise heraus, ob ein Bereich Ihrer Firma kostendeckend arbeitet oder Verluste schreibt. Auch die betriebliche Statistik gehört zur Buchhaltung: Mit ihrer Hilfe können Sie unter anderem ermitteln, mit welchen Kunden Sie die höchsten Umsätze erwirtschaften. Die letzte Aufgabe betrifft die Unternehmensplanung. Sie hilft Fragen zur zukünftigen Entwicklung Ihrer Firma zu beantworten, zum Beispiel wie sich die Umsätze und Gewinne in den kommenden zwölf Monaten voraussichtlich entwickeln werden.

Das kennzeichnet eine ordentliche Buchführung:

- Sie ist übersichtlich: Ein kundiger Dritter kann sich problemlos einen Überblick über Ihre Vermögenswerte verschaffen.
- Sie ist vollständig: Alle buchungspflichtigen Vorfälle sind eingetragen.
- Sie ist ordentlich: Alle Buchungen sind richtig zugeordnet.
- Sie ist zeitgerecht: Alle Buchungen sind zeitlich richtig zugeordnet.
- Sie ist nachprüfbar: Es existieren durchnummerierte Rechnungen und Quittungen.
- Sie ist richtig: Es gibt keine nachträglichen Änderungen.

Einfache Buchführung: Einnahmenüberschussrechnung

Buchführung ist nicht gleich Buchführung. Bei der Gewinnermittlung für das Finanzamt gibt es Unterschiede. Eine einfache Methode der Gewinnermittlung ist die so genannte Einnahmen-und-Ausgaben-Rechnung, auch Einnahmenüberschussrechnung (EÜR) genannt.

Seit 2004 existiert dafür ein Vordruck des Finanzamts. Diesen können Sie für Ihre Einnahmen-Überschuss-Rechnung verwenden, müssen es aber nicht. Sie sind jedoch verpflichtet, sich an den sich aus dem Vordruck ergebenden Vorgaben zu orientieren. Das Gesetz sagt dazu: »Wird der Gewinn nach § 4 Abs. 3 des Gesetzes durch den Überschuss der Betriebseinnahmen über die Betriebsausgaben ermittelt, ist der Steuererklärung eine Gewinnermittlung nach amtlich vorgeschriebenem Vordruck beizufügen.«

Die EÜR reicht aus für Freiberufler und Kleingewerbetreibende, die weniger als 500.000 Euro Umsatz beziehungsweise 30.000 Euro Gewinn erwirtschaften. Hierbei werden einfach die Einnahmen und Ausgaben eines Jahres gegenübergestellt. Was unter dem Strich übrig bleibt, ist der Gewinn oder Verlust. Sie rechnen dabei nur mit wirklichen Zahlungseingängen und -ausgängen. Eine Einnahmenüberschussrechnung können Sie selbst mühelos mit einem Tabellenkalkulationsprogramm wie Excel erstellen. Wie so etwas aussehen kann, zeigt das Beispiel auf Seite 175.

Der Nachweis der Zahlungen und Einnahmen erfolgt anhand von Belegen und Kontoauszügen beziehungsweise anhand von Vermerken über Barzahlungen oder Barentnahmen. Das bedeutet: Eine Rechnung, die Sie zwar im Dezember 2006 gestellt haben, die aber erst im Januar 2007 bezahlt wird, zählt erst 2007 zu Ihren Einnahmen. Dadurch sind Einnahmen und auch Ausgaben bis zu einem gewissen Grad steuerbar. Liegt Ihr Gewinn in einem Jahr vermutlich hoch und im nächsten sehr viel niedriger, können Sie durch späte Rechnungstellung Ihre Einnahmen ins nächste Jahr verschieben. Das geht natürlich nur, wenn Sie ausreichend liquide sind.

Datum	Beleg	Text		Art	Nettobetrag	USt. 19 %	USt. 7 %
Einnahmen							
04.01.07	1	Schmidt (Rg. 01/07)	Umsätze (19 %)		562,60 €	106,95 €	
11.01.07	5	LAG (Rg. 02/07)	Umsätze (7 %)		1.392,00 €	264,48 €	
12.01.07	7	Müller (Rg. 03/07)	Umsätze (7 %)		374,50 €		26,21 €
14.01.07	9	EVF AG (Rg. 04/07)	Umsätze (19 %)		278,40 €	52,90 €	
Summe Einnahmen					2.607,50 €	424,33 €	26,21 €
Ausgaben							
05.01.07	2	Telekom 12/2006	Kommunikation		182,00 €	34,58 €	
06.01.07	3	Benzin	Kfz-Kosten		48,50 €	9,21 €	
06.01.07	4	Briefpapier	Büromaterial		27,80 €	5,28 €	
11.01.07	6	Miete 01/2007	Büromiete		640,00 €	121,60 €	
13.01.07	8	Kfz-Versicherung	Kfz-Kosten		483,00 €	77,28 €	
15.01.07	10	Abo »Der Gründer«	Fachliteratur		117,00 €	22,23 €	
Summe Ausgaben					1.498,30 €	270,80 €	7,65 €
Umsatzsteuer-Zahllast (Mehrwertsteuer ./. Vorsteuer)							179,74 €
Einnahmen ./. Ausgaben					1.109,20 €		

[Beispiel: Einnahmen-und-Überschuss-Rechnung]

Beim Finanzamt reichen Sie lediglich Ihre Einnahmen-Ausgaben-Rechnung ein – dazu gibt es einen Vordruck des Finanzamts. Sie müssen keine Belege mitsenden, indes in der Lage sein, diese auf Anfrage jederzeit nachzuliefern. Hintergrund für die einfache Regelung zur Gewinnermittlung sind die einfacheren und überschaubareren Geschäftsprozesse bei Freiberuflern und kleineren Gewerbetreibenden. Die Betriebseinnahmen müssen Sie nach Einnahmen zum allgemeinen (19 Prozent) oder ermäßigten (7 Prozent) Umsatzsteuersatz sowie nach umsatzsteuerfreien Einnahmen trennen. Aufzuführen sind außerdem:

▶ Sachentnahmen, private Kfz- und Telefon-Nutzung sowie sonstige Nutzungs- und Leistungsentnahmen (Beispiel: Sie nutzen einen geschäftlichen Internetanschluss zu 20 Prozent privat; das müssen Sie von Ihrem Privatkonto bezahlen, was das Finanzamt als Einnahme zählt),

▶ Auflösung unterschiedlicher Rücklagenarten (Beispiel: Ansparabschreibungen, siehe Kapitel 4.4),

▶ vereinnahmte oder vom Finanzamt im laufenden Jahr erstattete Umsatzsteuern.

Zu den Betriebsausgaben zählen:

- Personalkosten,
- Abschreibungen auf immaterielle Güter oder Anlagevermögen (ohne Kfz) sowie geringwertige Wirtschaftsgüter,
- Sonderabschreibungen und Abschreibungen auf Restbuchwerte,
- Kraftfahrzeugkosten (differenziert nach laufenden Kosten und Abschreibungen abzüglich der Kosten für Wege zwischen Wohnung und Betrieb),
- Miete und Pachten für Geschäftsräume,
- eingeschränkt abziehbare Aufwendungen (Schuldzinsen, Werbe-, Repräsentations-, Reise- und Bewirtungskosten sowie Ausgaben für Geschenke),
- gezahlte Gewerbe- und Vorsteuern,
- Bildung unterschiedlicher Rücklagenarten (zum Beispiel Ansparabschreibung, siehe Kapitel 4.4)

Führen Sie auch Buch über Ihre Abschreibungen, wobei Sie sich am besten an folgenden Punkten orientieren:

- Bezeichnung des Wirtschaftsguts (Computer, Büromöbel etc.),
- Anschaffungszeitpunkt,
- Anschaffungskosten,
- Nutzungsdauer,
- jährliche AfA (Absetzung für Abnutzung)

Beachten Sie bei der AfA die Möglichkeiten zur degressiven und linearen Abschreibung (siehe Kapitel 4.4). Und bedenken Sie: 2008 wird die degressive Abschreibung abgeschafft!

Einnahmenüberschussrechnungs-Formular des Finanzamts (siehe Seite 177–178)

Erläuterung zu den einzelnen Posten:

- *Zeile 2:* Sagen Sie hier, was für ein Geschäft Sie betreiben, zum Beispiel Rechtsanwalt, Journalist, Ladengeschäft.
- *Zeile 3:* Schreiben Sie hier nur dann »ja«, wenn Sie auf Umsatzsteuer verzichten, also die Kleinunternehmerregelung in Anspruch nehmen.
- *Zeile 4:* Ein Rumpfwirtschaftsjahr dauert weniger als 12 Monate. »Ja« ist richtig, wenn Sie mitten im Jahr mit Ihrer Existenzgründung gestartet sind.
- *Zeilen 5 bis 6:* Vom Beginn Ihrer Tätigkeit bis zum Ende des Jahres.
- *Zeile 8:* Betriebseinnahmen zum allgemeinen Steuersatz heißt Einnahmen zu 19 Prozent.
- *Zeile 9:* Ermäßigt bedeutet zu 7 Prozent (zum Beispiel Tätigkeiten, die das Urheberrecht tangieren).

- *Zeile 10:* Steuerfreie Einnahmen haben Sie, wenn Sie beispielsweise für eine steuerbefreite Institution tätig sind. Hier ist brutto wie netto.
- *Zeile 11:* § 24 UStG betrifft die Land- und Forstwirtschaft und ist für Sie irrelevant.
- *Zeilen 12 bis 22:* Hier finden Sie insgesamt 15 verschiedene Einnahmearten. Es ist das, was Sie aus Ihrem Betrieb herausholen, etwa für die private Nutzung des Bürotelefons. Diese Aufzählung stellt eine verbindliche Gliederung dar. In Zeile 18 müssen Sie Ansparabschreibungen eintragen, die Sie auflösen möchten.
- *Zeile 19 bis 20:* Hier geht es um aufzulösende Ansparabschreibungen für Existenzgründer. In Zeile 20 müssen Sie Zinsen eintragen, die sich aus dieser Ansparabschreibung ergeben (6 Prozent, befreit sind Existenzgründer in den ersten 5 Jahren nach der Gründung, also insgesamt 6 Jahre). Bitte lesen Sie dazu den Abschnitt »Ansparabschreibung« in Kapitel 4.4.
- *Zeile 24:* Einkommensfreie Betriebseinnahmen sind Einnahmen, die nicht bei der Steuerzahlung berücksichtigt werden (siehe »Progressionsvorbehalt« in Kapitel 4.4), etwa der Gründungszuschuss.
- *Zeilen 26 bis 37:* Analog zu den Einnahmen zählen Sie nun die Ausgaben auf.
- *Zeile 34:* Aufwendungen für geringwertige Wirtschaftsgüter sind Betriebsausgaben für Güter unter 410 Euro netto. Sonderabschreibungen resultieren zum Beispiel aus Ansparabschreibungen (siehe Kapitel 4.4).
- *Zeile 37:* Der Restbuchwert ist das, was an Wert übrig bleibt, wenn Sie Abschreibungen vornehmen (siehe Kapitel 4.4).
- *Zeile 40:* Sofern Kraftfahrzeuge zum Privatvermögen gehören, nehmen Sie keine Eintragungen in den Zeilen 41 bis 45 vor.
- *Zeile 41:* Hier tragen Sie die laufenden Aufwendungen (zum Beispiel Tankrechnungen) und festen Aufwendungen ein (zum Beispiel Leasingrate oder Kraftfahrzeugsteuer).
- *Zeile 42:* Falls Sie die Absetzung für Abnutzung in Anspruch nehmen, tragen Sie diese hier ein (zum Beispiel für den Firmenwagen).
- *Zeile 46:* Falls Sie ein Büro oder Lager haben, tragen Sie hier die Kosten ein. Haben Sie Ihr Büro in der Wohnung, berechnen Sie die anteiligen Kosten.
- *Zeile 48 bis 51:* Tragen Sie hier die Schuldzinsen für eventuelle Darlehen ein.
- *Zeile 55:* Hier geht es um die Entfernungspauschale. Sie darf erhoben werden für Fahrten von der Wohnung zur Arbeitsstätte, wenn die zukünftige Strecke mehr als 20 km beträgt bzw. Fahrten mehrmals täglich erfolgen, zurzeit 0,30 Euro/km.
- *Zeile 60:* Das ist die Betriebsausgabenpauschale nach § 143 Einkommensteuer-Handbuch (EStH). Bei hauptberuflicher selbständiger schriftstellerischer oder journalistischer Tätigkeit können 30 Prozent der Betriebsein-

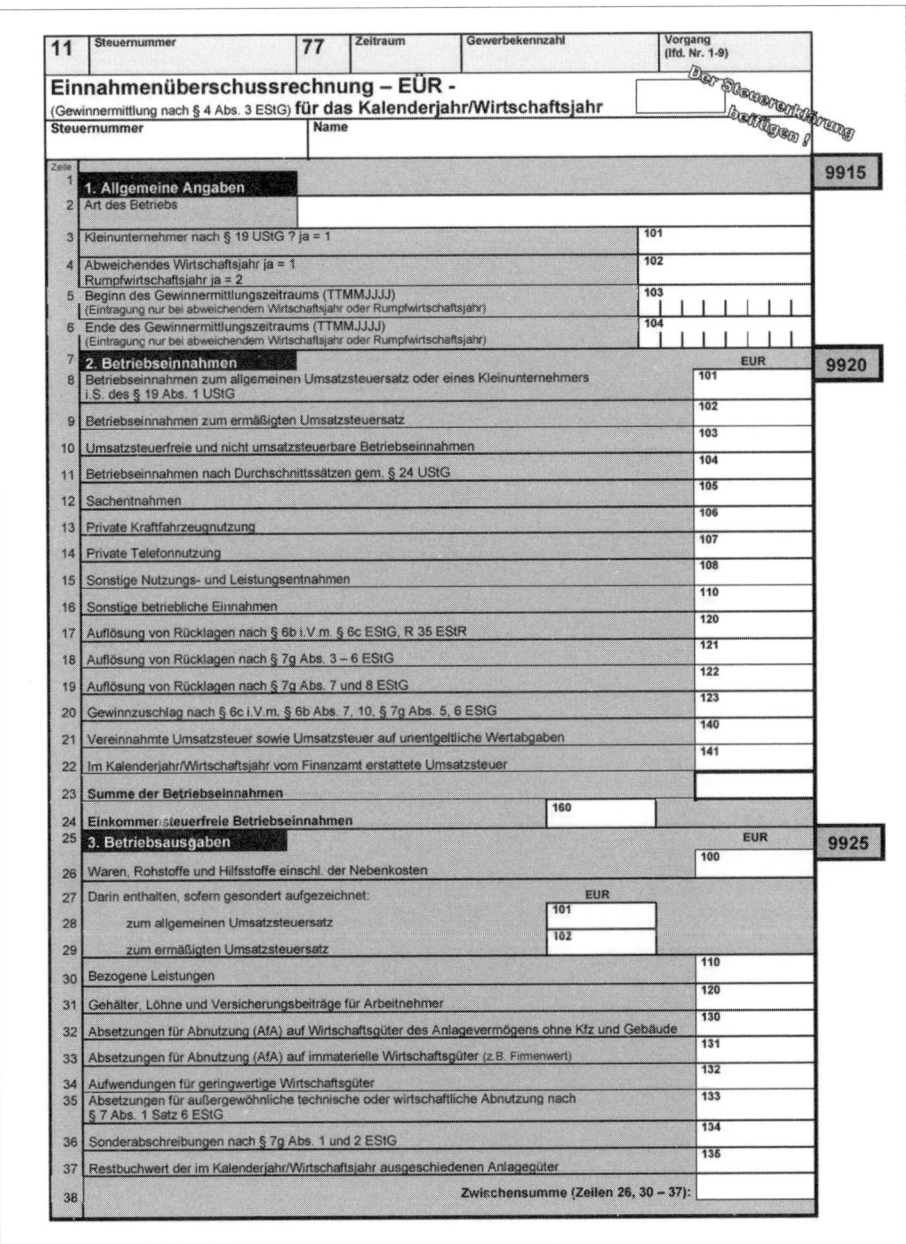

11	Steuernummer	77	Zeitraum	Gewerbekennzahl		Vorgang (lfd. Nr. 1-9)	

Einnahmenüberschussrechnung – EÜR -
(Gewinnermittlung nach § 4 Abs. 3 EStG) **für das Kalenderjahr/Wirtschaftsjahr**

Der Steuererklärung beifügen !

| Steuernummer | | | Name | | | | |

Zeile						
1	**1. Allgemeine Angaben**					**9915**
2	Art des Betriebs					
3	Kleinunternehmer nach § 19 UStG ? ja = 1			101		
4	Abweichendes Wirtschaftsjahr ja = 1 Rumpfwirtschaftsjahr ja = 2			102		
5	Beginn des Gewinnermittlungszeitraums (TTMMJJJJ) (Eintragung nur bei abweichendem Wirtschaftsjahr oder Rumpfwirtschaftsjahr)			103		
6	Ende des Gewinnermittlungszeitraums (TTMMJJJJ) (Eintragung nur bei abweichendem Wirtschaftsjahr oder Rumpfwirtschaftsjahr)			104		
7	**2. Betriebseinnahmen**				EUR	**9920**
8	Betriebseinnahmen zum allgemeinen Umsatzsteuersatz oder eines Kleinunternehmers i.S. des § 19 Abs. 1 UStG				101	
9	Betriebseinnahmen zum ermäßigten Umsatzsteuersatz				102	
10	Umsatzsteuerfreie und nicht umsatzsteuerbare Betriebseinnahmen				103	
11	Betriebseinnahmen nach Durchschnittssätzen gem. § 24 UStG				104	
12	Sachentnahmen				105	
13	Private Kraftfahrzeugnutzung				106	
14	Private Telefonnutzung				107	
15	Sonstige Nutzungs- und Leistungsentnahmen				108	
16	Sonstige betriebliche Einnahmen				110	
17	Auflösung von Rücklagen nach § 6b i.V.m. § 6c EStG, R 35 EStR				120	
18	Auflösung von Rücklagen nach § 7g Abs. 3 – 6 EStG				121	
19	Auflösung von Rücklagen nach § 7g Abs. 7 und 8 EStG				122	
20	Gewinnzuschlag nach § 6c i.V.m. § 6b Abs. 7, 10, § 7g Abs. 5, 6 EStG				123	
21	Vereinnahmte Umsatzsteuer sowie Umsatzsteuer auf unentgeltliche Wertabgaben				140	
22	Im Kalenderjahr/Wirtschaftsjahr vom Finanzamt erstattete Umsatzsteuer				141	
23	**Summe der Betriebseinnahmen**					
24	Einkommensteuerfreie Betriebseinnahmen			160		
25	**3. Betriebsausgaben**				EUR	**9925**
26	Waren, Rohstoffe und Hilfsstoffe einschl. der Nebenkosten				100	
27	Darin enthalten, sofern gesondert aufgezeichnet:			EUR		
28	zum allgemeinen Umsatzsteuersatz			101		
29	zum ermäßigten Umsatzsteuersatz			102		
30	Bezogene Leistungen				110	
31	Gehälter, Löhne und Versicherungsbeiträge für Arbeitnehmer				120	
32	Absetzungen für Abnutzung (AfA) auf Wirtschaftsgüter des Anlagevermögens ohne Kfz und Gebäude				130	
33	Absetzungen für Abnutzung (AfA) auf immaterielle Wirtschaftsgüter (z.B. Firmenwert)				131	
34	Aufwendungen für geringwertige Wirtschaftsgüter				132	
35	Absetzungen für außergewöhnliche technische oder wirtschaftliche Abnutzung nach § 7 Abs. 1 Satz 6 EStG				133	
36	Sonderabschreibungen nach § 7g Abs. 1 und 2 EStG				134	
37	Restbuchwert der im Kalenderjahr/Wirtschaftsjahr ausgeschiedenen Anlagegüter				135	
38	Zwischensumme (Zeilen 26, 30 – 37):					

nahmen – höchstens 2.455 Euro jährlich – als Betriebsausgaben abgesetzt werden. Bei wissenschaftlicher, künstlerischer oder schriftstellerischer Nebentätigkeit (auch Vortrags-, Lehr- und Prüfungstätigkeit) können 25 Prozent der Betriebseinnahmen, höchstens 614 Euro jährlich als Betriebsausgaben abgesetzt werden.

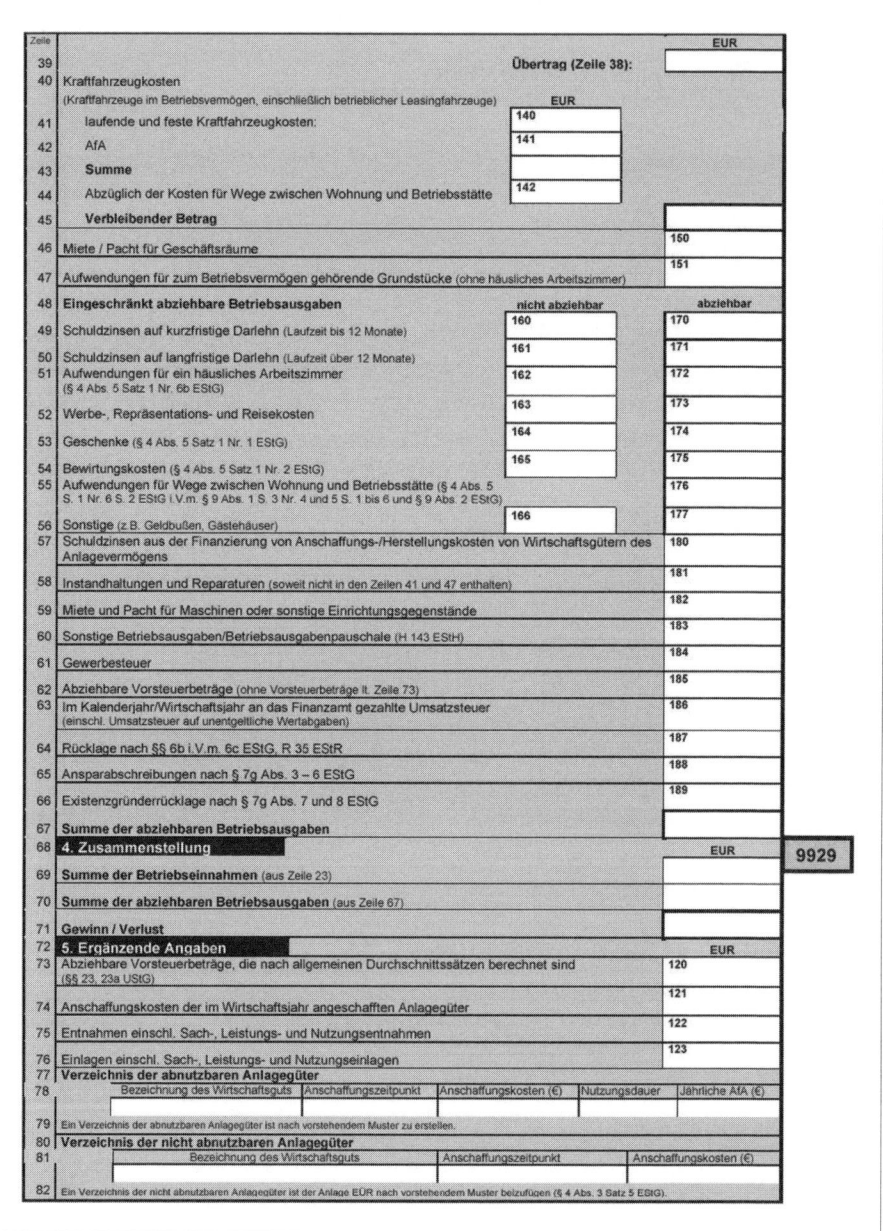

Zeile			EUR
39		Übertrag (Zeile 38):	
40	Kraftfahrzeugkosten		
	(Kraftfahrzeuge im Betriebsvermögen, einschließlich betrieblicher Leasingfahrzeuge)	EUR	
41	laufende und feste Kraftfahrzeugkosten:	140	
42	AfA	141	
43	**Summe**		
44	Abzüglich der Kosten für Wege zwischen Wohnung und Betriebsstätte	142	
45	**Verbleibender Betrag**		
46	Miete / Pacht für Geschäftsräume		150
47	Aufwendungen für zum Betriebsvermögen gehörende Grundstücke (ohne häusliches Arbeitszimmer)		151
48	**Eingeschränkt abziehbare Betriebsausgaben**	nicht abziehbar	abziehbar
49	Schuldzinsen auf kurzfristige Darlehn (Laufzeit bis 12 Monate)	160	170
50	Schuldzinsen auf langfristige Darlehn (Laufzeit über 12 Monate)	161	171
51	Aufwendungen für ein häusliches Arbeitszimmer (§ 4 Abs. 5 Satz 1 Nr. 6b EStG)	162	172
52	Werbe-, Repräsentations- und Reisekosten	163	173
53	Geschenke (§ 4 Abs. 5 Satz 1 Nr. 1 EStG)	164	174
54	Bewirtungskosten (§ 4 Abs. 5 Satz 1 Nr. 2 EStG)	165	175
55	Aufwendungen für Wege zwischen Wohnung und Betriebsstätte (§ 4 Abs. 5 S. 1 Nr. 6 S. 2 EStG i.V.m. § 9 Abs. 1 S. 3 Nr. 4 und 5 S. 1 bis 6 und § 9 Abs. 2 EStG)		176
56	Sonstige (z.B. Geldbußen, Gästehäuser)	166	177
57	Schuldzinsen aus der Finanzierung von Anschaffungs-/Herstellungskosten von Wirtschaftsgütern des Anlagevermögens		180
58	Instandhaltungen und Reparaturen (soweit nicht in den Zeilen 41 und 47 enthalten)		181
59	Miete und Pacht für Maschinen oder sonstige Einrichtungsgegenstände		182
60	Sonstige Betriebsausgaben/Betriebsausgabenpauschale (H 143 EStH)		183
61	Gewerbesteuer		184
62	Abziehbare Vorsteuerbeträge (ohne Vorsteuerbeträge lt. Zeile 73)		185
63	Im Kalenderjahr/Wirtschaftsjahr an das Finanzamt gezahlte Umsatzsteuer (einschl. Umsatzsteuer auf unentgeltliche Wertabgaben)		186
64	Rücklage nach §§ 6b i.V.m. 6c EStG, R 35 EStR		187
65	Ansparabschreibungen nach § 7g Abs. 3 – 6 EStG		188
66	Existenzgründerrücklage nach § 7g Abs. 7 und 8 EStG		189
67	**Summe der abziehbaren Betriebsausgaben**		
68	**4. Zusammenstellung**		EUR
69	**Summe der Betriebseinnahmen** (aus Zeile 23)		
70	**Summe der abziehbaren Betriebsausgaben** (aus Zeile 67)		
71	**Gewinn / Verlust**		
72	**5. Ergänzende Angaben**		EUR
73	Abziehbare Vorsteuerbeträge, die nach allgemeinen Durchschnittssätzen berechnet sind (§§ 23, 23a UStG)	120	
74	Anschaffungskosten der im Wirtschaftsjahr angeschafften Anlagegüter	121	
75	Entnahmen einschl. Sach-, Leistungs- und Nutzungsentnahmen	122	
76	Einlagen einschl. Sach-, Leistungs- und Nutzungseinlagen	123	
77	**Verzeichnis der abnutzbaren Anlagegüter**		

9929

78	Bezeichnung des Wirtschaftsguts	Anschaffungszeitpunkt	Anschaffungskosten (€)	Nutzungsdauer	Jährliche AfA (€)
79	Ein Verzeichnis der abnutzbaren Anlagegüter ist nach vorstehendem Muster zu erstellen.				
80	**Verzeichnis der nicht abnutzbaren Anlagegüter**				
81	Bezeichnung des Wirtschaftsguts		Anschaffungszeitpunkt		Anschaffungskosten (€)
82	Ein Verzeichnis der nicht abnutzbaren Anlagegüter ist der Anlage EÜR nach vorstehendem Muster beizufügen (§ 4 Abs. 3 Satz 5 EStG).				

Tipp: Ausfüllhilfen nutzen

Beim Bundesfinanzministerium im Internet (*www.bundesfinanzministerium.de*) finden Sie online Ausfüllhilfen mit ausführlichen Kommentaren zu allen Formularen. Klicken Sie dazu unter »Service« und »Formulare von A bis Z«.

Belege sammeln und einordnen

Buchführung bedeutet zunächst, sämtliche Zahlungen zu kontrollieren und zu verzeichnen – sowohl für die Einnahmen als auch für die Ausgaben. Dazu sind alle Unternehmer und Freiberufler unabhängig von ihrer Größe verpflichtet. Buchführung bedeutet auch, alle geschäftsrelevanten Belege zu sammeln und aufzubewahren. Geschäftsrelevant sind Rechnungen, Quittungen, Verträge, Vereinbarungen etc. Zu den Buchungsbelegen gehören:

▶ Kostenvoranschläge,
▶ Auftragsbestätigungen,
▶ Lieferscheine,
▶ Konto- und Depotauszüge,
▶ Buchungs- und Kontierungsanweisungen,
▶ Quittungen,
▶ Rechnungen,
▶ Kassenberichte,
▶ Gehaltslisten,
▶ Warenbestandsaufnahmen oder Inventuren,
▶ Prozessakten.

Die Aufbewahrungsfrist beträgt in Deutschland 10 Jahre. Mitunter ist es sinnvoll, Belege länger aufzubewahren, denn vor dem Finanzamt sind stets Sie in der Beweispflicht.

Tipps für das Sammeln von Belegen

- Trennen Sie Belege nach Geschäftsbereichen, falls Sie verschiedenen Tätigkeiten nachgehen, etwa einer freiberuflichen und einer gewerblichen Aufgabe.
- Unterscheiden Sie die Belege nach Sachgebieten, zum Beispiel Miete, Strom, Telefon oder Porto.
- Trennen Sie zwischen Einnahmen mit 0, 7 und 19 Prozent Umsatzsteuer.
- Heften Sie die Belege innerhalb der Sachgebiete in zeitlicher Reihenfolge ab.
- Erstellen Sie für jeden Sachbereich eine Übersicht der einzelnen Vorgänge, beispielsweise in einer Excel-Tabelle. Tragen Sie Belege dort ein (Datum, Belegnummer, Buchungstext, Brutto-Betrag).

Tipps für das Verwalten von Belegen

– Verwenden Sie zwei verschiedene Ordner: In ersten Ordner bewahren Sie
  Ihre Belege auf, im zweiten die Kontoauszüge.
– Heften Sie den Beleg hinter den Kontoauszug, sobald der Eingang
  verbucht ist.

Steuerberater und Buchhalter sprechen in der Regel von Konten. Ein Konto ist nichts anderes als die Gegenüberstellung der Zu- und Abgänge für einen bestimmten Bereich, zum Beispiel Büromaterial. Richten Sie dafür also ein eigenes Buchungskonto ein mit dem Namen »Büromaterial«.

Selbstverständlich können Sie auch mit einer Software arbeiten, die Sie beim Eintragen von Belegen unterstützt und Berechnungen erleichtert. Mit einer Software lassen sich auch einfach Statistiken erstellen. Wichtig ist, dass sich Ihr Programm für die Buchführung an den seit 2004 gültigen Richtlinien des Finanzamts für Einnahmenüberschussrechnungen orientiert. Weitere Tipps zur Software im Adressteil.

Doppelte Buchführung

Bei der doppelten Buchführung tritt an die Stelle der einfachen Einnahmen-und-Ausgaben-Rechnung die wesentlich komplexere Gewinn-und-Verlust-Rechnung. Diese Art der Buchführung ist bei hohen Umsätzen und nennenswertem Betriebsvermögen Pflicht. Der Hauptunterschied besteht darin, dass jeder Geschäftsvorfall auf mindestens zwei Konten verbucht wird. Erhalten Sie die Zahlung eines Kunden, so buchen Sie einerseits die Forderung (Soll), andererseits den Zahlungseingang (Haben). So werden nicht allein die tatsächlichen Zahlungsvorgänge gebucht, sondern auch der Zeitpunkt des Entstehens einer Forderung (Sie haben eine Leistung erbracht und Anspruch auf Zahlung) oder Verbindlichkeit (Sie schulden anderen Geld). Zur doppelten Buchführung verpflichtet sind:

▶ alle Kaufleute, sofern Sie nicht Kleinunternehmer sind (Kleinunternehmer zählen jedoch immer dann dazu, wenn sie Lebensmittelhändler sind),
▶ Nicht-Kaufleute mit einem Umsatz von mehr als 500.000 Euro im Kalenderjahr,
▶ Nicht-Kaufleute mit mehr als 30.000 Euro Gewinn im Wirtschaftsjahr,
▶ Kapitalgesellschaften, also GmbH, Limited oder AG,
▶ alle, die sich freiwillig zur doppelten Buchführung entscheiden.

Das Überschreiten einer der genannten Obergrenzen führt nicht automatisch zum zwangsweisen Wechsel der Gewinnermittlungsart. Dieser Wechsel erfolgt frühestens im übernächsten Geschäftsjahr und auch nur dann, wenn das Finanzamt Sie ausdrücklich dazu auffordert.

Zur doppelten Buchführung gehört eine Bilanz, die sich aus der Gewinn-und-Verlust-Rechnung ergibt. Die Eröffnungsbilanz bildet dabei die Ausgangsbasis für die Entwicklung der Vermögensgegenstände und Schulden des Unternehmens. Sie sagt aus, wie viel Geld Sie in das Unternehmen einbringen. Die Veränderungen stellen Sie in der laufenden Buchführung dar. Die Eröffnungsbilanz ist damit die erste Bilanz im kaufmännischen Geschäftsbetrieb. Eine Eröffnungsbilanz müssen Sie in folgenden Fällen erstellen:

▶ Gründung oder Übernahme eines Handelsgewerbes,
▶ Überführung eines Handwerkes oder Kleingewerbes in einem kaufmännischen Betrieb und Eintrag in das Handelsregister,
▶ Ausscheiden des vorletzten Gesellschafters aus einer OHG oder KG,
▶ Entstehen einer Personengesellschaft aus einer Einzelfirma.

Das Wirtschaftsjahr endet mit einer Bilanz. Dieses Wirtschaftsjahr muss – anders als bei der Einnahmenüberschussrechnung – nicht mit dem Kalenderjahr identisch sein. Ein Wirtschaftsjahr bei der doppelten Buchführung beginnt mit der Eröffnungsbilanz und kann kürzer als 12 Monate sein. In diesem Fall handelt es sich um ein sogenanntes Rumpfwirtschaftsjahr.

Wann brauchen Sie einen Wirtschaftsprüfer?

Bei sehr hohem Umsatz sind Sie verpflichtet, einen Wirtschaftsprüfer einzuschalten. Dafür muss Ihre Bilanzsumme größer als 3,44 Millionen Euro sein oder der Umsatz höher als 6,88 Millionen Euro. Auch wenn Sie mehr als 50 Arbeitnehmer beschäftigen, brauchen Sie den Wirtschaftsprüfer. Aber bis dahin haben Sie wahrscheinlich noch einen weiten Weg vor sich.

Wer bietet Hilfe bei der Buchführung?

Mit der Buchführung können Sie einen Steuerberater oder ein Buchführungsbüro beauftragen. Letzteres ist meist etwas preisgünstiger. Auf jeden Fall aber bleiben Sie als Unternehmer verantwortlich. Deshalb ist es wichtig, dass Sie die Pflichten und Grundsätze einer ordnungsgemäßen Buchführung kennen und sich mit den Grundlagen vertraut machen.

Fragen Sie sich, ob Sie sich wirklich in die Tiefen der Buchhaltungskunst einarbeiten müssen. Meist genügt ein grober Überblick und ein Grundverständnis, denn Sie brauchen jetzt alle Kraft für den Aufbau Ihres Unternehmens. Nutzen Sie Ihre Zeit lieber für die Akquise, als sich mit Dingen auseinanderzusetzen, die nicht zu Ihrem Kerngeschäft gehören.

Adressen

Allgemeine Informationen:

– IHK Köln (*www.ihk-koeln.de/
Navigation/FairplayRechtundSteuern/
Steuern/SteuernvonA-Z/Abgaben ord-
nung/AufbewahrungsfristenGeschaefts
unterlagen.pdf*):
Aufbewahrungsfristen von Belegen.

– Bundesfinanzministerium
(*www.bundesfinanzministerium.de/
Menüpunkt Service > Formulare A–Z*.)

Buchhaltungsprogramme:

– Lexware (*www.lexware.de*):
PC Buchhalter (139,90 Euro).

– WISO-Buchhaltung von Buhl Data
(*www.wiso.buhl.de*): Buchhaltungs-
programm (49,95 Euro).

– Easy Cash & Tax (*www.easyct.de*):
Freeware, also frei erhältliche
Software, für Einnahmenüberschuss-
rechnungen.

– Software für Open Office
(*www.schlenther.de/software/
ooo_eur.html*): Einnahmenüberschussrechnung für das Programmpaket
Open Office.

Nützliche Software:

– Tigo (*www.tigo-it.de/dl/
reno.htm#download*): Programm
zur automatischen Nummerierung
von Rechnungen, die mit Excel oder
Word erstellt wurden.

4.4 Steuern

Welche Steuern müssen Sie zahlen? Wie berechnen Sie Ihren Gewinn? Was können Sie absetzen? Dieses Kapitel vermittelt Ihnen grundlegende Informationen zu den Themen Gewinne ermitteln, Steuern zahlen und Steuern sparen. Sie erfahren außerdem, was Sie über die Umsatzsteuer wissen müssen. Wenn Sie ein Neugründer sind, hilft Ihnen ein Crashkurs zum »Fragebogen zur steuerlichen Erfassung eines Gewerbebetriebs oder einer freiberuflichen Tätigkeit« durch das Formular. Dieses Kapitel ist mit fachlicher Unterstützung von Steuerberater Michael Menck entstanden, der in Hamburg eine Kanzlei führt (*www.stb-menck.de*). Eine Steuerberatung ersetzt es nicht.

Crashkurs für Gründer: Fragebogen vom Finanzamt in 21 Schritten ausfüllen

Falls Sie sich mit dem Gründungszuschuss selbständig machen, müssen Sie beim Ordnungsamt ein Gewerbe anmelden. Freiberufler informieren ihr zuständiges Finanzamt über die Aufnahme ihrer Tätigkeit. Falls Sie sich mit dem Zuschuss der Arbeitsagentur selbständig machen, ist die Anmeldung sogar Voraussetzung für den Antrag. Das Ordnungsamt informiert automatisch das Finanzamt. Etwa zwei bis vier Wochen nach Ihrer Meldung erhalten Sie ein Schreiben mit dem »Fragebogen zur steuerlichen Erfassung«, den Sie innerhalb eines bestimmten Zeitraums an das Finanzamt zurücksenden müssen. Diesen Fragebogen (siehe S. 184, 185, 187 und 188) erhalten Sie auch, wenn Sie zusätzlich zu einer freiberuflichen Tätigkeit ein Gewerbe anmelden.

1.1–1.3	Tragen Sie hier die allgemeinen Angaben (Name, Adresse) zu Ihrer Person, gegebenenfalls Ihrem Ehegatten und Ihren Kindern ein.
1.4	Empfehlenswert ist es, dem Finanzamt zum Beispiel für den monatlichen oder quartalsweisen Einzug von Umsatzsteuern eine Einzugsermächtigung zu geben, nicht unbedingt aber für die Einkommensteuern oder die Einkommensteuervorauszahlungen.
1.5	Geben Sie hier Ihren Steuerberater an.
1.6	Sie können eine dritte Person bestimmen, das macht allerdings selten Sinn.
1.7	Sie waren mit hoher Wahrscheinlichkeit steuerlich erfasst, auch als Arbeitsloser!
2.1	Achten Sie auf die richtige Bezeichnung, vor allem als Freiberufler. Also im Zweifel eine akademische Berufsbezeichnung wählen, zum Beispiel »Kunsthistoriker«.
2.2	Tragen Sie hier die Anschrift ein, bei mehreren Betriebsstätten die Hauptfiliale.
2.3	Weitere Betriebsstätten.
2.4	Kammerzugehörigkeit: Kaufleute »gehören« zur Industrie- und Handelskammer (IHK), Handwerker zur Handwerkskammer.
2.5	Handelsregistereintrag: nur, wenn Sie einen e. K., eine OHG, eine KG oder GmbH gegründet haben.
2.6	Wo sitzen Sie als Inhaber? Hier eintragen.
2.7.	Bei Übernahme müssen Sie das vorherige Unternehmen angeben.

Zutreffendes bitte ankreuzen ☒ oder ausfüllen

An das Finanzamt

Eingangsstempel oder -datum

Aktenzeichen/Steuernummer

Fragebogen zur steuerlichen Erfassung

☐ **Aufnahme einer gewerblichen, selbständigen (freiberuflichen) oder land- und forstwirtschaftlichen Tätigkeit**

☐ **Beteiligung an einer Personengesellschaft/-gemeinschaft**
- Bitte beantworten Sie nur die Fragen zu Abschnitt 1, Abschnitt 2 - nur Textziffer 2.8, Abschnitt 3 und Abschnitt 8 -

1 Allgemeine Angaben

1.1 Steuerpflichtige(r)/Beteiligte(r)

Vor- und Zuname (ggf. Geburtsname)

Geburtsdatum	Religion	Ausgeübter Beruf
Straße, Hausnummer	PLZ (Straßenadresse)	Wohnort
Postfach	PLZ (Postfachadresse)	Ort

Persönliches Identifikationsmerkmal (Personalausweis-/Reisepassnummer)

Kommunikationsverbindungen

Telefon (Festnetz, ggf. Mobiltelefon)	Telefax	E-Mail

Familienstand

verheiratet seit	verwitwet seit	geschieden seit	dauernd getrennt lebend seit

1.2 Ehegatte

Vor- und Zuname (ggf. Geburtsname)

Geburtsdatum	Religion	Ausgeübter Beruf

Straße, Hausnummer, PLZ, Wohnort (falls abweichend)

Persönliches Identifikationsmerkmal (Personalausweis-/Reisepassnummer)

1.3 Kinder mit Wohnsitz im Inland

Vorname (ggf. abweichender Familienname)	Geburtsdatum

1.4 Bankverbindung(en) für Steuererstattungen/Lastschrifteinzugsverfahren (LEV)

☐ **Alle Steuererstattungen** sollen an folgende Bankverbindung erfolgen:

Kontonummer	BLZ	Geldinstitut (Name, Ort)	Kontoinhaber(in)

☐ **Personensteuererstattungen** (z.B. Einkommensteuer) sollen an folgende Bankverbindung erfolgen:

Kontonummer	BLZ	Geldinstitut (Name, Ort)	Kontoinhaber(in)

☐ **Betriebssteuererstattungen** (z.B. Umsatz-, Lohnsteuer) sollen an folgende Bankverbindung erfolgen:

Kontonummer	BLZ	Geldinstitut (Name, Ort)	Kontoinhaber(in)

Möchten Sie am **Lastschrifteinzugsverfahren**, dem für beide Seiten einfachsten Zahlungsweg, teilnehmen?

☐ Ja, die ausgefüllte Teilnahmeerklärung ist beigefügt.

1.5 Steuerliche Beratung

☐ nein   ☐ ja   Name und Anschrift

Kommunikationsverbindungen

Telefon (Festnetz, ggf. Mobiltelefon)	Telefax	E-Mail (ggf. Internetadresse)

1.6 Empfangsbevollmächtigte(r) für alle Steuerarten (kann nur mit beigefügter gesonderter Vollmacht berücksichtigt werden)

Name und Anschrift

Zuständigkeit der/des Empfangsbevollmächtigten

☐ Feststellungs-/Festsetzungs- und Erhebungsverfahren ☐ nur Feststellungs-/Festsetzungsverfahren ☐ nur Erhebungsverfahren

1.7 Bisherige persönliche Verhältnisse

Falls Sie innerhalb der letzten 12 Monate zugezogen sind:

Zugezogen am	Frühere Anschrift (Straße, Hausnummer/Postfach, PLZ, Ort)

Waren Sie (oder ggf. Ihr Ehegatte) in den letzten drei Jahren für Zwecke der Einkommensteuer steuerlich erfasst?

☐ nein   ☐ ja   Finanzamt, Steuernummer

2 Angaben zur gewerblichen, selbständigen (freiberuflichen) oder land- und forstwirtschaftlichen Tätigkeit

2.1 Art des ausgeübten Gewerbes/der Tätigkeit – ggf. den Schwerpunkt angeben! -

2.2 Anschrift des Unternehmens

Bezeichnung

Straße, Hausnummer	PLZ (Straßenadresse)	Ort
Postfach	PLZ (Postfachadresse)	Ort

Kommunikationsverbindungen

Telefon (Festnetz, ggf. Mobiltelefon)	Telefax	E-Mail (ggf. Internetadresse)

2.3 Betriebstätten

Werden in mehreren Gemeinden Betriebstätten unterhalten?

☐ nein	☐ ja	Anschriften (PLZ, Ort, Straße, Hausnummer)	Telefon
	1.		
	2.		

Bei mehr als zwei Betriebstätten: ☐ Gesonderte Aufstellung ist beigefügt.

2.4 Kammerzugehörigkeit (Handwerks-/Industrie- und Handelskammer)   ☐ ja   ☐ nein

2.5 Handelsregistereintragung   ☐ ja   Bitte Handelsregisterauszug beifügen!   ☐ nein

2.6 Ort der Geschäftsleitung (Bitte nur angeben, wenn diese von der Anschrift des Unternehmens abweicht!)

Straße, Hausnummer	PLZ (Straßenadresse)	Ort
Postfach	PLZ (Postfachadresse)	Ort

2.7 Gründungsform (Bitte ggf. die entsprechenden Verträge beifügen!)

☐ Neugründung zum   ☐ Verlegung zum

☐ Übernahme (z.B. Kauf, Pacht, Ver-   ☐ Umwandlung zum
   erbung, Schenkung) zum

(Name und Anschrift des vorherigen Unternehmens bzw. der Vorinhaberin/des Vorinhabers, Finanzamt, Steuernummer)

2.8.	Wenn Sie bereits selbständig waren …
3.	Schätzen Sie Ihre selbständigen und andere Einkünfte vorsichtig, denn bei zu großen Summen wird Sie das Finanzamt zur Vorauszahlung verdonnern. Gemeint sind an dieser Position die Gewinne.
3.1	Hier ist nur eine grobe Schätzung möglich. Lesen Sie sich die Unterkapitel »Sonderausgaben« und »außergewöhnliche Belastungen« durch und schätzen Sie großzügig, wie viel vermutlich zusammenkommt.
4.	Die häufigste Form der Gewinnermittlung bei Gründern ist die Einnahmenüberschussrechnung. Eine Bilanz müssen Sie als GmbH, OHG, KG, Limited vorlegen.
5.	Bitte informieren Sie sich, wenn Sie für Ihr Unternehmen gebaut haben.
6.	Dieser Punkt ist nur relevant für Sie, wenn Sie sozialversicherungspflichtige Angestellte einstellen. Für Minijobber ist die Bundesknappschaft zuständig, sie müssen hier nicht eingetragen werden.
7. 1	Achten Sie hier darauf, dass Ihr Umsatz mit dem an anderer Stelle gemeldetem Einkommen harmoniert. Vorsichtig schätzen.
7.2.	In aller Regel sollten Sie hier Ihr Kreuzchen machen – also nicht als Kleinunternehmer auftreten. Lesen Sie dazu die entsprechenden Kapitel durch. Lohnenswert ist die Kleinunternehmerregelung nur, wenn Sie keine Waren einkaufen, nebenberuflich tätig sind und/oder ausschließlich für mehrwertsteuerbefreite Institutionen.
7.3.	Normalerweise empfiehlt sich die Ist-Besteuerung (bis 250.000 Euro Umsatz möglich). Dies bedeutet, dass Sie Umsatzsteuern aufgrund der tatsächlich eingenommenen Werte bezahlen.
7.4	Für die Dauerfristverlagung kann das Finanzamt Sie zu einer Vorauszahlung von 1/12 Ihrer letztjährigen Vorsteuerlast veranlagen. Wenn Sie 5.000 Euro Vorsteuer gezahlt haben, bedeutet dies, dass Sie, um den einen Monat ausschöpfen zu dürfen, rund 416 Euro einmalig zahlen müssen, was dann mit den weiteren Zahlungen verrechnet wird.
7.5	Beantragen Sie die Umsatzsteuer-Identifikationsnummer. Sie benötigen sie, wenn Sie für Auftraggeber mit Sitz im Ausland tätig werden. Außerdem ersetzt sie die Steuernummer auf der Rechnung.
8.	Wenn Sie sich an einer GbR oder anderen Gesellschaft beteiligen, müssen Sie dies hier sagen.

2.8 Bisherige betriebliche Verhältnisse

Ist in den letzten fünf Jahren schon ein Gewerbe, eine selbständige (freiberufliche) oder eine land- und forstwirtschaftliche Tätigkeit ausgeübt worden oder waren Sie an einer Personengesellschaft oder zu mehr als 10 % an einer Kapitalgesellschaft beteiligt?

☐ nein ☐ ja Art, Ort und Dauer der Tätigkeit/Beteiligung

Finanzamt, Steuernummer, ggf. Umsatzsteuer-Identifikationsnummer

3 Angaben zur Festsetzung der Vorauszahlungen (Einkommensteuer, Gewerbesteuer)

3.1 Voraussichtliche Einkünfte aus	im Jahr der Betriebseröffnung (EUR)		im Folgejahr (EUR)	
	Steuerpflichtiger	Ehegatte	Steuerpflichtiger	Ehegatte
Land- und Forstwirtschaft				
Gewerbebetrieb				
Selbständiger Arbeit				
Nichtselbständiger Arbeit				
Kapitalvermögen				
Vermietung und Verpachtung				
Sonstigen Einkünften (z.B. Renten)				
3.2 Voraussichtliche Höhe der				
Sonderausgaben und außergewöhnlichen Belastungen				
Steuerabzugsbeträge				

4 Angaben zur Gewinnermittlung

Gewinnermittlungsart

☐ Einnahmenüberschussrechnung

☐ Vermögensvergleich (Bilanz)   Eröffnungsbilanz ☐ liegt bei. ☐ wird nachgereicht.

☐ Gewinnermittlung nach Durchschnittssätzen (nur für Land- und Forstwirtschaft)

Liegt ein vom Kalenderjahr abweichendes Wirtschaftsjahr vor?   ☐ nein   ☐ ja, vom .... bis ....

5 Freistellungsbescheinigung gemäß § 48b Einkommensteuergesetz – EStG – („Bauabzugssteuer")

Zu Ihrer Information steht Ihnen das Merkblatt zum Steuerabzug bei Bauleistungen im Internet unter www.bzst.de oder www.bzst.bund.de zum Download zur Verfügung. Sie können es aber auch bei Ihrem Finanzamt erhalten.

☐ Ich beantrage die Erteilung einer Bescheinigung zur Freistellung vom Steuerabzug bei Bauleistungen gemäß § 48b EStG.

6 Angaben zur Anmeldung und Abführung der Lohnsteuer

Zahl der Arbeitnehmer (einschließlich Aushilfskräfte)	Insgesamt:	
	a) davon Familienangehörige:	b) davon geringfügig Beschäftigte ....

Anmeldungszeitraum (voraussichtliche Lohnsteuer im Kalenderjahr)

☐ **monatlich** (mehr als 3.000 EUR)   ☐ **vierteljährlich** (mehr als 800 EUR)   ☐ **jährlich** (nicht mehr als 800 EUR)

Die für die Lohnberechnung maßgebenden Lohnbestandteile werden zusammengefasst im Betrieb/Betriebsteil: Name, Straße, Hausnummer, PLZ, Ort

7 Angaben zur Anmeldung und Abführung der Umsatzsteuer

7.1 Gesamtumsatz (geschätzt)	im Jahr der Betriebseröffnung (EUR)	im Folgejahr (EUR)

7.2 Kleinunternehmer-Regelung

☐ Der Gesamtumsatz für das Gründungsjahr wird die Grenze von 17.500 EUR voraussichtlich nicht überschreiten.

☐ Ich nehme die Kleinunternehmer-Regelung (§ 19 Abs. 1 Umsatzsteuergesetz – UStG –) in Anspruch. Ich weise in Rechnungen keine Umsatzsteuer gesondert aus und kann keinen Vorsteuerabzug geltend machen.
Hinweis:
Angaben zu Tz. 7.3 und 7.4 sind nicht erforderlich; Umsatzsteuer-Voranmeldungen sind nicht abzugeben.

☐ Ich verzichte auf die Anwendung der Kleinunternehmer-Regelung. Die Besteuerung erfolgt nach den allgemeinen Vorschriften des Umsatzsteuergesetzes **für mindestens fünf Kalenderjahre** (§ 19 Abs. 2 UStG); Umsatzsteuer-Voranmeldungen sind monatlich in elektronischer Form abzugeben.

7.3 Soll-/Istversteuerung der Entgelte

Ich berechne die Umsatzsteuer nach

☐ vereinbarten Entgelten (**Sollversteuerung**).   ☐ vereinnahmten Entgelten. Ich beantrage hiermit die **Istversteuerung**.

7.4 Dauerfristverlängerung

☐ Ich möchte die **Dauerfristverlängerung** für die Abgabe der Umsatzsteuer-Voranmeldungen nutzen. Mir ist bekannt, dass bei **monatlicher** Abgabe der Umsatzsteuer-Voranmeldungen eine **Sondervorauszahlung** zu berechnen und zu entrichten ist. Bitte senden Sie mir den erforderlichen Vordruck USt 1 H zu.

7.5 Umsatzsteuer-Identifikationsnummer

☐ Ich **benötige** für die Teilnahme am innergemeinschaftlichen Handel eine Umsatzsteuer-Identifikationsnummer (USt-IdNr.).

Zusatzangaben für Unternehmer,
- die nur steuerfreie Umsätze ausführen, die zum Ausschluss vom Vorsteuerabzug führen,
- für deren Umsätze Umsatzsteuer nach § 19 Abs. 1 UStG nicht erhoben wird,
- die ihre Umsätze nach den Durchschnittssätzen des § 24 UStG versteuern:

Ich beantrage eine USt-IdNr., weil

☐ innergemeinschaftliche Lieferungen ausgeführt werden (gilt nur für pauschalierende Land- und Forstwirte).

☐ innergemeinschaftliche Erwerbe zu versteuern sind, da die Erwerbsschwelle von 12.500 EUR jährlich

     ☐ voraussichtlich überschritten wird (§ 1a Abs. 3 UStG).

     ☐ voraussichtlich nicht überschritten wird, auf die Erwerbsschwellenregelung jedoch für die Dauer von mindestens zwei Jahren verzichtet wird (§ 1a Abs. 4 UStG).

☐ neue Fahrzeuge oder bestimmte verbrauchsteuerpflichtige Waren innergemeinschaftlich erworben werden (§ 1a Abs. 5 UStG).

☐ Ich habe bereits für eine frühere Tätigkeit folgende USt-IdNr. erhalten:

USt-IdNr. _____   Vergabedatum: _____

8 Angaben zur Beteiligung an einer Personengesellschaft/-gemeinschaft

Bezeichnung, Anschrift der Gesellschaft/Gemeinschaft

Finanzamt, Steuernummer der Gesellschaft/Gemeinschaft

(Fügen Sie bitte eine Kopie des Gesellschaftsvertrags bei!)

Ort, Datum   Unterschrift des/der Steuerpflichtigen und ggf. des Ehegatten bzw. des/der Vertreter/s oder Bevollmächtigten

Anlagen:
☐ Teilnahmeerklärung für das LEV (Tz. 1.4)   ☐ Eröffnungsbilanz (Tz. 4)
☐ Empfangsvollmacht (Tz. 1.6)   ☐ Gesellschaftsvertrag (Tz. 8)
☐ Handelsregisterauszug (Tz. 2.5)   ☐ ....
☐ Verträge bei Übernahme bzw. Umwandlung (Tz. 2.7)

Finanzamt

Einkunftsarten, Gewinn und Einkommensteuer

Gewinn – dieses Wort wird Sie Ihr Selbständigendasein lang begleiten. Deshalb sollten Sie wissen, was Gewinn aus steuerrechtlicher Sicht bedeutet. Für Sie ist der Gewinn höchstwahrscheinlich das Geld, das Ihnen nach Abzug aller Kosten zum Leben bleibt. Steuerrechtlich ist Gewinn jedoch etwas anderes: die Summe, die innerhalb einer Einkunftsart übrig bleibt, nachdem Sie alle beruflich relevanten Kosten – gegebenenfalls einschließlich der Gewerbesteuer – von den betrieblichen Einnahmen abgezogen haben. Bei Freiberuflern und Gewerbetreibenden nennen sich diese Betriebsausgaben, bei Angestellten Werbungskosten. Dabei bezieht sich Gewinn auf jede einzelne Einkunftsart. Das Steuerrecht kennt sieben Einkunftsarten:

- ▸ Land- und Forstwirtschaft,
- ▸ Gewerbebetrieb,
- ▸ selbständige Arbeit (Freiberufler),
- ▸ Vermietung und Verpachtung,
- ▸ Kapitalvermögen,
- ▸ nichtselbständige Arbeit,
- ▸ sonstige Einkünfte (zum Beispiel Renten, private Veräußerungsgeschäfte).

Theoretisch können Sie also in verschiedenen Einkunftsarten einen Gewinn erwirtschaften – oder in einer Einkunftsart einen Gewinn und in einer anderen einen Verlust.

Die Summe aus allen Einkunftsarten ist der sogenannte Gesamtbetrag der Einkünfte. Von dieser Summe aus allen Einkunftsarten gehen noch Sonderausgaben ab: Versicherungen, falls Sie privat versichert sind (Lebensversicherungen, Krankenversicherung, Rentenversicherung, Haftpflichtversicherung), außerdem gegebenenfalls Kirchensteuer und Spenden. Auch Steuerberatungskosten werden vom Gesamtbetrag abgezogen, sofern es sich um Kosten handelt, die direkt mit der Erstellung der Einkommensteuer zu tun haben. Steuerberatungskosten, die im Zusammenhang mit Ihrem Unternehmen oder anderen Einkünften stehen, fallen dagegen in eine der oben genannten sieben Kategorien. Von der Summe der Einkünfte gehen ebenfalls noch außergewöhnliche Belastungen ab. Die Summe, die unter dem Strich übrig bleibt, nennt sich zu versteuerndes Einkommen. Es ist die Bemessungsgrundlage für die Einkommensteuer, also der Betrag, der für die Höhe Ihrer Steuerzahlung relevant ist. Es ist nicht identisch mit dem Gewinn!

- ▸ Gewinn: Umsatz minus Betriebsausgaben.
- ▸ Zu versteuerndes Einkommen: Gewinn minus Sonderausgaben und außergewöhnliche Belastungen.

Grenze der Einkommensteuerpflicht

Ihre Einkommensteuerpflicht beginnt, wenn Sie mehr als 7.664 Euro zu versteuerndes Einkommen haben – also Gewinne abzüglich Sonderausgaben und außergewöhnliche Belastungen. Ihr Gewinn aus Gewerbebetrieb oder selbständiger Arbeit kann durchaus höher ausfallen, ohne dass Sie Steuern abführen müssen. Umgekehrt bedeutet das: Wenn das zu versteuernde Einkommen (zvE) weniger als 7.664 Euro beträgt, müssen Sie keinen Cent an das Finanzamt überweisen. 7.664 Euro sind Ihr Existenzminimum oder steuerlich der sogenannte Grundfreibetrag.

Natürlich darf jeder Bürger diesen Grundfreibetrag steuerfrei verdienen – auch wenn Sie mehr als 100.000 Euro Gewinn machen, bleiben 7.664 Euro von der Berechnung verschont. Verdienen Sie nur wenig mehr als dieses Existenzminimum, müssen Sie von diesem Mehr ab 19 Prozent Steuern zahlen – das ist der aktuelle Eingangssteuersatz. Dieser Satz steigert sich langsam – das nennt sich Progression. Der maximale Steuersatz, den Sie ab 52.152 Euro zvE zahlen, liegt 2007 bei 43 Prozent.

Tipp: Zusammen oder getrennt?

Eheleute können sich zusammen oder getrennt veranlagen lassen. Getrennt bedeutet, dass jeder Partner seine eigene Steuererklärung abgibt. Bei der Zusammenveranlagung reichen Sie eine gemeinsame Erklärung beim Finanzamt ein. Zusammenveranlagung lohnt sich immer dann, wenn ein Ehepartner deutlich weniger als der andere verdient. Dies muss im Einzelfall errechnet werden. Ein Steuerberater wird stets beide Szenarien durchrechnen und Ihnen zu der Veranlagungsart raten, die sich im jeweiligen Jahr für Sie besser auszahlt.

Einkommensteuervorauszahlungen

Das Finanzamt kann Sie auf Basis des Fragebogens (S. 185 f.) oder nach der Abgabe Ihrer ersten Einkommensteuererklärung mit Einkünften aus selbständiger oder gewerblicher Tätigkeit fortan schätzen und zur quartalsweisen Vorauszahlung bitten. Möglich ist auch, dass Sie bei einer späten Abgabe gleich die gesamte Schuld für zwei Jahre begleichen müssen – selbst wenn Sie die letzte Steuererklärung noch gar nicht abgegeben haben. Das Finanzamt zieht dann einfach Einkommensteuervorauszahlungen für die vergangenen Monate ein. Im Extremfall zahlen Sie also gleich Steuern für zwei oder mehr Jahre – das kann Existenzgründer ruinieren, wenn Sie sich nicht darauf einstellen.

Falls sich Ihr Gewinn negativ entwickelt, müssen Sie einen Antrag stellen, um die Höhe der Einkommensteuervorauszahlungen zu korrigieren. Falls sich der Gewinn deutlich erhöht, empfiehlt es sich, das Finanzamt darauf hinzuweisen, da Sie andernfalls mit hohen Nachzahlungen zu rechnen haben. Legen Sie sich auf jedem Fall einen Betrag in der Höhe zurück, die der voraussichtlichen Steuerzahlung entspricht.

Sprünge beim Steuersatz: Progressionsvorbehalt

Hinter dem komplizierten Begriff Progressionsvorbehalt verbirgt sich folgende Tatsache: Manche Einkünfte werden dem zu versteuernden Einkommen hinzugerechnet. Dadurch ergibt sich ein höherer Steuersatz auf das zu versteuernde Einkommen (Progression); die Einkünfte, die dem Progressionsvorbehalt unterliegen, bleiben jedoch weiterhin steuerfrei. Der Gründungszuschuss der Bundesagentur für Arbeit ist steuerfrei und geht auch nicht in die Progression mit ein. Er zählt daher nicht als Einnahme. 2004 ist der Progressionsvorbehalt beim Überbrückungsgeld weggefallen. Bis dahin mussten Bezieher von Überbrückungsgeld dieses bei der Berechnung des Steuersatzes einbeziehen. Der Ich-AG-Zuschuss wurde von Anfang an nicht der Progression zugeschlagen, gilt also nicht als Einnahme.

Nach wie vor bestehen bleibt der Progressionsvorbehalt jedoch für andere Lohnersatzleistungen, etwa das Arbeitslosengeld. Betroffen vom Steuersprung sind zudem Existenzgründer, die sich immer wieder zeitweise arbeitslos melden, was in einigen Berufen, etwa bei freien Lehrern, Schauspielern oder auch Interimsmanagern, durchaus an der Tagesordnung ist. In den Progressionsvorbehalt fällt nach wie vor auch das Mutterschaftsgeld. Elterngeld unterliegt anders als das frühere Erziehungsgeld dem Progressionsvorbehalt und wird bei der Berechnung Ihrer Steuerschuld berücksichtigt. Verdient Ihr Ehepartner viel Geld, lohnt sich beim Bezug von Elterngeld deshalb oft eher die getrennte Veranlagung.

Betriebsausgaben mindern Ihren Gewinn

Vergessen Sie bei Ihrer Rechnung nicht, dass die Betriebsausgaben einen erheblichen Prozentsatz Ihres Umsatzes ausmachen können, Ihr Umsatz also weit über Ihrem Grundfreibetrag von 7.664 Euro liegen kann. Er gilt zudem bei zusammen veranlagten Ehegatten pro Person, aber leider nicht für Kinder.

Ein Beispiel: Im Jahr 2007 haben Sie 50.000 Euro eingenommen, das ist Ihr Umsatz. Davon mussten Sie insgesamt 12.000 Euro für Miete, 6.000 Euro für Ihren Firmenwagen und 10.000 Euro für Werbemittel ausgeben. Hinzu kamen 2.000 Euro für Fachzeitschriften, Bücher, Porto und Internet. Insgesamt sind Sie so bei 30.000 Euro an Kosten angelangt. Alle diese Kosten gelten als Betriebsausgaben, also als Kosten, die für Ihre Firma anfallen.

Abschreibungen

Nicht alle Betriebsausgaben können Sie jedoch sofort in voller Höhe abschreiben. Langlebige Anschaffungen verrechnen Sie in der Regel über mehrere Jahre. So werden Büromöbel üblicherweise für eine Dauer von 13 Jahren abgeschrieben, jedes Jahr ein Stückchen. Ausnahme: Es handelt sich um ein geringwertiges Wirtschaftsgut mit einem Wert bis zu 150 Euro netto (ab 2008 – bis 31.12.2007 410 Euro). Das heißt, dass Sie alle Güter, die weniger kosten als 150 Euro, ohne Mehrwertsteuer sofort abschreiben können (und müssen). Güter, die zwischen 151 und 1.000 Euro kosten, werden in einem Posten zusammengetragen und über fünf Jahre verteilt abgeschrieben.

Bei der Abschreibung gibt es seit 2008 nur noch die Möglichkeit, pro Jahr den gleichen Betrag eines Produkts abzuschreiben. Das nennt sich linear. Über wie viele Jahre abgeschrieben wird, steht in der sogenannten Ansparung für Abschreibung (AfA). Sie finden die amtliche Abschreibungsliste auf der Internetseite des Bundesfinanzministeriums (*www.bundesfinanzministerium.de*).

Sonderausgaben

Sonderausgaben sind private Ausgaben, die aber steuerlich im Rahmen der Einkommensteuer absetzbar sind. Welche Ausgaben darunter fallen, definiert § 10 des Einkommensteuergesetzes (EStG). Dieser Paragraf unterscheidet zwischen begrenzt und unbegrenzt abzugsfähigen Sonderausgaben. Begrenzt abzugsfähig sind die sogenannten Vorsorgeaufwendungen. Darunter fallen Beiträge zur Kranken-, Renten-, Unfall-, Lebens- und Haftpflichtversicherung.

Egal wie viel Sie beispielsweise in Ihre private Rentenvorsorge investieren: Sie dürfen nicht mehr als 5.069 Euro (für zusammen veranlagte Eheleute gilt der doppelte Satz) vom Gesamtbetrag der Einkünfte abziehen. Das ist allerdings eine Grenze, die schnell erreicht ist – zumal gerade Selbständige viel Geld in die eigene Rentenversorgung investieren müssen. Hier gibt es seit einiger Zeit die sogenannte Rürup-Rente. Diese kann unter Umständen auch in die Sonderausgaben einfließen, wenn der Gesamtbetrag damit auf über 5069 Euro steigt. Von dieser Rürup-Rente sind 60 Prozent absetzbar, was sich aber erst ab einem Beitrag von 4.450 Euro auszahlt.

Seit 2004 gibt es hier eine komplizierte Regelung, nach der für Selbständige nach einer Günstigerprüfung das alte Recht oder das neue Recht gilt. Sprich: Wenn Sie sehr viel in Rürup investieren, erhöht sich die Grenze der abzugsfähigen Sonderausgaben, andernfalls nicht.

Innerhalb der Grenzen sind auch die Kirchensteuer sowie Krankenversicherungen und Lebensversicherungen abzugsfähig, sofern diese nicht fondsgebunden sind. Steuerberatungskosten sind seit 2005 nicht mehr als Sonderausgaben absetzbar. Das betrifft Personengesellschaften, Einzelunternehmer und Freiberufler und nur für den Teil der Steuererklärung, der sich mit dem privaten Bereich – also mit Sonderausgaben und außergewöhnlichen Belastungen – beschäftigt. Hier kann der Steuerberater eine sehr kleine, mehr oder weniger symbolische Summe ansetzen. Der Hauptteil – die Gewinnfeststellung – bleibt von der Änderung unberührt.

Außergewöhnliche Belastungen

Als weiterer Posten kennt das Finanzamt den Punkt »außergewöhnliche Belastungen«. Was darunter fällt, ist anders als bei den Sonderausgaben nicht konkret dargelegt. Außergewöhnliche Belastungen, so heißt es im Finanzamtsdeutsch, liegen dann vor, wenn Ihnen »zwangsläufig größere Aufwendungen entstehen als der überwiegenden Mehrzahl von Steuerpflichtigen gleichen Einkommens, gleicher Vermögensverhältnisse und gleichen Familienstands«. »Zwangsläufig« bedeutet, dass Sie sich der Belastung nicht entziehen konnten. Das ist eindeutig der Fall bei Krankheit, Tod, Unfall, Unwetterschäden und sogar bei einer Ehescheidung. Nicht ganz so eindeutig liegt die Sache, wenn Sie aus gesundheitlichen Gründen, etwa bei einer Allergie, Parkett im ganzen Haus legen müssen. Ob Sie solche Ausgaben absetzen dürfen, hängt vom Attest Ihres Arztes und dem eigenen Argumentationsgeschick ab.

Akzeptiert werden allerdings nur Aufwendungen, die einen zumutbaren Rahmen übersteigen. Diese Zumutbarkeitsgrenze orientiert sich an Ihrem Einkommment. Bei einem Einkommen von 40.000 Euro und einem Kind, verlangt das Finanzamt beispielsweise von einem verheirateten Steuerzahler, dass er 3 Prozent des Einkommens selbst hinzuzahlt, also 1.200 Euro.

Zu den außergewöhnlichen Belastungen zählen auch Kinderbetreuungskosten, wobei per Rechnung nachgewiesene Betreuungskosten zu zwei Dritteln, maximal bis 4.000 Euro abziehbar sind (maximale Kosten also 6.000 Euro, davon zwei Drittel entsprechen 4.000 Euro). Das gilt bis zum Alter von 14 Jahren.

Solidaritätszuschlag

Seit 1995 zahlen Sie den sogenannten Solidaritätszuschlag. Dieser beträgt 5,5 Prozent der Einkommensteuer. Wenn für Sie als Existenzgründer aufgrund Ihres geringen zu versteuernden Einkommens also keine Steuer anfällt, ist für Sie auch der »Soli« nicht relevant.

Kirchensteuer

Je nach Bundesland beträgt die Kirchensteuer zwischen 8 und 9 Prozent der Einkommensteuer. Sie ist gleichzeitig als Sonderausgabe in der nächsten Steuererklärung wieder abzugsfähig.

Umsatzsteuer

Müssen Sie Umsatzsteuer erheben oder nicht? Was bringt Ihnen der Vorsteuerabzug? Und was ist überhaupt der Unterschied zwischen Umsatz-, Mehrwert- und Vorsteuer? Die letzte Frage ist am einfachsten zu beantworten: Bei Umsatz-, Mehrwert- und Vorsteuer handelt es sich um dasselbe Geld.

▶ Mehrwertsteuer ist die Umsatzsteuer, welche Endverbraucher beim Kauf von Gütern und Dienstleistungen zahlen.

▶ Vorsteuer ist die Umsatzsteuer, die Unternehmen selbst beim Einkauf von Waren und Dienstleitungen an andere Unternehmen zahlen.

Die Mehrwertsteuer wird zum Nettopreis eines Produktes oder einer Dienstleistung addiert. Wenn Sie in einem Kaufhaus einen Computer kaufen, ist die Mehrwertsteuer automatisch inklusive, denn bei Business-to-Consumer-Geschäften, also Geschäften mit Endverbrauchern, wird nur der Bruttopreis ausgezeichnet. Erwerben Sie Leistungen, die nur Sie als Unternehmer kaufen können, erfahren Sie meist zunächst den Nettopreis, zu dem noch die Mehrwertsteuer kommt.

Die Mehrwertsteuer beträgt in Deutschland seit dem 1.1.2007 satte 19 Prozent (vorher 16 Prozent). Dieser Betrag wird bei jedem Kauf fällig, es sei denn ein Produkt ist von der Mehrwertsteuer befreit. Befreit sind etwa die Briefmarken der Deutschen Post oder bestimmte Weiterbildungsseminare, die der beruflichen Qualifikation dienen. Befreit sind auch Ärzte, Privatvermieter, der Exporthandel, Versicherungen sowie teilweise die Banken.

Geschäfte mit dem Ausland: Rechnung ohne Grenzen

Die Umsatzsteuer ist nur im jeweiligen Land erstattungsfähig. Deshalb müssen Sie beim Handel mit ausländischen Geschäftspartnern häufig keine Umsatzsteuer abführen. Etwas anderes ist es, wenn Sie an Konsumenten Waren verkaufen. Dann fällt Umsatzsteuer an.

Zu unterscheiden ist auf der einen Seite der Handel mit Waren und auf der anderen Seite der Verkauf von Dienstleistungen. Für Waren gilt: Sie müssen Ihre eigene Umsatzsteuer-Identifikationsnummer (USt-IdNr.) und die USt-IdNr. des Rechnungsempfängers abgleichen. Dies kann im Online-Verfahren mit dem Zentralamt für Steuern (*www.bzst.bund.de*) erfolgen. Die Mitteilung, ob Sie handeln dürfen oder nicht, erhalten Sie schriftlich. Auf die Rechnung schreiben Sie Ihre eigene USt-IdNr. und die des Empfängers. Sie verweisen außerdem auf den entsprechenden Paragrafen im Umsatzsteuergesetz: »Steuerfreie innergemeinschaftliche Lieferung gemäß § 4 Nr. 1b sowie 6a UstG.« Umsatzsteuer stellen Sie nicht in Rechnung.

Auch bei vielen Dienstleistungen fällt oft keine Mehrwertsteuer an. Das Umsatzsteuerrecht nennt unter anderem:

▶ Überlassung von Urheberrechten und Informationen,
▶ Datenverarbeitung,
▶ Werbung und Öffentlichkeitsarbeit,
▶ alle Arten der rechtlichen, wirtschaftlichen und technischen Beratung,
▶ die Überlassung von Personal.

Als Dienstleister vermerken Sie auf Ihrer Rechnung: »In Deutschland nicht steuerbare sonstige Leistung.«

Welche Vorteile bietet der Vorsteuerabzug?

Viele Kleinunternehmer und Freiberufler mit geringerem Einkommen glauben, es sei schädlich oder zumindest überflüssig, Umsatzsteuer zu erheben. Oft wird die Umsatzsteuer nur als »Durchlaufsteuer« gesehen. Das bedeutet, die Steuer wird auf der einen Seite erhoben – beim steuerzahlenden Existenzgründer beziehungsweise bei Unternehmern generell – und auf der anderen Seite wieder an das Finanzamt abgeführt. Übersehen wird dabei, was zwischen diesen beiden Schritten geschieht: Die eingenommene Mehrwertsteuer wird nämlich mit der ausgegebenen verrechnet. Zudem ist gezahlte Umsatzsteuer steuerlich absetzungsfähig.

Beispiel: Im Jahr 2007 erzielte der freiberufliche beratende Betriebswirt Peter M. 25.000 Euro Honorarumsatz. Darauf erhob er Umsatzsteuer in Höhe von 4.750 Euro. Gleichzeitig gab er für Computer, Weiterbildung und andere Anschaffungen insgesamt 8.000 Euro aus zuzüglich 1.520 Euro Mehrwertsteuer. An das Finanzamt führt er nun die 4.750 Euro minus 1.520 Euro ab, also 3.230 Euro.

Noch günstiger fällt diese Rechnung für Unternehmer aus, die einen vergünstigten Steuersatz in Rechnung stellen dürfen. Das sind beispielsweise Journalisten oder Schriftsteller – oder alle, für die das Urheberrecht gilt. Wenn Sie ein Buch schreiben oder ein besonderes Computerprogramm für einen Kunden entwickeln, erheben Sie darauf 7 Prozent. Der vergünstigte Steuersatz betrifft auch den Handel mit bestimmten Gegenständen wie Büchern und Zeitungen, den meisten Lebensmitteln sowie Kunstgegenständen.

Wäre Peter M. also Journalist, hätte er bei 7 Prozent nur 1.750 Euro Umsatzsteuer in Rechnung gestellt. Trotzdem hat er 1.280 Euro gezahlt. An das Finanzamt würde er nur 470 Euro abführen müssen.

Tipp: Sie müssen den richtigen Mehrwertsteuersatz berechnen!

Viele Unternehmer berechnen alles einheitlich mit 7 oder 19 Prozent. Das ist jedoch falsch. Sie sind verpflichtet, den jeweils richtigen Umsatzsteuersatz in Rechnung zu stellen. Haben Sie einen Auftrag erfüllt, der aus Tätigkeiten mit 19 Prozent (Beratung) und Tätigkeiten mit 7 Prozent (Texten) bestand, so müssen Sie alle diese Tätigkeiten einzeln ausweisen und mit dem jeweils gültigen Satz berechnen. Falls Sie das nicht tun, haben Sie und Ihr Auftraggeber den Ärger: Das Finanzamt rechnet mit dem richtigen Satz ab. Haben Sie also zu wenig bezahlt, müssen Sie mit Nachforderungen rechnen.

Wann müssen Sie Umsatzsteuer erheben?

Bis zu einem voraussichtlichen Umsatz von 17.500 Euro im ersten Gründungsjahr sind Sie nicht zu einer Umsatzsteuererklärung verpflichtet. Übersteigt Ihr Umsatz auch im laufenden Jahr nicht die 50.000-Euro-Marke, müssen Sie auch in diesem Jahr (noch) keine Umsatzsteuer erheben. Bedenken Sie aber, dass das Erheben von Umsatzsteuer für Sie im Allgemeinen von Vorteil ist. Nur wenn Sie überhaupt keine Anschaffungen tätigen oder Aufträge an Unternehmen vergeben, die nicht umsatzsteuerpflichtig sind, können Sie darauf verzichten. Das gilt auch, wenn Ihre Kunden Privatleute sind.

Seit 2002 müssen Existenzgründer in den ersten zwei Jahren in jedem Fall und unabhängig von ihrem Verdienst monatliche Umsatzsteuererklärungen abgeben (bis zum 10. des Folgemonats). Später bestimmt das Vorhandensein eines Steuerberaters sowie die Höhe des Umsatzes und der voraussichtlich geschuldeten Umsatzsteuer den Abgaberhythmus. Monatliche Erklärungen müssen Sie dann jeweils bis zum 10. des Folgemonats für den vorangegangenen Monat abgeben, wenn die Vorjahresumsatzsteuer mehr als 6.136 Euro betrug. Eine einmalige, jährliche Abgabe genügt, wenn die Vorjahressteuer sich auf weniger als 512 Euro belief. Haben Sie zwischen 513 und 6.136 Euro Umsatzsteuer entrichtet, müssen Sie Ihre Umsatzsteuererklärung quartalsweise abgeben.

Vor allem wenn Sie auf einen Steuerberater verzichten (was nicht ratsam ist), müssen Sie achtsam sein: Wer die Umsatzsteuer zum fälligen Zeitpunkt nicht oder nicht vollständig entrichtet, begeht eine Ordnungswidrigkeit, die mit einer Geldbuße bis zu 50.000 Euro geahndet werden kann. Wenn Sie die Umsatzsteuer wiederholt nicht oder zu spät entrichten, können Sie mit einer Freiheitsstrafe von bis zu fünf Jahren bestraft werden. In der Praxis kommt dieser Fall fast nie vor; meist belässt es das Finanzamt bei der Verhängung von Säumniszuschlägen, die sich wiederum an der Höhe der Umsatzsteuer ausrichten. Darauf sollten Sie sich jedoch besser nicht verlassen …

Gewerbesteuer

Auch nach der Unternehmenssteuerreform 2008 wird uns die Gewerbesteuer erhalten bleiben. Ob Sie dabei als Gewerbetreibender oder als Freibrufler eingestuft werden, entscheidet in letzter Instanz das Finanzamt. Der Gewerbeschein allein ist kein Beweis, Sie benötigen diesen nur für das Ordnungsamt. Dies bedeutet, dass die Kommunen – diese erheben die Steuer, nicht der Bund – unter Umständen rückwirkend Gewerbesteuer verlangen können.

Die Höhe der Gewerbesteuer schwankt von Gemeinde zu Gemeinde. Große Städte verlangen dabei meist mehr Gewerbesteuer als kleine Orte. Zur Berechnung müssen Sie die Gewerbesteuermesszahl und den Freibetrag kennen. Beide hängen vom sogenannten maßgeblichen Gewerbeertrag ab, also von Ihren Gewinnen.

Gewerbesteuer	Gewerbeertrag	Freibetrag	Steuermesszahl
Natürliche Personen und Personen- gesellschaften	0 bis 24.500 € über 24.500 €	bis 24.500 € ab 24.500 €	0 Prozent 3,5 Prozent
Kapitalgesellschaften			3,5 Prozent

Für ein Ein-Mann-Unternehmen mit einem Gewerbeertrag von 50.000 Euro liegt der Steuermessbetrag bei 472,50 Euro. Rechnen Sie nach: Von 50.000 Euro subtrahieren Sie den Freibetrag von 36.500 Euro, macht 13.500 Euro, 3,5 Prozent davon ergeben 405 Euro. Das ist aber noch nicht die Gewerbesteuer, denn die Berechnungsformel lautet:

> Gewerbesteuer = Gewerbeertrag – Freibetrag x Hebesatz ÷ 100
>
> (für Personengesellschaften)

Der Hebesatz betrug 2007 in München und Frankfurt am Main beispielsweise 490 Prozent, in Rehau in Oberfranken 290 Prozent, in Neuss 450 Prozent. Einen guten Vergleich von Größenordnungen liefert der Blick in den Norden: Die Stadt Hamburg hat einen Hebesatz von 470, das nahe gelegene Pinneberg 350, die kleinere Stadt Wedel 300 und das Dorf Moorrege 275. Konkret bedeutet das: Für einen Gewerbeertrag von 50.000 Euro zahlt ein Ein-Mann-Unternehmen in Hamburg 2007 2.220,75 Euro, in Pinneberg 1.653,75 Euro, in Wedel 1.653,75 und in Moorrege 1.295,37 Euro. Mit der Unternehmenssteuerreform 2008 wird die Gewerbesteuermesszahl von 5 auf 3,5 Prozent gesenkt. Die Hebesätze können die Gemeinden nach wie vor selbst bestimmen, wodurch auch Steuererhöhungen möglich sind. Ab 2008 können Gewerbetreibende das 3,8-fache ihres Gewerbesteuermessbetrags von der Einkommensteuerschuld abziehen (bis dahin 1,8 %).

Seit 2001 können Sie bei Einkünften aus einem Gewerbebetrieb eine Steuerermäßigung beantragen, die das 1,8-fache des festgesetzten Gewerbesteuer-Messbetrages ausmacht; im Beispiel sind das 729 Euro. Diese 729 Euro werden von der Einkommensteuer abgezogen. Die Gewerbesteuer kann außerdem als Betriebsausgabe geltend gemacht werden und ist damit gewinnmindernd: Bei einem Hebesatz von 360 Prozent und einem Einkommensteuersatz von 43 Prozent werden Sie faktisch vollständig von der Gewerbesteuerzahlung entlastet.

Unternehmenssteuerreform

Ab 2008 verändert sich vor allem für die Kapitalgesellschaften eine Menge. Sie zahlen dann insgesamt durchschnittlich nur noch ca. 29 Prozent ihres Gewinns für

Gewerbesteuer und Körperschaftssteuer. Der Satz für die Körperschaftssteuer wird von 25 auf 15 Prozent gesenkt. Die Gewerbesteuer bleibt erhalten, ihre Höhe bestimmen die Kommunen. Allerdings ist sie nicht mehr als Betriebsausgabe absetzbar, dafür allerdings statt mit dem Faktor 1,8 wie bisher mit 3,8 von der Einkommensteuer abzuziehen. Davon profitieren die Personengesellschaften und gewerblichen Einzelunternehmer, die damit bei niedrigem Gewerbesteuerhebesatz de facto keine Gewerbesteuer mehr zahlen müssen. Zudem wird die Steuermesszahl, die bisher für Personengesellschaften gestaffelt war, und für Körperschaften 5 Prozent betrug, auf einheitliche 3,5 Prozent gesenkt. Das ist vor allem ein Vorteil für die Körperschaften.

Körperschaftssteuer

Die Körperschaftssteuer ist eine Einkommensteuer für Gesellschaften, die zugleich juristische Personen sind – also für die GmbH, Limited, UG und AG. Diese Körperschaften zahlen auf ihren Gewinn einheitlich 15 Prozent Steuern ab 2008. Für Gewerbetreibende oder Freiberufler ist diese Steuer nicht relevant.

Grundsteuer

Grundbesitz, der sich in Deutschland befindet, unterliegt der Grundsteuer. Zum Grundbesitz gehören Betriebe der Land- und Forstwirtschaft sowie Grundstücke. Auch hier ist der Ausgangswert ein Steuermessbetrag, der mit einem Hebesatz multipliziert wird. Dabei existiert ein Grundsteuerhebesatz A für Land- und Forstbetriebe und ein Grundsteuerhebesatz B für alle anderen Grundstücke. Der Steuermessbetrag liegt dabei zwischen 0,26 und 0,35 Prozent. So wird die Grundsteuer berechnet:

- ▶ Steuermessbetrag = Einheitswert des Grundstücks x Steuermesszahl.
- ▶ Grundsteuer = Steuermessbetrag x Grundsteuerhebesatz der Gemeinde.

Grunderwerbsteuer

Die Grunderwerbsteuer fällt beim Erwerb eines Grundstücks an. Der Steuersatz beträgt zurzeit einheitlich 3,5 Prozent auf den Kaufpreis. Die Bemessungsgrundlage bezieht sich auf den Kaufpreis des Grundstücks sowie ein eventuell darauf errichtetes Gebäude. Beim Erwerb des Objektes ist somit die zu zahlende Steuer auf der Grundlage des Gesamtkaufpreises zu ermitteln.

Steuern und Abgaben für Arbeitgeber

Lohnsteuer

Planen Sie Mitarbeiter einzustellen? Dann müssen Sie auch an die Lohnsteuer denken, die Sie bereits als Erhebungsform der Einkommensteuer kennengelernt haben. Auf Basis der vorgelegten Lohnsteuerkarte haben Sie als Arbeitgeber die entstehende Lohnsteuer, den Solidaritätszuschlag und gegebenenfalls die Kirchensteuer als Einkommensteuervorauszahlung einzubehalten und an das Finanzamt abzuführen. Für jeden Arbeitnehmer sollten Sie ein Lohnkonto führen, in dem Sie unter anderem verzeichnen:

▶ Angaben der Lohnsteuerkarte,
▶ Freibeträge (falls auf der Lohnsteuerkarte eingetragen),
▶ Beschäftigungsdauer,
▶ Lohnzahlungszeitraum,
▶ Arbeitslohn,
▶ abzuführende Steuern und Abgaben.

Sozialversicherungsbeiträge

Spätestens 14 Tage nach Anstellung müssen Sie den Sozialversicherungsträgern Ihre Arbeitnehmer melden:

▶ Rentenversicherung (Beitragssatz: 19,9 Prozent),
▶ Krankenversicherung und Pflegeversicherung (Beitragssatz abhängig von der gewählten Krankenkasse),
▶ Arbeitslosenversicherung (Beitragssatz derzeit: 4,5 Prozent).

Als Arbeitgeber tragen Sie die Hälfte der monatlichen Sozialabgaben. Durch den Arbeitgeberanteil erhöhen sich Ihre Kosten auf rund 19 bis 22 Prozent des Bruttolohns.

Legale Steuertricks für Unternehmer

Zeichnet sich ein hoher Gewinn ab, der Sie in die Nähe des Spitzensteuersatzes von 45 Prozent (42 Prozent plus drei Prozent sogenannte »Reichensteuer«) katapultiert? Dann sollten Sie versuchen, notwendige Investitionen zu tätigen, um die Höhe Ihres zu versteuernden Einkommens zu senken.

Ein hohes Steuersparpotenzial liegt beispielsweise in Sonderabschreibungen, die sie als »steuerliche Anfangsverluste« deklarieren können. In den folgenden Kapiteln stelle ich Ihnen typische Steuersparmodelle vor, die sich vor allem in den Anfangsjahren bezahlt machen.

Verluste vor- und rücktragen

Verluste entstehen immer dann, wenn die Betriebsausgaben höher sind als die Einnahmen. Das Finanzamt spricht in solchen Fällen von negativen Einkünften. Sie haben im Jahr 2006 beispielsweise 40.000 Euro eingenommen und 60.000 Euro ausgegeben. Insgesamt haben Sie in diesem Beispiel minus 20.000 Euro verdient.

Nach § 10d des Einkommensteuergesetzes können Sie wählen, ob Sie Ihre Verluste mit anderen positiven Einkünften aus dem Vorjahr – das nennt sich »Verlustrücktrag« – verrechnen oder in das nächste Jahr übertragen (Verlustvortrag). Sinn des Verlustabzugs ist es, in gewissem Rahmen für einen längeren Zeitraum eine konstante Durchschnittsbesteuerung zu erreichen. Ein Vortrag ist vor allem dann günstig, wenn Sie im nächsten Jahr hohe Einkünfte erwarten, also einen hohen Steuersatz. Ein Rücktrag ist von Vorteil, wenn Sie im Vorjahr ein hohes Einkommen hatten. Ist ein Rücktrag nicht möglich, weil Sie zu geringe Einkünfte hatten, wird Ihr Guthaben automatisch in das nächste Jahr übertragen.

Zeichnen sich über einen längeren Zeitraum keine Gewinne ab, ist das Geld nicht verloren: Der Verlustabzug kann beispielsweise auch auf das Einkommen des Ehegatten angerechnet werden. Der Verlustvortrag verteilt sich zur Not so lange auf die zukünftigen Jahre, bis alle Verluste verrechnet wurden.

Normalerweise verrechnet das Finanzamt die negativen Einkünfte automatisch mit anderen positiven Einkünften. Sicherheitshalber sollten Sie den Verlustvortrag extra beantragen, da die Finanzämter den Verlustvortrag in der Praxis häufig übersehen.

Ansparabschreibung

Nach § 7 g Absatz 3 bis 7 des Einkommensteuergesetzes können Sie Gewinne aus vergangenen Jahren wahlweise ins nächste oder übernächste Jahr »verschieben«. So gleichen Sie Ihre Gewinnentrichtung weitgehend aus.

Vorteile leiten sich aus den Höhen und Tiefen Ihres Geschäfts ab. Wenn Sie in einem Jahr sehr viel verdienen, im nächsten aber mit weit weniger rechnen, kann es aber auch sinnvoll sein, das Steueraufkommen im guten Jahr mit einer Ansparabschreibung zu senken. Für die Anschaffung eines neuen oder auch gebrauchten beweglichen Wirtschaftsguts, zum Beispiel eines Firmenwagens, können Sie dabei 40 Prozent der zu erwartenden Kosten bis zu drei Jahre im Voraus einkalkulieren und von der Steuer abziehen. Das nannte sich früher Ansparabschreibung und heißt neuerdings

»Investitionsabzugsbetrag«. Diesen Abzug vornehmen dürfen Sie allerdings als Einnahmen-Überschussrechner nur, sofern Ihr Gewinn nicht die 100.000 Euro-Marke überschreitet. Bilanzierer sind auf 200.000 Euro Investitionen beschränkt. Extras für Gründer gibt es nicht mehr. Jeder, der die Ansparabschreibung nutzt, dann aber doch nicht investiert, muss das dadurch eingesparte Geld rückwirkend versteuern.

Beispiel: Sie planten, ein Auto für 30.000 Euro zu kaufen und konnten dadurch Ihre zu versteuerndes Einkommen 2008 senken. Dann haben Sie sich 2010 anders entschieden. Das Finanzamt versteuert das eingesparte Geld nun zum Steuersatz aus dem Jahr 2008.

Nach der erfolgten Anschaffung müssen Sie Ihr Wirtschaftsgut nahezu ausschließlich betrieblich nutzen (das bedeutet weniger als 10 Prozent privat) und es mindestens ein Jahr im Betriebsvermögen halten.

Beispiel: Im Jahr 2007 erzielt Anna B. als Journalistin einen Gewinn von 70.000 Euro und ein zu versteuerndes Einkommen (ZVE) von 60.000. 2008 möchte sie ihr neues Büro mit Designermöbeln einrichten. Sie weiß, dass sie 2008 vorübergehend weniger verdienen wird, weil sie ihr erstes Kind erwartet. Die Möbel werden sie 2008 also finanziell kaum entlasten – wo kaum Einnahmen sind, lässt sich die Steuer durch Abzug von Kosten auch nicht wesentlich senken. Also macht Anna B. im Jahr 2007 vorausschauend eine Ansparabschreibung für die Möbel geltend – insgesamt 15.000 Euro. Damit senkt sie ihr ZVE von 60.000 Euro auf 45.000 Euro und zahlt auch nur für diesen Betrag Steuern. Im Beispiel sind es statt 18.236 Euro nur 11.712 Euro – ein deutlicher Unterschied. Natürlich muss sie diese Ansparabschreibung wieder auflösen. Dies geschieht jedoch in einem Jahr, in dem sie wieder mehr Geld hat. Anna B. hat damit einen Liquiditätsvorteil und gewinnt Zeit, bezahlt aber letztendlich genauso viele Steuern wie sie hätte zahlen müssen, wenn sie die 15.000 Euro direkt versteuert hätte.

Gaukeln Sie dem Finanzamt keine unrealistischen Ansparkosten vor. Der Preis für einen Audi A4 Avant lässt sich mühelos anhand des Listenpreises feststellen. Führen Sie bei komplexen Gütern auf einem separaten Zettel für das Finanzamt auf, was Sie kaufen möchten, wann der Kauf beabsichtigt ist, und vor allem wie viel der jeweilige Gegenstand voraussichtlich kosten wird. Machen Sie dabei stets detaillierte Angaben zu jedem einzelnen Investitionsgut.

Liquiditätsgewinn durch späte Abgabe der Steuererklärung

Die Steuererklärung müssen Sie bis zum 31. Mai des nächsten Jahres abgeben, die Erklärung für 2006 also im Mai 2007. Der Steuerberater hilft beim Verschieben – zunächst ohne besonderen Antrag bis zum 30. September. Danach muss der Steuerberater weitere Fristverlängerungen explizit beantragen und diese auch begründen. Glaubwürdig ist dabei für fast jeden Existenzgründer die »allgemeine Arbeitsüberlastung«. Spätester Termin ist, sofern das Finanzamt zustimmt, dann der Februar des darauf folgenden Jahres – im Beispiel also der Februar 2008. Ab dem 15. Monat nach Ablauf des Jahres wird das Finanzamt 0,5 Prozent Nachzahlungszinsen pro Monat fordern. Denken Sie daran, dass bei späterer Abgabe 2006 das Finanzamt auch Vorauszahlungen für 2007 und gegebenenfalls 2008 festlegen kann. Bilden Sie also Rücklagen.

Steuerrecht in Österreich und der Schweiz

Das österreichische und schweizerische Steuerrecht unterscheidet sich vom deutschen. Die wichtigsten Bestimmungen finden Sie im folgenden Abschnitt.

Österreich

2005 wurde der progressive Steuertarif durch einen Durchschnittssteuertarif ersetzt. Erst das Einkommen ab 51.001 Euro wird mit 50 Prozent besteuert, bis 10.000 Euro zu versteuerndem Einkommen zahlen Sie hingegen gar keine Steuern. Dazwischen liegt ein kompliziertes Berechnungsmodell (siehe Tabelle). Wenn Sie auch keine Mitarbeiter beschäftigen, brauchen Sie dann nicht einmal eine Steuererklärung abgeben.

Einkommen	Einkommensteuer in Euro
mehr als 10.000 Euro bis 25.000 Euro	$\dfrac{(\text{Einkommen} - 10.000) \times 5.750}{15.000}$
von 25.001 Euro bis 51.000 Euro	$\dfrac{(\text{Einkommen} - 25.000) \times 11.335}{26.000} + 5.750$
Über 51.000 Euro	$(\text{Einkommen} - 51.000) \times 50\,\% + 17.085$

Wie in Deutschland lassen sich die Betriebsausgaben vom Umsatz abziehen. Zusätzlich gibt es außergewöhnliche Belastungen und Sonderausgaben. Möglich ist ein pauschalierter Abzug von 6 oder 12 Prozent: Dieser entbindet vom Einzelnachweis der Ausgaben (nicht aber von der Buchhaltung). Allerdings dürfte dieser Satz meist unter den wirklichen Ausgaben liegen. Steuersparend wirken auch Ansparabschreibungen sowie Verlustvorträge und -rückträge.

Die Körperschaftssteuer beträgt 34 Prozent. Bei der GmbH existiert eine Mindestkörperschaftssteuer von 1.092 Euro im Jahr, die auch bei einem Verlust fällig ist. Wird der Gewinn an die Gesellschafter ausgeschüttet, fällt eine Kapitalertragsteuer in Höhe von 25 Prozent an.

Die Umsatzsteuer beträgt 20 Prozent und 10 Prozent ermäßigt. Für den Vorsteuerabzug gelten die gleichen Bedingungen wie in Deutschland.

Existenzgründer können als staatliche Hilfe Neufoeg beantragen. Diese befreit von sonst fälligen Kosten im Zusammenhang mit der Gründung, etwa den Stempelgebühren, der sonst fälligen Steuer für den Erwerb von Gesellschafteranteilen oder der Grunderwerbsteuer (bei Einbringung in Gesellschaftsverträge). Auch bestimmte Lohnabgaben müssen von Neufoeg-Geförderten nicht bezahlt werden. Die Förderung spricht somit vor allem Gründer an, die Größeres vorhaben. Sie ist für Freiberufler und Gewerbetreibende eine Option. Antragsformulare finden Sie unter *www.bmf.gv.at*.

Ein Steuerrechner findet sich auf der Seite des Finanzministeriums unter *www.bmf.gv.at*. Aktuelle und gut verständliche Information liefert ein 90 Seiten starker Steuerleitfaden für Existenzgründer (in der Rubrik Service/Publikationen) auf derselben Website.

Schweiz

Die Schweiz ist ein Steuerparadies. Nur durchschnittlich etwa 25 Prozent müssen Unternehmer insgesamt für alle Steuern bezahlen, selbst wenn sie hohe Gewinne einfahren. Neben einer direkten Bundessteuer existiert eine Staatssteuer der Kantone, die für alle Bürger mit Einkommen anfällt. Juristische Personen (GmbH, AG) müssen außerdem eine Kapital- und Gewinnsteuer bezahlen. Als föderaler Staat bestimmen vor allem die Kantone die genaue Höhe der Steuern. Diese stehen untereinander im Wettbewerb, was zu einer häufigen Korrektur führt. Darüber hinaus kassiert auch der Bund seinen Anteil.

Auch die Mehrwertsteuer ist die niedrigste in ganz Europa. Nur 7,6 Prozent beträgt der höchste Mehrwertsteuersatz; lediglich 2,4 Prozent werden für Waren des täglichen Bedarfs fällig. Alles in allem ideale Voraussetzungen für Unternehmer – großartige Unternehmerförderung in steuerlicher Hinsicht ist in der Schweiz kaum nötig. Informationen finden Sie unter *www.estv.admin.ch*, *www.steuern.sg.ch* sowie auf den Webseiten der jeweiligen Kantone.

Adressen

Einkommensteuererklärung:

– Steuernetz (*www.steuernetz.de/ gesetze/estg04/p10.html*): Definition der Sonderausgaben.

– Focus (*http://finanzen.focus.msn.de*): Berechnungsprogramm für die Zumutbarkeitsgrenze bei außergewöhnlichen Belastungen.

– Bundesrecht (*http://bundesrecht. juris.de/bundesrecht/estg/_7g.html*): Sonderabschreibungen nach § 7.

– Advonet (*www.advonet.info/ ju2337.htm*): Erläuterung der Fallen eines Liquiditätsgewinns durch Verzögerung der Einkommensteuererklärung.

Gesetzestexte:

– Kleinunternehmerförderungsgesetz (*http://217.160.60.235/BGBL/bgblhf/ bgbl103s1550.pdf*): Gesetz zur Förderung von Kleinunternehmen und zur Verbesserung der Unternehmensfinanzierung.

Gewerbesteuer:

– Deutscher Industrie- und Handelstag (*www.dihk.de*): Hebesätze können Sie in der Regel bei Ihrer örtlichen Industrie- und Handelskammer (IHK) abrufen. Im Bereich Fair & Play findet sich meist ein Unterbereich »Steuern«. Hier sind die Hebesätze abgelegt.

4.5 Versicherungen

Versicherungen braucht jeder Unternehmer. Die Krankenversicherung ist Ihre Grundausstattung, aber auch an das Alter müssen Sie als Selbständiger ebenso denken wie an Berufsrisiken. Dieses Kapitel stellt die grundlegenden Versorgungssysteme vor und sagt, welche Versicherungen Sie als Unternehmer wirklich benötigen.

Sozialversicherung

Sozialversicherung: Das sind alle staatlich verordneten Versorgungssysteme, beginnend bei der Arbeitslosenversicherung, über die Kranken- und Pflegeversicherung und endend bei der Rente. Als Arbeitnehmer sind Sie verpflichtet, in alle diese Versicherungen einzuzahlen. Als Unternehmer haben Sie dagegen (meist) die freie Wahl: Sie können an der Sozialversicherung mit Ausnahme der Arbeitslosenversicherung teilnehmen. Eine Verpflichtung besteht dazu jedoch nicht – so weit die Regel, von der es Ausnahmen gibt. Einige selbständige Berufsgruppen sind nämlich gezwungen, in die Rentenversicherung einzuzahlen, ob sie wollen oder nicht.

Rentenversicherung

Reizt Sie das Bild von den reiselustigen Alten, die sich fast alles leisten können und endlich ein Leben ohne Arbeit genießen können? Wenn Sie als Rentner nicht in der Sozialhilfe landen wollen, müssen Sie als Selbständiger rechtzeitig und ausreichend vorsorgen. Denn anders als Ihre angestellten Kollegen bleibt Ihnen aus der Rentenversicherung nur das, was Sie bis zur Aufnahme der selbständigen Tätigkeit an Ansprüchen erlangt haben – oft nur ein Taschengeld.

Vorsorge ist also eine wichtige Säule für Ihre Zukunft. Sie kostet Sie deutlich mehr als angestellte Arbeitnehmer, denn Sie müssen Ihre Vorsorgeaufwendungen, so der steuerliche Begriff, allein tragen. Diese sind als Sonderausgaben zudem in der Steuererklärung nur begrenzt abzugsfähig und damit auch zur Verringerung des zu versteuernden Einkommens nicht geeignet. Die Kosten bleiben also überwiegend an Ihnen hängen. Das sollten Sie bei der Festlegung Ihrer Honorare oder Preise bedenken.

Was sollen Sie aber tun, wenn das Geld noch nicht sprudelt und Sie um jeden Euro kämpfen müssen? Viele Gründer sparen sich in der Anlaufzeit die Kosten für die Rentenversicherung. Ihr Argument: Besser kurzfristig liquide sein und das Geld sinnvoll für Investitionen und den unmittelbaren Lebensunterhalt nutzen. Für eine begrenzte Übergangsphase ist das ein nachvollziehbarer Gedanke.

Dauerhaft sollten Sie Ihre Alterabsicherung aber auf keinen Fall vernachlässigen

– es sei denn, eine üppige Erbschaft ist Ihnen gewiss. Als idealen Versicherungs-schutz empfehlen Profis eine Kombination aus verschiedenen Anlageformen: Lebensversicherung, Aktien, Immobilien.

Eine Lebensversicherung können Sie sich auf Rentenbasis – also monatlich – oder als Einmalzahlung überweisen lassen. Die erste Alternative rentiert sich bei weiterer Geldanlage des ausgezahlten Betrags, die zweite Alternative lohnt sich (vielleicht), wenn Sie sehr alt werden.

Freiwillig in die gesetzliche Kasse einzahlen

Natürlich können Sie freiwillig in die gesetzliche Rentenversicherung einzahlen. Allerdings investieren Sie hier in ein krankes und bröckelndes System. Ein System, das zudem nicht auf Ihrem persönlichen Finanzierungsaufwand und eigenen Ansparungen basiert. Die gesetzliche Rentenversicherung gewährt Sicherheit viel-mehr nach dem Umlageprinzip – auch »Generationenvertrag« genannt. Die Bei-träge werden bei der staatlichen Rentenversicherung nämlich nicht eingezahlt und angespart, sondern direkt verbraucht. Die Beiträge zur staatlichen Rentenversiche-rung stellen somit lediglich den Lebensunterhalt der derzeitigen Rentner sicher. Bekanntlich fällt das alleine heute schon schwer genug. Was soll erst in ein paar Jahren sein, wenn es immer mehr alte Menschen gibt?

Selbständige mit Versicherungszwang

Nicht immer ist die staatliche Rentenversicherung freiwillig. Manche Berufsgrup-pen müssen gezwungenermaßen einzahlen. Für diese Berufsgruppen glaubt der Staat eine besondere Sorge tragen zu müssen, weil Sie traditionell nicht zu den Spit-zenverdienern gehören. Im Sozialgesetzbuch sind die von diesem Zwang betroffe-nen Selbständigen genannt:

▸ Selbständig tätige Lehrer – und damit auch Dozenten, Trainer, Coachs.

▸ Selbständige Pflegepersonen (etwa Hebammen), außer Heilpraktikern und Ärzten.

▸ Hausgewerbetreibende, also Gewerbetreibende, die von einem Dritten Auf-träge als Subunternehmer beziehen und von diesem wirtschaftlich anhängig sind.

▸ Selbständige, die dauerhaft nur für einen Auftraggeber tätig sind, falls kein versicherungspflichtiger Arbeitnehmer beschäftigt wird, der mindestens 401 Euro im Monat verdient. Darunter fallen auch Handelsvertreter, die als Ein-Mann-Unternehmen für eine einzige Firma tätig sind.

▸ Scheinselbständige, die beispielsweise eine Tätigkeit ausüben, die kein unternehmerisches Handeln erkennen lässt. Auch wenn Sie eine Tätigkeit ausüben, die normalerweise im Rahmen eines festen Arbeitsverhältnisses stattfindet, sind Sie unter Umständen scheinselbständig. Die endgültige Ent-scheidung trifft eine Clearingstelle der Deutsche Rentenversicherungsanstalt

Bund (siehe Kapitel 4.5). Im Zweifelsfall müssen Sie nachweisen, dass Sie nicht scheinselbständig sind.

▸ Handwerker, die in der Handwerksrolle eingetragen sind oder als Handwerker selbständig sind. Mit der Zahlung des 216. Monatsbeitrags, also nach 18 Jahren, können sich Handwerker von der Versicherungspflicht befreien lassen. Auch durch Gründung einer Kapitalgesellschaft verlieren Sie Ihre Versicherungspflicht.

▸ Existenzgründer, die den derzeit auslaufenden Ich-AG-Zuschuss vom Arbeitsamt erhalten.

▸ Selbständige Seelotsen, Küstenschiffer und Küstenfischer.

Wenn Sie sich in einer dieser Berufsgruppen wiederfinden, müssen Sie sich theoretisch bei der zuständigen Versicherungsanstalt schriftlich melden. Dazu haben Sie nach Aufnahme der Tätigkeit bis zu drei Monate Zeit.

Info: Gibt es die Scheinselbständigkeit eigentlich noch?

Ja und nein, denn Scheinselbständigkeit ist kein rechtlicher Zustand. Sie sind zum Schein selbständig, wenn Sie wie ein Festangestellter arbeiten, aber keinen Arbeitsvertrag besitzen. Ihr Auftrag- beziehungsweise Arbeitgeber führt für Sie in einem solchen Fall auch keine Sozialversicherungsbeiträge ab.

Diese Art von Arbeitsverhältnis ist für Sie selten optimal. Als Scheinselbständiger entstehen Ihnen erhebliche Nachteile, sofern Ihr Honorar dem selbständigen-Status nicht angepasst ist, also mindestens die Hälfte, besser noch zwei Drittel höher ausfällt als das Gehalt eines normalen Angestellten. Diese Hälfte mehr ermöglicht Ihnen unter anderem, sich durch private Rentenvorsorge für die Zukunft abzusichern. Denn: Wenn Sie nicht über die Künstlersozialkasse versichert sind, müssen Sie alle Sozialversicherungsbeiträge (Kranken-, Pflege- und Rentenversicherung) in voller Höhe selbst tragen.

Ihre Scheinselbständigkeit ärgert auch den Staat – und hier kommt die Gesetzeslage ins Spiel. Dem Rentenversicherungsträger der Angestellten, der Deutschen Rentenversicherungsanstalt Bund, gehen potenzielle Beitragszahler verloren. Aus diesem Grund behält er sich vor, ihre Rentenversicherungspflicht anhand der Kriterien für Scheinselbständigkeit festzustellen.

Das Gesetz zur Scheinselbständigkeit wurde jedoch 2003 geändert. Grundlage der derzeitigen Rechtsprechung ist das »Gesetz für moderne Dienstleistungen am Arbeitsmarkt«, das Anfang 2003 in Kraft trat. Im Zuge dieser sogenannten Hartz-Gesetze wurden die 1999 verankerten Bestimmungen erheblich aufgeweicht. Der Kriterienkatalog, anhand dessen der Scheinselbständige seinen Status selbst ermitteln konnte, existiert in dieser Form nicht mehr. Einige dieser Kriterien sind aber nach wie vor gültig – allerdings liegt die Feststellung der Scheinselbständigkeit nun ausschließlich bei der Deutschen Rentenversicherungsanstalt Bund;

Sie können sich selbst keine Scheinselbständigkeit mehr attestieren. Eine kürzlich eingerichtete Clearingstelle soll die Rentenversicherungspflicht überprüfen und feststellen. Gemäß den Grundsätzen der Deutschen Rentenversicherungsanstalt Bund kann Rentenversicherungspflicht bei Selbständigen bestehen, die nur für einen Auftraggeber arbeiten und keine eigenen Mitarbeiter mit einem sozialversicherungspflichtigen Gehalt über 400 Euro beschäftigen.

Die Rentenversicherungspflicht wird von diesen Berufsgruppen eher gefürchtet als geschätzt. Viele schlagen sich Jahre durch, ohne von der Deutschen Rentenversicherungsanstalt Bund entdeckt zu werden. In diesem Fall drohen Nachzahlungen für den gesamten Zeitraum der selbständigen Tätigkeit. Deshalb sind beispielsweise freie Lehrer und Handwerker immer auf der Suche nach Möglichkeiten, die lästige Pflicht zu umgehen. Die Gründung einer Kapitalgesellschaft ist eine solche, allerdings aufwändige Möglichkeit, die für manche Unternehmer eine Nummer zu groß ist: Immerhin verlangt die GmbH eine Mindesteinlage von 25.000 Euro. Sofern Sie vor dem 2. Januar 1949 geboren sind oder vor dem 10. Dezember 1998 einen Renten- oder Lebensversicherungsvertrag abgeschlossen haben, können Sie der Versicherungspflicht ebenfalls entgehen, allerdings muss der Vertrag den Leistungen der gesetzlichen Kasse entsprechen.

Beitragssatz

Der Beitragssatz zur gesetzlichen Rentenversicherung beträgt zurzeit 19,9 Prozent. Bei Künstlern, Hausgewerbetreibenden und Scheinselbständigen muss sich der Auftraggeber zur Hälfte an der zu zahlenden Summe beteiligen. Das macht natürlich niemand freiwillig. Die Künstlersozialkasse zieht diese Beiträge deshalb von den Auftraggebern der Künstler »vorausschauend« ein. So müssen beispielsweise alle Verlage und Sendeanstalten, die freie Mitarbeiter beschäftigen, einen Obolus leisten und für Ihre freien Mitarbeiter an die Kasse Beiträge abführen.

Sie haben stets die Wahl zwischen Regelbeiträgen und einkommensgerechten Beiträgen. Regelbeiträge richten sich nach der sogenannten Bezugsgröße. Die Bezugsgröße ist dabei das statistische Durchschnittsentgelt in der Versicherung. Es verändert sich somit ständig.

Tipp: Betrifft Unternehmer die Riester-Rente?

Normalerweise nicht. Die Riester-Rente soll die normale gesetzliche Rentenversicherung durch eine staatlich bezuschusste Betriebsrente ergänzen. Sie spricht Arbeitnehmer an, aber auch Mitglieder der Künstlersozialkasse können den Zuschuss erhalten. Sie müssen als Arbeitgeber Ihren Mitarbeitern allerdings die Förderung ermöglichen und Ihnen gestatten, Teile des Gehalts umzuwandeln. Das ist für Sie grundsätzlich von Vorteil, denn damit wird das auszuzahlende Gehalt niedriger, und es fallen geringere Sozialversicherungsbeiträge an.

Rürup-Rente

Selbständige können nur teilweise »riestern« – wenn Sie nämlich in der Künstlersozialkasse sind oder aber der Ehepartner einen Anspruch hat. Unter anderem für Selbständige gibt es seit 2005 die äußerst umstrittene Rürup-Rente mit einigen Steuervorteilen. Seit diesem Jahr können Sie keine Kapitallebensversicherungen mehr steuerfrei beziehen.

Die Rürup-Rente wird wie die Riester-Rente nicht als Kapital am Ende der Einzahlungszeit ausgezahlt, sondern geht in monatlichen Renten an Sie, den Einzahler, zurück. Das Kapital verfällt, wenn Sie versterben, eine Garantierentenzeit gibt es nicht.

Der hauptsächliche Vorteil: Rürup-Zahlungen können Sie als Vorsorgeaufwendungen bis maximal 20.000 Euro von der Steuer abziehen und mindern damit Ihr steuerpflichtiges Einkommen. Je höher Ihre Steuern sind, desto eher lohnt sich das. Dabei gelten gestaffelte Abzugssätze, bis im Jahr 2025 100 Prozent der Einzahlungen erreicht sind. Beispiel: 2008 dürfen Sie 68 Prozent der Gesamtsumme abziehen. Nach altem Recht konnten Sie Vorsorgeaufwendungen bis 5.069 Euro geltend machen. Daraus ergibt sich, dass sich derzeit noch auch nur dann ein Vorteil gegenüber dem alten Recht besteht, wenn Sie mehr als etwa 8.000 Euro jedes Jahr in Rürup einzahlen. Das hält die Autorin für deutlich zu viel Geld, um es auf eine Vorsorgeart zu setzen. Allerdings: Die Rürup-Rente darf bei eventueller Arbeitslosigkeit und auch beim Bezug von Arbeitslosengeld II (Hartz IV) nicht angetastet werden. Für Aktienvermögen beispielsweise gilt das nicht; dieses wird angerechnet, sollten Sie irgendwann einmal Arbeitslosengeld II beantragen.

Bedenken Sie: Wer mehr als im Beispiel 8.000 Euro über 20 Jahre einzahlt, hat 160.000 Euro beiseite gelegt … Dieses Geld ist bei Rürup für immer weg, wenn Sie nach der Rente nicht lange leben. Sie können allerdings in Ihrem Rentenvertrag vereinbaren, dass das Geld an Hinterbliebene geht.

Steuerjahr absetzbarer Anteil	2007	2008	2009	2010	2011	2012	2013	2014	2015	2016
	64 %	66 %	68 %	70 %	72 %	74 %	76 %	78 %	80 %	82 %

zu versteuernder Anteil	2017	2018	2019	2020	2021	2022	2023	2024	2025	...
	64 %	66 %	68 %	70 %	92 %	94 %	96 %	98 %	100 %	usw.

Quelle: www.wikipedia.de

Künstlersozialkasse

Reichtum werden nur wenige Künstler anhäufen – so die landläufige, allerdings durch Zahlen belegbare Ansicht. Es hat also einen sozialen Sinn, dass ausgerechnet die Künstler eine eigene Kasse haben, die Ansprüche für sie wahrnimmt und die Hälfte der Versicherungsbeiträge trägt. Ob Publizist, Maler, Bildhauer oder Musiker: Künstler, die mit Worten, Bildern, Formen oder Klängen arbeiten, haben Anspruch auf die Leistungen der Künstlersozialkasse (KSK). Diese trägt 50 Prozent der Beiträge zu Kranken-, Pflege- und Rentenversicherung. Die Künstlersozialkasse ist dabei eine spezielle Einrichtung der Deutschen Rentenversicherung Bund.

Die KSK hat genau definiert, wer Künstler ist, wenn es auch immer wieder zu Auslegungsproblemen kommt. So ist beispielsweise fraglich, ob ein PR-Redakteur, der Kunden zusätzlich berät, als Künstler gilt. Glasklare Fälle sind die folgenden:

- *Wort-Künstler:* vom Journalist bis zum publizistischen Übersetzer.
- *Bildende Künstler:* vom Grafiker bis zum künstlerischen Fotograf.
- *Musiker:* vom Komponisten bis zum Musiklehrer.
- *Darstellende Künstler:* vom Balletttänzer bis zum Stimmlehrer.

Die Höhe der Beiträge in der Künstlersozialkasse berechnet sich anhand des Nettoeinkommens, also des zu versteuernden Einkommens (Gewinn minus abzugsfähige private Kosten, siehe Kapitel 4.4). Dieses melden Sie einmal jährlich bei der KSK an. Zugrunde liegt eine Schätzung, die Sie allerdings jederzeit nach unten oder oben korrigieren müssen, wenn sich die Geschäfte in der Praxis anders entwickeln. Einen Nachweis des tatsächlichen Einkommens, beispielsweise anhand eines Einkommensteuerbescheids, müssen Sie nicht erbringen. Allerdings prüft die KSK in Stichproben – ein Betrug kann also jederzeit auffliegen.

Möchten Sie Mitglied in der KSK werden, müssen Sie sich möglichst vor Aufnahme der Tätigkeit bei der Künstlersozialkasse in Oldenburg melden, da die Versicherungspflicht nicht mehr rückwirkend festgestellt werden kann. Allerdings verlangt die KSK auch Nachweise für Ihre künstlerische Tätigkeit – und diese Nachweise (Arbeitsproben oder Auftragsbestätigungen, Verträge mit Auftraggebern) sind erst nach einigen Monaten im Job möglich.

Falls Sie einer gemischten Tätigkeit nachgehen (zum Beispiel Künstler und Gewerbe), können Sie unter Umständen in der KSK-Rentenversicherung bleiben, sofern der Anteil der anderen Tätigkeit 50 Prozent nicht überschreitet. Die Krankenversicherung tragen Sie dann selbst. Übersteigen die Einnahmen aus der anderen Tätigkeit nicht das Niveau eines Minijobs (400 Euro im Monat oder 4.800 Euro im Jahr), können Sie sogar in der KSK vollversichert bleiben.

Versorgungswerke für Freiberufler

Ärzte, Zahnärzte, Tierärzte, Architekten, Apotheker, Rechtsanwälte und Notare, Steuerberater und Steuerbevollmächtigte: Einige Freiberufler haben es gut, für sie existieren Versorgungswerke, welche die Altersabsicherung vollständig abdecken. Ärzte, Anwälte und Wirtschaftsprüfer dürfen beispielsweise ohne Mitgliedschaft in einer Kammer ihren Beruf nicht ausüben; per Gesetz ist daran dann die Mitgliedschaft im Versorgungswerk gekoppelt. Diese Mitgliedschaft bietet immer klare Vorteile, da die Versorgungswerke anders als die gesetzliche Rentenversicherung nach dem Kapitaldeckungsprinzip funktionieren. Das bedeutet, dass jeder Versicherte für sich selbst Rücklagen bildet – wie auch in jeder Lebensversicherung. Diese Rücklagen zahlt das Versorgungswerk beim Eintritt der Rente verzinst aus. Nachteil: Die Versicherung ist anders als die gesetzliche Rentenversicherung nicht inflationssicher.

Auch im Vergleich zu klassischen Lebensversicherungen schneiden Versorgungswerke gut ab, da sie außerordentlich niedrige Verwaltungskosten haben (bis 1,5 Prozent). Kosten für den Außendienst fallen bei den Versorgungswerken ebenfalls nicht an, auch das ein geldwerter Vorteil. Durchschnittlich erzielen die Versorgungswerke Nettorenditen von 6 bis 8 Prozent auf die eingezahlten Gelder.

Derzeit erhalten angestellte Ärzte, Rechtsanwälte oder Steuerberater oft eine doppelt so hohe Rente wie bei der Deutschen Rentenversicherungsanstalt Bund versicherte Angestellte. Selbständige Freiberufler der genannten Berufe können freiwillig in ein Versorgungswerk einzahlen, müssen dann aber auch die vollen Kosten tragen, also auch den Arbeitgeberanteil. Der Ertrag ist indes derzeit in jedem Fall höher als aus der staatlichen Rentenkasse.

Manche Versorgungswerke haben sich inzwischen auch Berufen geöffnet, die nicht zu ihrer ursprünglichen Klientel gehören, darunter das Presseversorgungswerk. Allerdings befreit die Mitgliedschaft im Presseversorgungswerk nicht von der gesetzlichen Rentenversicherungspflicht, die für Künstler gilt.

Krankenversicherung

Als Selbständiger brauchen Sie eine Krankenversicherung – seit Neuestem ist das mit wenigen Ausnahmen nicht nur lebensnotwendig, sondern auch seitens des Gesetzes erforderlich. Trotzdem sind Sie als Selbständiger in der Regel freiwillig versichert. Sie haben dann die Wahl zwischen einer privaten und einer gesetzlichen Krankenkasse, es sei denn, Sie sind über die Künstlersozialkasse (KSK) pflichtversichert.

Mit Krankheit ist nicht zu spaßen: Zwar lassen sich Zahnarzt- und Hausarztbesuche oft noch aus eigener Tasche bezahlen, doch bei schwerer Krankheit ist eine Krankenversicherung unabdingbar. Insofern sollte sich auch jene Gruppe, die erst ab 2009 unbedingt eine Krankenversicherung nachweisen muss, sofort absichern: Die Privatversicherten unter Ihnen, die nie gesetzlich krankenversichert waren.

Manche Existenzgründer glauben, Sie dürften sich nur privat versichern. Das stimmt so nicht. Die gesetzlichen Krankenkassen nehmen Sie als freiwillig Versicherte gerne auf. Neuerdings gibt es dort auch Wahltarife, die den Privatkassen nachempfunden sind. So gibt es z.B. bei der Technik Krankenkasse einen Tarif, der Ihnen eine Rückerstattung gewährleistet, wenn Sie innerhalb eines bestimmten Zeitraums nicht oder wenig zum Arzt gegangen sind.

Wichtig: Verabschieden Sie sich von dem Gedanken, den Rotstift bei der Krankenversicherung anzusetzen. Suchen Sie lieber nach einem Versicherer mit einem für
Sie passenden Angebot.

Privat oder gesetzlich?

Sie haben dabei die Wahl zwischen einer privaten Versicherung und der freiwilligen
Versicherung in einer gesetzlichen Kasse. Die Kosten für eine private Versicherung
bemessen die Versicherer am Umfang der gebotenen Leistungen, nicht an Ihrem
unternehmerischen Gewinn. Eine Rolle spielt zudem Ihr Alter sowie Ihr Geschlecht. Frauen bezahlen in der privaten Krankenkasse grundsätzlich mehr. Wenn
Sie mit 40 einsteigen, zahlen Sie zudem mehr als ein 30-Jähriger.

Auch wenn Sie nichts verdienen, müssen Sie die private Krankenversicherung
bezahlen. Darüber hinaus haben Sie kaum eine Chance, je wieder herauszukommen
und in die gesetzliche Versicherung zu wechseln. Ausnahmen sind Arbeitslosigkeit,
die Sie auch als Selbständiger anmelden können, oder der Eintritt in die Künstlersozialkasse. Auch wenn Sie Hartz IV beantragen, greift wieder der gesetzliche Ver-
sorgungsschutz.

Die Beitragssätze für die gesetzliche Krankenversicherung werden 2009 verein-
heitlicht, dafür entstehen neue Tarife mit verschiedenen Leistungen. Die Höhe der
Beiträge von Selbständigen richtet sich nach Ihrem Gewinn. Als Geringverdiener
bekommen Sie den günstigsten Satz für etwa 170 Euro, wenn Sie ein niedriges Einkommen nachweisen.

Normalerweise veranschlagen gesetzliche Krankenkassen für Unternehmer den
Höchstbeitrag. Das ist der maximale Beitrag, den auch Arbeitnehmer zahlen müss-
ten – mit dem entscheidenden Unterschied, dass eine Hälfte dieses Beitrags der
Arbeitgeber trägt. Als Selbständiger tragen Sie also die doppelte Belastung.

Existenzgründer und Selbständige mit niedrigem Einkommen bezahlen weniger,
wenn sie weniger als 47.250 Euro im Jahr verdienen. Bitte beachten Sie: Der Gründungszuschuss ist zwar steuerfrei, wird von den Krankenkassen aber bis auf die
Sozialabgaben-Pauschale von 300 Euro als Einkommen angerechnet. Der geringste
Beitrag liegt derzeit bei rund 280 Euro im Monat inklusive Pflegeversicherung.

Was für Sie günstig ist, hängt ganz von Ihren persönlichen Voraussetzungen ab.
Als Familienvater, der zwei Kinder zu versorgen hat, ist die private Krankenversicherung meist eine schlechte und teure Wahl. Sie müssen für jedes Kind bezahlen,
und auch die Ehefrau ist anders als bei den gesetzlichen Kassen nicht mitversichert,
sondern braucht eine eigene Versorgung. Ist ein Ehepartner privat versichert und
liegt über der Beitragsbemessungsgrenze, sind die Kinder nicht mehr zwangsläufig
bei dem angestellten und gesetzlich versicherten Partner angegliedert. Die gesetzliche Kasse erwartet dann, dass die Kinder von der Kasse des Besserverdieners getra-
gen oder eigenständige private Versicherungen für sie abgeschlossen werden.

Absicherung von Geschäftsrisiken

Eine falsche Beratung, eine kleine Schludrigkeit: Fehler sind schnell gemacht, können aber lange nachwirken. Hat Ihr Fehler für den Kunden oder Auftraggeber Folgen, kann er Sie verklagen, beispielsweise auf Schadenersatz. Wenn Sie keine Kapitalgesellschaft gegründet haben, haften Sie für Ihre Fehler schließlich mit Ihrem Privatvermögen; Ihre Privathaftpflicht greift dann nicht, da sie nur Risiken eines Verbrauchers absichert. Als Unternehmer sind Sie beispielsweise nur dann Verbraucher, wenn Sie privat etwas kaufen. Eine private Haftpflicht empfiehlt sich somit zusätzlich.

Ob Sie persönlich haften, hängt dabei entscheidend davon ab, ob Sie einen Werkvertrag oder einen Dienstvertrag abgeschlossen haben. Bei einem Werkvertrag schulden Sie dem Auftraggeber einen bestimmten Erfolg, bei einem Dienstvertrag lediglich die Tätigkeit. Verträge sollten Sie also bewusst unterschreiben und dabei gegebenenfalls auch anwaltliche Hilfe in Anspruch nehmen (siehe Kapitel 5.1).

Welche Versicherung Sie sonst benötigen, bestimmt im Einzelfall Ihr Geschäftsmodell und die Frage, wie hoch der Schaden ist, den Sie verursachen können. Für fast jeden Zweck existiert hierbei ein auf den Bedarf zugeschnittenes Versicherungsangebot. Viele Berufsgruppen, darunter Anwälte, Notare, Steuerberater und Wirtschaftsprüfer, müssen sich versichern, um überhaupt von ihrer Kammer zugelassen zu werden.

Als Handwerker, Bauunternehmer oder Inhaber eines produzierenden Betriebs können Sie teure Schäden verursachen. Für Fehlgriffe, zum Beispiel Montagefehler oder Baumängel, springt eine Betriebshaftpflicht ein, die auf die individuellen Bedürfnisse Ihres Unternehmens zugeschnitten sein muss.

Einen umfassenderen Schutz als die Betriebshaftpflicht bieten Unternehmenspolicen, die zusätzliche Risiken absichern, etwa beim Transport. Manche Versicherungspakete enthalten auch zusätzlich eine Sachversicherung gegen Vandalismus und Zerstörung.

Eine Umwelthaftpflichtversicherung als Bestandteil Ihrer Betriebshaftpflicht ist dann sinnvoll, wenn Sie mit gefährlichen, umweltschädlichen Stoffen arbeiten. Wenn die Gefahr besteht, dass Ihre Kunden Schaden davontragen, falls einmal eines Ihrer Produkte fehlerhaft ist, sollten Sie außerdem eine Produkthaftpflichtversicherung abschließen.

Welchen Schutz Sie genau brauchen, klären Sie am besten, indem Sie Ihre finanziellen Risiken auf einem Blatt Papier auflisten und sich von einem branchenerfahrenen Versicherungsexperten beraten lassen.

Arbeitslosenversicherung

Seit 2005 können Sie sich auch als Existenzgründer gegen Arbeitslosigkeit in der Gesetzlichen Arbeitslosenversicherung (GAV) versichern. Dies ist eine Weiterversicherung in der Arbeitslosenversicherung und Ihr Antrag muss spätestens einen Monat nach Ihrer Entscheidung zu gründen der Bundesagentur für Arbeit vorliegen. Für günstige 25,73 Euro im Monat erwerben Sie damit Ansprüche auf den Bezug von Arbeitslosengeld, das dann gestaffelt nach Ihrer Ausbildung gezahlt wird. Das lohnt sich vor allem für Selbständige, die auf Honorarbasis arbeiten und sich vor Ausfällen sichern möchten.

Zur Berechnung der Höhe des Arbeitslosengeldes zieht die Arbeitsagentur Durchschnitssgehälter nach Ausbildungsstufen heran. Abhängig von der Steuerklasse kann ein selbständig Arbeitsloser dann zwischen 546,90 Euro und 1364,10 Euro erwarten.

Sonstige Versicherungen

Jede Versicherung wirbt mit ihren Angeboten, und jede hat das beste Angebot für Sie. Der Markt ist unüberschaubar. Zusätzliche Verwirrung stiften die verschiedenen Pakete, die mehrere Versicherungen zu einem Angebot zusammenfassen. Ein kurzer Überblick nennt Ihnen im Folgenden die Versicherungen, die über die Grundversorgung hinaus für Sie relevant sein oder werden könnten. Unabhängige Institutionen wie der Deutsche Versicherungs-Schutzverband (DVS) helfen bei der Auswahl geeigneter Versicherungen und Versicherungsunternehmen.

Berufsunfähigkeitsversicherung

Jeder vierte Arbeitnehmer und Selbständige wird im Laufe seines Lebens berufsunfähig. Berufsunfähig ist ein Mensch dann, wenn ein Arzt feststellt, dass er seinen zuletzt ausgeübten Beruf nur noch zu weniger als 50 Prozent ausüben kann. Dabei spielen am häufigsten psychische Probleme eine Rolle:

Damit berufsunfähige Selbständige nicht zum Sozialfall werden, ist eine private Berufsunfähigkeitsversicherung unverzichtbar. Diese zahlt Ihnen im Fall des Falles eine monatliche Rente – längstens bis zum Eintritt in den Ruhestand. Die Berufsunfähigkeitsversicherung ist ein wichtiger Schutz für Sie – wichtiger als eine Unfallversicherung –, denn statistisch gesehen entstehen die meisten Fälle von Berufsunfähigkeit in Folge von Krankheiten und nicht von Unfällen.

Unfallversicherung

Einige Berufsgruppen müssen auch als Selbständige Mitglied in der gesetzlichen Unfallversicherung (der Berufsgenossenschaft) bleiben. Die anderen Selbständigen können sich jedoch auch freiwillig in der Berufsgenossenschaft gegen die Folgen von Arbeitsunfällen versichern. Diese Möglichkeit bietet einige Vorteile: Nur die gesetzliche Unfallversicherung zahlt beispielsweise bei Berufskrankheiten. Private Unfallrisiken müssen Sie durch eine private Unfallversicherung absichern.

Achtung Arbeitgeber: Wer Mitarbeiter beschäftigt, trägt die Kosten für die gesetzliche Unfallversicherung seiner Angestellten.

Versicherungen in Österreich und der Schweiz

Statt in eine Rentenkasse zahlen Österreicher und Schweizer in eine Pensionskasse – allerdings nur als Angestellte. Das Angebot an Versicherungen ist ähnlich wie in Deutschland.

Adressen

Allgemeine Informationen:

– Deutscher Versicherungs-Schutzverband
(*www.dvs-schutzverband.de*).

– Informationszentrum der deutschen Versicherer (*www.versicherungen-klipp-und-klar.de*).

– Arbeitsgemeinschaft der berufsständischen Versorgungswerke
(*www.abv.de*).

5 Recht und Verträge

Schon beim Mietvertrag fürs Büro fangen die Fragen an: Wie muss dieser gestaltet sein? Ist Untervermietung erlaubt? Später gesellen sich Kaufverträge und Auftragsbestätigungen, Werk- und Dienstverträge sowie Allgemeine Geschäftsbedingungen hinzu.

Sobald Sie selbständig sind, behandelt Sie das Gesetz als Unternehmer, nicht mehr als Verbraucher. Sie sollten deshalb die »Handelsgebräuche« und Gepflogenheiten der Branche kennen, in der Sie agieren, und als Kaufmann die Regeln des Handelsgesetzbuches beachten. Das Verbraucherrecht, das Privatpersonen oft sehr gut schützt, gilt für Sie nämlich nur noch, wenn Sie selbst als Verbraucher auftreten. Eine kaufmännische Gepflogenheit liegt übrigens darin, mündliche Vereinbarungen schriftlich zu bestätigen: per Post, Fax oder E-Mail.

Das folgende Kapitel erklärt die rechtlichen Grundlagen, gibt Tipps und sagt, wo Sie sich weiter informieren können.

5.1 Angebote, Aufträge und Verträge

Rein rechtlich gesehen ist das Angebot eine Vorstufe zu Auftrag und Vertrag: Ein Geschäftspartner unterbreitet Ihnen ein Angebot. Es unterscheidet sich vom Dienst- und Werkvertrag dadurch, dass es zunächst unentgeltlich ist. Das bedeutet nicht, dass Sie keine Honorare erhalten, sondern lediglich, dass das Angebot an sich noch nicht ausdrückt, welche Vereinbarung Sie konkret getroffen haben. Das ist erst dann der Fall, wenn Sie diesem zustimmen. Erst mit Ihrer Zustimmung wird aus einem Angebot ein Auftrag, und damit ein Vertrag.

Ein Vertrag setzt dabei zwei übereinstimmende Willenserklärungen voraus: Antrag und Annahme. Während bei Händlern das Angebot meist im Sinne von Anpreisung, also einer Vorstufe des Antrags verstanden wird, sieht das bei Dienstleistern anders aus: Als Dienstleister machen Sie ein Angebot und erhalten den Auftrag – alternativ macht Ihnen jemand ein Angebot, und Sie stimmen zu.

Damit sich beide Seiten nicht missverstehen, empfiehlt es sich, das Angebot kurz zu bestätigen oder weiter zu präzisieren, falls Rahmenbedingungen nicht klar sind. Das kommt bei Dienstleistungsaufträgen häufig vor. »Schreib mir mal einen Artikel für 1.000 Euro die Seite« ist zwar ein Angebot, das Sie annehmen können, aber Sie sollten vorab festlegen, wie viele Anschläge die Seite enthält, ob Sie Bildmaterial liefern müssen, ob der Artikel exklusiv abgedruckt wird etc. Stehen die Rahmenbedingungen fest, kann die Bestätigung informell erfolgen, indem Sie etwa das Angebot mit einem handschriftlichen »O.K.«, dem Datum und Ihrem Stempel zurücksenden. In diesem Fall bildet der Inhalt des Angebots die Vertragsgrundlage.

Dienstleistungsaufträge

Besprechen Sie zunächst mündlich exakt den Auftragsumfang. Das können je nach Art der gewünschten Dienstleistung wichtige Punkte sein, die Sie regeln sollten:

- ▸ Welche Leistungen sollen Sie erbringen?
- ▸ Was soll mit der Leistung erreicht werden?
- ▸ Wann sollen die Leistungen erbracht werden?
- ▸ In welcher Form sollen die Leistungen erbracht werden?
- ▸ Wie sollen die Leistungen honoriert werden?
- ▸ Was geschieht, wenn Sie nicht pünktlich liefern?
- ▸ Was geschieht, wenn der Auftraggeber Korrekturen fordert?
- ▸ Wie hoch ist das eventuelle Ausfallhonorar (zum Beispiel bei Journalisten, Textern, Designern), falls der Entwurf aus betriebsinternen Gründen nicht genutzt wird?

Falls Sie mit den Vorschlägen des Gegenübers nicht einverstanden sind, machen Sie Gegenvorschläge. Gute Kompromisse zeichnen sich dadurch aus, dass jeder ein wenig gewinnt und gleichzeitig abgibt. Falls der Auftraggeber die Rahmenbedingungen nicht von sich aus bestätigt, sollten Sie das jetzt tun. Schreiben Sie am besten eine E-Mail oder ein Fax; ein Brief würde recht bürokratisch wirken.

Formulieren Sie den Text freundlich und nicht allzu formell. Entscheiden Sie sich dabei für einen Stil, der dem Verhältnis zum Auftraggeber gerecht wird. Bestätigen Sie nicht jede kleine Änderung am Auftrag mit einem offiziellen Fax oder gar Brief. Das ist übertrieben. Gehen Sie vielmehr sicher, dass beide Seiten alles richtig und gleich verstanden haben – dann reicht oft auch ein mündliches Okay. Für die Beweislage ist aber stets eine schriftliche Dokumentation zu empfehlen.

Beispiel: Auftragsbestätigung

Sehr geehrte Frau Küster,
herzlichen Dank für Ihren Auftrag. Folgendes haben wir in unserem heutigen Gespräch vereinbart:

- Lieferung einer Pressemitteilung, circa 4.000 Zeichen, bis 31. Juli 2004. Die Hintergrundrecherche übernehme ich, Formatierung und Gestaltung Sie.
- Versand des Pressetextes über OTS (Verteiler »Unternehmen«) und an zehn weitere, von Ihnen ausgewählte Adressen. Die Kosten für OTS übernehmen Sie. Erfolgskontrolle durch Ihren hauseigenen Clipping-Dienst.
- Ein Korrekturlauf und Abstimmung mit der Geschäftsleitung.
- Pauschalpreis: 750 Euro netto.

Für Rückfragen stehe ich Ihnen jederzeit zu Verfügung. Ich freue mich auf unsere Zusammenarbeit!

Mit freundlichen Grüßen
Marita Böckel

Verträge

Wenn zwei Parteien »ja, ich will« sagen, entsteht ein Vertrag. Ein Vertrag kommt also durch übereinstimmende Willenserklärungen zustande. Die eine Willenserklärung ist ein Angebot (juristisch ein Antrag), die andere die Annahme des Angebots (des Antrags). Mündliche Willenserklärungen sind dabei ebenso verbindlich wie Willenserklärungen über das Internet. Für manche, genau definierte Vertragswerke ist aber die Schriftform mit eigenhändiger Unterschrift vorgesehen (oder mit elektronischer Signatur) oder sogar eine notarielle Beurkundung (etwa beim GmbH-Gesellschaftervertrag).

Sie wissen aus Ihrer eigenen Erfahrung: Wer Ihnen für eine kleine Sache, etwa für die Bereitstellung eines Internetzugangs, gleich vier dicht beschriebene Seiten mit klein gedruckten Vertragsbedingungen unter die Nase hält, weckt damit Ihren Unmut. Sie fühlen sich hilflos und ärgern sich vielleicht sogar. Was steht da im Kleingedruckten, welche Konsequenzen hat es für Sie? Sie unterschreiben trotzdem – möglicherweise, weil es zu diesem Angebot keine Alternative gibt.

Etwas anderes ist es, wenn Ihr Kunde mit Ihnen einen überdimensionierten Vertrag abschließen soll. Denken Sie daran: Die Hemmschwelle, Nein zu sagen, ist für Kunden gering, wenn der Geschäftspartner ein kleines Unternehmen ist. Die gleiche Dienstleistung gibt es schließlich auch anderswo – mit vielleicht weniger einschüchternden Vertragsbedingungen. Hier ist also Ihr Fingerspitzengefühl gefordert. Wenn Sie im Dienstleistungsbereich tätig sind, sollten Sie nicht allzu viel vertraglich regeln. Für vieles reicht ein Handschlag, eventuell verknüpft mit einer kurzen schriftlichen Bestätigung der Vereinbarung, vollkommen aus. Wichtig ist, dass die Bedingungen klar sind, und das setzt voraus, dass Sie alle relevanten Punkte besprechen.

Vor allem am Anfang wissen Sie oft nicht genau, welche Punkte Sie in Ihren Verträgen berücksichtigen sollten. Denn Ihre Dienstleistung ist gerade erst am Entstehen und Sie kennen noch nicht die typischen Probleme. Vor allem, wenn es sich um exotische Geschäftsmodelle handelt, für die es noch keine Musterverträge gibt, ist es schwer, Verträge zu erstellen. Deshalb empfiehlt es sich stets, bei Ihren Wettbewerbern zu recherchieren: Lassen Sie sich beispielsweise inkognito Verträge beziehungsweise Vertragsentwürfe schicken. Sie sollten auch die juristischen Existenzgründerhilfen der Industrie- und Handelskammern nutzen oder Ihren Berufsverband beziehungsweise Ihre Kammer nach fertigen Vertragswerken für Ihr jeweiliges Geschäftsmodell fragen.

Wenn Sie für Geschäftspartner tätig werden

Sind Sie im indirekten Auftrag über Unternehmen oder Agenturen für private oder kommerzielle Endkunden tätig, werden ohnehin Sie derjenige sein, der etwas unterschreiben muss. Ihre eigenen Geschäftsbedingungen werden Sie in diese Konstruktion kaum einbringen können. Bestenfalls ist es möglich, den Vertrag nach Ihren Vorstellungen mitzugestalten. Oft werden Sie aber einfach in den sauren Apfel beißen müssen und unterschreiben. Gute Aufträge sind rar, und in manchen Branchen sind sogar schlechte Aufträge besser als gar keine.

Immer wieder versuchen Auftraggeber, ihren Auftragnehmern Klauseln aufzuzwingen, die diese in ihrer Geschäftstätigkeit stark einengen. Wenn Sie als Kleinunternehmer bei einer großen Agentur einen Vertrag unterschreiben, haben Sie oft keine andere Chance, als die vorgegebenen Paragrafen erst einmal zu akzeptieren. Sie können sich aber damit trösten, dass nicht jeder Vertrag gültig ist. Viele Unternehmen bauen ungültige Passagen in ihren Vertrag ein, die allein der Abschreckung dienen.

Sehr verbreitet sind beispielsweise Wettbewerbsausschlussklauseln, von Unternehmen und Agenturen gerne »Kundenschutzklauseln« genannt. Diese besagen, dass Sie innerhalb eines bestimmten Zeitraums bei Vertragsstrafe nicht für die Konkurrenz tätig werden dürfen oder bei Abwerbung eines Kunden mehrere Zehn- oder gar Hunderttausende Euro zahlen müssen. Eine solche Klausel gilt nicht, wenn Sie nachweislich als Unternehmer tätig sind und keinen arbeitnehmerähnlichen Status einnehmen. Sie gilt gemäß derzeitiger Rechtsprechung nur, wenn Sie wie ein Angestellter, also als »arbeitnehmerähnlich« eingestuft werden können. Das sind Sie beispielsweise als freier Mitarbeiter, der auf Dauer (länger als ein Jahr) nur für einen Auftraggeber tätig ist und keinen eigenen Mitarbeiter beschäftigt.

Lassen Sie trotzdem auf jeden Fall eine angemessene Zurückhaltung walten. Oft gelingt der Einstieg in die Selbständigkeit über freie Mitarbeit. Die Arbeit für Ihre Auftraggeber beschert Ihnen dann den Kontakt zu großen und kleinen Kunden, erweitert Ihr Blickfeld und macht Sie bekannt. Plötzlich werden Sie zu einem Konkurrenten Ihres Auftraggebers und auch als Direktkunde interessant – vor allem wenn Ihre Arbeit preiswerter zu haben ist als die des Auftraggebers. Bedenken Sie dabei: Ihr Auftraggeber hat sein Geschäft selbst aufgebaut und die Kunden eigenhändig gewonnen. Es wäre schlichtweg unfair und unloyal, ihm diese vor der Nase wegzuschnappen. Auf der anderen Seite sollten Sie sich aber auch keine Chancen verbauen, die Sie Ihrer eigenen Leistung zu verdanken haben. Hier ist Ihr Fingerspitzengefühl gefragt.

Rechtsberatung

Bei komplexen Geschäftsmodellen müssen Sie ein Mindestmaß an Rechtsberatung in Ihre Kostenkalkulation und Ihren Business-Plan einbeziehen. Selbst wenn Sie bei der Gründung noch keinen Anwalt brauchen, sollten Sie wissen, was später auf Sie zukommen könnte, falls Sie einmal juristischen Rat benötigen.

Kosten

Rechtsanwälte berechnen Ihre Honorare üblicherweise nach dem Rechtsanwaltsvergütungsgesetz (RVG). Dem RVG liegt bei der Honorarberechnung der Streitwert zugrunde. Je höher dieser ausfällt, desto besser ist das für den Anwalt. Beispiel: Geht es um einen Auftrag in Höhe von 5.000 Euro, stellen diese 5.000 Euro den Streitwert dar. Bei einem geringen Streitwert dürfen Anwälte die Beratung ablehnen, da diese für Sie nicht mehr rentabel wäre. Die gesetzlichen Gebühren dürfen außergerichtlich unterschritten werden: Hier empfiehlt sich eine Pauschale. Es können aber auch pauschale Gebühren oder Stundensätze vereinbart werden, die meist unter dem des RVG liegen. Manche Anwälte arbeiten auf Basis eines Stundenhonorars. Dieses liegt üblicherweise zwischen 100 und 300 Euro. Für eine Erstberatung – ob für Existenzgründer oder andere Rechtsratsuchende – beträgt die Gebühr 190 Euro; der Anwalt darf Ihnen die Kosten aber auch nicht ganz erlassen. Vereinbaren Sie vor dem ersten Termin, was die Beratung kosten und welchen Umfang sie einnehmen soll. Viele Rechtsanwälte bieten Rabatte für Existenzgründer.

Ob Allgemeine Geschäftsbedingungen oder Beratervertrag: Fast alle Standardverträge gibt es auch für wenige Euro als Muster fertig zu kaufen. Die meisten Rechtsanwälte werden Ihnen davon abraten. Schließlich können Musterverträge Ihre individuellen Umstände nicht berücksichtigen. Andererseits sind schätzungsweise 75 Prozent aller juristischen Verträge Standardverträge. Das heißt: Auch der Anwalt bedient sich im Zweifelsfall fertiger Textbausteine.

Wenn Sie vor der Frage stehen, 2.000 Euro für Ihre Allgemeinen Geschäftsbedingungen auszugeben oder nur 20 Euro für einen Mustervertrag, werden Sie sich genau überlegen, ob Sie das Geld wirklich übrig haben. Oft lässt Ihre finanzielle Situation gar nichts anderes zu, als an der individuellen Beratung durch einen Rechtsanwalt zu sparen. Machen Sie sich aber auch die Folgen bewusst, wenn ein Vertrag nicht rechtssicher ist, also von Ihren Geschäftspartnern oder Außenstehenden beanstandet werden kann. Diese liegen zum Beispiel in einer Abmahnung durch die Konkurrenz.

Beratungsgespräch am Anfang

Wählen Sie einen Anwalt aus, der sich in Ihrer Branche auskennt. In der Tourismusbranche gelten andere Regeln als in der IT-Branche, die Medien ticken anders als die Bauindustrie. Experten für Ihren Geschäftszweig finden Sie oft als Autoren in Fachzeitschriften, die häufig auch in Internetforen fachkundigen Rat erteilen oder in Datenbanken eingetragen sind.

Besprechen Sie mit dem Anwalt Ihrer Wahl das jeweilige Geschäftsmodell. Fragen Sie danach, auf welche Punkte Sie besonders achten müssen und welche Hilfe er Ihnen bieten kann. Erörtern Sie:

- ▶ welche Gesellschaftsform Sie wählen sollten und was das für Sie bedeutet,
- ▶ wie Sie sicherstellen, dass Vereinbarungen erfüllt werden,
- ▶ was Sie tun, wenn Vereinbarungen nicht erfüllt werden,
- ▶ wie Sie sicherstellen, dass Zahlungen geleistet werden.

5.2 Die wichtigsten Verträge im Überblick

Kaufverträge

Wenn Sie ein T-Shirt kaufen, geben Sie dem Verkäufer dafür eine bestimmte Summe Geld. Damit haben Sie bereits einen Kaufvertrag abgeschlossen. Dieser unterliegt einigen Regeln, die einfach so gelten, ohne dass Sie sie irgendwo niederschreiben müssen. Die wichtigste: Als Verkäufer müssen Sie innerhalb der ersten zwei Jahre Gewährleistung gegenüber Verbrauchern anbieten. Gibt Ihr Kunde die Ware innerhalb dieser Frist zurück, geht der Gesetzgeber davon aus, dass diese bereits beim Kauf mangelhaft war. Dieser Punkt sorgt erfahrungsgemäß für zahlreiche Streitigkeiten und kann für Verkäufer erhebliche Risiken bergen. Eine hohe Retourenquote kann letztendlich zu Zahlungsunfähigkeit führen. Ihre Aufgabe ist es deshalb, sich frühzeitig über die in Ihrer Branche übliche Retourenquote zu informieren und diese in Ihre Preisgestaltung einzubeziehen. Sorgen Sie darüber hinaus für zufriedene Kunden: Das schaffen Sie durch gute Ware, überzeugenden Service und eine enge Kundenbindung.

Geht Ihr Verkauf über das T-Shirt-Preisniveau hinaus, ist ein schriftlicher Kaufvertrag empfehlenswert. Dieser sollte die folgenden Eckpunkte umfassen:

- Bezeichnung der Vertragsparteien,
- Inhalt des Vertrages, also der Kaufgegenstand,
- Laufzeit und Kündigungsfristen des Vertrages,
- Vereinbarung der Zahlungs- und Lieferbedingungen,
- Regelung der Gewährleistung,
- Verzugsregelungen, wenn nicht rechtzeitig gezahlt wird,
- Regelungen für den Fall, dass der Vertrag nicht erfüllt wird,
- Ort, an den die Ware geliefert werden soll,
- Absicherung der Zahlung, zum Beispiel durch Eigentumsvorbehalt, durch den die Ware bis zur vollständigen Bezahlung im Besitz des Verkäufers bleibt,
- Vereinbarung, welche Allgemeinen Geschäftsbedingungen gelten, wenn zwei Kaufleute mit jeweils eigenen Geschäftsbedingungen einen Vertrag unterzeichnen,
- Gerichtsstand.

Mietverträge

Wenn Sie ein Büro mieten, müssen Sie einen gewerblichen Mietvertrag abschließen. Gewerbliche Vermieter rechnen der Miete (netto) in der Regel die Mehrwertsteuer (brutto) hinzu. Mieten Sie ein gewerbliches Büro bei einer Privatperson, fällt keine Mehrwertsteuer an. In diesem Fall hat der Vermieter aber auch darauf zu achten, dass die Vermietung zulässig ist. In reinen Wohngebieten dürfen sich beispielsweise keine Gewerbetreibenden niederlassen, wohl aber Freiberufler sowie »nicht störende« Läden. In reinen Gewerbegebieten oder auf gemischt genutzten Territorien sind dagegen nur erheblich störende Gewerbebetriebe nicht zugelassen. Hierfür müssen Sie je nach Geschäftsmodell Sondergenehmigungen einholen.

Es ist üblich, eine bestimmte Laufdauer für den Gewerbemietvertrag zu vereinbaren. Vermieter bevorzugen lange Zeiträume von drei oder mehr Jahren. Eine solche Vertragsdauer liegt aber nicht in Ihrem Interesse. Schließlich wissen Sie nicht mit Sicherheit, ob Sie wachsen, sich vielleicht wieder verkleinern müssen oder die Gründung überhaupt schaffen. Da zurzeit viel Gewerberaum freisteht, besitzen Sie eine gute Verhandlungsposition sowohl hinsichtlich der Laufzeit des Vertrages als auch hinsichtlich des Preises.

Sichern Sie sich schriftlich das Recht auf Untervermietung, falls Sie früher ausziehen müssen oder sich durch Weitervermietung ein Zubrot verdienen wollen. Das gilt auch dann, wenn Sie Ihr Büro zur Bürogemeinschaft ausbauen möchten. Spielen Sie mit Ihrem Vermieter von Anfang an mit offenen Karten. Achten Sie bei der Auswahl der Büro- und Praxisräume zudem auf folgende Punkte:

- ▶ Liegt das Büro günstig, und ist es gut mit öffentlichen Verkehrsmitteln zu erreichen?
- ▶ Ist der Eingang problemlos aufzufinden?
- ▶ Stehen ausreichend Parkplätze zur Verfügung?
- ▶ Sind die Räume leicht zu erreichen, also nicht im 6. Stock ohne Aufzug?
- ▶ Sind die Räume möglichst ruhig gelegen, damit Ihr Geschäft nicht durch Lärm beeinträchtigt wird?
- ▶ Sind die Räume repräsentativ?
- ▶ Dürfen Sie gegebenenfalls Werbetafeln anbringen?
- ▶ Können Sie sich vergrößern und weitere Räume anmieten, falls Sie expandieren?

Bei Ladengeschäften sollten Sie darauf achten:

- ▶ Ist das Geschäft in der Gegend einmalig? Oder gibt es direkte Konkurrenz in unmittelbarer Nachbarschaft?
- ▶ Passt die Gegend zu Ihrem Geschäft? Ist Ihr Geschäftsraum ebenso elitär, modern, alternativ oder traditionell wie die Umgebung?
- ▶ Befindet sich das Geschäft in einer Gegend, die für Ihre Zielgruppe attraktiv ist? Gibt es dort idealerweise auch Laufkundschaft?
- ▶ Kann Ihre Zielgruppe das Geschäft gut erreichen – abhängig davon, ob Ihre Kunden bei Ihnen vorbeilaufen, öffentliche Verkehrsmittel oder das eigene Auto benutzen?
- ▶ Ist der Eingang leicht aufzufinden und liegt nicht versteckt im Hinterhof?

Tipp: Schützen Sie sich als Bürogemeinschaft vor der GbR-Falle

Die Bürogemeinschaft wird schnell und ohne Vertrag zur Gesellschaft bürgerlichen Rechts (GbR), wenn alle Mitglieder gemeinsam auftreten und an gemeinsamen Aufträgen arbeiten. Das sollten Sie verhindern, da es im Allgemeinen
für Sie nur Nachteile mit sich bringt. So besteht die Gefahr, dass eine gewerbliche
Tätigkeit eines Büromitglieds auf Freiberufler abfärbt.

Dienst- und Werkverträge

Wenn Sie einen Vertrag schließen, kann dies ein Dienst- oder ein Werkvertrag sein.
Beim Werkvertrag (§ 631 BGB) schulden Sie einen bestimmten Erfolg, der das
Arbeitsergebnis der Dienstleistung darstellt. Beim Dienstvertrag (§ 611 BGB) dagegen müssen Sie nur die Dienstleistung als solche erbringen. Sehr häufig existieren
Mischformen. Ob es sich um einen Werk- oder Dienstvertrag handelt, können Sie
nur im Einzelfall anhand der Vertragsbedingungen unterscheiden. Es reicht nicht
aus, die Bezeichnung Werk- und Dienstvertrag über das Regelwerk zu schreiben.

Ein Werkvertrag ist in der Regel mit einer Pauschalsumme dotiert. Er kann auch
mit Gewährleistungsverpflichtungen verbunden sein. Dienstverträge werden meist
auf Stunden-, Tagessatz- oder Monatspauschalbasis abgeschlossen. Grundsätzlich
kann jeder Selbständige auf Dienst- und Werksvertragsbasis arbeiten. Beispiel:
Der Headhunter, der eine Erfolgsprovision bei Vermittlung seines Kunden kassiert,
arbeitet mit einem Werkvertrag. Wer dagegen eine Bewerbungsberatung ohne Er-
folgsgarantie anbietet, agiert mit einem Dienstvertrag. Auch mit dem Steuerberater
können Sie Dienst- und Werkverträge abschließen: Der eigentliche Jahresabschluss
beruht auf einem Werkvertrag, die monatliche Buchführung ist ein Dienstvertrag. So
weit, so gut: Die Unterscheidung fällt trotzdem nicht immer leicht. Wichtig ist deshalb die möglichst genaue Beschreibung der Leistungen, die erbracht werden sollen.

Ob Werk- oder Dienstvertrag – diese Entscheidung bleibt nicht immer Ihnen
und Ihrem Vertragspartner überlassen, denn sie kann gesetzlich vorgeschrieben
sein. Ein Arztvertrag ist beispielsweise immer ein Dienstvertrag. Denn egal welche
Vereinbarung Sie mit Ihrem Doktor treffen: Der Arzt schuldet Ihnen keinen Heil-
erfolg. Ein Architekt dagegen, der ein Gebäude baut, muss dafür geradestehen, dass
es nicht einstürzt. Auch ein Tierarzt, der einen Hufbeschlag bei einem Pferd aus-
führt, schuldet den Erfolg dieser Maßnahme. Behandelt er ein erkältetes Tier, so
führt er diese Handlung dagegen auf Basis eines Dienstvertrags aus.

Das Thema ist komplex, und die Grenzen sind mitunter nicht leicht zu ziehen.
Schuldet ein Provider, der den Internetzugang zur Verfügung stellt, nun die Dienstleistung oder den Erfolg? Kann der Kunde also gegen Ausfälle vorgehen und Zahlungen kürzen? Über solche Fragen streiten sich auch die Gerichte, und oft lassen
sie sich nur im Einzelfall klären.

Beraterverträge

Wenn Sie als Berater tätig werden, empfiehlt sich ein Vertrag, sofern die Beratung mehr als eine einzelne Stunde umfassen soll. Bei einem Beratervertrag handelt es sich um einen Dienstvertrag. Das bedeutet, Sie schulden Ihrem Geschäftspartner die definierten Leistungen, nicht aber den Erfolg der Beratung. Regeln Sie in Ihrem Beratervertrag:

- ▶ die Anzahl der einzelnen Termine,
- ▶ die Dauer der Termine (zum Beispiel 45, 60 oder 90 Minuten),
- ▶ die Abstände zwischen den einzelnen Terminen,
- ▶ die Gesamtdauer,
- ▶ den Ort, an dem die Beratung stattfindet,
- ▶ die Höhe des Honorars,
- ▶ eventuelle Aufwandsentschädigungen für Spesen,
- ▶ Haftungsfragen,
- ▶ Art und Zeitpunkt der Rechnungstellung,
- ▶ Zahlungsweise.

Ganz wichtig sind die folgenden Punkte, auch wenn Sie keinen schriftlichen Beratervertrag schließen möchten:

- ▶ Vereinbaren Sie, was geschieht und welche Kosten anfallen, wenn ein Termin ausfällt.
- ▶ Besprechen Sie, bis wann der Klient einen Termin kostenfrei stornieren kann.
- ▶ Legen Sie fest, welche Kosten bei Verspätungen anfallen.

Über die letzten drei Punkte haben sich schon viele Berater mit ihren Klienten gestritten. Wenn Sie von Anfang an klarmachen, welche Regeln zwischen Ihnen gelten, vermeiden Sie unangenehme Konflikte. Seien Sie nicht zu zaghaft mit solchen Vereinbarungen. Bedenken Sie als Berater, dass jede Verspätung Einfluss auf Ihre weiteren Termine hat und Sie deshalb bares Geld kostet.

Wenn Sie als Klient mit einem Berater verhandeln, gilt dasselbe, nur aus der anderen Perpektive. Wichtig ist in jedem Fall, dass Sie sich über die Rahmenbedingungen einig sind. Spricht der Berater nicht alle oben genannten Punkte von sich aus an, fragen Sie danach.

Auch Vereinbarungen auf zwischenmenschlicher Ebene müssen Sie als Berater zur Sprache bringen, bevor die eigentlich Beratung beginnt. Dazu gehören:

- ▶ Welche Methoden verwenden Sie?
- ▶ Wie gestalten Sie Ihre Sitzungen?
- ▶ Welche Ziele sollen erreicht werden?
- ▶ Wo liegen Grenzen? Welche Erwartungen können nicht erfüllt werden?

Prüfen Sie, welche Vorstellungen der Klient hat, damit an diesem Punkt keine Missverständnisse entstehen. Handeln Sie dabei nach dem Motto: »Dies sind unsere Regeln. Diese haben sich bewährt. Sind Sie damit einverstanden?« Nicht nur Berater, sondern auch andere Dienstleister und Handwerker tun gut daran, solche informellen Spielregeln zu besprechen. Sie sind ein wichtiger Schritt zu besserer Kundenzufriedenheit. Weiß der Kunde, was auf ihn zukommt, kann er sich darauf einstellen. Zu hohe Erwartungen sind von vornherein gedämpft. Es entsteht zudem kein Raum für Missverständnisse.

Als Kunde oder Klient sollten Sie auf klaren Regeln und Vereinbarungen bestehen. Nur wenn Sie diese kennen, können Sie auch darüber verhandeln. Immer wieder kommt es vor, dass Berater für Terminverschiebungen ein Honorar einfordern, ohne dies vorher besprochen zu haben. Wenn Sie von Anfang an wissen, was passiert, wenn Stunden ausfallen oder Sie sich verspäten, können Sie die Höhe dieses Ausfallhonorars verhandeln. Beachten Sie: Wenn eine Regel nicht besprochen worden ist, gilt sie nicht. Niemand darf Ihnen 90 Euro für eine kurzfristig ausgefallene Stunde berechnen, wenn Sie nicht vorher darauf hingewiesen worden sind, dass Sie eine Stornierung bis zu einem bestimmten Zeitpunkt vornehmen müssen.

Gesellschafterverträge

Sie möchten sich im Team zusammentun? Dann werden Sie automatisch zu einer Gesellschaft: Ohne weitere Verträge sind Sie eine GbR. Für eine Limited- oder GmbH-Gründung müssen Sie weitere Schritte unternehmen, und für die GmbH sogar einen notariell beglaubigten Gesellschaftervertrag abschließen. Aber selbst wenn Sie eine GbR gründen, sollten Sie sich mit mündlichen Absprachen nicht begnügen, auch wenn diese formal ausreichen. Schließen Sie also unbedingt einen offiziellen Gesellschaftervertrag ab – schriftlich. Dieser regelt Ihre Rolle im Unternehmen ebenso wie die Anteilsverhältnisse. Er sorgt auf Wunsch außerdem vor für den Fall der Fälle: wenn Sie sich von Ihren Partnern trennen und das Unternehmen aufgeteilt werden muss. Mehr dazu lesen Sie im Kapitel 3.2.

Urheberrechtsvertrag

Als Autor von Büchern, Werbetexten oder Software, als Komponist, Designer oder Fotograf bleiben Sie stets Urheber Ihrer Werke. Sie können lediglich die Nutzungsrechte abtreten, das Urheberrecht gehört Ihnen ein Leben lang – und Ihren Erben sogar noch darüber hinaus. Diese zeitliche und räumliche Nutzungsabtretung geschieht in einem Urheberrechtsvertrag. Er regelt, auf welche Weise Ihre künstlerischen Werke verwendet werden dürfen – und auf welche Weise nicht. Jede über die ursprüngliche Vereinbarung hinausgehende Nutzung müssen Sie separat vereinbaren. Sie können also auch nicht einfach Texte oder Grafiken, die für einen Printprospekt entwickelt worden sind, in Ihre Website übernehmen.

Wenn Sie selbst Urheber sind, sollten Sie unbedingt darauf achten, die Nutzung ganz genau zu definieren. Treten Sie Ihre Rechte nicht »zeitlich und räumlich unbegrenzt« ab, wie dies in vielen Verträgen formuliert ist. Definieren Sie vielmehr ganz konkret, für welche Zwecke die Nutzung gelten soll. Urheberrechtsverträge sollten deshalb folgende Angaben enthalten:

- ▶ Welche Nutzungsrechte werden übertragen?
- ▶ Für welchen Zeitraum werden die Nutzungsrechte übertragen – von einem einzigen Tag bis »zeitlich unbegrenzt«?
- ▶ Für welches Gebiet werden die Nutzungsrechte erteilt, zum Beispiel für eine deutschlandweite Veröffentlichung, für den englischen Sprachraum oder räumlich unbegrenzt?
- ▶ Darf der Verwerter die Nutzungsrechte an Dritte übertragen?
- ▶ Für welche Nutzung wird welche Vergütung fällig, zum Beispiel als Pauschalhonorar oder prozentuale Beteiligung an Verkaufserlösen?
- ▶ Welche Zahlungs-, Abrechnungsmodalitäten sollen gelten?

Wenn Sie selbst Texte oder Bilder einkaufen, sollten Sie sich bewusst sein, dass Sie niemals Besitzer dieser Werke werden. Das gilt zum Beispiel auch für Internetseiten, die Ihnen ein Designer erstellt. Das Recht am Layout bleibt beim Urheber – unabhängig davon, was Sie mit ihm vereinbaren. Sie können sich nur Nutzungsrechte sichern – und das sollten Sie auf jeden Fall tun.

Tipp: Nutzung von fremden Texten oder Bildern

Jedes Werk, das eine kreative Eigenleistung erfordert, ist urheberrechtlich geschützt. Wenn jemand Bilder oder Texte im Internet veröffentlicht, ist das keinesfalls eine Aufforderung zur kostenlosen Nutzung! Falls Sie das Material einfach so verwenden, könnte Ihnen bald eine Rechnung des Autors ins Haus flattern – und eine Abmahnung noch dazu.

Lizenzverträge für Software

Wenn Sie heute Software erwerben, erhalten Sie mit dem Kauf nur ein eingeschränktes Nutzungsrecht. Sie dürfen die Software auf Ihrem Rechner installieren und nutzen, nicht aber weitergeben. Andernfalls ließe sich mit Software kein Geld verdienen, oder die Preise müssten noch viel höher liegen, als sie ohnehin oft sind. Auch für einen Software-Autor empfiehlt sich ein Lizenzvertrag. Er regelt ganz genau, welche Rechte im Kauf inbegriffen sind und welche nicht.

Allgemeine Geschäftsbedingungen

Fast jeder verfügt über Allgemeine Geschäftsbedingungen (AGB) – oft ohne es zu wissen. Jede zusätzliche Vereinbarung allgemeinen Charakters gilt als Allgemeine Geschäftsbedingung, selbst wenn dies nicht explizit darübersteht. Ein Beispiel: Die Vereinbarungen unter den Angebotsbeschreibungen der Verkäufer bei Ebay (»Lieferung bis sieben Tage nach Zahlungseingang«) sind eine Allgemeine Geschäftsbedingung.

Wichtiges Merkmal von Allgemeinen Geschäftsbedingungen ist, dass sie vom Verwender einseitig in den Vertrag eingebracht werden. Die Vertragsbedingungen werden damit also nicht zwischen den Vertragspartnern individuell ausgehandelt, sondern gelten für jeden. Das bedeutet bei niedrigpreisigen Waren und Angeboten eine Vereinfachung und damit eine Kostenersparnis.

Werden keine Allgemeinen Geschäftsbedingungen vereinbart, gilt das Gesetz. Dieses ist im Zweifel immer auf der Seite des Verbrauchers. Verwenden Sie in Ihren Allgemeinen Geschäftsbedingungen eine unzulässige Bestimmung, kommt ebenfalls die entsprechende gesetzliche Regelung zum Tragen.

Recht in Österreich und der Schweiz

Auch in Österreich und der Schweiz gilt die grundsätzliche Unterscheidung zwischen Werk- und Dienstvertrag. Auch die beschriebenen Vertragsformen existieren hier, es gibt allerdings einige Unterschiede im Detail. Mehr Informationen finden Österreicher zum Beispiel bei *www.jusline.at*. Eine der besten Linksammlungen zum Recht in der Schweiz bietet die Firma KPMG unter *www.kpmg.ch/links*.

5.3 Recht im Internet

Im Internet gilt spezielles Recht. Ein wichtiges Gesetz, das auf einer EU-Richtlinie beruht, heißt in Deutschland und Österreich Fernabsatzgesetz. Es regelt die Informationspflicht der Anbieter und die Widerrufsrechte der Käufer. Es gilt, wie das Fachwort heißt, für jedes »Distanzgeschäft«. Dazu zählen der klassische Versandhandel, Teleshopping und Internethandel. Ein Aspekt betrifft die Rückgabemöglichkeit von bestellten Waren ohne Angabe von Gründen: In Deutschland ist das innerhalb von 14 und in Österreich innerhalb von 7 Tagen möglich.

Das Online-Recht stellt hohe Anforderungen an die Datensicherheit. Möchten Sie eine Kundenkartei aufbauen, müssen Sie außerdem den Kunden über Art, Umfang und Zweck informieren. Der Kunde besitzt außerdem ein Recht zu erfahren, ob die Internet-Verbindung automatisch zu anderen Diensteanbietern weitergeschaltet wird oder Daten außerhalb des Geltungsbereichs des europäischen Datenschutzes verarbeitet werden sollen.

Die Einwilligung zu den Allgemeinen Geschäftsbedingungen kann auf elektronischem Wege erfolgen. Dabei muss es sich um »eine eindeutige und bewusste Handlung« handeln und nicht womöglich um einen versehentlichen Mausklick. Um diese bewusste Handlung zu gewährleisten, empfiehlt es sich, den Kunden zu einem Kreuzchen zu zwingen: »Ja, ich habe die Allgemeinen Geschäftsbedingungen gelesen.« Die Allgemeinen Geschäftsbedingungen sollten darüber hinaus leicht zugänglich und ausdruckbar sein.

Adressen

Verträge:

- Formblitz (*www.formblitz-vordrucke.de*): Musterverträge und Formulare von A bis Z.

- Janolaw (*www.janolaw.de*): Musterverträge direkt aus Juristenhand.

- Standardverträge (*www.standardvertraege.de*): Musterverträge.

- Redmark (*www.redmark.de/inhalt/muster_vertraege.html*): Musterverträge.

- Vertragsrecht (*www.vertragsrecht.de*): Angebot von RA Michael Felser.

6 Business-Plan

In diesem Kapitel lernen Sie Schritt für Schritt, wie Sie ein kurzes Unternehmenskonzept, etwa für den Antrag auf Überbrückungsgeld oder für die Gründung einer Ich-AG, erstellen: den »Mini-Business-Plan«. Danach geht es weiter ins Detail: Sie erfahren, wie ein überzeugender Business-Plan entsteht und welche Punkte er enthalten muss, damit er von Banken akzeptiert wird.

6.1 Argumente für einen Business-Plan

Ein Business-Plan bringt Ihre Geschäftsidee genau und detailliert auf den Punkt. Er zwingt Sie, sich Gedanken über Ihr Angebot, Ihre Zielgruppe und Ihr Marketing zu machen. Er beinhaltet auch einen Finanzteil, der Ihre Geschäftsentwicklung detailliert vorausplant. Damit ist er ein Instrument für Ihre interne Planung, bietet Ihnen Orientierung und Halt. Er bringt Sie zurück auf den Teppich, wenn Sie vielleicht abheben wollen: Was war noch Ihre Ursprungsidee? Welches sollten die nächsten Entwicklungsschritte sein? Wenn Sie von Ihren Plänen abweichen, sollten Sie das bewusst tun, andernfalls besteht die Gefahr, dass Sie sich verzetteln, Ihr Ziel aus den Augen verlieren und so den Erfolg Ihres Unternehmens gefährden.

Ein Business-Plan richtet sich aber auch an Dritte und soll beispielsweise bei Geldgebern, Banken und anderen Institutionen Überzeugungsarbeit leisten. Je besser Ihr Business-Plan ist, desto besser sind Ihre Chancen, einen Kredit zu erhalten. Selbst Geschäftsideen aus Branchen, die normalerweise bei den Banken als kaum förderungswürdig gelten, können mit einem sehr guten Business-Plan doch noch überzeugen. Ein Beispiel dafür ist der Business-Plan von Alexander Stössls City Wellness, den Sie später kennenlernen werden.

Jeder Unternehmensberater weiß, dass der Erfolg eines Unternehmens entscheidend von guter Planung abhängt. Je mehr Gedanken ein Unternehmer in sein Geschäft gesteckt hat, desto erfolgreicher wird es sein. Wer seriös plant und genau mit Zahlen rechnet, anstatt bloß damit zu jonglieren, weiß, was auf ihn zukommt, muss sich nicht ständig um Schadenbegrenzung bemühen und sich über rausgeworfenes Geld ärgern. Deshalb ist es kaum zu verstehen, dass sich nur wenige Gründer die Mühe machen, einen solchen Plan zu erstellen. Gefördert wird der Trend zur planlosen Gründung durch den Trend zu Kleingründungen. Vielfach erstellt der Steuerberater das für die Bewilligung von Gründungszuschuss benötigte Unternehmerkonzept, Honorare werden grob geschätzt, Einnahmen über den großen Daumen kalkuliert. Tatsächlich funktionieren derartige Kamikaze-Gründungen im Einzelfall, etwa wenn der Ehepartner genug verdient, um den Lebensunterhalt zu bestreiten, oder das Geschäftsmodell von selbst läuft und im weiteren Verlauf keine schweren Fehler begangen werden. Doch das ist die Ausnahme.

Typische Fehler

Bei der Existenzgründung lauern viele Fallen. Doch viele Fehler lassen sich völlig vermeiden – mit durchdachter Planung. Das sind die häufigsten Fehler, die viele Existenzgründer immer wieder begehen:

▶ *Management by Kontoauszug:* Die freie Journalistin Susanne schaute ungern aufs Geld. Die Geschäfte liefen schließlich gut, und auch das Konto war immer gedeckt. Buchhaltung und Steuern hatte ein Steuerberater übernommen. Da es nicht zu dessen Pflichten gehört, auf finanzielle Fehlentwicklungen hinzuweisen, wusste sie nur, welchen Umsatz sie machte. Nachdem Susanne zwei Jahre kaum Steuern bezahlt hatte, weil sie Ihr Aufkommen mit Ansparabschreibungen fast auf null senken konnte, kam es mit dem ersten richtigen Steuerbescheid zu einer saftigen Steuernachzahlung: Für 2005 und 2006 sollte Sie jeweils über 20.000 Euro im Nachhinein zahlen, außerdem für 2007 im Voraus. Das Geld – 60.000 Euro – musste Sie sich schließlich bei den Eltern leihen. Fehler: Keine vorausschauende Planung der Liquidität, kurzfristiges Steuervermeidungs-Management.

▸ *Management ohne Controlling:* Nach einer Prüfung der Konten fand die Grafikerin Greta heraus, dass sie seit drei Jahren etwa 30 Prozent Außenstände mit sich schleppte. Viele Auftraggeber hatten nicht bezahlt, und Greta hatte das nicht gemerkt. Fehler: Keine Planung und Kontrolle des Rechnungs- und Mahnwesens sowie der Buchhaltung.

▸ *Management ohne Plan:* Die Geschäfte des Ladenbesitzers Hinrich liefen super. Sein Unternehmen hatte er ganz ohne Kredit aufgebaut. Doch dann wollte er expandieren, neue Räume mieten und Inventar kaufen. Einen Unternehmensplan konnte er nicht vorlegen. Die Bank gewährte ihm keinen Kredit. Fehler: Zu späte Planung einer Kreditaufnahme.

▸ *Management by Bauchgefühl:* Marius hätte gedacht, dass seine Idee laufen müsste. Er hatte eine Internetseite installiert, auf der er die CDs seines Lounge-Musik-Labels vertrieb. Die Seite hatte er auch bei allen wichtigen Suchmaschinen angemeldet, trotzdem passierte so gut wie nichts. Die Monatsumsätze lagen konstant bei etwa 150 Euro. Selbst hier und da geschaltete Banner brachten nichts. Fehler: Kein strategisches Marketingkonzept, kein Markttest.

▸ *Die Idee ist nicht durchdacht:* Immer wieder kommt es vor, dass Gründer eine Geschäftsidee nicht konsequent zu Ende denken. Beispielsweise wird die rechtliche Lage nicht beachtet oder das eigene Wissen befindet sich nicht auf dem aktuellen Stand. Auch das Thema Logistik wird häufig unterschätzt: Wie kommen die Waren zu ihren Kunden, welche Schritte sind notwendig, um einen sicheren und preiswerten Transport zu gewährleisten?

▸ *Der Markt wurde nicht seriös untersucht:* Nach dem Motto »Jedes Produkt findet schon einen Markt« stürzen sich viele Gründer ins Abenteuer Existenzgründung. Hinterher müssen Sie oft genug feststellen, dass der Wettbewerb zu stark ist oder die Zielgruppe viel kleiner als vorgestellt.

▸ *Nicht alle Ausgaben sind geplant:* Wenn Gründer ihre Ausgaben planen, denken Sie oft nur an die nahe liegenden Ausgaben. Fast immer werden wichtige Kostenfaktoren einfach vergessen, zum Beispiel die Kosten für Rechtsberatung oder für wichtige Versicherungen.

▸ *Falsche Einschätzung der Aufgaben:* Dass die kaufmännischen Aufgaben einen wesentlichen Teil der Arbeit ausmachen, ist vielen Gründern oft nicht bewusst. Sie planen diese Tätigkeiten erst gar nicht ein und berücksichtigen den Aufwand für Organisation nicht bei ihrer Preis- und Honorarkalkulation. Später stellen sie fest, dass ein Stundenhonorar von z. B. 40 Euro nicht kostendeckend ist. Korrekturen sind dann aber kaum noch möglich.

Planen Sie Ihre Gründung also sehr genau. Denn warum wollen Sie überhaupt Fehler machen, wenn sich diese von vornherein vermeiden lassen?

6.2 Mini-Business-Plan für freie Mitarbeiter und Kleingründer

Cashflow? Investitionsplan? Was die großen Gründer für die Banken brauchen, ist für Sie ein paar Nummern zu groß. Es reicht aus, wenn Sie einen guten Überblick über Ihre Einnahmen und Kosten bekommen. Fangen Sie ruhig klein an und lassen Sie sich von den großen Business-Plan-Vorlagen nicht abschrecken. Falls Sie doch schon größere Pläne hat, blättern Sie weiter zum großen Business-Plan in Kapitel 6.2.

Der Mini-Business-Plan richtet sich an alle, die keine Kredite brauchen und mit wenig Geldeinsatz starten können. Das sind etwa Selbständige, die in Unternehmen hineingehen und dort auf Stundenbasis oder für einen Tagessatz ackern oder die Aufträge zu Hause abarbeiten, oder es sind Unternehmer, die einen kleinen Laden mit überschaubaren Kosten für Miete und Inventar führen. Ein Mini-Business-Plan ist beispielsweise ausreichend für:

- ▶ Dozenten und Trainer,
- ▶ Unternehmensberater,
- ▶ Übersetzer, die kein Übersetzungsbüro aufbauen möchten,
- ▶ Menschen, die bestimmte Produkte im Direktvertrieb verkaufen,
- ▶ Handelsvertreter,
- ▶ Inhaber von kleinen Ladengeschäften, die mit Ikea-Regalen starten,
- ▶ nebenberufliche Gründer.

Der Mini-Business-Plan ist auch nützlich für alle Freiberufler, die erst einmal mit dem starten, was sie im Kopf haben, ohne viel Geld in Material und Ausstattung zu investieren: zum Beispiel Journalisten, Designer und freie Lektoren.

Schritt für Schritt zum Mini-Business-Plan

Der Mini-Business-Plan führt Sie Schritt für Schritt durch alle Facetten Ihrer Geschäftsidee. Beantworten Sie dabei jede Frage und lassen Sie sich die Zeit, offene Fragen zu klären. Wenn Sie fertig sind, ersetzen Sie die Fragen durch aussagekräftige Überschriften – schon haben Sie einen Business-Plan, der für die Beantragung von Gründungszuschuss und Ich-AG ausreichend ist. Bitte beachten Sie: Diese Vorgehensweise empfiehlt sich nicht, wenn Sie Kredite beantragen müssen. Dann müssen Sie wesentlich mehr Aufwand in die Erstellung des Finanzteils stecken.

1. Deckblatt

Fertigen Sie ein Deckblatt an. Schreiben Sie Ihren Namen und Ihre Adresse darauf. Vermerken Sie Ihre Gründungsidee und den Bestimmungszweck des Dokuments, zum Beispiel »Konzept für den Antrag auf Gründungszuschuss«.

2. Geschäftsidee

- ▶ Was ist Ihre Geschäftsidee?
- ▶ Warum brauchen Kunden Ihr Angebot?

Beschreiben Sie Ihre Geschäftsidee möglichst in einem kurzen Satz. Bringen Sie dabei das Wesentliche auf den Punkt. Verraten Sie, warum Ihre Kunden Ihr Produkt beziehungsweise Ihre Dienstleistung brauchen.

3. Produkt oder Dienstleistung

- ▶ Welche Leistungen bieten Sie an? Was verkaufen Sie?
- ▶ Aus welchen Bestandteilen besteht Ihr Angebot?

Beschreiben Sie Ihr Angebot jetzt möglichst genau. Oft ergibt sich ein ganzes Leistungsportfolio, also ein Bündel verschiedener Dienstleistungen. Wenn Sie einen Büroservice anbieten, stehen Telefondienst, Briefe schreiben, Buchhaltung, Ablage etc. auf Ihrer Liste. Achtung: Es geht nicht darum, möglichst viele Leistungen anzubieten. Es ist vielmehr entscheidend, ein Leistungspaket zu schnüren, das den Bedürfnissen Ihrer Kunden beziehungsweise Auftraggeber bestmöglich entspricht.

4. Zielgruppe

- ▶ Wer sind Ihre Auftraggeber oder Kunden (Branche, Unternehmen, Institutionen, Privatpersonen)?
- ▶ Was zeichnet Ihre Auftraggeber oder Kunden aus? Wie alt sind sie? Wie viel Geld steht ihnen zur Verfügung? Welche Bedürfnisse haben sie?

- ▶ Welche Firmen kennen Sie, die Sie kontaktieren wollen?
- ▶ Haben Sie bereits Kontakte, die Sie nutzen können?

Beschreiben Sie, wer Ihre Dienstleistung braucht, Ihnen Honorare zahlt oder bei Ihnen einkauft. Beachten Sie als Dienstleister, dass Sie nicht mit einem Auftraggeber auskommen. Faustregel: Wenn ein Auftraggeber wegfällt, müssen Sie mit den verbleibenden finanziell noch gut über die Runden kommen: Sie sollten nicht mehr als 20 Prozent Ihres Umsatzes von einem einzigen Unternehmen beziehen.

5. Preis oder Honorar

- ▶ Was ist Ihr Preis?
- ▶ Welche Honorare verlangen Sie für welche Dienstleistung?
- ▶ Was sind die markt- und branchenüblichen Preise?

Kalkulieren Sie Honorare auf Basis der eigenen Kosten, des Wettbewerbs und der Zahlungsbereitschaft Ihrer Kunden. Lesen Sie dazu Kapitel 8. Bei einem Leistungspaket können Sie auch zwischen den einzelnen Posten differenzieren. Wenn Sie mit einem Büroservice einerseits Botendienste anbieten, andererseits Veranstaltungen organisieren, werden Sie um eine Differenzierung nicht umhinkommen, da es sich um verschiedenartige Tätigkeiten handelt. Schreiben Sie den Preis neben die einzelnen Leistungen. Üblich ist die Angabe als Nettobetrag.

Oft haben Sie keine oder nur wenig Möglichkeit, auf den Preis einzuwirken. So kann ein Übersetzer, der für Übersetzungsbüros arbeitet, kaum eine eigene Vorgabe machen. In diesem Fall empfiehlt es sich, die üblichen Honorare anzugeben. Recherchieren Sie die Preise, beispielsweise mithilfe des Internets oder eines Berufsverbandes. Anhaltspunkte finden Sie auch in der Honorartabelle in Kapitel 8.

Sie können natürlich auch mit Zeilenpreisen oder Tagessätzen arbeiten. Rechnen Sie aus, wie viel Sie im Monat insgesamt einnehmen werden. Bedenken Sie dabei, dass Sie auch als freier Mitarbeiter nicht jeden Tag bezahlt bekommen, sondern nur eine begrenzte Anzahl an Tagen im Monat. Berücksichtigen Sie bei Ihrer Rechnung weiterhin, dass Sie weder Urlaubsgeld erhalten noch Krankengeld. Auch die Altersversorgung bleibt ganz allein an Ihnen hängen, muss also in Ihre Kostenkalkulation eingehen.

6. Unternehmensform

- ▶ Sind Sie Freiberufler oder Gewerbetreibender?
- ▶ Welche Gesellschaftsform streben Sie an?

Falls Sie keine GbR oder GmbH gründen möchten, sagen Sie, ob Sie eine freiberufliche oder gewerbliche Tätigkeit ausüben. Handelt es sich um ein Kleingewerbe (mit unter 17.500 Euro Umsatz)? Erheben Sie Umsatzsteuer?

7. Wettbewerber?

- ▸ Wer sind Ihre Wettbewerber?
- ▸ Was bieten Sie im Unterschied zur Konkurrenz an? Bieten Sie beispielsweise eine bessere Qualität oder günstigere Preise?
- ▸ Werden Sie in einer speziellen Region oder für eine bestimmte Branche tätig?

Sagen Sie deutlich, wie Sie sich von Ihrer Konkurrenz abgrenzen. Sie können sich auch Vorbilder suchen und sagen, dass Sie diese gute Idee in Ihrer Region nachmachen möchten.

8. Mitarbeiter

- ▸ Wollen Sie Mitarbeiter beschäftigen? Wie viele?
- ▸ Welche Aufgaben sollen diese übernehmen?
- ▸ Lassen Sie bestimmte Arbeiten von Dritten ausführen?

Wahrscheinlich stellen Sie am Anfang noch keine Mitarbeiter ein. Trotzdem sollten Sie kurz auf diesen Punkt eingehen. Wenn Ihr Partner als gelernter Steuergehilfe Buchhaltung und Finanzen und Einkommensteuererklärungen übernimmt, gehört dies in Ihren Plan hinein, schließlich sparen Sie dadurch den Steuerberater. Sie sollten auch darlegen, ob Sie Auftragsarbeiten herausgeben.

9. Akquise und Vertrieb

- ▸ Was wollen Sie tun, um Auftraggeber zu gewinnen?
- ▸ Wie wollen Sie dabei vorgehen?
- ▸ Wen möchten Sie ansprechen?
- ▸ Welche Mittel und Wege möchten Sie nutzen, um Ihr Produkt oder Ihre Dienstleistung zu verkaufen?

Bauen Sie Ihre Strategie möglichst logisch auf. So können Sie im ersten Schritt vorhandene Kontakte ansprechen und im zweiten Schritt innerhalb der Branche akquirieren, in der Sie sich auskennen. Entscheiden Sie sich für eine bestimmte Vorgehensweise. Beispiel: Möchten Sie als Journalist bestimmte, fachspezifische Themen verkaufen oder als Übersetzer vor allem in der Versicherungsbranche Ihre Kompetenz anpreisen?

10. Werbung

- ▸ Mit welchen Materialien wollen Sie für sich werben (zum Beispiel Visitenkarten, Geschäftspapier, Internetseite, Flyer, Präsentationen oder Anzeigen)?
- ▸ Wie erreichen Sie damit Ihre Zielgruppe?

Wahrscheinlich stehen Sie vor der Entscheidung, ob Sie Visitenkarten drucken und eine Website erstellen lassen. Zumindest Visitenkarten werden Sie wahrscheinlich brauchen. Wägen Sie bei weiteren Werbematerialien ab, ob sich das für Sie lohnt, und in welchem Verhältnis Kosten und Nutzen stehen. Ein Übersetzer benötigt beispielsweise keine Flyer, und Kleinanzeigen sind für das Angebot freier Mitarbeit hinausgeworfenes Geld. Sparen Sie aber auch nicht am falschen Ende: Sie steigern Ihren Wert nach außen, wenn Sie in einem einheitlichen »Look« auftreten und wiedererkennbar sind.

11. Finanzteil

- ▶ Wie viel Geld benötigen Sie in den ersten drei Jahren für Ihre private Lebensführung? Berücksichtigen Sie Miete, Benzin, Urlaub, private Altersvorsorge etc. Kalkulieren Sie Kostensteigerungen ein.
- ▶ Wie viel Geld müssen Sie im ersten Jahr investieren? Denken Sie an einmalige Kosten für Fax, Handy, Telefon oder Briefpapier sowie laufende Kosten für Geschäftskonto, Büromaterial und anderes.
- ▶ Wie viel Geld nehmen Sie im ersten Jahr ein? Planen Sie vorsichtig und gehen Sie von einem »Normal Case« und einem »Worst Case« aus. Der »Worst Case« sollte immer noch so gut sein, dass Sie von Ihren Einnahmen leben können.

Legen Sie eine Tabelle für jeden Monat an. Errechnen Sie mutmaßliche Einnahmen, wahrscheinliche Kosten und ziehen Sie das eine vom anderen ab. So erhalten Sie Ihren Gewinn pro Monat.

Interview: Brauchen Gründer einen Plan?

Im Interview beantwortet Dr. Andreas Lutz, Experte für Gründungszuschuss, Fragen für alle Existenzgründer, die Fördermittel der Arbeitsagentur nutzen wollen. Auf seiner Website stellt er unter *www.gruenderzuschuss.de* für 29 Euro einen Business-Plan im Baukastensystem bereit.

Benötigen Gründer aus der Arbeitslosigkeit einen Business-Plan? Oft geht es hier ja um kleinere Gründungen mit geringem Finanzbedarf.
Ja, unbedingt. Und nicht nur, weil ein Business-Plan Voraussetzung für den Erhalt von Gründungszuschuss ist. Auch Gründer, die keine Mitarbeiter anstellen und keinen Bankkredit aufnehmen, haben einen Finanzbedarf. Der Finanzbedarf besteht nicht in hohen Investitionen, sondern in der Deckung des eigenen Lebensunterhalts während der Anlaufzeit. Denn nur wenige Gründer verdienen vom ersten Tag an so viel, dass sie ihren Lebens-

unterhalt decken können. Dann hätten sie im Übrigen auch keinen Anspruch auf Gründungszuschuss.

Der Gründungszuschuss hilft bei der Deckung des Lebensunterhalts in den ersten sechs Monaten, darf aber in den Business-Plan nicht als Einnahme eingerechnet werden. Die Anlaufzeit muss aus eigenen Mitteln finanzierbar sein.

Wird der Finanzbedarf häufig unter-
schätzt? Oder andersherum: Werden
Einnahmen schöngerechnet?
Es ist natürlich viel schwieriger, die Einnahmen zu planen als die Ausgaben. Viele Gründer beschränken sich darauf, die geplanten Ausgaben zu addieren und daraus den nötigen Umsatz abzuleiten. Damit haben sie das Thema verfehlt. Die Hauptaufgabe des Business-Plans ist es aufzuzeigen, wie der Gründer den geplanten Umsatz erreichen wird. Die Umsatzplanung muss also durch eine realistische Kapazitäts- und Vertriebsplanung gestützt werden. Deshalb bin ich bei meinem Business-Plan-Tool in diesem Bereich über die Anforderungen der fachkundigen Stellen hinausgegangen und biete eine Hilfe zur Umsatzplanung für die entscheidenden ersten zwölf Monate an.

Ich kenne Gewinner von Business-
Plan-Wettbewerben, die eine Bauchlan-
dung hinter sich haben. Trotz Business-
Plan können Gründer also scheitern.
Woran liegt das?
Business-Plan-Wettbewerbe verführen dazu, ein Vorhaben künstlich großzurechnen. Denn es gewinnen in der Regel nicht die Ein-Mann-Unternehmen, son-

dern ehrgeizige Gründer, die schnell expandieren wollen. Diese fühlen sich dann durch einen Preis im Wettbewerb ermutigt, das Konzept in vollem Umfang umzusetzen. Eine schnelle Expansion auf der Grundlage eines in der Praxis nicht erprobten Business-Konzepts ist jedoch sehr riskant. Ich rate deshalb Gewinnern von Business-Plan-Wettbewerben, ihr Konzept zunächst mit begrenztem Risiko einem Realitätstest auszusetzen und bei der Ausweitung schrittweise vorzugehen.

Woran kranken Ihrer Meinung nach die
meisten Empfehlungen zur Erstellung
von Business-Plänen?
Existenzgründer sehen sich einem regelrechten Informationsdschungel gegenüber. Es gibt sehr viele Informationen und Empfehlungen, aber leider sind sie meist viel zu detailliert und praxisfern. Ich lege bei meinen Business-Plänen Wert darauf, die Dinge zu vereinfachen, statt sie immer weiter zu verkomplizieren. Beim Business-Plan kommt es darauf an, dass der Gründer ihn selbst erstellen, verstehen und an neue Verhältnisse anpassen kann. Ein Business-Plan vom Steuerberater mag zwar formell besser sein, aber wie soll der Existenzgründer ihn in die Realität umsetzen, wenn er ihn nicht versteht?

Wie kann ein Gründer seinen Business-
Plan realistisch gestalten? Worauf muss
er achten?
Gründer können ihre Erfolgschancen deutlich steigern, wenn Sie über eine realistische Umsatzplanung für die ersten zwölf Monate verfügen. Außer-

dem darf der Gründer nicht erst nach der Gründung mit der Akquise anfangen; er muss schon im Rahmen der Vorbereitungen und Marktforschung mit Kunden sprechen, zum Beispiel im Rahmen einer Kundenbefragung, mit vertiefenden Kundeninterviews oder Testaufträgen. So erfolgt der Praxistest des Business-Plans frühzeitig, und man kann den Business-Plan anpassen, bevor man viel Geld auf das falsche Pferd setzt. Viele dieser vorbereitenden Maßnahmen sind möglich, während man noch Arbeitslosengeld bezieht oder noch einer Festanstellung nachgeht.

6.3 Business-Plan im Detail

Der Business-Plan ist detaillierte Vorausschau und strategischer Plan Ihrer Unternehmensentwicklung. Er dient oft als Eintrittskarte zu Krediten, Risikokapital und Fördermitteln. Zugleich ist er aber auch ein Drehbuch für Ihren Erfolg. Mit dem Business-Plan legen Sie nicht nur anderen die Ziele Ihres Unternehmens dar, sondern geben auch sich selbst eine klare Richtung vor. Auch wenn Sie keinen Business-Plan benötigen, weil Sie mit Ich-AG-Zuschuss oder mithilfe von Eigenmitteln starten, sollten Sie deshalb auf keinen Fall auf dieses wichtige Instrument verzichten.

Schritt für Schritt zum Business-Plan

Der klassische Business-Plan wird nie endgültig fertig. In Form eines Unternehmensplans begleitet er Sie ein Unternehmerleben lang. Sie passen ihn dabei regelmäßig an aktuelle Entwicklungen an. Das erwarten einerseits die Banken bei der Kreditvergabe von Ihnen, das hilft Ihnen andererseits, den Überblick zu wahren – zu jedem Zeitpunkt. Das ist sicher der Grund, warum Gründer mit Business-Plan im Gepäck erfolgreicher sind als »Kamikaze-Gründer«, die sich mehr oder weniger planlos ins Abenteuer stürzen.

Wie muss ein Business-Plan aussehen?

Ein überzeugendes Aussehen spielt bei der Erstellung eines Business-Plans eine wichtige Rolle. Eine ansprechende Gestaltung unterstützt Sie vor allem dabei, Ihre Idee so zu verkaufen, dass die Adressaten vom Erfolg überzeugt sind.

Orientieren Sie sich an übersichtlich gestalteten Büchern. Deren Kennzeichen sind kurze Leseabschnitte, aussagekräftige Überschriften, Übersichten und Illustrationen. Bilder sollten dazu da sein, Ihre Idee anschaulich darzulegen. Auch Diagramme sind meist übersichtlicher als umfangreiche Tabellen mit langen Zahlenkolonnen. Für die Formatierung gibt es sonst keine Vorgaben und erst recht keine Norm. Wichtig ist nur, dass Sie die Inhalte lesefreundlich aufbereiten. Gut ist, wenn sich Ihr Plan leicht kopieren lässt. Übertreiben Sie die Gestaltung jedoch nicht: Design ist nur dazu da, Ihre Aussagen ins recht Licht zu rücken, und kein Selbstzweck.

Wie viele Seiten braucht ein Business-Plan?

Business-Pläne, die bei der Arbeitsagentur eingehen, reichen von einer bis zu über hundert Seiten. Weder der untere Wert noch der obere sind realistisch, auch wenn die Arbeitsagentur im Zweifelsfall beide Varianten akzeptiert. Eine Seite kann allenfalls eine Zusammenfassung umfassen, hundert Seiten sind sicher zu viel. Wer so umfangreiche Business-Pläne einreicht, zeigt damit, dass er seine Gedanken nicht strukturieren und Wichtiges nicht von Unwichtigem trennen kann. Das kommt besonders bei Banken nicht gut an.

Orientieren Sie sich bei Ihrem Business-Plan am besten an den Vorgaben, die Veranstalter von Business-Plan-Wettbewerben geben. Damit liegen Sie in der Regel hinsichtlich Inhalt und Umfang richtig. Der bekannteste Wettbewerb ist die Start-Up-Initiative, die von der Zeitschrift *Stern*, der Unternehmensberatung McKinsey und den Sparkassen ins Leben gerufen worden ist. Der von StartUp geforderte Business-Plan umfasst mindestens 16 und maximal 28 Seiten.

Für den Finanzteil sind dabei gut die Hälfte der Seiten vorgesehen. Eine Seite gehört dem »Executive Summary«, der Zusammenfassung. Diese Seite ist wie der Lebenslauf in der Bewerbung: Meist wird das Summary zuerst gelesen. Es entscheidet, ob Sie das Interesse Ihrer potenziellen Geldgeber wecken.

Tipp: Lassen Sie sich nicht beeinflussen

In Business-Plan-Wettbewerben wird viel heiße Luft produziert. Häufig gewinnen Unternehmer, die mit Riesenplänen und viel zu großen Wachstumsansprüchen nach vorne preschen. Kleine, aber feine Ideen haben kaum eine Chance, sind aber oft viel aussichtsreicher. Kurzum: Blasen Sie Ihre Idee nicht künstlich auf, nur um ein paar tausend Euro zu gewinnen. Planen Sie solide – und beginnen Sie erst mal klein.

Sollten Sie sich bei der Erstellung des Business-Plans helfen lassen?

Manche Unternehmensberater nehmen Ihnen die ganze Arbeit ab und schreiben den Business-Plan für Sie. Das sind schlechte Berater. Die Erstellung eines Business-Planes konfrontiert Sie mit wichtigen Fragen. Sie zwingt Sie, sich entscheidende Gedanken zu machen und selbst zu rechnen. Das ist eine wichtige Erfahrung, aus der Sie lernen können und auf die Sie deshalb nicht verzichten sollten.

Vorsicht ist auch bei Muster-Business-Plänen von der Stange angebracht. Es kann keinen Serien-Business-Plan geben, denn jedes Unternehmen ist einzigartig. Lassen Sie nicht andere für Sie denken, denken Sie selbst!

Gründerporträt: »Mein Plan war eben richtig gut«

Alexander Stössl hat mit 27 Jahren bei einem Business-Plan-Wettbewerb gewonnen.

Firma	City Wellness
Gesellschaftsform	Einzelunternehmen, geplant ist spätere Umwandlung in eine GmbH
Geschäftsmodell	Exklusive Wellness-Angebote
Internet	www.citywellness.at
Gründung	Januar 2004
Kapitaleinsatz bei Gründung	Circa 270.000 Euro
Inhaber	Alexander Stössl
Entwicklung	Stössl plant den Aufbau weiterer City-Wellness-Zentren
Erreichen der Gewinnschwelle	geschafft

Selbständig arbeiten wollte Alexander Stössl schon immer. Für den gelernten Masseur war das Ziel schnell klar: ein Wellness-Center mit Gesundheitsmassage, Kosmetik, Saunadampfbad, Whirlpool und zwei hochmodernen Sonnenbänken mitten in Wien, zentral gelegen, 120 Quadratmeter groß, mit hochwertiger Ausstattung und exquisitem Service. Geöffnet ist jeden Tag bis 22 Uhr, damit auch abgehetzte Manager eine Chance auf Schönheit und Entspannung haben: Schon allein hierin unterscheidet sich City Wellness von kleinen Kosmetik- und Schönheitsstudios.

Auf das eigene Unternehmen hat Stössl lange hingearbeitet und Schritt für Schritt geplant. »Das war kein Schnellschuss«, sagt der 30-jährige Wiener. Dieser ist in Österreich auch nicht ohne weiteres möglich: Jeder künftige Gewerbetreibende muss eine Unternehmerprüfung ablegen. Dazu lernt er bei der Wirtschaftskammer von der Kostenrechnung bis zur Mitarbeiterführung alles, was erfolgreiche Geschäftsleute wissen müssen – auf Wunsch auch per E-Learning, damit Zeit für den Job bleibt. Bis zur Eröffnung von City Wellness hat Stössl als Angestellter gearbeitet – natürlich auch schon im exklusiven Wellness-Bereich.

Größe war von Anfang an Stössls Ziel. Kein kleines Studio sollte es sein – davon gibt es zu viele. Die Idee dahinter: Für ein schickes, einmaliges Wohlfühl-Ambiente geben Kunden mehr Geld aus. Ohne Investitionen war dieses Ziel nicht zu erreichen. Mehr als die Hälfte der rund 270.000 Euro Kosten für die Gründung steckte Stössl selbst in das Geschäft. Dieses Geld hatte er gespart, weil er immer schon wusste, dass er irgendwann sein eigenes Unternehmen gründen wollte. Den Rest streckte die Bank in Form eines Kredites vor. So sehr begeisterte die Kreditgeber das Konzept, dass sich gleich zwei Investoren darum bemühten. Das ist ungewöhnlich, denn Wellness genießt in Österreich wie auch in Deutschland unter den Finanziers einen schlechten Ruf. Unter normalen Umständen ist es also fast aussichtslos, mit einem Wellness-Plan Kredite zu bekommen. Auch hat noch nie ein Kosmetikstudio einen Business-Plan-Wettbewerb gewonnen – aber City Wellness ist schließlich mehr als das.

Warum es bei City Wellness anders war und sich die Banken überzeugen ließen? »Mein Business-Plan war einfach gut«, ist Stössl überzeugt. »Da stecken viele Gedanken und jede Menge Arbeit drin.« Auf mehr als dreißig Seiten hat der Wiener sein Konzept zusammengefasst – zuzüglich Finanzteil. Geschadet hat die Überlänge nicht, schließlich ist auch die Optik entscheidend: besser lesefreundlich und ein paar Seiten länger als dicht an dicht auf wenigen Seiten. Zudem ist der Plan durchgängig illustriert. Selbst den Finanzteil ergänzen Diagramme, die endlosen Zahlenkolonnen erst eine Aussage verleihen.

Der Rest ergab sich fast von selbst: die Zielgruppe, das Marketing und auch die Unternehmensführung. Um sich mit festen Mitarbeitern nicht unnötig zu binden, setzt Stössl auf Honorarkräfte. Das bietet einen weiteren Vorteil: »Unsere Arbeit ist ein Miteinander.« Die Mitarbeiter fühlen sich für City Wellness verantwortlich, schließlich ist es auch ihr Geschäft.

Irgendwann, wenn es gut läuft, möchte Stössl weitere Filialen eröffnen, auch in anderen Städten. Dann könnte es sein, dass er eine GmbH gründet. Vorerst muss das aber nicht sein, denn er will Schritt für Schritt die gesetzten Ziele erreichen: langsam wachsen und gedeihen – genauso, wie er es im Business-Plan vorausgeplant hat.

1. Schritt: Gedanken ordnen

Beginnen Sie mit einer kleinen Übung, die auf die Ausarbeitung des Business-Planes vorbereitet. Setzen Sie sich an einen Tisch und erklären Sie einem Bekannten, dem Sie noch nicht von Ihrer Idee erzählt haben, Ihr Produkt oder Ihre Dienstleistung. Es sollte möglichst jemand sein, der nicht aus der Branche stammt, in der Sie sich selbständig machen wollen. Geben Sie ihm folgenden Fragenkatalog in die Hand, und fordern Sie ihn auf, sofort nachzufragen, wenn etwas nicht klar ist.

- ▸ Wie lässt sich Ihr Angebot in maximal fünf Worten beschreiben?
- ▸ Was bringt Ihr Angebot dem Kunden? Worin liegt der Nutzen für den Kunden?
- ▸ Wie sieht Ihr gesamtes Angebot aus? Welche Leistungen wollen Sie anbieten? Was ist Ihr Portfolio, also Ihr Bündel an Leistungen?

- ▶ Wer sind Ihre Kunden? Wie alt sind sie? Was machen sie beruflich? Wie leben sie? Wie viel Geld steht ihnen zur Verfügung? Welche Entscheidungen müssen sie treffen, bevor sie Ihr Produkt oder Ihre Dienstleistung kaufen?
- ▶ Wie viel können Sie von Ihrem Produkt verkaufen, wie oft Ihre Dienstleistung anbieten? Werden Sie in den nächsten Jahren eher mehr oder weniger verkaufen?
- ▶ Wie wollen Sie sich den Markt für Ihr Angebot erschließen?
- ▶ Welche Wettbewerbsvorteile besitzen Sie gegenüber der Konkurrenz?
- ▶ Welche Ziele haben Sie sich für das erste Jahr gesetzt? Welche für das zweite und dritte Jahr?
- ▶ Wie wollen Sie diese Ziele konkret erreichen? Bis wann? Wann sind Sie zufrieden mit dem, was Sie erreicht haben?
- ▶ Wie viel Geld werden Sie brauchen?
- ▶ Welchen Umsatz und welchen Gewinn planen Sie in den nächsten fünf Jahren?
- ▶ Wie viel Geld brauchen Sie für Ihren privaten Unterhalt?
- ▶ Wie viel Geld brauchen Sie für Ihre private Altersversorgung?
- ▶ Welche Versicherungen benötigen Sie?
- ▶ Könnte eine neue Gesetzeslage die Geschäftsentwicklung beeinflussen und Sie zwingen, Ihr Angebot zu ändern?
- ▶ Möchten Sie expandieren? Was ist die Voraussetzung für Ihre Expansion? Brauchen Sie Geld, Raum oder Mitarbeiter?
- ▶ Möchten Sie Mitarbeiter anstellen? Was brauchen Sie, um Mitarbeiter anzustellen?
- ▶ Wie sieht ein typischer Tagesablauf in den ersten vier Wochen, acht Monate, zwei Jahre und drei Jahre nach der Gründung aus? Wo stehen Sie finanziell? Haben Sie genug zum Leben? Können Sie Ihre laufenden Rechnungen zahlen?

Beachten Sie: Es geht nicht um Hellseherei, sondern um eine möglichst konkrete Einschätzung dessen, was auf Sie zukommt. Sie müssen eine Vorstellung davon bekommen, welche Phasen Sie durchlaufen werden. Sie müssen begründen können, warum diese Phasen kommen, und wissen, wie Sie sich verhalten. Allein das Nachdenken darüber wird Sie zwingen, Ihre Pläne konkreter zu fassen.

2. Schritt: Recherche

Wahrscheinlich haben sich bei Ihrem Gespräch zahlreiche offene Fragen ergeben. Womöglich bietet Ihnen allein die Lektüre der oben stehenden Fragen ausreichend Stoff zum Nachdenken. Ganz sicher werden Sie nicht alle Fragen fundiert beantworten können. Jetzt liegt es an Ihnen, sich die Grundlage für eine sichere Planung zu beschaffen.

Denken Sie nicht, Sie könnten den Business-Plan an einem Wochenende aus dem Ärmel schütteln. Das tun manche Gründer – es gibt Drei-Stunden-Business-Pläne –, doch das Ergebnis ist ein Fantasie-Konzept, kein Plan. Ein Plan fabuliert nicht, er beinhaltet eine präzise Vorausschau. Und Vorausschau ist nur möglich, wenn Sie fundiertes Wissen besitzen. Selbst wenn Sie sich in einer Branche auskennen, werden Sie dies nicht in vollem Umfang mitbringen. Sie brauchen Zahlen und Fakten.

Gehen Sie mit Ihren Aussagen in die Tiefe

Keine Bank gewährt Ihnen einen Kredit allein aufgrund von Aussagen wie: »Laut meiner Erfahrung ist der Markt groß.« Eine solche Aussage ist beinahe inhaltsleer. Zunächst fehlt die Beschreibung Ihrer Erfahrung. Erläutern Sie diese möglichst konkret. Hüten Sie sich vor Pauschalaussagen.

Tipps: So recherchieren Sie ohne Umwege

- Nennen Sie stets die Quellen für Ihre Aussagen, und achten Sie darauf, dass diese seriös sind. Sie erkennen seriöse Anbieter daran, dass beispielsweise die Autoren von Studien genannt werden und die Methode zur Datenerhebung beschrieben ist.
- Nutzen Sie nur Informationen aus erster Hand und keine Zweitverwertungen. Beispiel: In einem Artikel ist eine Zahl genannt, darunter eine Quelle. Gehen Sie dieser Quelle auf den Grund, und beschaffen Sie sich die Ausgangszahlen. Oft werden Angaben verfälscht. Da vor allem im Internet einer vom anderen abschreibt, werden Fehler auf diesem Weg ständig reproduziert.
- Fragen Sie bei einschlägig bekannten Instituten nach, etwa bei Marktforschungsinstituten wie Nielsen oder Emnid, und arbeiten Sie sich weiter durch zu den Spezialisten. Ideale Recherchequelle sind Fachzeitschriften. Beispiel: Suchen Sie Informationen im Lebensmittelsektor, empfiehlt sich als Ausgangspunkt für Ihre Recherche die *Lebensmittelzeitung*.
- Nur aktuelle Quellen taugen etwas. Leider hinkt die Marktanalyse der tatsächlichen Entwicklung oft hinterher. So erhalten Sie vom Statistischen Bundesamt im Jahr 2007 nur die Daten von 2005. Verwenden Sie in jedem Fall die aktuellsten Daten, die Sie bekommen können. Manchmal können Sie auch vorläufige Ergebnisse beziehen. Nachfragen lohnt sich.
- Berufsverbände können ebenso wertvolle Daten liefern wie die Industrie- und Handelskammern.
- Informieren Sie sich bei Kollegen, die sich in der entsprechenden Branche auskennen, über die wichtigsten Medien und Verbände.

3. Schritt: Informationen ordnen

Haben Sie alle Informationen zusammen? Wenn das der Fall ist, können Sie nun beginnen, den Business-Plan zu schreiben. Er besteht aus mehreren Bausteinen, die Sie Schritt für Schritt erarbeiten.

Zusammen-fassung (Executive Summary)	Kurze Beschreibung der Idee
	Kurze Beschreibung des entscheidenden Nutzens oder Alleinstellungsmerkmals
	Kurze Beschreibung des Wettbewerbs
	Kurze Beschreibung der Strategie
	Kurze Beschreibung des Marktes (Nachfrage, Käufer)
	Kurze Beschreibung der Persönlichkeit und Erfahrung des Gründers oder des Gründerteams (Kernkompetenzen beschreiben)
	Wichtigste Zahlen zur Profitabilität
	Angebot an die Investoren als Appetitanreger
Produkt und Dienstleistung	Beschreibung des Produkts oder des gesamten Dienstleistungsportfolios
	Nutzen Alleinstellungs-merkmal (USP)
	Produktion und Kosten
Branche und Markt	Umfeld aus Sicht der Marktforschung
	Kundenprofile
	Größe des Marktsegments
	Konkurrenten
	Eigener Marktanteil
	Höhe des Umsatzes im angestrebten Marktanteil

Marketing und Vertrieb	Gesamtstrategie
	Preisfestlegung
	Service- und Garantiepolitik
	Distribution
	Vertriebsstrategie
Unternehmensleitung	Vorstellung der Gründer mit Lebenslauf
	Ergänzende Kompetenzen
	Entlohnungsstrukturen und Eigentumsverhältnisse
	Angestellte
	Freie Mitarbeiter und Auftragnehmer
	Leitende Angestellte
	Berater des Unternehmens
Kapitalbedarf	Gewünschte Finanzierung
	Angebot an die Investoren
	Kapitalisierung
	Mittelverwendung
	Rendite der Investoren
3-Jahres-Planung	Umsatzplanung und Planbilanz
	Cashflow-Planung
	Break-even-Analyse
	Kostenkontrollmaßnahmen

Baustein Executive Summary

Die Zusammenfassung, auch Executive Summary genannt, enthält die wichtigsten Punkte des Business-Plans in knapper Form. Am besten schreiben Sie diesen Teil zuletzt. Formulieren Sie ihn dabei nicht als Einführung in ein Thema, sondern als komprimierte Darstellung der folgenden Ausführungen. Die wichtigsten Eckpunkte, die zentralen Verkaufsargumente und Zahlen müssen hier genannt sein. Das Executive Summary ist so etwas wie das Anschreiben einer Bewerbung. Es muss fesseln und neugierig machen, mehr über Sie und Ihre Idee zu erfahren.

Kapitalgeber verfügen über wenig Zeit. Deshalb muss die Zusammenfassung in maximal fünf Minuten gelesen und auch von Fachfremden verstanden werden. Setzen Sie sich das Ziel, die wesentlichen Aussagen auf einer einzigen Seite unterzubringen. Um eine platzsparende und lesefreundliche Übersicht zu erreichen, können Sie auch mit Aufzählungspunkten arbeiten.

Checkliste: Zusammenfassung

Was ist der Unternehmensgegenstand?

Welche Ziele verfolgen Sie?

Was sind Ihre Erfolgsfaktoren?

Welche Zielgrößen setzen Sie sich?

Beispiel: Executive Summary von City Wellness

Die Geschäftsidee von City Wellness ist, dem Kunden eine Kombination aus verschiedenen Bereichen der Wohlfühl- und Schönheitsleistungen in einem Institut anzubieten. Das Angebot besteht aus Massagen, Kosmetik, Fußpflege, Maniküre und Solarien, kann jedoch flexibel auf andere Kundenbedürfnisse erweitert werden. Der Kunde bekommt eine All-in-one-Lösung geboten und muss für die Erfüllung seiner Bedürfnisse nicht zwischen verschiedenen Instituten und Schönheitssalons wechseln. Durch höchste Qualität, zu trotzdem angemessenen Preisen und in einem edlen Ambiente an einem schönen Standort setzt sich City Wellness von anderen Mitanbietern ab und besticht durch Einzigartigkeit. Durch die sehr gute Lage kann auf einen gut situierten Kundenstock in einem Markt, der sich stets im Wachstum befindet, zurückgegriffen werden.

Durch eine flexible Personalstruktur unter meiner Führung als handelsrechtlicher und gewerberechtlicher Geschäftsführer wird das Unternehmen in der Rechtsform eines Einzelunternehmens geführt.

Oberstes Ziel des Unternehmens ist natürlich das Erwirtschaften von Gewinn. Wie bei den meisten Dienstleistungsunternehmen ändern sich die Zahlen ausgabenseitig nicht viel, egal welcher Umsatz gemacht wird. In der Finanzierungsplanung ist von einem Normal Case ausgegangen worden, welcher realistisch gesehen auf jeden Fall erreicht werden sollte. Der Break-even sollte im März 2004 (bei Eröffnung Ende Oktober 2003) erreicht werden. Bei Eintreten des Normal Case wird bei monatlichen Kosten (laufende Kosten + anteilige Anlaufkosten finanziert durch Eigenkapital) ein monatlicher Gewinn von 3.690,69 Euro vor Steuern erwirtschaftet.

Baustein Produkt und Dienstleistung

In der Sprache des Marketings gilt auch jede Dienstleistung als Produkt – und zwar mit allen Details und Besonderheiten. Aber selbst wenn Sie Waren verkaufen, besteht Ihr Produkt nicht nur aus dem materiellen Gut, sondern auch aus immateriellen Komponenten, etwa einem 24-Stunden-Lieferservice.

Definieren Sie Ihr Produkt genau, indem Sie die einzelnen Komponenten auflisten. Beschreiben Sie diese dann so detailliert wie möglich. Daraus sollte ein übersichtlicher Leistungskatalog entstehen. Die Orientierung daran hilft Ihnen, sich nicht mit einem unübersichtlichen Angebot zu verzetteln und sich selbst Grenzen zu setzen.

Eng verbunden mit dem Produkt ist sein Preis (siehe Kapitel 8). Geben Sie an, in welcher Preislage Sie Ihre Produkte anbieten. Falls Sie sich über den endgültigen Preis noch nicht im Klaren sind, geben Sie eine Preisspanne an. Dasselbe gilt für Honorare. Gehen Sie auch auf Ihre Rabatt- und Konditionspolitik ein. Ganz wichtig: Erklären Sie, wie Ihre Preise zustande gekommen sind. Begründen Sie auch, warum sich Ihr Preis beziehungsweise Honorar rechnet. Bei der Produktion von Waren und Gütern müssen Sie berücksichtigen, dass der Stückpreis umso mehr sinkt und Ihr Gewinn umso höher wird, je mehr sie herstellen.

Checkliste: Produkt und Dienstleistung

Was ist der Unternehmensgegenstand?

Welche Ziele verfolgen Sie?

Was sind Ihre Erfolgsfaktoren?

Welche Zielgrößen setzen Sie sich?

Teilbaustein Chancen und Risiken

Wenn Sie eine SWOT-Analyse (siehe Kapitel 2.4) durchführen, zeigt das Ihren Partnern, dass Sie sich auch über mögliche Schwierigkeiten Gedanken gemacht haben. Das stärkt Ihre Position. Machen Sie die SWOT-Analyse in komprimierter Form zum Bestandteil des Business-Plans. Führen Sie sie im Rahmen Ihres Unternehmensplans weiter fort, wenn sich neue Punkte ergeben, die Sie zuvor nicht beachtet haben.

Welche Bedrohungen sich für Ihr Unternehmen ergeben können, müssen Sie individuell einschätzen. Denken Sie dabei in verschiedene Richtungen und überlegen Sie sich Gegenmaßnahmen. Beispiele:

- ▶ Technik: Die EDV streikt und legt die Produktion lahm. Oder neue Techniken überholen Ihr Produkt.
- ▶ Wettbewerb: Ein neuer Konkurrent betritt den Markt.
- ▶ Marketing: Ihre Werbemaßnahmen führen nicht zum Erfolg.
- ▶ Umfeld: Die Regierung erhöht die Steuern. Es ändern sich Gesetze.
- ▶ Kunden: Ihr bester Kunde geht in Konkurs.

Die SWOT-Analyse können Sie in den Anhang aufnehmen. Eine andere Lösung ist es, sie als letzten Baustein einzufügen, als eine Art Fazit und Ausblick. Schließen Sie aber nie mit Risiken, sondern immer mit einem positiven, vorwärts gerichteten Abschnitt ab.

Baustein Branche und Markt

Zerlegen Sie diesen Baustein in vier Einzelteile:

- ▶ Beschreiben Sie zunächst die Branche, in der Sie tätig sein werden.
- ▶ Blicken Sie auf den Markt, auf dem alle Produkte aus Ihrer Branche angeboten werden, und auf den Teil dieses Marktes, den Sie erobern wollen. Wie lässt sich dieser Teilmarkt beschreiben?
- ▶ Beschreiben Sie die Wettbewerbssituation und Ihre Konkurrenz. Wodurch grenzen Sie sich ab? Erfassen Sie die wichtigsten Konkurrenten in einer Tabelle. Folgende Fragen helfen Ihnen dabei: Wer ist es? Was bietet Ihr Konkurrent? Wo sitzt er? Welche Leistungen und welchen Service bietet er an? Wie teuer ist er? Was ist sein entscheidender Vorteil und was sein entscheidender Nachteil? Passen Sie diese Fragen an Ihr Geschäftsmodell an.
- ▶ Erläutern Sie im letzten Teil die Kommunikationsmaßnahmen, mit denen Sie Ihr Segment erobern und Ihre Zielgruppe erreichen wollen. Denken Sie beispielsweise an Werbung, Öffentlichkeitsarbeit, Veranstaltungen oder Messen, und beziehen Sie auch ungewöhnliche Aktionen ein (siehe Kapitel 9).

Checkliste: Branche und Markt

Branche:

Was sind die Besonderheiten der Branche, in der Sie sich bewegen?

Wie können Sie Branchenwissen nutzen?

Markt:

Was kennzeichnet Ihr Marktsegment?

Welche Marktanteile streben Sie an? Welche sind aufgrund Ihrer Marktforschung realistisch?

Wettbewerb:

Wer sind Ihre Wettbewerber?

Was machen Ihre Wettbewerber gut und wo hapert es?

Kommunikation:

Wie wollen Sie Ihr Produkt am Markt bekannt machen?

Wie lässt sich Ihr Kommunikationskonzept beschreiben?

Welche Schritte planen Sie für die Einführung Ihres Produkts?

Wie sieht Ihr Zeitplan aus?

Wie sehen die wichtigsten Meilensteine aus?

Welche konkreten Aktivitäten sind vom ersten Kundenkontakt bis zum Vertragsabschluss bei Dienstleistungen erforderlich?

Planen Sie, Ihr Produkt zuerst in einem Testmarkt einzusetzen? Wo?

Was passiert nach erfolgreicher Markteinführung?

Teilbaustein Werbeplan

Blinder Aktionismus und sporadische Werbung bringen Ihnen nichts, sondern kosten Sie nur Geld. Sie müssen Ihre Zielgruppe konsequent und dauerhaft ansprechen – auf verschiedenen Ebenen und mit verschiedenen Medien. Details dazu lesen Sie im Kapitel 9.

Planen Sie Ihre Werbemaßnahmen möglichst für ein Jahr im Voraus, und legen Sie dafür einen Etat fest. Voraussetzung ist natürlich, dass Sie die Preise kennen: Wie viel kostet eine Anzeige im Wochenblatt? Was müssen Sie kalkulieren, wenn Sie eine Agentur eine Pressemeldung schreiben und verschicken lassen? Was kosten Geschäftspapier, Visitenkarten, Internetauftritt und andere Werbemittel? Der Werbeplan ist nicht unbedingt Bestandteil eines Business-Planes, aber eine sinnvolle Ergänzung. Ordnen Sie ihn dem Anhang zu.

Teilbaustein Vertriebskonzept

Direktvertrieb oder Vertrieb über Partner und den Handel? Wo soll Ihr Produkt erhältlich sein, und wie kommt es dahin? Erläutern Sie Ihre geplanten Vertriebswege. Beschreiben Sie, wie Sie sich den Aufbau Ihres Vertriebes vorstellen und wie dieser arbeiten soll. Auch wenn Sie eine Dienstleistung anbieten, dürfen Sie diesen Punkt nicht außer Acht lassen. Fragen Sie sich, ob Sie Ihre Dienstleistung direkt an Ihre Kunden (Firmen oder Privatpersonen) verkaufen, über Partner (Auftraggeber) vertreiben oder beide Wege wählen.

Legen Sie fest, wie sich die einzelnen Vertriebswege prozentual aufteilen und wie sich der Vertrieb im Laufe Ihrer Gründung verändern und entwickeln soll. Beispiel: Am Anfang arbeiten Sie zu 80 Prozent für indirekte Kunden (Auftraggeber), später nur noch zu 20 Prozent. Dann freuen Sie sich über 80 Prozent Direktkunden. Auch die Frage der Akquise gehört in diesen Bereich. Wie erschließen Sie sich einen Kundenkreis?

Checkliste: Vertrieb

Vertriebswege:

Möchten Sie Ihr Produkt oder Ihre Dienstleistung im Direktvertrieb oder über den Handel anbieten? Oder wollen Sie mehrere Vertriebskanäle wählen (Multi-Channelling)?	
Falls Sie den Handel nutzen: Wo soll das Produkt erhältlich sein, wo nicht?	
Wie wird sich Ihr Absatz und Ihr Unternehmensergebnis auf die einzelnen Vertriebskanäle verteilen, falls Sie mehrere Kanäle nutzen? Bei Dienstleistung: Wie viel erwirtschaften Sie über Direktkunden und wie viel über Auftraggeber?	

Finanzen:

Welche Handelsspanne müssen Sie pro
Vertriebskanal und Produkt einkalkulieren?
Wie viel bleibt für Sie übrig?

Wie hoch sind Ihre Vertriebskosten?

Falls Sie Mitarbeiter einstellen: Welche Qualifikationen sollten Ihre Vertriebsmitarbeiter
mitbringen? Wie werden sie entlohnt?

Baustein Unternehmensleitung und Mitarbeiter

Schaffen Sie Arbeitsplätze? Wie viele? Welche Honorare (für freie Mitarbeiter) und
Gehälter (für Festangestellte) werden Sie zahlen? Dieser Aspekt ist für Business-
Plan-Wettbewerbe relevant, da hier vor allem Unternehmen gefördert werden, die
Arbeitsplätze schaffen. Da Mitarbeiter einen großen Kostenfaktor darstellen, müs-
sen auch Banken wissen, wie Sie Gehälter kalkulieren – selbstverständlich auch
Ihren eigenen Unternehmerlohn. Bei komplexeren Strukturen kann es sinnvoll
sein, ein Organigramm einzufügen.

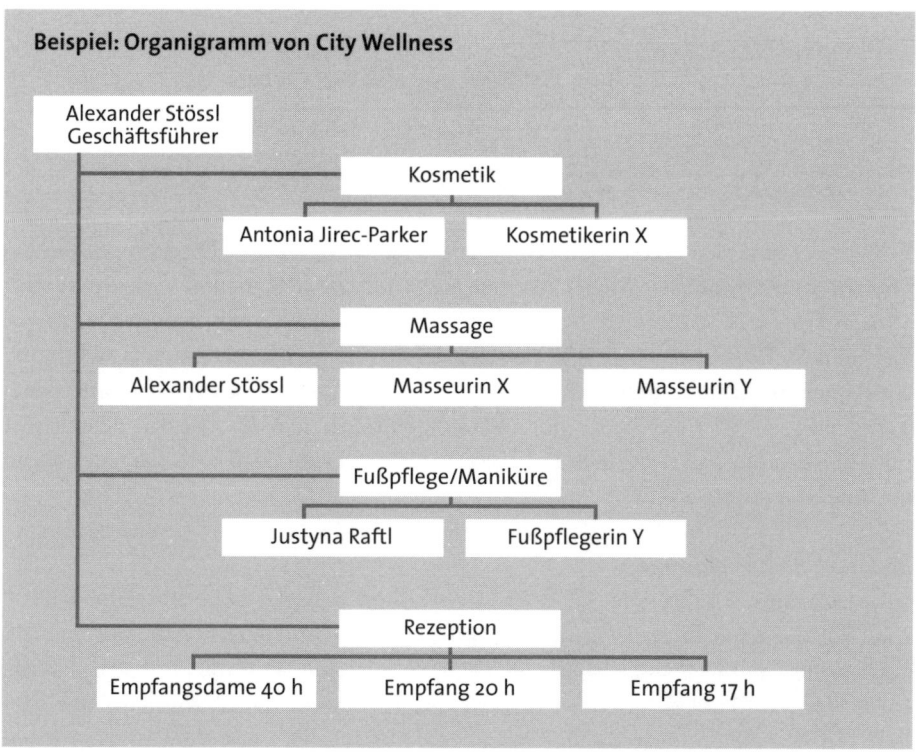

Beispiel: Organigramm von City Wellness

4. Schritt: Finanzteil mit 3-Jahres-Planung

Den Finanzplan sollten Sie am besten in einer Excel-Tabelle erfassen. Hierbei können Sie separate Tabellenblätter für die einzelnen Teilbereiche anlegen. Falls Sie den Umgang mit dem Tabellenkalkulationsprogramm Excel nicht beherrschen, empfiehlt sich ein Kurs, etwa bei der Volkshochschule. Sie sparen in jedem Fall viel Geld und Zeit, wenn Sie Excel oder ein anderes Programm rechnen lassen, anstatt es selbst zu tun. Zudem vermeiden Sie Fehler.

Ihr Zahlenteil kann auf unterschiedliche Art und Weise aufgebaut und strukturiert sein. Auch hier spielen Ihr Geschäftsmodell und Ihre Ansprechpartner die entscheidende Rolle. Möchten Sie Investoren gewinnen, empfiehlt sich bereits auf dem ersten Tabellenblatt eine übersichtliche, kombinierte Cashflow- und Kapitalbedarfsanalyse. Hier können die Betrachter auf einen Blick sehen, wie viel Sie einnehmen und ausgeben und wann Sie die Gewinnschwelle (Break-even) erreichen.

Wichtig für Banken ist eine 3-Jahres-Planung, der jeder Geldfluss zu entnehmen ist – und zwar für jeden einzelnen Monat.

Baustein Einnahmenplanung

Ausgaben lassen sich relativ leicht planen und kalkulieren. Mit den Einnahmen sieht es etwas anders aus. Wie viele Kunden kaufen? Was kaufen diese Kunden? Wie viel verkaufen sie wovon? Damit sich Ihre Schätzungen nicht in Wahrsagerei und Vermutungen verlaufen, sollten Sie so konkret wie möglich rechnen. Stellen Sie zunächst einmal eine Liste Ihrer Produkte und Dienstleistungen auf. Fragen Sie sich:

▶ Welche einzelnen Produkte bieten Sie an?
▶ Wie viel können Sie am Tag, in der Woche, im Monat verkaufen?

Einnahmeszenarien lassen sich nie ganz genau vorhersehen. Deshalb sollten Sie von zwei verschiedenen Möglichkeiten ausgehen: dem »Normal Case« und dem »Worst Case«. Wie entwickeln sich Ihre Umsätze und Gewinne bei vorsichtiger kaufmännischer Schätzung? Was passiert, wenn alle Stricke reißen und sich kaum ein Kunde in Ihrem Laden blicken lässt, wenn Ihre Dienstleistung von niemandem nachgefragt wird? Zwischen zwei Schätzungen können Welten liegen. Aber selbst im schlechtesten Fall sollte sich Ihr Unternehmen immer noch rechnen, auch wenn die Anlaufzeit länger dauert.

Baustein Abschreibungen

Investitionsgüter schreiben Sie in der Regel über mehrere Jahre ab (siehe Kapitel 4.4). Für die Bank müssen Sie deshalb auf der Einnahmenseite wieder auftauchen, auch wenn das Geld nicht bar fließt, sondern nur eine Art Gutschrift ist und mit Ihrer Steuerzahlung verrechnet wird. Bei hohen Investitionen empfiehlt sich deshalb ein Abschreibungsplan, der genau rechnet, wie viel von dem ausgegebenen Geld wieder auf der Einnahmenseite zurückfließt.

Baustein Lebensführung

Wie viel Geld brauchen Sie für sich selbst? Was müssen Sie monatlich aus der eigenen Kasse wieder herausnehmen, um damit den Unterhalt zu bestreiten? Auch das müssen Sie im Business-Plan angeben und sollten Sie deshalb sorgfältig berechnen (siehe Kapitel 8.2).

Baustein Cashflow-Analyse

Cashflow bedeutet Geldfluss. Zu unterscheiden ist der Cash-Outflow und der Cash-Inflow, kurz Cash-in und Cash-out. Der Cash-Outflow bezieht sich auf Ihre Ausgaben – Einmalkosten und laufende Kosten. Der Cash-Inflow meint Ihre Einnahmen. Hierunter fallen Ihre Umsätze sowie auch die nicht direkt wirksamen (weil nicht ausgezahlten) steuerlichen Abschreibungen. Hinter den Abschreibungen verbergen sich Investitionen, die Sie über mehrere Jahre von der Steuer absetzen, etwa eine Laden- oder Büroeinrichtung. Abschreibungen werden in der Cashflow-Analyse, wie Sie oben bereits gelesen haben, den Einnahmen hinzugerechnet. Entscheidend in Ihrer Cashflow-Analyse ist der Punkt, an dem Sie die sogenannte Gewinnschwelle erreichen, also erstmals Geld für das eigene Portemonnaie verdienen. Das ist der Punkt, an dem sich Investitionen endlich lohnen, an dem Sie Produkte mit Gewinn verkaufen. Kennzeichnen Sie diesen sogenannten Break-even in Ihrer Tabelle deshalb deutlich – das hat auch eine psychologische Wirkung.

Unterhalb der Cashflow-Analyse berechnen Sie den Kapitalbedarf. Gliedern Sie diesen in Gesamtkapitalbedarf, Eigenkapital und Fremdkapitalbedarf. Berücksichtigen Sie, dass Ihre Eigenkapitalrate mindestens 15 Prozent betragen sollte, besser aber mehr.

Passen Sie Ihren Plan regelmäßig der aktuellen Geschäftsentwicklung an: Stimmen Ihre Vorausplanungen noch? Ist der Break-even wirklich im sechsten Monat eingetreten? Kontrolle ist wichtig, um schnell auf unerwartete Entwicklungen reagieren zu können.

	Betrag
Cash-Outflow	
einmalige Kosten	
laufende Kosten	
Cash-Inflow	
Nettoumsatz	
Abschreibungen	
Gesamt-Cashflow	

Baustein Liquiditätsplan

Ein Liquiditätsplan sagt aus, welche Geldmittel Ihnen kurz- und mittelfristig zur Verfügung stehen und zu welchen Zeitpunkten Sie auf (weitere) Kredite zurückgreifen müssen. Legen Sie dazu einen Plan an, der den Soll-Zustand beschreibt und Bestandteil Ihres Business-Plans wird. Rechnen Sie sorgfältig, und berücksichtigen Sie auch mögliche Zahlungsverzögerungen: Wenn Kunden nicht pünktlich zahlen, hat das Einfluss auf Ihre Zahlungsfähigkeit.

Führen Sie später eine Kopie dieses Planes weiter, die den Ist-Zustand festhält. Diesen aktualisieren Sie am besten monatlich. Liquiditätsprobleme können Sie auf diese Weise frühzeitig erkennen und Gegenmaßnahmen ergreifen.

Baustein Investitionsplan

Investitionen sind einmalige Kosten. Was müssen Sie ausgeben, damit Sie mit Ihrem Geschäft starten können? Was brauchen Sie für die Büroausstattung? Was kostet die Ladeneinrichtung? Denken Sie auch an die Ausstattung der Teeküche und das Bad. Vergessen Sie keine Ausgabe, denn viel Kleinvieh macht auch Mist.

Baustein laufende Kosten (Betriebsmittel)

Manche Zahlungen kehren immer wieder: So müssen beispielsweise Druckerpatronen regelmäßig ausgetauscht oder nachgefüllt werden. Versicherungen werden ebenso monatlich fällig wie Miete, Gehälter, Telefon.

Baustein Finanzgrafik

Sehen hilft Verstehen. Machen Sie Ihren Investoren das Begreifen leicht, indem Sie tabellarische Inhalte zusätzlich als Grafik anbieten. Das ist nicht nur besonders anschaulich, sondern oft auch besonders eingängig und überzeugt unterschwellig! Entscheidend ist hier die Auswahl der richtigen, aussagekräftigen Diagrammart.

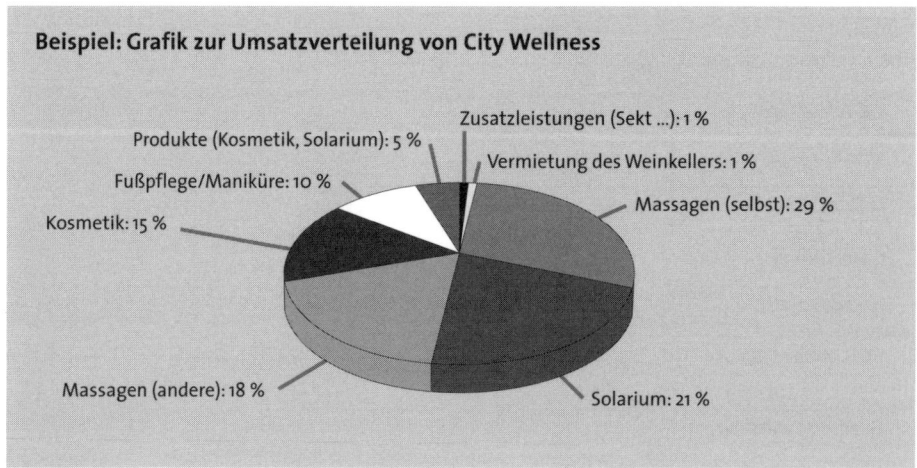

Beispiel: Grafik zur Umsatzverteilung von City Wellness

Zusatzleistungen (Sekt …): 1 %
Produkte (Kosmetik, Solarium): 5 %
Vermietung des Weinkellers: 1 %
Fußpflege/Maniküre: 10 %
Kosmetik: 15 %
Massagen (selbst): 29 %
Massagen (andere): 18 %
Solarium: 21 %

Feinschliff: Den Business-Plan erstellen

Wenn Sie Ihre Vorbereitungen abgeschlossen haben, sollten Sie sich etwas Zeit und Ruhe gönnen. Eine entspannte Atmosphäre zum Schreiben und Rechnen wird Ihnen guttun. Lassen Sie sich möglichst von nichts und niemandem ablenken. Orientieren Sie sich an den Regeln der Business-Plan-Wettbewerbe, auch wenn Sie an keinem teilnehmen möchten. Hier ein Beispiel aus dem StartUp-Wettbewerb, das Ihnen eine Orientierung bezüglich der gewünschten Länge der einzelnen Bausteine geben soll.

Inhalt	Umfang	Bemerkung	Erledigt
Zusammenfassung (Executive Summary)	1 Seite		☐
Unternehmensform	1 Seite		☐
Produkt bzw. Dienstleistung	1 bis 4 Seiten		☐
Branche und Markt	1 bis 3 Seiten		☐
Marketing und Vertrieb	1 bis 3 Seiten		☐
Unternehmensleitung	1 bis 2 Seiten	Hinzu kommen die Lebensläufe aller Gründer, die nicht in die Berechnung der Gesamtseitenzahl eingehen	☐
Gewinn-und-Verlust-Rechnung	3 Seiten		☐
Liquiditäts- und Finanzplan	4 Seiten		☐
Kapitalbedarf	4 Seiten		☐

Lassen Sie den Business-Plan von Bekannten gegenlesen. Was fällt den Lesern auf? Was verstehen sie nicht oder falsch? Versuchen Sie nicht, jede Anregung einzubauen, damit verwässern Sie unter Umständen Ihre Aussage. Kritiker bemühen sich meist um ein konstruktives Feedback, verlieren sich aber oft in zweitrangigen Details und bleiben der eigenen Sichtweise verhaftet. Diese muss nicht der Perspektive der Banken entsprechen. Kritisieren aber mehrere Leser dieselben Punkte, sollten Sie hellhörig werden und den Business-Plan entsprechend nachbessern. Feedback ist also wichtig, muss aber in jedem Fall von Ihnen angenommen werden.

Adressen

Vorlagen für Business-Pläne:

– Gruendungszuschuss.de
  (*www.gruendungszuschuss.de/
  businessplan/bestellung.shtml*)

– BMWI-Softwarepaket des
  Bundeswirtschaftsministeriums
  (*www.bmwi-softwarepaket.de/
  kleingruendung*): Mini-BP in
  der Software Kleingründungen.

– Zanni Business-Plan (*www.zanni.de/
  businessplan.htm*): Excel-Datei mit gut
  70 Tabellenblättern.

– Akademie.de (*www.akademie.de*):
  Weitere Business-Pläne.

– Tebo (*www.tebo.ch*): Checkliste
  Business-Plan.

– Business-Angels Saarland
  (*www.business-angels-saarland.de*):
  Business-Plan.

Business-Plan-Wettbewerbe:

– StartUp-Initiative von Stern,
  McKinsey (*www.startup-initiative.de*):
  Der bekannteste Business-Plan-Wett-
  bewerb in Deutschland.

– Weitere Business-Plan-Wettbewerbe: (*www.g-dur-online.de*,
  www.science4life.de und
  www.start2grow.de). Wettbewerbe
  im Bereich Wissenschaft.

– Go NRW (*www.go.nrw.de/
  wettbewerb*):Wettbewerbe für
  Hochschulabsolventen.

– Bundesministerium für Wirtschaft und
  Arbeit (*www.gruenderwettbewerb.de*):
  Business-Plan-Wettbewerb für
  den IT- und Multimedia-Bereich.

– Gründeroffensive (*www.gruender.at*):
  Eine Initiative von der Wirtschafts-
  kammer und der ersten Bank in
  Österreich.

– ETH Zürich und McKinsey
  (*www.venture.ch*): Business-Plan-
  Wettbewerb der Schweiz.

7 Kredite und Fördermittel

Gute Ideen brauchen Geld – oft gar nicht viel: für die Büroausstattung, die Miete inklusive Kaution und Maklerprovision und vielleicht einen Firmenwagen. Vielleicht benötigen Sie auch etwas Geld, um die ersten Monate zu überbrücken oder um die Werbung anzuschieben. So kommen Summen bis 20.000 Euro zusammen – 90 Prozent aller Gründer brauchen nicht mehr. »Peanuts« für die Banken und deshalb schwer zu bekommen. Doch nichts ist unmöglich: Manchmal müssen Sie ungewöhnliche Wege beschreiten, um Ihre Idee trotz finanzieller Engpässe realisieren zu können. Lesen Sie in diesem Kapitel, welche Fördergelder und Kredite es gibt und wer sie erhalten kann. Erfahren Sie außerdem, wie Sie es durch Sparmaßnahmen vermeiden, einen Kredit aufzunehmen.

7.1 Gründung ohne Eigenkapital

Viele Unternehmer starten ohne einen Euro auf dem Konto. Das ist ein großes Risiko, denn Liquidität ist ein entscheidender Wettbewerbsvorteil: Wer Geld hat, bleibt handlungsfähig. Das sind die häufigsten Ursachen dafür, dass Unternehmen finanziell scheitern:

- ▶ Sie haben zu wenig eigenes Kapital.
- ▶ Sie verhandeln nicht rechtzeitig mit ihrer Hausbank.
- ▶ Sie nutzen den Kontokorrentkredit zur Finanzierung von Investitionen.
- ▶ Sie haben hohe Schulden bei Lieferanten.
- ▶ Sie haben den eigenen Kapitalbedarf kaum geplant.
- ▶ Sie haben keine öffentlichen Finanzierungshilfen beantragt oder deren Tilgung nicht berücksichtigt.

Geld auf dem Konto oder Geld, das Sie schnell freisetzen können, bedeutet, dass Sie Zahlungsausfälle finanziell verkraften können, schlechte Auftragslagen überbrücken und Investitionen tätigen können. Bedenken Sie dies vor allem, wenn Sie mit wenig Geld beginnen, etwa als Bezieher des Fördermittels der Arbeitsagentur.

Neun Monate Gründungszuschuss sind zu kurz, um eine erfolgreiche Existenz zu gründen! Nach einem halben Jahr ist das Geschäft bestenfalls angelaufen. Vielleicht haben Sie das ein oder andere Projekt erfolgreich abgewickelt, aber konstante und halbwegs gesicherte Einkünfte werden Sie zu diesem Zeitpunkt noch nicht haben. Planen Sie Ihren Kapitalbedarf nach Möglichkeit direkt für drei Jahre und schreiben Sie dies am besten im Business-Plan fest (siehe Kapitel 6). Überlegen Sie frühzeitig, was Sie tun können, wenn Ihnen unerwartet das Geld ausgehen sollte. Kommt für Sie dann ein sogenannter Unternehmerkredit in Frage? Haben Sie dann Sicherheiten oder Bürgen, auf die Sie zurückgreifen können?

Stürzen Sie sich nicht in die Gründung, falls klar ist, dass Sie mit dem eigenen Geld oder dem Geld vom Arbeitsamt nicht auskommen. Formulieren Sie Ihren Gesamtkapitalbedarf, und überlegen Sie, wie Sie an dieses Geld kommen können, sollten Sie über kein Eigenkapital verfügen.

Beispiel: Michael hatte die Idee, sich mit Flughafenwerbung selbständig zu machen. Er bezog das inzwischen abgeschaffte Überbrückungsgeld, ein Kredit kam für ihn nicht in Frage, da die benötigte Summe zu klein war. Zudem brauchte er Geld für den Lebensunterhalt: Banken gewähren zwar Betriebsmittelzuschüsse oder Investitionskredite, aber keine Kredite für private Lebensführung. In dem halben Jahr kamen einige viel versprechende Projekte zustande. Doch die Einkünfte reichten bei weitem nicht aus, um den laufenden Unterhalt zu decken. Also plante er von

Anfang an eine Dozententätigkeit ein, die ihm parallel zur Existenzgründung monatlich regelmäßige Einkünfte bescherte. Diese »nebenberuflichen« Aktivitäten bremsten zwar die Schnelligkeit seiner Gründung, ermöglichten ihm aber letztendlich erst den erfolgreichen Aufbau seines Unternehmens.

> **Tipps: Kreative Geldbeschaffung ohne Eigenkapital**
> – Verkaufen Sie Dinge, die Sie nicht unbedingt brauchen: zum Beispiel das zu große und zu teure Auto, das Heimkino oder andere kostspielige Dinge, die Sie ohnehin nie nutzen.
> – Finanzieren Sie Ihr Vorhaben durch einen Minijob, einen Teilzeitjob oder eine feste freie Tätigkeit.
> – Leihen Sie sich Geld bei Ihren Eltern oder anderen wohlhabenden Verwandten, die ihr Vorhaben unterstützen wollen.
> – Gegebenenfalls kann sich Ihr früherer Arbeitgeber bereiterklären, mit einem Kredit auszuhelfen – vielleicht weil er Ihnen gekündigt hat und Ihnen bei einem Neuanfang helfen will. Noch besser ist es jedoch, wenn Sie ihn von Ihrer Idee überzeugen können.
> – Machen Sie sich zur inoffiziellen Aktiengesellschaft, und bitten Sie Bekannte oder Freunde, in Ihr Unternehmen zu investieren. Im Gegenzug können Sie diese an den Gewinnen beteiligen. Dafür muss Ihre Geschäftsidee allerdings überzeugend sein. Während Sie für Beteiligungskapital werben, testen Sie gleichzeitig auch, wie Ihre Idee ankommt. Halten Sie die Gewinnbeteiligungen schriftlich fest.
> – Suchen Sie über Kapitalbörsen oder auf unkonventionellem Weg über Zeitungsanzeigen nach Kapitalgebern. Dieser Weg wird aber nur funktionieren, wenn Sie eine ungewöhnliche Idee haben, die Erfolg verspricht.

7.2 Kredite

Gehen Sie nie zu einer Bank, bevor Sie sich über den eigenen Geldbedarf im Klaren sind: Das wirkt unprofessionell. Ihr Geldbedarf sollte seriös, also anhand von Marktforschung ermittelt und in einem Business-Plan erfasst sein. Dem erforderlichen Kapital stellen Sie Ihr Eigenkapital gegenüber sowie Sicherheiten und mögliche staatliche und private Bürgschaften.

Bei der Ermittlung des Kapitalbedarfs hilft Ihnen folgendes Formular, das Sie im Internet unter *www.impulse.de/gru/kap/137825.html* auch interaktiv nutzen können. Füllen Sie nur die Felder aus, die relevant für Sie sind.

Langfristige Investitionen	Betrag
Grundstücke	
Gebäude	
Umbaumaßnahmen	
Anlagen, Maschinen, Geräte	
Geschäfts- und Ladeneinrichtung	
Fahrzeuge	
Nutzung von Patenten	
Reserve für Folgeinvestitionen (10 Prozent)	
Summe 1	

Kurzfristige Investitionen	
Waren- und Materialausstattung	
Rohstoffe	
Hilfs- und Betriebsstoffe	
Maklergebühr und Kaution	
Werbung (etwa Schilder, Anzeigen, Prospekte)	
Miete (für die ersten drei Monate)	
Personalkosten (für die ersten drei Monate)	
Versicherungen und Gebühren (für die ersten drei Monate)	
Lebenshaltungskosten (private Kosten für Wohnung, Ernährung, Versicherung etc. für das erste Jahr)	
Reserve für Sonstiges (10 Prozent)	
Summe 2	

Gründungskosten	
Beratungen und Schulungen	
Anmeldungen und Genehmigungen	
Eintrag ins Handelsregister und Notar	
Reserve für Sonstiges (10 Prozent)	
Summe 3	

Vorfinanzierung	
Finanzierungsaufwand für die Zeit zwischen Einkauf und Verkauf (Umsatz)	
Finanzierungsaufwand für Außenstände	
Reserve für Sonstiges (10 Prozent)	
Summe 4	

Kapitalbedarf (Summe 1 bis 4)	

[Quelle: www.impulse.de]

Interview: Wie kommen Kleingründer an Geld?

Hermann Steindl leitet das Münchener Büro für Existenzgründen (*www.bfe-muenchen.de*), das der Arbeitsagentur angeschlossen ist, aber unabhängig von ihr agiert. Dieses Büro ist für seine strenge Beurteilung von Unternehmenskonzepten bekannt. Die Erfolgsquote spricht für sich.

Was müssen Existenzgründer mitbringen, die zu Ihnen kommen?
Wir nehmen auf Basis des Unternehmenskonzepts Stellung.

Welche Rolle spielt Geld in diesem Konzept?
Eine sehr große! Wir legen Wert auf einen schlüssigen Liquiditätsplan; die Investitionen müssen realistisch sein. Außerdem muss der Antragsteller erklären, wie er seinen Lebensunterhalt bestreiten wird. Wenn er ausschließlich mit Gründungszuschuss gründen will, ist dies für uns ein K.-O.-Kriterium.

Warum reichen die Zuschüsse der Bundesagentur nicht aus?
Sie sind für den Lebensunterhalt gedacht und nicht dafür da, um Anschaffungen zu tätigen. Dafür brauchen Gründer eigenes Geld.

In wie viel Prozent der Fälle benötigen Gründer Kredite von der Bank?
Bei uns sind es etwa 40 Prozent.

Haben Bezieher von Fördermitteln der Arbeitsagentur denn eine Chance, Geld von der Bank zu bekommen?
Gegenüber Beziehern von Gründungszuschuss und erst recht Einstiegsgeld sind die Banken sehr zurückhaltend. Wer das Geld bezieht, signalisiert damit, dass er gar nicht vor hat, große Umsätze zu generieren. Einige haben größere Pläne, die auch mit Krediten, beispielsweise von der KfW gefördert werden können. Es kommt stark auf die Geschäftsidee, deren Wachstumsaussichten und natürlich auf die Frage an, ob Eigenkapital vorhanden ist.

Bekommt nicht jeder das Startgeld von der KfW-Mittelstandsbank?
Ganz sicher nicht. Hier gilt das Hausbankprinzip. Die Hausbank entscheidet, ob sie Geld gibt, sie muss den Antrag bei der KfW stellen.

Oft sind 50.000 Euro, die maximale Summe für Startgeld von der KfW, viel zu viel Geld. Bestehen andere Möglichkeiten, kleinere Beträge zu erhalten?
Ja, viele Länder und Kommunen haben spezielle Förderprogramme, über die Mikrokredite vergeben werden. In München ist es der München Fonds, über den bis zu 50.000 Euro bezogen werden können. Aber auch hier braucht der Gründer Eigenkapital, denn er wird nur bis zu 80 Prozent von der Haftung frei gestellt. Für 20 Prozent haftet er selbst: Die muss er bar haben oder als Sicherheit einbringen.

Einige Gründer setzen alles auf den Kontokorrentkredit. Was halten Sie davon?
Nichts, mit 10 bis 15 Prozent ist er der teuerste Kredit von allen. Besser ist da ein privater Ratenkredit, den fast jeder erhalten kann.

Oft wird der Kreditrahmen von den Banken auf null gestellt, sobald sie erfahren, dass ein ehemaliger Angestellter nun Gründer ist. Lässt sich dem vorbeugen?
Gründer sollten ganz frühzeitig das Gespräch mit ihrer Bank suchen und die Karten offen legen. Sie sollten Ihren künftigen Kreditrahmen besprechen und gemeinsam festlegen.

Stimmt es, dass Gründer es bei Banken schwerer haben als bei Sparkassen?
Definitiv. Dies ist eine Frage der Zielgruppe. Banken denken in anderen Größenordnungen als Sparkassen.

Wie wichtig ist die Idee für die Beantragung von Krediten? Was ist zu beachten?
Einigen Geschäftsideen stehen Banken kritisch gegenüber. Trotzdem muss man immer den individuellen Fall betrachten. Es gibt auch im Dienstleistungssektor pfiffige Ideen. Beispielsweise haben sich Firmen gegründet, die als eine Art Makler für Ebay fungieren und Produkte von anderen über den Online-Marktplatz verkaufen. Wichtig ist, dass der Gründer offen bleibt für neue Entwicklungen und sein Produkt gegebenenfalls variiert, wenn sich der Markt verändert. Produkte müssen wachsen: Kaum ein Unternehmen ist über Jahrzehnte mit derselben Geschäftsidee am Markt.

Eigenkapital

Im Prinzip müssen Sie bei der Beantragung von Krediten immer über Eigenkapital verfügen – nur in der absoluten Not und in Ausnahmefällen geht es auch ohne. Wenn Sie kein Eigenkapital besitzen, ist das eine schlechte Voraussetzung. Empfohlen wird eine Eigenkapitalquote von 20 Prozent, unter 15 Prozent sollte sie keinesfalls liegen. Das heißt, dass Sie 20 oder 15 Prozent der benötigten Kreditsumme selbst einbringen, zum Beispiel durch Bargeld oder Bausparverträge.

Eigenkapital bedeutet in diesem Zusammenhang Kapital, das Sie entweder in bar besitzen oder kurzfristig freisetzen können. Es kann auch durch langlebige Sachwerte, zum Beispiel eine bezahlte Büroausstattung, erbracht werden. Ist nicht genügend eigenes Geld vorhanden, kann Eigenkapital auch durch Geschäftspartner oder Kapitalbeteiligungsgesellschaften ins Unternehmen fließen. Letztere investieren in der Regel in Form einer stillen Beteiligung ab 50.000 Euro. Beteiligungsbörsen bringen Kapitalsuchende mit Kapitalgebern zusammen. Einige Industrie- und Handelskammern betreiben ebenfalls solche Börsen.

Bei Unternehmen, die als Kapitalgesellschaften (GmbH, AG) firmieren, versteht man unter Eigenkapital den Teil des Vermögens, der den Eigentümern zuzurechnen ist. Dazu zählen je nach Rechtsform das Kapitalkonto des persönlich haftenden Gesellschafters, das Grundkapital einer Aktiengesellschaft oder das Stammkapital der GmbH oder der Bilanzgewinn.

Kreditarten

Dispositionskredite

Als Immobilienmakler verdienen Sie vielleicht monatelang gar nichts, dann gehen 8.000 Euro für einen Auftrag ein und anschließend herrscht wieder lange Zeit Ebbe. Auch als Ladenbesitzer bleiben Ihre Einnahmen nicht immer auf gleichem Niveau: Da gibt es Tiefs im Sommer und die bekannten Hochs um Weihnachten herum. Über regelmäßige Einnahmen verfügen Sie als Selbständiger nur, wenn Sie als freier Mitarbeiter tätig sind. Aus diesem Grund mögen Banken Sie nicht besonders, vor allem wenn Sie Neukunde sind. Fast unmöglich ist es für Jungunternehmer, bei einer Bank einen Dispositionskredit (Kontokorrentkredit) zu erhalten. Leichter geht es bei Sparkassen und der Postbank, besonders wenn Sie vorher schon guter Kunde waren.

Informieren Sie Ihre Hausbank über Ihre Situation und Ihre Pläne. Sonst kann es geschehen, dass Sie von einem Tag auf den anderen Ihr Konto um keinen Euro mehr überziehen dürfen. Warten Sie also nicht ab, bis die Bank Ihnen eine Mitteilung über den neuen Kreditrahmen schickt. Stecken Sie diesen gemeinsam mit Ihrem Berater ab. Machen Sie klar, dass Sie den Kontokorrentkredit nur in Notfällen ausschöpfen werden. So eine Situation ist beispielsweise gegeben, wenn Sie auf eine größere Zahlung warten, die verspätet eintritt.

Privatkredite

Brauchen Sie langfristig eine kleinere Summe Geld, ist ein normaler Bankkredit besser für Sie, da die Zinsen dafür stets deutlich niedriger liegen als für den Dispositionskredit. Sprechen Sie mit Ihrer Bank über die Konditionen: Fast immer gibt es einen kleinen Verhandlungsspielraum. Wandeln Sie den Kontokorrentkredit frühzeitig um, falls sich herausstellen sollte, dass Sie ihn in absehbarer Zeit nicht ablösen können. Achtung: Vereinbaren Sie realistische Rückzahlungsraten, übernehmen Sie sich nicht. Im Zweifel sollten Sie Ausgaben und Investitionen lieber zurückhaltender tätigen als einen Kredit aufnehmen.

Für normale private Bankkredite, die Sie für eine Umschuldung vom Dispositionskredit, den Kauf eines Autos oder Computers einsetzen, brauchen Sie in der Regel keine Sicherheiten. Kreditentscheidungen werden oft innerhalb einer Minute getroffen, die Raten für 10.000 Euro, die in 36 Monaten abbezahlt werden sollen, beginnen derzeit bei einem Zinssatz von etwa 6,4 Prozent.

Lieferantenkredite

Wenn Sie bei einem Großhändler Waren bestellen, müssen Sie nicht immer sofort zahlen. Ist Ihre Ware »zahlbar in 30 Tagen« statt in »7 Tagen«, bringt Ihnen eine spätere Zahlung bares Geld. Sie haben 23 Tage gewonnen, in denen Sie Ihr Geld anders anlegen können oder keine Zinsen zahlen – falls Sie auf Pump einkaufen. Nicht umsonst belohnen die meisten Händler Schnellzahler mit Skonto, also einem Barzahlerrabatt, in Höhe von 2 Prozent. Sprechen Sie rechtzeitig über die Lieferungs- und Zahlungsbedingungen. Versuchen Sie Möglichkeiten zu finden, die Zahlung möglichst weit aufzuschieben oder in Raten zu begleichen, wenn Sie größere Bestellungen tätigen, die Sie finanziell sehr stark belasten.

Überlegen Sie genau, wie viel Ware Sie auf einmal einkaufen. Vielleicht ist es für Sie besser, nur kleinere Mengen zu bestellen: Viele kleinere Einzelhändler und Ebay-Verkäufer ordern nur dann bei ihrem Großhändler, wenn eine Bestellung vorliegt. Dadurch können Sie den Geldfluss steuern und Ihre Liquidität sichern: Sie bezahlen nämlich nur, wenn auch ein baldiger Zahlungseingang in Sicht ist. Zudem sparen Sie die Kosten für Lagerhaltung. Auf der anderen Seite bekommen Sie natürlich günstigere Konditionen eingeräumt, wenn Sie größere Stückzahlen abnehmen.

Existenzgründer- und Unternehmerkredite

Brauchen Sie einen Existenzgründer- und Unternehmerkredit, müssen Sie Eigenkapital oder Sicherheiten vorweisen können. Alles, was die Bank in bare Münze verwandeln kann, gilt dabei als solche Sicherheit. Das kann ebenso ein Grundstück sein wie eine Eigentumswohnung, ein Auto, eine Lebensversicherung, ein Bausparvertrag oder das Gehalt eines Bürgen.

Prüfen Sie, welche Sicherheiten Sie anbieten können und wollen. Machen Sie sich die Konsequenzen bewusst: Wenn Sie Ihr Haus einlösen, bedeutet das, dass Sie es verlieren, falls Ihre Gründungspläne schieflaufen. Das gilt selbst dann, wenn Sie Ihr Haus nur beleihen. Beleihen bedeutet, dass die Bank als Mitbesitzer im Grundbuch eingetragen wird. Wer hier vermerkt ist, kann veranlassen, dass das komplette Gut verkauft oder gegebenenfalls zwangsversteigert wird, falls Sie zahlungsunfähig sind – selbst wenn der Anteil am Objekt nur gering ist. Üblicherweise lassen sich Banken nämlich im ersten Rang im Grundbuch (1a-Rang) eintragen. Dies bedeutet, dass sie stets zuerst Geld erhalten. Die andere Möglichkeit wäre eine »nachrangige Eintragung«, die aber für die Banken nicht von Interesse ist.

Wenn Sie Ihr Haus oder Ihr Grundstück beleihen, müssen Sie berücksichtigen, dass Banken oft nicht den Verkehrswert zugrundelegen, da bei einer Zwangsversteigerung oder einem Notverkauf meist nicht die gewünschten und marktüblichen Preise erzielt werden. Banken ermitteln deshalb einen Beleihungswert. Dies ist der Wert, von dem die Bank glaubt, dass er beim Verkauf tatsächlich erzielt werden kann. Manche Banken rechnen vom Kaufpreis 20 Prozent ab und kommen so auf den Beleihungswert. Andere gehen auch von 100 Prozent der Anschaffungskosten aus und rechnen unter Umständen sogar noch eventuelle Renovierungskosten ein.

Private Bürgschaften

Wenn Sie selbst kein Eigenkapital haben, kann auch ein privater Bürge einspringen. Natürlich muss dieser Bürge Sicherheiten bieten können: Bargeld, ein Haus oder Auto. Ideal ist es, wenn er ein regelmäßiges Gehalt bezieht. Doch Vorsicht: Muss die Bank auf diese Sicherheiten zurückgreifen, hält Sie sich an Ihren Bürgen. Sie tragen also eine besonders hohe Verantwortung dafür, Ihre Bürgen zu schützen. Das gilt auch bei familiären Verstrickungen: Nicht selten halten Frauen als Bürge für ihren existenzgründenden Ehegatten her. Nach der Pleite ihres Mannes müssen sie dessen Schulden jahrelang bei der Bank abbezahlen, während der Ex vielleicht schon mit seiner Geliebten eine neue GmbH gegründet hat. Das kann natürlich auch umgekehrt passieren, ist aber in der Praxis seltener der Fall.

Staatliche Bürgschaften

Sicherheiten sind bei Existenzgründern selten vorhanden, da sie in der Regel kein Betriebsvermögen besitzen. Das bedeutet aber nicht unbedingt ein Nein für den Kredit: Wenn Ihnen Sicherheiten zur Absicherung von Krediten fehlen, kann sich Ihre Hausbank an staatliche Bürgschaftsinstitute wenden, wo sie eine Rückgarantie des Bundes erhalten. Diesen Aufwand betreiben die Banken aber nicht bei jeder Geschäftsidee und auch nicht bei sehr geringem Finanzierungsbedarf. Die Erfahrung zeigt, dass Beträge unter 50.000 Euro sehr schwer zu erhalten sind.

Die Bürgschaftsbank trägt nicht das volle Risiko, sondern bürgt für bis zu 80 Prozent der Summe, über die die Bürgschaft beantragt wurde. Für die restlichen 20 Prozent haften Sie selbst. Und sobald Sie persönlich einstehen müssen, brauchen Sie wiederum Sicherheiten. Dies bedeutet, dass Sie auch eine Ausfallbürgschaft nicht davor bewahrt, Ihren Besitz einzubringen.

Bei staatlichen Bürgschaften gilt das Hausbankprinzip. Ihre Hausbank ist diejenige, die das Geld letztlich auszahlt und deshalb Ihr Finanzierungsvorhaben prüft. Erst wenn es als betriebswirtschaftlich sinnvoll eingestuft wird, erhalten Sie Ihr Geld. Bei der Vergabe von Bürgschaften arbeitet der Staat mit der KfW Mittelstandsbank in Frankfurt zusammen. Diese Bank hat verschiedene Programme aufgelegt, die sich speziell an Gründer richten. Die Fördermittel stehen jedem Gründer offen – übrigens unabhängig von dessen Staatszugehörigkeit. Hauptsache ist, dass der Gründungssitz in Deutschland liegt und eine gültige Aufenthaltsgenehmigung vorhanden ist. Einen besonderen Schwerpunkt setzt die KfW Mittelstandsbank bei Förderungen von Vorhaben in Ostdeutschland, wofür sie spezielle Programme aufgelegt hat.

Staatliche Hilfen

KfW Mittelstandsbank

Ziel der staatlichen Förder- oder Bürgschaftsprogramme der KfW Mittelstandsbank ist, Existenzgründer, die für Banken »wertlos« sind, mit (Geld-)Werten aus-
zustatten und für die Kreditvergabe attraktiver zu machen. Die Darlehen tragen so
klangvolle Namen wie ERP-Eigenkapitalhilfe, Mikrodarlehen oder Unternehmerkredit. Interessant für kleinere Gründungen sind vor allem das Mikrodarlehen (bis
25.000 Euro) und das Startgeld (bis 50.000 Euro). Für beide Programme benötigen
Sie Eigenkapital in Höhe von 20 Prozent. Damit die Banken solche geringwertigen
Kreditanträge überhaupt bearbeiten, zahlt ihnen die KfW Mittelstandsbank ein
festes Bearbeitungsentgelt.

Die ERP-Eigenkapitalhilfe macht schon mit ihrem Namen deutlich, um was es
geht: mit einem Kredit fehlendes Eigenkapital zu ersetzen. Mit diesem Programm
erhöht der Staat der Bank gegenüber das Eigenkapital auf 40 Prozent der gesamten
Finanzierungssumme. Das Kreditinstitut muss also nur noch für 60 Prozent geradestehen, sodass Gründer von Ihrer Hausbank höhere Kredite erhalten können,
selbst wenn sie nur wenig eigenes Geld besitzen. Die ERP-Eigenkapitalhilfe ist aber
kein geschenktes Geld: Sie müssen dafür genauso Zinsen zahlen wie für alle anderen Kredite.

Die Zinssätze für staatliche Kredite sind vergleichsweise gering, ändern sich
aber laufend. Reine Existenzgründungsdarlehen können Sie nur in den ersten zwei
Jahren einer Gründung beantragen – und meist nur für Ihre erste Gründung (Ausnahme: Mikrodarlehen). Darüber hinaus müssen Sie jünger als 50 Jahre sein. Auf
diese Hilfen besteht im Übrigen kein Rechtsanspruch.

Für die Beantragung von öffentlichen Mitteln sollten Sie mit den Finanzierungs-
experten der Sparkassen oder Banken sprechen. Den Antrag für ein KfW- bzw.
ERP-Darlehen stellen Sie nicht direkt bei diesen Förderbanken, sondern nach dem
so genannten Hausbankprinzip bei einer Bank oder Sparkasse; dabei muss es sich
nicht unbedingt um Ihre eigene Bank oder Sparkasse handeln. Sie müssen der Bank
aber auf jeden Fall Ihre Vermögensverhältnisse darlegen.

Wichtig ist, dass Sie öffentliche Mittel beantragen, bevor Sie Ihr Vorhaben in
Angriff nehmen – also schon in der Planungsphase. Das bedeutet: Sie dürfen bei-
spielsweise eine Maschine, die Sie dringend brauchen, noch nicht anschaffen. Es
empfiehlt sich außerdem, zuerst Kredite zu beantragen und dann Zuschüsse der
Arbeitsagentur. Denn wer bereits Gründungszuschuss bezieht, könnte bereits sein
Unternehmen begonnen haben und ist damit nicht mehr förderungswürdig.

Förderart	Höhe und Bedingungen	Verwendungszweck	Zielgruppe	Laufzeit	Effektivzins Nominalzins Tilgungsdauer Auszahlungskurs (Stand 11/2006)
Beratungsförderung	Beratung wird mit 50 Prozent der Kosten bis 1.500 Euro bezuschusst; auch mehrere Beratungen, zum Beispiel für Existenzgründung und Umweltschutz, bis 3.000 Euro möglich	Beratungen für: Existenzgründung, allgemeine Unternehmensberatung, Energiesparen, Umweltschutz	Kleine gewerbliche Unternehmen und »wirtschaftsnahe« freiberufliche Existenzen in den ersten zwei Jahren		
StartGeld (anfängliche Nebenerwerbstätigkeit möglich)	bis 50.000 Euro, 80 % Haftungsfreistellung	Sachinvestitionen, Warenlager und Betriebsmittel; Unternehmensübernahmen oder -beteiligungen sowie gewerbliche oder freiberufliche Existenzgründungen	natürliche Personen (also GbR et cetera.), die noch nicht selbständig sind sowie Unternehmen bis 100 Mitarbeitern	bis 10 Jahre	8,94 % effektiv, 7,8 % nominal, bis 2 Jahre tilgungsfrei, 96 % Auszahlung
Mikrodarlehen (auch für nebenberufliche Gründer)	bis 25.000 Euro, bis zu 100 % der gesamten Kreditsumme; keine Kombination mit anderen KfW-Krediten, Geld ist schnell verfügbar, bis 80 % Haftungsfreistellung	Sachinvestitionen, Warenlager und Betriebsmittel; Unternehmensübernahmen oder -beteiligungen sowie gewerbliche oder freiberufliche Existenzgründungen	natürliche Personen, Unternehmen bis 10 Mitarbeitern, auch erneute Gründungen (»zweite Chance«) Förderung bis zu drei Jahre nach Gründung möglich	bis 5 Jahre	9,58 % effektiv 9,25 % nominal bis 6 Monate tilgungsfrei, 100 % Auszahlung
ERP-Kapital für die Regionalförderung (alte Länder)	bis 500.000 Euro	Förderung von Gründungs- und Festigungsvorhaben in der mittelständischen Wirtschaft, auch für Markterschließungskosten	Gründer, als Festigungsdarlehen in den ersten 2 Jahren	bis 10 Jahre	Risikogerechtes Zinssystem: zwischen 4,22 % und 7,19 % effektiv bzw. zwischen 415 % und 7,00 % nominal; 3 Jahre (7 Jahre tilgungsfrei), 100 % Auszahlung
ERP-Kapital für die Regionalförderung (neue Länder und Berlin)	bis 500.000 Euro	wie oben	wie oben	bis 15 Jahre	wie oben

Förderart	Höhe und Bedingungen	Verwendungs-zweck	Zielgruppe	Laufzeit	Effektivzins Nominalzins Tilgungsdauer Auszahlungskurs (Stand 11/2006)
ERP-Kapital für Innovation (alte Länder)	bis 500.000 Euro	Förderung von Gründungs- und Festigungsvorhaben im Bereich der mittelständischen Wirtschaft, Übernahmekosten et cetera	Gründer im 2. bis 5. Jahr nach der Gründung	bis 10 Jahre	Risikogerechtes Zinssystem: zwischen 3,96 % und 9,68 % effektiv bzw. zwischen 3,90 % und 9,35 % nominal; 2 Jahre (7 Jahre tilgungsfrei), 100 % Auszahlung
ERP-Kapital für Innovation (neue Länder und Berlin)	bis 500.000 Euro	wie oben	wie oben	bis 10 Jahre	Risikogerechtes Zinssystem: zwischen 3,70 % und 8,35 % effektiv bzw. zwischen 3,65 % und 8,10 % nominal; 2 Jahre bzw.7 Jahre tilgungsfrei); 100 % Auszahlung
ERP-Kapital für Gründung (alte Länder)	bis 500.000 Euro	Gründungen, Unternehmensnachfolge; Immobilien- und Baukosten; Warenlager und Betriebsmittel Markterschließungskosten	Gründer bis 2. Jahr nach Gründung	bis 15 Jahre	Bis zum 5. Kreditjahr steigert sich der Nominalzins auf 6 % (effektiv 6,27 %), bleibt danach konstant, 7 Jahre tilgungsfrei, 96 % Auszahlung
ERP-Kapital für Gründung (neue Länder und Berlin)	bis 500.000 Euro	wie oben	wie oben	bis 15 Jahre	Bis zum 5. Kreditjahr steigert sich der Nominalzins auf 5,75 % (effektiv 6,12 %), bleibt danach konstant, 7 Jahre tilgungsfrei, 96 % Auszahlung
ERP-Kapital für Wachstum (neue Länder und Berlin)	bis 500.000 Euro	Gründungen, Unternehmensnachfolge; Immobilien- und Baukosten. Warenlager und Betriebsmittel	Gründungen zwischen dem 2. und 5. Geschäftsjahr	bis 15 Jahre	Abhängig von Bonitätskategorie und juristischer oder natürlicher Person liegt der Nominalzins zwischen 4,9 % (4,99 % effektiv) und 10,15 % (10,54 % effektiv) 100% Auszahlung (7 Jahre tilgungsfrei)
ERP-Kapital für Wachstum (alte Länder)	bis 500.000 Euro	wie oben	wie oben	wie oben	Abhängig von Bonitätskategorie und juristischer oder natürlicher Person liegt der Nominalzins zwischen 5,15 % (5,25 % effektiv) und 10,40 % (10,81 % effektiv), 100 % Auszahlung (7 Jahre tilgungsfrei)

Förderart	Höhe und Bedingungen	Verwendungszweck	Zielgruppe	Laufzeit	Effektivzins Nominalzins Tilgungsdauer Auszahlungskurs (Stand 11/2006)
Unternehmerkapital für Arbeit und Investitionen	bis 4.000.000 Euro	Grundstücke und Gebäude, Übernahme, Beteiligungen, Kauf von Einrichtung et cetera	mittelständische Unternehmen und Freiberufler ab dem 5. Jahr nach der Gründung, die mit dem Kapital neue Arbeitsplätze schaffen	zwischen 10 und 20 Jahren nach Gründung	Risikogerechtes Zinssystem: zwischen 4,20 % und 7,18 % effektiv bzw. zwischen 4,14 % und 6,99 % nominal; 10 Jahre (2 Jahre tilgungsfrei), 100 % Auszahlung
Unternehmerkredit	bis 10.000.000 Euro	Gründungen, Unternehmensnachfolge, Immobilien- und Baukosten, Warenlager und Betriebsmittel	Existenzgründer	6–20 Jahre, abhängig von der Nutzung des Kapitals	Risikogerechtes Zinssystem, Zinskonditionen nur individuell ermittelbar, 2 Jahre tilgungsfrei, 100 % Auszahlung

Programme der Länder

Informieren Sie sich auch über Fördermöglichkeiten in Ihrem regionalen Umfeld. Die allgemeine Tendenz: Je strukturschwächer Ihre Region ist, desto besser sind die Aussichten, auf diesem Weg an Geld zu kommen. In Ostdeutschland existieren zahlreiche Förderprogramme, aber auch in ländlich geprägten Gebieten wie Schleswig-Holstein (zum Beispiel bei »Starthilfe Schleswig-Holstein« in der Höhe von über 50.000 bis 100.000 Euro). Dabei wird zwischen Darlehen und Zuschüssen unterschieden: Zuschüsse müssen Sie nicht zurückzahlen. Ziel dieser Förderprogramme ist, das Gleichgewicht zwischen verschiedenen Regionen im Bundesgebiet herzustellen.

Viele Länder haben auch Mikrodarlehensprogramme aufgelegt, die Gründer mit kleinen Vorhaben unterstützen. Hinzu kommt das Mikrodarlehen der KfW. Die Erfahrung zeigt jedoch, dass solche Darlehen sehr selten gewährt werden, in Hamburg beispielsweise nur neunmal im Jahr 2003. Die Förderprogramme sind aber insgesamt sehr vielfältig und ändern sich zudem ständig. Meist sind die Investitionsbanken der jeweiligen Länder zuständig. Erste Anlaufstelle für Ihre Information ist die Förderdatenbank der KfW Mittelstandsbank unter *www.kfw-foerderbank.de*

Umgang mit Banken

Wenn Sie einen Kredit benötigen, sollten Sie den Gang zur Bank genau planen. Je besser Sie vorbereitet sind, desto größer sind Ihre Chancen, das zu bekommen, was Sie möchten. Folgende Punkte sollten Sie dabei beachten:

▶ *Rentabilität darlegen:* Damit Sie die Bank für Ihr Vorhaben gewinnen können, müssen Sie diese von der Rentabilität Ihres Unternehmensplanes überzeugen. Sie sollten beweisen, dass Sie kaufmännisch denken können und dass Sie Ihre Zahlen professionell und präzise errechnet haben.

▶ *Förderprogramme kennenlernen:* Bewährt hat es sich, wenn Sie alle Förderprogramme nennen können, die für Sie in Frage kommen. Informieren Sie sich also vor dem Bankgespräch.

▶ *Berater mitnehmen:* Es spricht nichts dagegen, wenn Sie einen Berater mitnehmen – im Gegenteil: Das wirkt besonders professionell. Reden sollten allerdings hauptsächlich Sie. Denn Sie müssen in der Lage sein, auch eine vom Berater erstellte Rentabilitätsberechnung selbst zu erläutern.

▶ *Rollenverteilung klären:* Wenn Sie Ihren Partner oder Berater zum Bankgespräch mitnehmen, sollten Sie vorher die Rollenverteilung absprechen. Manche Bankberater akzeptieren nur Männer als Gesprächspartner; machen Sie in diesem Fall Ihrem Gegenüber klar, dass Sie als Frau die Hauptperson sind.

▶ *Sicher auftreten:* Treten Sie selbstsicher und beharrlich auf. Wenn Sie nicht zeigen, dass Sie hundertprozentig hinter der geplanten Investition stehen, werden Sie auch die Bank nicht überzeugen.

▶ *Probleme und Lösungen bedenken:* Fragen Sie sich, welche Probleme die Bank sehen könnte. Werden Sie darauf angesprochen, können Sie gleich Lösungsansätze zeigen. Damit beweisen Sie Kompetenz.

▶ *Kontakt halten:* Wenn das Finanzierungsgespräch erfolgreich verläuft, sollten Sie den Kontakt zu Ihrem Bankberater nicht abbrechen. Sie werden seine Hilfe später vielleicht wieder benötigen.

▶ *Unterlagen stützen Argumente:* Im Gespräch werden die wirtschaftlichen Erfolgsaussichten Ihres Unternehmens und Ihre persönliche finanzielle Lage thematisiert. Stellen Sie sich darauf ein, und bringen Sie möglichst folgende Unterlagen mit, die Ihre Argumentation unterstützen: Lebenslauf mit beruflichem Werdegang, Zeugnisse, Unternehmenskonzept in Kurzfassung, Umsatz- und Kostenplan (möglichst mit Kostenvoranschlägen), Verträge (Miet-, Leasing-, Franchise-Verträge), Nachweis über vorhandenes Eigenkapital, Liquiditätsplan mit den voraussichtlichen Einnahmen und Ausgaben, Kapitaldienstberechnung (Liste der voraussichtlichen Zins- und Tilgungskosten über die geplante Kreditsumme), Rentabilitätsvorschau, Liste über Sicherheiten (Bürgschaften, Grundbuchauszüge, Kundenforderungen mit Zahlungsterminen), Nachweis einer Existenzgründungsberatung.

Bevor Sie zu der von Ihnen bevorzugten Bank oder Sparkasse aufbrechen, sollten Sie einen Testlauf bei einem anderen Kreditinstitut durchführen.

Risikokapital (Venture-Capital)

Venture-Capital ist Beteiligungskapital, das Banken, Gesellschaften oder Privatpersonen zur Verfügung stellen. Es heißt auch Risikokapital, da die Geber, die sich Business-Angels nennen, alles verlieren können. Rund 150 Beteiligungskapitalgesellschaften gibt es im Deutschland, die sich ab etwa 50.000 Euro an einem Unternehmen beteiligen. Dabei muss ein Gründer Kapital oft von mehreren Venture-Capital-Gebern beziehen. Fast immer sind Millionenbeträge im Spiel.

Bei solchen Summen überlegen sich die Kapitalgeber ihre Investition deshalb sehr gut. Kleingründer und Freiberufler haben keine Chance, dieses Geld je zu erhalten. Die Grenze legen einige Beteiligungsgesellschaften sogar fest: Es muss die Aussicht auf einen Umsatz von mindestens 1 Million Euro im Jahr bestehen, damit über eine Förderung nachgedacht wird. Längst vorbei sind also die Zeiten der New Economy, als Gründer mit einem kleinen, schlecht durchgerechneten Konzept Millionen beschaffen konnten.

Alternativen zu Krediten

Vielleicht lehnt die Bank Ihren Kreditwunsch ab. Dann sollten Sie zunächst Ihr Konzept nochmals genau prüfen. Woran ist der Kreditwunsch gescheitert? Auf keinen Fall dürfen Sie jetzt dubiosen Angeboten auf den Leim gehen (»Kredit sofort ohne Schufa-Auskunft«). Solche Angebote knebeln Sie durch hohe Zinsen, die später fast immer zu großen finanziellen Schwierigkeiten führen. Reden Sie lieber mit der Bank, ob Korrekturen Aussicht auf Erfolg haben, und sprechen Sie weitere Kreditinstitute an, wenn Sie sicher sind, dass Ihr Konzept gut ist.

Eine Methode kann es sein, sich über einen Business-Plan-Wettbewerb Eintritt zu verschaffen. Wer hier gewinnt, hat oft bessere Chancen, Geld von Banken zu bekommen. Außerdem winken bei vielen Wettbewerben Geldpreise (Kapitel 6).

Wenn Sie kein Eigenkapital besitzen, ist die Chance ohnehin gering, einen großen Kredit zu bekommen. Gehen Sie dann auf die Wirtschaftsförderer in Ihrer Region zu. Fragen Sie nach Zuschüssen, mit denen Sie Ihre Eigenkapitalquote erhöhen.

Auch bestimmte Berufsgruppen, etwa viele Freiberufler, haben es mitunter schwer, an Geld zu kommen. Darüber hinaus gibt es einen großen Anteil an Gründern, die einen Kredit um jeden Preis vermeiden möchten, weil sie keine Schulden haben wollen. Fragen Sie sich in diesen Fällen, ob sich Ihre Idee vielleicht mit einem geringeren Kapitaleinsatz realisieren lässt? Prüfen Sie Möglichkeiten. Ein paar Beispiele:

▶ *Secondhand kaufen:* Büroeinrichtungen, Geräte, Anlagen, Maschinen kosten mitunter nur ein Viertel des Neuwerts, wenn Sie sie gebraucht erwerben. Vorsicht: Eine ärmlich wirkende Ausstattung kann auf Ihre Kunden abschreckend wirken.

▶ *Leasing:* Durch Leasing von Fahrzeugen, Maschinen und Geräten können Sie den Gründungsetat spürbar entlasten. Nicht nur teure Maschinen gehören zu den typischen Leasing-Gütern, sondern auch Hard- und Software für Computer einschließlich dazugehöriger Beratungs- und Projektmanagementkomponenten. Leasing birgt immense Liquiditätsvorteile gegenüber dem regulären Kauf. Trotzdem ist Leasing meist in der Summe teurer. Attraktiv ist Leasing für alle, für die der Nutzungsgedanke im Vordergrund steht. Für Einzelpersonen und Personengesellschaften ist der Abschluss eines Leasingvertrages unkompliziert. Der Leasinggeber holt meist nur eine einfache Schufa-Auskunft ein. Kapitalgesellschaften dagegen werden von den Leasinggebern in der Regel abgewiesen, sofern sie kein Eigenkapital vorweisen können. Wahrscheinlich müssen Sie in diesem Fall dann doch wieder persönlich haften, wobei der Vorteil dieser Gesellschaften – die Haftungsbeschränkung – ausgehebelt wird

▶ *Factoring:* Immer mehr Unternehmen setzen auf Factoring. Dabei verkaufen Unternehmen ihre offenen Forderungen an eine Factoring-Gesellschaft, die diese Forderungen sofort bezahlt. Der Unternehmer erhöht damit die eigene Liquidität, wodurch er bei Banken ein besseres Rating erhält. Er kann Lieferanten sofort zahlen, beim Einkauf Skonti und Rabatte nutzen, da er nun flüssig ist. Das volle Risiko liegt beim Factor, was sich dieser gut bezahlen lässt: mit einem Prozentsatz, der in der Regel deutlich über dem Prozentsatz für Kredite liegt. Inzwischen haben sich auch Makler etabliert, die helfen wollen, das günstigste Factoring-Angebot zu finden.

▶ *Verzicht:* Verzichten Sie auf Dinge, die Sie nicht unbedingt brauchen, zum Beispiel ein Auto oder ein eigenes Büro. Viele Selbständige besuchen Ihre Kunden zu Hause.

▶ *Energie sparen:* Sparen Sie Stromkosten, Gas, Wasser etc.

▶ *Outsourcing:* Lohn- und Einrichtungskosten können Sie in der Anlaufzeit sparen, indem Sie einen Teil der Arbeiten zunächst außer Haus oder von freien Mitarbeitern erledigen lassen. Sie können auch einen Empfangs- und Sekretariatsservice, Car- oder Geräte-Sharing nutzen, um Ihre Kosten niedrig zu halten.

▶ *Software:* Erwerben Sie sich keine teuren Software-Lizenzen, sondern kostengünstige Software-Produkte wie das Büroprogrammpaket Open Office.

▶ *Kooperation:* Kooperieren Sie mit anderen Gründern, und teilen Sie sich Kosten für Anschaffungen, die Sie gemeinsam nutzen können (zum Beispiel Kopiergeräte). Schließen Sie sich mit Gründern zusammen, die Geld in das Unternehmen stecken können. Prüfen Sie, ob Sie nicht mit anderen Unternehmen, die die gleichen Produkte herstellen, kooperieren können, um dadurch günstigere Einkaufskonditionen zu erhalten.

Adressen

Allgemeine Informationen:

- KfW Mittelstandsbank (*www.kfw-mittelstandsbank.de*): Sehr viele gute Informationen zu allen Darlehen, Fragen und Antworten sowie eine umfangreiche Adress-Datenbank.

- Verband der Bürgschaftsbanken (*www.vdb-info.de*): Bundesweites Verzeichnis von Bürgschaftsbanken.

- Volksbank Rheinlippe (*http://volksbankrheinlippe.de/intabox/medienarchive/firmen_selbstaendige/Leitf_lo.pdf*): Leitfaden für den Umgang mit Banken.

Mikrodarlehen:

- Microlending News (*www.microlending-news.de*): Aktuelle Infos über Mikro-darlehen.

Landesförderprogramme:

- Baden-Württemberg EXZET (*www.exzet.de*): Darlehen von bis zu 15.000 Euro für Arbeitslose.

- Bayern Ergänzungsdarlehen (*www.lfa.de*): Aufstockung des Kreditbetrags möglich.

- Meistergründungsprämie Berlin (*www.hwk-berlin.de*): Gründungsprämie für Meister.

- Daniel-Lawaetz-Stiftung (*www.lawaetz.de*): Für alle, die sich aus der Arbeitslosigkeit selbständig machen, gibt es in Hamburg bis zu 12.500 Euro.

- Hessen Invest (*www.ibh-hessen.de*): Förderung im wissenschaftlichen Umfeld.

- Bremer Wirtschaftsförderung (*www.wfg-bremen.de*): Starthilfefonds Bremen.

- Niedersächsische Landestreuhandstelle (*www.lts-nds.de*): Niedersachsens Frauenförderung.

- Nordrhein-Westfalen (*www.lgh.de*): Gründungsprämie für Meister.

- Sachsen-Anhalt Zuschüsse (*www.lfi-lsa.de*): Verbesserung der regionalen Wirtschaftsstruktur.

- Saarlands Startkapital (*www.sikb.de*): Darlehen zwischen 2.500 und 25.000 Euro bis zu 3 Jahre nach der Gründung.

- Gesellschaft für Arbeits- und Wirtschaftsförderung Thüringen (*www.gfaw-thueringen.de*): Existenzgründungshilfen in Thüringen.

- Sächsische Aufbaubank (*www.sab.sachsen.de*): Programm Gründungs- und Wachstumsfinanzierung in Sachsen.

- Bundesministerium für Arbeit und Wirtschaft (*www.bmwi.de*): Fördermitteldatenbank.

- KfW Mittelstandsbank (*www.kfw-foerderbank.de*): Fördermitteldatenbank.

- Wirtschaftskammer Österreich (*http://portal.wko.at*): Fördermitteldatenbank.

Venture-Capital:

- Business-Angels (*www.business-angels.de*): Adressen von solventen Kapitalgebern.

Hilfsmittel:

- Gründerportal Oberfranken (*www.gruenderportal.de*): Liquiditätsrechner.

- Small Business Academy SMABA von Impulse (*www.smaba.de*): Download eines Liquiditätsplans als Excel-Tabelle.

- Wirtschaftskammer Österreich Gründerservice (*www.gruenderservice.net*): Interaktiver Test zur Ermittlung des Finanzierungsbedarfs.

7.3   Gründungszuschuss, Einstiegs- und Coachinggeld

Was für ein gutes Gefühl: Eine eigene Existenz gründen und gleichzeitig sicher sein, dass für den Lebensunterhalt gesorgt ist. Der Gründungszuschuss – der 2006 Überbrückungsgeld und Ich-AG abgelöst hat – kann dieses gute Gefühl vermitteln, wenn Sie arbeitslos sind oder von Arbeitslosigkeit bedroht werden. Lesen Sie, was Sie tun müssen, um die Förderung zu erhalten. Oder ist für Sie das Einstiegsgeld vielleicht eine Alternative, das Menschen im Bezug von Arbeitslosengeld II – neudeutsch »Hartz IV« – gezahlt wird.

Eine Übersicht:

	Einstiegsgeld	Gründungszuschuss
Zielgruppe	Arbeitslosengeld-II-Empfänger, die selbständig waren oder sich selbständig machen wollen.	Arbeitslose, die noch mindestens 90 Tage Anspruch auf ALG I haben sowie von Arbeitslosigkeit bedrohte Menschen. Ein direkter Übergang von Beschäftigung in geförderte Selbständigkeit ist nicht (mehr) möglich. Anspruchsberechtigt sind auch Empfänger von Übergangsgeld, Kurzarbeitergeld, Insolvenzgeld und Winterausfallgeld.
Antrag	Bei der örtlichen ARGE, teilweise Jobcenter genannt	Bei der örtlichen Bundesagentur für Arbeit
Dauer	Oft 6 oder 12 Monate, maximal 24 Monate (in den letzten Monaten kann gekürzt werden)	Maximal 15 Monate; Nach 9 Monaten gibt es nur noch 300 € pro Monat
Höhe	172 € zuzüglich zu den 345 € Regelleistung, die ein Alleinstehender für die Lebenshaltung erhält. Pro Familienmitglied gibt es ca. 35 € dazu. Ihren Gewinn dürfen Sie leider nur zu einem Mini-Bruchteil behalten. Der Freibetrag für Zuverdienste zum ALG II wird als Prozentsatz des monatlichen Bruttoeinkommens berechnet und beträgt 15% bis zu einem Einkommen von 1.500 Euro. Im Intervall zwischen 400 € und 900 € gilt ein erhöhter Satz von 30%. Selten wird das Einstiegsgeld als Darlehen gewährt und muss zurückgezahlt werden, z. B. in Hamburg.	In den ersten 9 Monaten entspricht der Gründungszuschuss der Höhe des ALG I zzgl. 300 € für Sozialversicherungsabgaben. Für die folgenden 6 Fördermonate ist ein neuer Antrag notwendig. Die Förderhöhe liegt dann pauschal bei 300 € pro Monat

	Einstiegsgeld	Gründungszuschuss
Rechts- anspruch	Nein, es ist eine Kann-Leistung	Ja
Voraussetzung	Es muss sich um eine Neugründung handeln. »Ältere« Selbständige erhalten nur Einstiegsgeld, wenn Sie eine neue Idee verfolgen.	Arbeitslosigkeit und ein Rest- anspruch von drei Monaten.
Rechtsform	Keine Beschränkungen	Keine Beschränkungen
Art der Selb- ständigkeit	Keine Beschränkungen, Unterneh- mer darf nicht weisungsgebunden sein und muss unternehmerisch handeln; Die Selbständigkeit muss hauptberuflich ausgeübt werden, d.h. mindestens 15 Stunden pro Woche	Keine Beschränkungen, Unterneh- mer darf nicht weisungsgebunden sein und muss unternehmerisch handeln; Die Selbständigkeit muss hauptberuflich ausgeübt werden, d. h. mindestens 15 Stunden pro Woche
Kranken- versicherung	Innerhalb der Bezugsdauer sind Sie über die ARGE versichert bzw. die ARGE zahlt Ihre Kranken- versicherung	Nein, keine Pflicht: freiwillige Versicherung
Renten- versicherung	Über die ARGE	nur bestimmte Berufe
Zweitjob in Festanstellung	Theoretisch möglich, allerdings müßten Sie das Geld dann an die ARGE weiterreichen	Mini-Job und Teilzeit, die Höhe des Zuverdienstes ist nicht begrenzt
Mindest- einkommen	Keines	Keines
Prüfung des Geschäfts- modells	I. d. R. Business-Plan oder kurzes Unternehmenskonzept, der von fachkundiger Stelle geprüft werden muss	Business-Plan, der von fachkun- diger Stelle geprüft werden muss
Steuerliche Behandlung	Das Einstiegsgeld ist steuerfrei und unterliegt auch nicht der Progres- sion.	Förderung geht nicht in die Progres- sion ein, hat also keinen Einfluss auf die Ermittlung des persönlichen Steuersatzes
Steuerhöhe	Entsprechend den üblichen Steuer- sätzen	Entsprechend den üblichen Steuer- sätzen
Steuerarten	Abhängig von Rechtsform: bei Personengesellschaften Einkom- mensteuer, andernfalls Körper- schaftsteuer. Bei gewerblichen Tätigkeiten auch Gewerbesteuer bzw. kommunale Unternehmens- steuer	Abhängig von Rechtsform: bei Personengesellschaften Einkom- mensteuer, andernfalls Körper- schaftsteuer. Bei gewerblichen Tätigkeiten auch Gewerbesteuer bzw. kommunale Unternehmens- steuer

	Einstiegsgeld	Gründungszuschuss
Finanzamt	Vereinfachte Buchführung: Einnahmen-Überschuss-Rechnung genügt; bei Gründung einer Gesellschaft: Buchführung je nach Rechtsform. GuV bzw. Einnahmenüberschussrechnung muss der ARGE monatlich vorgelegt werden.	Vereinfachte Buchführung: Einnahmen-Überschuss-Rechnung genügt; bei Gründung einer Gesellschaft: Buchführung je nach Rechtsform
Verfall des Anspruches	Falls keine unternehmerische Tätigkeit mehr ausgeübt wird, Entscheidung des Fallmanagers	Falls keine unternehmerische Tätigkeit mehr ausgeübt wird (weisungsgebundene Scheinselbstständigkeit)
Rechtsanspruch	Nein	Ja, auf die ersten 9 Monate
Geeignet für	Alle, die sich auf dem Bezug von Arbeitslosengeld II selbständig machen wollen.	Alle Bezieher von Arbeitslosengeld, die sich selbständig machen wollen.
Nicht geeignet für	Falls sehr hohe Investitionen nötig sind. Kredit ist bei ALG-II-Bezug unwahrscheinlich.	—
Vorteile	Geld unterstützt ein wenig. In der Zeit des Bezugs werden Sie höchstwahrscheinlich nicht zu 1-Euro-Jobs herangezogen.	Geld bietet ein gutes Polster, um schnell in die Selbständigkeit zu starten.
Nachteile	Das Geld reicht nicht, um Anschaffungen zu tätigen.	Akquisitionsdruck ist gering, wenn der Gründungszuschuss hoch ausfällt; für den Aufbau einer Existenz sind neun Monate viel zu kurz, auch 15 Monate reichen nicht. Kalkulieren Sie mit 2-3 Jahren, bis Ihr Einkommen auf einem tragfähigen Niveau angelangt ist.
Rückkehr in die Arbeitslosigkeit	Wenn es nicht funktioniert, können Sie jederzeit und auch nur für einzelne Monate (wieder) ALG II beantragen.	Wenn es nicht funktioniert, können Sie jederzeit und auch nur für einzelne Monate ALG II beantragen.

Gründungszuschuss

Gründungszuschuss ist eine Muss-Geldleistung. Das heißt: Die Arbeitsagentur darf den Antrag auf Förderung nicht ablehnen, sofern die Voraussetzungen erfüllt sind. Mit dem Antrag auf Gründungszuschuss müssen Sie einen Business-Plan einreichen. Da Sie diesen als professioneller Gründer ohnehin für die eigene Planung benötigen, bedeutet das keinen zusätzlichen Aufwand. Der Business-Plan hilft, sich über Gewinnerwartungen, Chancen und Risiken klar zu werden. Seine Weiterentwicklung, der Unternehmensplan, ist ohnehin Voraussetzung für jeden späteren Kreditantrag. Der Business-Plan muss von einer fachkundigen Stelle begutachtet werden. Das kann ein Berufsverband, die Industrie- und Handelskammer, ein Existenzgründungsbüro, die Handwerkskammer, ein Unternehmensberater oder Ihr Steuerberater sein. Im Allgemeinen erhalten Sie die Bescheinigung ohne viele Umstände. Das ist für Sie aber kein Vorteil, es sei denn, es geht Ihnen bloß ums Geld. Suchen Sie sich deshalb besser eine Institution, die Ihr Vorhaben ernsthaft prüft – meist sind hier Existenzgründerbüros kritischer.

Gründungszuschuss wird nur für einen kurzen Zeitraum gezahlt: Neun Monate gibt es Arbeitslosengeld und einen Zuschuss von 300 Euro. Auf Antrag und nach Fall-zu-Fall-Entscheidung können Sie weitere sechs Monate 300 Euro erhalten, insgesamt fördert der Staat also 15 Monate. Bitte machen Sie sich bewusst, dass dieser Zeitraum für viele Dienstleistungen zu kurz ist. Meine Erfahrung bestätigt die alte Unternehmerregel, dass das, was im dritten Jahr ist, auch bleibt, immer wieder. Ohne Rücklagen ist also auch der Gründungszuschuss oft nur ein Tropfen auf den heißen Stein.

Berechnung des Arbeitslosengeldes

Wer in den zwei Jahren vor der Arbeitslosigkeit 360 Tage Beträge gezahlt hat oder etwa in der Wehrdienst- oder Erziehungszeit pflichtversichert war, erhält Arbeitslosengeld. Das ist wichtig zu wissen, denn nur dann haben Sie auch Anspruch auf Gründungszuschuss. Der erste Teil des Gründungszuschusses in den ersten neun Monaten besteht aus dem Arbeitslosengeld, das entweder 60 Prozent (Singles und Eheleute ohne Kinder) oder 67 Prozent (Alleinerziehende und Paare mit Kindern) des letzten Einkommens beträgt – so lange Sie die Bemessungsgrenze nicht überschritten haben. Die Höchstgrenze zur Bemessung von Arbeitslosengeld betrug 2006 in den neuen Bundesländern 4300,81 Euro und in den alten 5.145,81 Euro brutto. Die Höchstsumme pro Monat betrug 2117,40 Euro. Dazu kamen 300 Euro in den ersten neun Monaten und eventuell weitere 300 Euro bis zum 15. Monate (insgesamt 1.800 Euro). Im besten Fall erhielten Sie somit 23.556,60 Euro vom Staat.

Das sind keine Reichtümer: Bedenken Sie dabei, dass Sie Ihre soziale Absicherung künftig eigenverantwortlich planen müssen. Der Gründungszuschuss ist kein

Geld für Investitionen, sondern dient allein der Deckung Ihres Lebensunterhalts und Ihrer sozialen Absicherung. Vergessen Sie das bei Ihren Berechnungen nicht!

Wie viel Arbeitslosengeld Sie als Antragsteller genau erhalten, entnehmen Sie einer Tabelle, die Sie bei der Arbeitsagentur bekommen und dort auch in der jeweils aktuellen Version im Internet herunterladen können. Hier finden Sie die wöchentlichen Arbeitslosengelder nach Steuerklassen. Beachten Sie, dass sich die Werte mindestens einmal jährlich ändern. Eine aktuelle Übersicht finden Sie auf der Internetseite der Bundesagentur für Arbeit *www.arbeitsagentur.de* sowie unter *www.beamte4you.de.*

Arbeitslosengeld nach Elternzeit

Und wenn Sie vor der Gründung in Eltern- bzw. Erziehungszeit waren? Oft können Sie auch dann den Gründungszuschuss beantragen. Der Anspruch auf Arbeitslosengeld ist erfüllt, wenn innerhalb der letzten zwei Jahre mindestens 12 Monate Versicherungspflicht zur Arbeitslosenversicherung bestand.

Dies ist immer dann gewährleistet, wenn Sie vor der Elternzeit, voll berufstätig waren oder eine bestehende Arbeitslosigkeit unterbrochen haben. Die Zeiten für die Erziehung eines Kindes bis zur Vollendung des dritten Lebensjahres sind nämlich immer dann versicherungspflichtig, wenn vorher eine versicherungspflichtige Zeit oder ein Bezug von Arbeitslosengeld unterbrochen wurde. Auf Deutsch: Haben Sie vorher als Angestellte Sozialversicherungsbeiträge bezahlt und haben dann im Status eines Pflichtversicherten in der Kranken- und Rentenversicherung pausiert, sieht es gut für Sie aus. Auch dann, wenn mehrere Kinder hintereinander geboren worden sind. Verbraucht ist Ihr Anspruch aber, wenn Sie zuvor nach alter Regel zwölf Monate und nach neuer Regel neun Monate lang Arbeitslosengeld bezogen haben.

Die Höhe des Gründungszuschusses nach langer »Auszeit« wird durch ein fiktives Arbeitsentgelt bestimmt, das die Arbeitsagentur nach Ausbildung, Kenntnissen und Fähigkeiten ermittelt.

Schritt für Schritt zum Gründungszuschuss

Der Gründungszuschuss wird in sechs Raten gezahlt. Vom ersten Antrag bis zur ersten Überweisung dauert es im günstigsten Fall zwei Wochen, manchmal einen Monat oder länger. Sollten Sie für Ihre Geschäftsidee weiteres Kapital benötigen, so müssen Sie dieses in der Regel vor dem Überbrückungsgeld beantragen. Wichtig: Normalerweise dürfen Sie nicht vor dem offiziellen Gründungstermin mit Ihrem Geschäft starten.

Seien Sie also vorsichtig in Hinblick auf nebenberuflich selbständige Aktivitäten. Die Arbeitsagenturen akzeptieren es jedoch, wenn Sie mit der Abgabe Ihres Antrags bereits beginnen, selbstständig zu arbeiten. Sprechen Sie darüber mit Ihrem

Berater und lassen Sie sich Ihre Aktivitäten vor der Gründung am besten mit Aktenvermerk genehmigen.

So beantragen Sie den Gründungszuschuss:

- Prüfen Sie in aller Ruhe Chancen und Risiken Ihrer Geschäftsidee.
- Sprechen Sie frühzeitig mit Ihrem Arbeitsberater über Ihre Pläne. Halten Sie während Ihrer Planungsphase Kontakt. Erwarten Sie allerdings nicht zu viel Rat: Erfahrung und Ausbildung der Arbeitsagentur-Angestellten ist ebenso unterschiedlich wie deren Motivation. Überprüfen Sie deshalb Empfehlungen und Aussagen, und nehmen Sie nicht jede Aussage für bare Münze. Immer wieder berichten Gründer von Falschaussagen Ihrer Arbeitsagenturberater. Nicht selten widersprechen sich die Berater innerhalb derselben Behörde.
- Berechnen Sie Ihren Kapitalbedarf. Überprüfen Sie Möglichkeiten, betriebliche Fördermittel zu beantragen, etwa Startgeld von der KfW Mittelstandsbank.
- Besuchen Sie ein Existenzgründerseminar; teilweise wird das von den Arbeitsagenturen sogar verlangt. Die örtlichen Arbeitsagenturen arbeiten dabei mit bestimmten regionalen Trägern zusammen. Es können längere Wartezeiten bestehen. Weichen Sie auf einen freien Anbieter aus, falls Ihnen der vorgegebene Anbieter nicht zusagt. Sprechen Sie mit dem Arbeitsberater.
- Erstellen Sie einen Business-Plan. Dieser muss nicht so umfangreich ausfallen wie ein Business-Plan für die Beantragung von öffentlichen Fördermitteln. Eine übersichtliche Drei-Jahres-Planung reicht in den meisten Fällen aus. Investieren Sie wesentlich mehr Zeit in den kaufmännischen Teil, wenn Sie Geld von Banken haben möchten!
- Stellen Sie den Antrag bei der Mittelstandsbank, falls Sie weiteres Geld benötigen und dieses aufgrund Ihrer persönlichen Verhältnisse (Eigenkapital) und Geschäftsaussichten bekommen könnten.
- Lassen Sie Ihren Antrag von einer fachkundigen Stelle prüfen.
- Beantragen Sie mit der fachkundigen Stellungnahme in der Hand Ihren Gründungszuschuss bei der Arbeitsagentur. Nutzen Sie die Zeit bis zur Bewilligung durch vorbereitende Arbeiten. Sie können beispielsweise bereits Verträge gestalten, die zu Ihrem Gründungstermin wirksam werden. Nach Rücksprache können Sie auch erste Aufträge annehmen.

Achtung: Gründungszuschuss und Nebenverdienste

Auf keinen Fall sollten Sie Ihren Leistungsanspruch unmittelbar vor der Bewilligung des Überbrückungsgelds durch Nebenverdienste mindern, die über dem derzeit geltenden Freibetrag von 165 Euro liegen. Wenn sich Ihr Arbeitslosengeld vor Bezug des Gründungszuschusses auch nur einen Monat lang durch einen Nebenverdienst um 200 Euro mindert, führt dies zu niedrigerem Gründungszuschuss!

Aufstockendes Arbeitslosengeld II

900.000 Menschen in Deutschland erhalten bereits aufstockendes Arbeitslosengeld II, davon ein großer Anteil Selbständiger. Viele andere wissen (noch) gar nicht, dass sie in schlechten Monaten Anspruch auf einen Zuschuss von Vater Staat hätten.

Arbeitslosengeld II ist eine Grundsicherung für alle, die schlecht verdienen – ob angestellt oder selbständig. Dabei wird je nach Fall mal mehr, mal weniger bezahlt. Manche Unternehmer erhalten so 400 Euro, andere 40 Euro. Wieder andere bekommen von der ARGE, wie die zuständige Stelle meist heißt, nur die Krankenkasse bezahlt. Im Gegenzug müssen Selbständige Monat für Monat ihre Gewinn-und-Verlustrechnung vorlegen bzw. die Einnahmenüberschussrechnung. Der Bezug ist an die gleichen Bedingungen gekoppelt wie das »normale« Hartz IV. Das bedeutet, dass Sie nicht mehr Vermögen als maximal 16.250 Euro besitzen dürfen, Lebensversicherungen und Altersvorsorge mit einbezogen. Das sind genau 250 Euro pro Lebensjahr – mit 65 Jahren ist die Maximalsumme erreicht und ausgeschöpft. Alles, was darüber liegt, müssen Sie aufbrauchen.

Zudem muss auch Ihr Partner – auch der nicht-eheliche, sofern er mit Ihnen zusammenlebt – für Sie in die Bresche springen, wenn er genug Geld verdient.

Gründerporträt: »Nach sechs Wochen waren meine Kosten durch Einnahmen gedeckt«

Dr. Martin Bahr gründete als erster Rechtsanwalt eine der inzwischen abgeschafften Ich-AGs in Hamburg und war schnell erfolgreich.

Firma	Kanzlei Heym & Dr. Bahr
Gesellschaftsform	Sozietät
Geschäftsmodell	Rechtsanwaltskanzlei
Ort	Hamburg
Internet	www.dr-bahr.com
Gründung	Juli 2003
Kapitaleinsatz bei Gründung	0 Euro
Inhaberin	Sybille Heyms und Dr. Martin Bahr
Entwicklung	Schon nach sechs Wochen gab es genug zu tun
Erreichen der Gewinnschwelle	Schon erreicht

Anwälte sind bei den Banken derzeit nicht gerne gesehen. Es gibt einfach zu viele davon. In Hamburg kommt ein Rechtsanwalt auf tausend Bürger. Doch es geschieht nicht so viel Unrecht, dass diese tausend Menschen den einen Anwalt auslasten würden. Hinzu kommt, dass die meisten Anwälte auf den gleichen Gebieten aktiv sind: Familienrecht, Arbeitsrecht, Strafrecht. Das ist nicht nur einfallslos, so lässt sich auch kein Geld verdienen. Das durchschnittliche Einkommen eines Rechtsanwalts liegt nicht ohne Grund bei bescheidenen 1.500 Euro. Rechtsanwälte sind also schon lange keine Besserverdiener mehr.

Dr. Martin Bahr ist ebenfalls kein Besserverdiener, aber er ist anders. Er hatte von Anfang an ein eigenes Büro im Souterrain – nicht luxuriös, aber zweckmäßig. Nach sechs Wochen waren die Einnahmen so hoch, dass er davon die Kosten decken konnte. Und nach kaum einem Jahr als freier Rechtsanwalt schloss er sich mit einer Kollegin in einer Sozietät zusammen. Beide residieren jetzt in einem Altbau im schicken Hamburger Stadtteil Winterhude nahe der Alster.

Die Sozietät besitzt Vorteile, sagt Bahr, etwa im Bereich der Haftung. Diese bleibt für Anwälte ewig ein Thema, auch wenn sie eine Kapitalgesellschaft gründen. Was geschieht, wenn mich jemand verklagt? Die Vorteile der gemeinsamen Kanzlei liegen aber auch auf inhaltlicher Seite, denn jeder besitzt seine eigenen Schwerpunkte: Bahr ist Spezialist für Internetrecht, Sybille Heyms konzentriert sich auf Wirtschafts- und Vertragsrecht.

Bahr gilt auch deshalb als Ausnahme, weil er sein Unternehmen anders als seine Kollegen gegründet hat: mit dem Ich-AG-Zuschuss. Er war der erste Rechtsanwalt in Hamburg, der Ich-AG-Geld bezog. Das bereut er nicht, im Gegenteil: Eine gute Idee war es, den Antrag zu stellen, findet er – zumal nach einer schnellen Korrektur des ersten Entwurfs nun auch nichts mehr gegen eigene Mitarbeiter spricht. Und so kann seine Kanzlei inzwischen eine Sekretärin und eine weitere Anwältin beschäftigen. Eine Ich-AG muss also nicht klein sein – und schon gar nicht klein bleiben.

Die Gewinngrenze von 25.000 Euro sieht Bahr nicht als Hürde an. Gewinn ist schließlich nicht gleich Umsatz, das würde oft von Existenzgründern verwechselt. Fast jeder Gründer hat vor allem in den ersten Jahren hohe Kosten, die er als Betriebsausgaben von seinen Einnahmen abziehen kann. Dass er vor Ablauf der drei Jahre die 25.000-Euro-Marke überschreiten könnte, bereitet ihm keine Sorgen: »Wenn unter dem Strich mehr als 25.000 Euro übrig bleiben, dann brauche ich die Förderung auch nicht mehr«, sagt er.

Vom Existenzgründerzuschuss haben Anwälte und Angehörige anderer freier Kammerberufe ohnehin mehr: Statt auf die gesetzlichen Rentenkassen können sie auf ihr berufsständisches Versorgungswerk setzen. Nur 49 Euro kostet der geringste Beitrag im Versorgungswerk für Juristen – da bleibt von der Ich-AG noch ein bisschen mehr übrig.

Rentenversicherung

Der Bezug von Gründungszuschuss und Einstiegsgeld macht Sie nicht automatisch rentenversicherungspflichtig. Je nach Branche könnten Sie trotzdem zur Zahlung in die gesetzliche Kasse verpflichtet werden. Freie Handelsvertreter und Handwerker beispielsweise sind stets rentenversicherungspflichtig, ebenso freie Lehrer (Trainer), freiberufliche Hebammen, Künstler und Publizisten sowie alle, die nur für einen Auftraggeber tätig sind.

Alle anderen Unternehmergruppen sind nicht verpflichtet, in die staatliche Rentenversicherung einzuzahlen – etwa Besitzer eines Einzelhandelsgeschäfts oder andere Kaufleute. Sie sollten sich aber privat absichern. Ihre im Laufe der angestellten Tätigkeit erworbenen Ansprüche in der Rentenversicherung bleiben natürlich erhalten.

Krankenversicherung

Als Selbständiger sind Sie stets freiwillig versichert, sofern Sie kein Mitglied in der Künstlersozialkasse sind. Freiwillig bedeutet: Wenn Sie wollen, können Sie auch in die private Versicherung wechseln. Als Bezieher von Überbrückungsgeld theoretisch ganz auf eine Kranken- und Pflegeversicherung verzichten und anfallende Rechnungen bei Krankheit oder Verletzungen aus eigener Tasche zahlen (siehe Kapitel 4.5).

Als Gründer werden Sie vermutlich erst einmal wenig verdienen und von der Krankenkasse nicht gleich beim Höchstsatz eingestuft werden. Diese bezieht allerdings Ihren Gründungszuschuss mit in die Berechnung ein. Bis 1225 Euro Einkommen inklusive Gründungszuschuss, aber ohne die 300-Euro-Zulage für Sozialversicherungen, zahlen Sie je nach Kasse ca. 174 Euro im Monat. Um Sie einzuschätzen zu können, möchte die Krankenkasse auch wissen, was Sie für Einnahmen planen und rechnet davon ausgehend Ihren Satz aus. Nennen Sie hier den Gewinn, nicht den Umsatz!

Kalkulieren Sie für die Berechnung der Krankenkasse generell nicht großzügig, sondern verhalten – gerade in den ersten neun Monaten haben Sie auch viele Kosten und sehr viele Geschäftsmodelle fahren eher Verlust als Gewinn ein. Ist der Steuerbescheid da und fällt Ihr Einkommen geringer aus als von der Krankenkasse veranschlagt erhalten Sie Geld zurück.

Steuern

In den meisten Fällen werden Sie als Einzelunternehmer oder Personengesellschaft, beispielsweise als GbR, starten. Dann zahlen Sie mit Ihrem Betrieb Einkommensteuer; gründen Sie eine GmbH, müssen Sie Körperschaftssteuer zahlen. Ist Ihre Tätigkeit gewerblich, kommt Gewerbesteuer hinzu, falls Sie über dem Freibetrag liegen. Diese müssen natürliche und juristische Personen bezahlen, also jeder Unternehmer, sofern er nicht als Freiberufler anerkannt wird. Mehr zum Thema Steuern finden Sie in Kapitel 4.4.

Im Team und mit Mitarbeitern

Teamgründungen sind erfolgreicher, sagt die Statistik. Aus diesem Grund liegt es nahe, auch aus der Arbeitslosigkeit mit einem Partner zu gründen. Dabei muss die uneingeschränkte Selbständigkeit der Person, die den Gründungszuschuss begehrt, gewährleistet sein. Es darf also kein sogenanntes Direktionsrecht geben. Das heißt, Ihr Partner darf Ihnen nicht sagen, was Sie zu tun oder zu lassen haben.

Wenn auch bei Ihrem Partner Voraussetzungen für die Förderung vorliegen, kann er ebenfalls Gelder beantragen. Es muss sich allerdings um ein Geschäftsmodell handeln, bei dem jeder einen selbständigen Bereich übernimmt: Beispiele: Ein Rechtsanwalt und ein Steuerberater machen sich gemeinsam selbständig oder zwei Handwerker, die eine Kfz-Werkstatt mit zwei Bereichen für Autoreparatur und Autolackierung gründen. Jeder Partner muss auf seinem Gebiet uneingeschränkt selbständig und darf nicht weisungsbefugt sein.

Unabhängig davon, ob Sie den Existenzgründungszuschuss beziehen, dürfen Sie Mitarbeiter einstellen. Mehr dazu lesen Sie in Kapitel 10.

Antrag auf Gründungszuschuss

Gehen Sie Schritt für Schritt vor, wenn Sie den Antrag auf den Existenzgründungszuschuss stellen:

- ▶ Planen Sie den Termin, zu dem Sie starten wollen. Denken Sie daran, dass Sie für den Antrag noch mindestens drei volle Monate Anspruch auf Arbeitslosengeld haben müssen.
- ▶ Beschaffen Sie sich den Antrag auf Gründungszuschuss bei Ihrer Arbeitsagentur. Das muss unbedingt vor der Gründung geschehen, da andernfalls kein Anspruch auf Förderung besteht.
- ▶ Erstellen Sie einen Business-Plan bzw. ein Unternehmenskonzept, am besten gemeinsam mit einem Unternehmensberater.
- ▶ Holen Sie sich einen Gewerbeschein, oder melden Sie sich als Freiberufler beim Finanzamt (es gibt ein Formular, siehe Seite 184 ff.)

So füllen Sie den »Antrag auf Gewährung eines Gründungszuschusses« aus:

- ▶ Verweisen Sie bei der Kurzbeschreibung auf das beiliegende Konzept.
- ▶ Frage, ob Sie eingebunden sind: nein!
- ▶ Frage zu Ihrem eigenständigen Auftreten: Ja!
- ▶ Frage zu der angemessenen Verteilung von Chancen und Risiken: Ja!
- ▶ Schätzen Sie Ihren Gewinn vorsichtig, geben Sie die gleiche Summe an wie im Business Plan.
- ▶ Ihre Einkünfte aus fester Beschäftigung dürfen nur aus einem Nebenjob stammen, für den Sie insgesamt nicht mehr als 15 Stunden aufwenden. Achten Sie beim Ausfüllen darauf.

Antrag auf Gewährung eines Gründerzuschusses zur Aufnahme einer selbständigen Tätigkeit

Zutreffendes bitte ankreuzen ☒ oder ausfüllen

1. Ich werde am ____ eine selbständige, hauptberufliche Tätigkeit

    als _____

    in _____

    aufnehmen und beantrage hierfür einen Gründungszuschuss.

2. Aussagefähige Beschreibung des Existenzgründungsvorhabens zur Erläuterung der Geschäftsidee
    (bitte Beiblatt verwenden):

    _____

    _____

2.1. Ich bin in eine persönliche Abhängigkeit eines Auftraggebers, insbesondere durch örtliche,   ☐ ja ☐ nein
zeitliche, inhaltliche oder fachliche Weisungen eingebunden.

2.2. Ich bin in die Organisation eines Auftraggebers, insbesondere durch die Zusammenarbeit   ☐ ja ☐ nein
mit Mitarbeitern des Auftraggebers oder durch die Arbeit mit Arbeitsmitteln des Auftraggebers
eingebunden.

2.3. Unternehmerrisiko:
Eigenes Unternehmerrisiko (z.B: eigene Mitarbeiter, eigene Geschäftsräume, eigenes   ☐ ja ☐ nein
Betriebskapital)?

Eigenes Auftreten am Markt?   ☐ ja ☐ nein

Angemessene Verteilung von Chancen und Risiken (z.B. eine örtliche, zeitliche oder inhaltliche   ☐ ja ☐ nein
unternehmerische Freiheit, eigener Kundenstamm, freie Preisgestaltung)?

3. Für meine selbständige Tätigkeit wende ich künftig ca _____ Wochenstunden auf.

4. Ich übe noch eine andere bzw. weitere Beschäftigung(en) aus.   ☐ ja ☐ nein

    Wenn ja,
    dafür wende ich ca. _____ Wochenstunden auf.

5. Ich habe bereits in der Vergangenheit Überbrückungsgeld, einen Existenzgründungs-   ☐ ja ☐ nein
    zuschuss oder einen Gründungszuschuss zur Förderung der Aufnahme einer
    selbständigen Tätigkeit erhalten.

    Wenn ja,
    letzter Bezug _____ bei der Agentur für Arbeit in _____

6. Die Leistungen bitte ich an _____ _____
                                          Name   Kontonummer

    bei _____ _____ zu überweisen.
              Geldinstitut   Bankleitzahl

Interview: Wie Sie aus der Arbeitslosigkeit erfolgreich gründen

Robert Chromow befasst sich als Berater, Coach und Autor mit Praxisfragen von Existenzgründern. Dabei spricht er auch aus eigener Erfahrung: Vor rund zehn Jahren sponserte das Arbeitsamt seinen Einstieg in die freiberufliche Selbständigkeit mit Überbrückungsgeld. Auf der Internetseite *www.projektbuero.de* stehen viele seiner Veröffentlichungen kostenlos zum Download bereit.

Herr Chromow, Sie haben täglich mit Gründern zu tun. Kann sich jemand ausschließlich mit den Mitteln des Gründungszuschusses erfolgreich selbständig machen?
Der Zuschuss ist ein Beitrag zum Lebensunterhalt und zur Sozialversicherung des Gründers – mehr nicht. In der betrieblichen Kasse landet kein einziger Cent. Mit unternehmerischem Erfolg haben Fördermittel also nichts zu tun. Im Gegenteil: Manche Gründer entwickeln geradezu eine Subventions-Mentalität und verlieren ihren eigentlichen Geschäftszweck aus dem Auge. Geschäftlichen Erfolg gibt es auf Dauer aber nur mit marktfähigen Angeboten und zahlungsfähigen Kunden.

Darf ein Gründer denn überhaupt weitere Förderungen beantragen?
Ja, das geht selbstverständlich. Grundsätzlich zu unterscheiden ist zwischen zinsgünstigen Darlehen wie dem StartGeld der Mittelstandsbank und Zuschüssen wie regionalen Gründerprämien oder Lohnkostenzuschüssen der Arbeitsämter. Wichtig ist, sich möglichst schon in der Planungsphase über Fördermittel zu informieren, denn in vielen Fällen müssen die Anträge vor Beginn der Selbständigkeit gestellt worden sein.

Empfiehlt es sich, die selbständige Tätigkeit vorher neben der Arbeitslosigkeit auszuprobieren, um Erfahrungen zu sammeln? Oder darf der Gründer erst mit der Antragstellung loslegen?
Testballons halte ich persönlich für außerordentlich sinnvoll. Sie sind übrigens völlig legal: Auch Arbeitslose dürfen Einnahmen aus selbständiger Tätigkeit erzielen. Bei größeren Projekten ist sogar das vorübergehende Abmelden aus der Arbeitslosigkeit denkbar. Um eine spätere Gründungsförderung nicht zu gefährden, sollte man aber mit offenen Karten spielen und seine Vorhaben mit dem Arbeitsberater absprechen.

Darf ich als Gründer aus der Arbeitslosigkeit auch eine Gesellschaft gründen, etwa eine GmbH? Ist das eine Möglichkeit, der Rentenversicherungspflicht zu entgehen?
Vorschriften zur Rechtsformwahl gibt es nicht. Vorausgesetzt, die unternehmerische Entscheidungsfreiheit des Geförderten ist gewahrt, dürfen Gründungszuschuss-Gründer sich durchaus an Gesellschaften beteiligen. Auch eine Ein-Personen-GmbH ist denkbar. Meist ist die GmbH aber nicht die erste Wahl ganz am Anfang einer Selbständigkeit. Bei wenig

kapitalintensiven Ideen bietet es sich an, erst einmal als Einzelunternehmen zu starten.

Was bringen erfolgreiche Gründer Ihrer Erfahrung nach mit?
Auch im Geschäftsleben basiert Erfolg allenfalls zu 10 Prozent auf Inspiration und zu 90 Prozent auf Transpiration: Unverzichtbar ist die Freude daran, aktiv zu werden, anzupacken, auf die eigene Kraft zu vertrauen. Arbeitslose und ehemalige Angestellte müssen schnell lernen, das Wort Selbständigkeit in jeder Hinsicht wörtlich zu nehmen. Weitere Erfolgsfaktoren: Die Bereitschaft, auf Rundum-Sicherheit zu verzichten, ohne sich gleich in unkalkulierbare Risiken zu stürzen. Die Klugheit, Widerstände als Herausforderungen zu sehen und nicht als Bedrohungen oder gar persönliche Beleidigungen. Ein dickes Fell gegenüber Kunden, Geschäftspartnern und Behörden. Und die Einsicht, dass Erfolg kein Dauerzustand ist. Ohne die Bereitschaft, sich das kaufmännische Einmaleins anzueignen, seine Angebote immer wieder selbstkritisch zu überprüfen und sich neue Ziele zu stecken, stehen unternehmerische Errungenschaften auf tönernen Füßen.

Geld fürs Coaching

Ein Coach begleitet Sie bei der Realisierung Ihres Gründungsvorhaben. Gemeinsam mit ihm definieren Sie Ihre Ziele und die erforderlichen Schritte, um diese zu erreichen. Ein Coach kann Ihnen aus seiner Erfahrung wertvolle Hinweise geben. Somit sollte er auch ein guter Berater sein. Das allein aber reicht nicht aus: Ein Coach wird Sie vielmehr über längere Zeit begleiten und dabei stets Ihre persönlichen Wünsche und Bedürfnisse im Blick haben. Er wird Sie nie in eine Richtung lenken, in die Sie nicht wollen.

Hierin liegt aber oft ein großes Problem: Es gibt sehr viele Coachings für Existenzgründer – und viele sind schlecht. Entweder versteht sich der Coach lediglich als Berater, der nur sehr allgemeine Fragen beantworten kann, oder er ist ein geschulter Branchenexperte, der sich aber im Existenzgründungsdschungel nicht ausreichend auskennt. Kriterien, wie Sie einen guten Coach finden und erkennen, lesen Sie in Kapitel 1.5.

Wenn Sie Gründungszuschuss beantragen, können Sie so genanntes Coachinggeld bekommen. Dieses liegt maximal bei 1.500 Euro pro Fördervorhaben und stammt aus Mitteln des Europäischen Sozialfonds (ESF); meistens werden aber nur viel geringere Summen ausgezahlt, zum Beispiel 500 oder 750 Euro. Diese Förderung geht außerdem von Stundensätzen aus, für die Sie kaum einen guten Coach erhalten: 25 bis 85 Euro. Hier besteht die Möglichkeit einen anderen Verrechnungsmodus mit dem Coach zu vereinbaren. Beispiel: Zwei Arbeitsagentur-Stunden entsprechen einer Coaching-Stunde.

Da die Länder über die Höhe der Gelder entscheiden, gibt es regional erhebliche Unterschiede. Immer müssen Sie jedoch erst einmal einen Antrag stellen, den Sie sich von Ihrem Fallmanager holen. Hier müssen Sie den Grund für das Coaching einsetzen und können bereits den ausgewählten Coach benennen.

Auch von Person zu Person bestehen teilweise Differenzen. In der Praxis hat sich zudem gezeigt, dass Arbeitsagenturberater nicht aktiv auf das Coachinggeld hinweisen und es oft sogar nicht kennen. Haken Sie in diesem Fall nach. Argumentieren Sie, dass Sie die Beratung brauchen, um erfolgreich gründen zu können und selbst kein Geld dafür übrig haben.

Bisweilen versuchen Arbeitsagenturen bestimmte Coachs, Institute oder Büros zu empfehlen. Eigentlich dürfen sie das nicht, denn es besteht eine freie Beraterwahl. Weisen Sie Ihre Arbeitsagentur darauf hin.

Erhalten Sie Einstiegsgeld, so ist es oft möglich, so genanntes SWL-Geld zu erhalten, um eine begleitende Unternehmensberatung zumindest teilweise zu finanzieren. Dies wird von ARGE zu ARGE unterschiedlich gehandhabt. Im Kreis Pinneberg (Schleswig-Holstein) erhalten Selbständige, die Arbeitslosengeld II und eventuell Einstiegsgeld beziehen, sogar bis zu 1.300 Euro für Unternehmensberatung in den ersten drei Monaten. Fragen Sie Ihren Fallmanager!

Adressen

Arbeitsämter:

- Arbeitsagentur Deutschland (*www.arbeitsagentur.de*).

- Arbeitsagentur Österreich (*www.ams.or.at/neu*).

- Arbeitsagentur Schweiz (*www.treffpunkt-arbeit.ch*).

Allgemeine Informationen:

- Gründungszuschuss (www.gruendungszuschuss.de): Die führende Internetseite zum Thema von Dr. Andreas Lutz.

- Gründeroffensive (*www.akademie.de*): Eine der besten Informationsquellen zum Thema und ein erstklassiges moderiertes Forum.

8 Preise und Honorare

Großartige Unternehmen konkurrieren über den Wert und nicht lediglich über den Preis. Einer der größten Fehler vieler Manager ist der Irrglaube, dass Wert und Preis für den Kunden das Gleiche bedeuten.

(Leonard L. Berry, Service-Guru aus den USA)

Den richtigen Preis und das angemessene Honorar zu ermitteln, ist eine der schwierigsten Aufgaben für einen Unternehmer. Verkaufen Sie Ihre Waren oder Dienstleistungen zu teuer, sind die Kunden unzufrieden oder ignorieren Ihr Angebot. Im anderen Fall verdienen Sie weniger, als Sie könnten – oder schreiben vielleicht sogar rote Zahlen. Dieses Kapitel zeigt Ihnen verschiedene Preisstrategien auf. Es hilft Ihnen, den Preis für Ihre Waren und das Honorar für Ihre Dienstleistungen zu kalkulieren – auch unter dem Aspekt des Marketings. Eine Tabelle liefert einen Überblick über übliche Honorare in verschiedenen Branchen. Darüber hinaus lesen Sie, wie Sie preisliche Differenzierungen vornehmen, um dadurch einen optimalen Gewinn zu erzielen.

8.1 Preisstrategie festlegen

Edle Marken und Produkte dürfen nicht überall erhältlich sein. Das ist ein Grundsatz, den manche Firmen sogar festgeschrieben haben. Bei Kosmetikfirmen sorgen beispielsweise speziell ausgebildete Manager dafür, dass die Ware nicht bei Billiganbietern verramscht wird; Retouren werden lieber vernichtet als günstig vertrieben. Allenfalls der Verkauf unter einem anderen Markennamen in anderer Verpackung kommt in Frage.

Mit dem Inhalt hat das Edelimage vieler Kosmetikmarken meist nichts zu tun. Die *Stiftung Warentest* und deren Kollegen von *Ökotest* finden regelmäßig heraus, dass in den teuren Creme-Packungen der gleiche Inhalt steckt wie in billigen Supermarkt-Tiegeln. Lediglich Verpackung, Konsistenz, Geruch und das Umfeld, in dem ein Produkt verkauft wird, unterscheiden sich von den preiswerteren Produkten. Trotzdem begeistern sich viele für die glitzernden Tiegel und formschönen Fläschchen. Ein edles Produkt ist nämlich ein äußerst emotionales Produkt: Es besitzt einen Wert, der über den eigentlichen Preis hinausgeht. Das ist auch der Grund dafür, dass die Werbung für Luxusgüter fast immer die Gefühle anspricht: den Wunsch, in luxuriösem Ambiente zu leben, geliebt zu werden oder schön zu sein.

Das Image von Produkten lässt sich durch die Werbung zu einem großen Teil beeinflussen. Das versuchten beispielsweise vor einigen Jahren mehrere Bierbrauereien, als sie Premium-Biere auf den Markt brachten, deren einziges Kennzeichen ein bestimmtes (meist goldenes) Siegel war. Der Inhalt schmeckte allerdings nicht anders als gewöhnliches Bier – aber ein gutes Image kann eben auch den Geschmack verändern.

Mischkalkulation: Preis ist nicht gleich Preis

Rabatte, Rabatte, überall Rabatte: Auch als Dienstleister können Sie auf den Zug aufspringen. Vermeiden Sie jedoch eine Rabattschlacht wie in anderen Branchen, da dies langfristig zu einer generellen Senkung des Preisniveaus führt. Dieses sollte nicht Ihr Ziel sein. Innerhalb bestimmter Berufsgruppen sind deshalb unverbindliche Preisabsprachen verbreitet, obwohl sie rechtlich nicht erlaubt sind.

Bei Rabatten steht die bessere Ausschöpfung von Potenzialen im Vordergrund – und Ihr Ziel, insgesamt einen Preis zu erzielen, mit dem Sie kostendeckend arbeiten können und zugleich einen Gewinn erwirtschaften. Mit Angeboten wie »1 Stunde Coaching kostenlos« oder »10 Stunden Coaching zum Preis von 8« locken Sie Kunden an, binden sie an sich und gewinnen sie vielleicht sogar als Stammkunden. Ähnliches gilt für Beratungsabonnements, wie sie einige clevere Rechtsanwälte bieten: Der Rechtsanwalt arbeitet dabei oft für einen günstigeren

Stundensatz, hat jedoch einen regelmäßigen Geldfluss, der den gewährten Rabatt ausgleicht.

Sie besitzen auch die Möglichkeit, nach Kundengruppen zu differenzieren und Firmenkunden höhere Honorare in Rechnung zu stellen. Arbeiten Sie für öffentliche Institutionen, so werden Sie zwangsläufig beim Preis Abstriche machen müssen. Das ist in Ordnung, solange Sie auf der anderen Seite – etwa bei einem Großunternehmen – mehr einnehmen können. Renommee-Zuwachs kann ein weiteres Argument sein, von den eigenen Preisvorstellungen abzurücken. Ein Journalist, der für die *Süddeutsche Zeitung* schreibt, verdient wenig Geld, aber gewinnt viel Ansehen. Nur mit Renommier-Projekten kann er seinen Unterhalt allerdings nicht decken. Ausgleich kann hier die besser bezahlte PR-Arbeit oder das Schreiben für Fachmagazine bringen.

Denkbar ist außerdem, Preise zeitlich zu differenzieren. Beispiel: In den umsatzschwachen Sommermonaten locken Sie Kunden mit besonders günstigen Preisen und Paketangeboten. Hier sind Ideen gefragt, die sich an den Bedürfnissen Ihrer Kunden orientieren.

Preise differenzieren, Gewinne ausschöpfen

Wenn Sie mit Waren handeln, können Sie Ihre Preise ebenfalls differenzieren. Rabatte sind auch für Sie ein Thema. Durch den individuellen Zuschnitt der Leistungen auf verschiedene Kundengruppen können Sie darüber hinaus die unterschiedliche Zahlungsbereitschaft besser ausnutzen. Das Gewinnoptimum, also der Betrag, den Sie maximal erzielen können, liegt aufgrund der variierenden Preisbereitschaft in verschiedenen Märkten auf unterschiedlichem Niveau. Die häufigsten Formen der Preisdifferenzierung sind:

- ▶ räumliche Differenzierung (zum Beispiel nach Region oder Land),
- ▶ zeitliche Differenzierung (zum Beispiel nach Jahreszeiten oder mit einer Happy Hour),
- ▶ persönliche Differenzierung (zum Beispiel mit einem Rabatt für Stammkunden),
- ▶ sachliche Differenzierung (zum Beispiel durch eine andere Ausstattung).

Teuer, mittel oder billig? Verschiedene Preisstrategien

Manche Coachs verlangen 200 Euro, andere arbeiten für 50 Euro. Es finden sich Web-Designer, die für 25 Euro pro Stunde hervorragende Leistungen erbringen, und solche, die unter 75 Euro keinen Finger rühren. Der eine Eheberater nimmt 75 Euro für eine Zeitstunde, der andere 125 Euro für 45 Minuten. Die Spanne bei identischen Angeboten ist gerade im Dienstleistungssektor groß – und nicht immer sind die teuersten Anbieter auch die besten.

Niedrigpreise: Mit billigen Angeboten Kunden gewinnen

Mit niedrigen Preisen im Dienstleistungsbereich zu starten ist gefährlich: Sie können Niedrigtarife später kaum noch korrigieren. Überlegen Sie als kleiner Anbieter vor allem, ob Ihre Kosten von den Preisen gedeckt werden. Wenn Sie Beratungen im ausgebauten Dachgeschoss Ihres Wohnhauses durchführen, zahlen Sie keine Büromiete. Verzichten Sie auf teures Design, Mitarbeiter und tolle Internetseiten, können Sie Ihren Kunden ebenfalls günstigere Preise anbieten. Sie müssen es sogar, denn Ihr Kunde verbindet mit einem eher häuslich geprägten Ambiente auch die Vorstellung eines bestimmten Preisniveaus. Fragen Sie sich jedoch, ob Sie mit Ihrem Honorar Ihre Kosten decken und genügend Gewinn übrig bleibt (siehe Kapitel 8.2).

Bei Waren ist Ihr Spielraum viel geringer und oft durch die Konkurrenz vorgegeben. Sehr niedrige Preise können nur große Unternehmen mit entsprechender Einkaufsmacht realisieren. Deren Gewinnspanne liegt dann oft aber auch im homöopathischen Bereich, zum Beispiel 0,5 Prozent bei Drogeriemärkten wie Schlecker. Hier macht's allein die Masse.

Preis-Wert: Gute Preise für Top-Qualität

Preiswert – das ist ein beliebter Ausdruck, der eigentlich nur sagt, dass die Ware ihren Preis wert ist – ein faires Angebot. Ihr Angebot ist damit im mittleren Preisbereich angesiedelt: nicht richtig teuer, aber auch nicht extrem billig. Diese Strategie der Mitte eignet sich für die meisten kleineren und mittleren Unternehmen. Sie gewährleistet Gewinn und verursacht keine Kosten für Expansion oder Luxusausstattung.

Nachahmer: Sich dem Wettbewerb anpassen

In fast jeder Branche gibt es Vorreiter, an denen sich die meisten Existenzgründer orientieren. Das sind im Dienstleistungsbereich oft alteingesessene Unternehmen, deren Preisstruktur einfach übernommen oder minimal nach unten korrigiert wird. Diese Strategie bietet eine gewisse Sicherheit, es »schon irgendwie richtig« zu machen, birgt aber auch Gefahren. Nicht immer hat der Erste am Markt auch sauber kalkuliert, vielleicht ist er zu billig, die Bereitschaft der Kunden, höhere Preise zu zahlen, aber hoch.

Abschöpfung: Von jedem etwas

Holen Sie sich, was Sie holen können – das ist das Motto der Abschöpfungsstrategie, auf die vor allem Hersteller von Hightech-Produkten setzen. So werden zum Beispiel neue Geräte der Unterhaltungselektronik oder neue Computer-Prozessoren zunächst teuer eingeführt und verlieren dann in atemberaubender Geschwindigkeit an Wert und werden immer billiger angeboten. Mit dem günstigeren Preis erschließen Sie sich nun neue, größere Zielgruppen. Diese Strategie lohnt sich nur, wenn Sie mit Ihrem Produkt eine kleine, aber feine Zielgruppe ansprechen, die es heiß begehrt und sehnlichst erwartet.

Verdrängungspreis: Marktanteile gewinnen

Als Produzent von neuen, noch unbekannten Waren kann es sich für Sie lohnen, diese erst einmal so billig einzuführen, dass sie keinen Gewinn bringen. Unter dem Motto eines »Einführungspreises« machen Sie Ihr Angebot damit bekannt. Aber vielleicht wollen Sie einen Wettbewerber aus dem Markt werfen – auch dafür eignet sich die Verdrängungsstrategie. Sobald die Nachfrage an Ihrem Angebot wächst oder die Konkurrenz Marktanteile eingebüßt hat, können Sie Ihre Preise erhöhen. Diese Strategie setzt voraus, dass Sie den nicht kostendeckenden Niedrigpreis am Anfang vorfinanzieren können.

Luxus: Wenn Sie teuer sein wollen

Als teurer Dienstleister versprechen Sie mehr als Ihre preisgünstigeren Kollegen. Ihre Broschüren und Visitenkarten müssen deshalb mehr hermachen, und auch Ihr Beratungsraum sollte nicht mit billigen Plastikstühlen ausgestattet sein. Ein hohes Honorar kann aber auch durch andere Aspekte gerechtfertigt werden, zum Beispiel durch Ihre Ausbildung. Wenn Sie etwa individuelle Schulungen bei einem weltweit bekannten Lehrmeister in den USA genossen haben, besitzen Sie allein dadurch ein höheres Ansehen – selbst wenn Sie nur zehn Stunden dort waren. Auch ein hoher Bekanntheitsgrad, etwa durch eigene Buchveröffentlichungen, sorgt für ein Plus beim Honorar.

Ihr beruflicher Werdegang kann ebenfalls höhere Preise rechtfertigen: Wenn Sie beispielsweise als ehemaliger Top-Manager in die Unternehmensberatung einsteigen, dürfen Sie dank Ihrer Erfahrung gleich hohe Honorare verlangen und werden diese vermutlich sogar bezahlt bekommen. In manchen Branchen ergibt sich ein höheres Honorar auch aus einer umfangreichen Referenzliste, die bekannte Unternehmen auflistet. Oft existiert allerdings nur ein schmaler Grat zwischen Hochstapelei und gutem Verkaufen. Denn umstritten ist, wann eine Referenz beginnt, Referenz zu sein: Reicht es, einen halben Tag als Co-Trainer in den Gebäuden eines bekannten Startrainers verbracht zu haben? Oder dürfen Sie von Kunden nur sprechen, wenn Sie einen größeren, direkten Auftrag erhalten haben?

Für Waren gilt Ähnliches: Wer hohe Preise anbietet, muss diese an ein bestimmtes Umfeld koppeln. Edle Marken und billige Verpackungen schließen sich ebenso aus, wie bestimmte Verpackungen oder Farben schlecht zu einem Edelprodukt passen: Gelb und Rot beispielsweise gelten meist als billig und signalisieren »Rabatt«. Von Nobelprodukten setzen Sie als Händler eine geringere Stückzahl um. Zudem liegen die Kosten für die Herstellung weniger Exemplare generell höher als bei einer Massenproduktion. Sie sehen das schon, wenn Sie ein Angebot für Visitenkarten einholen. Der Druck von 20 Stück kostet beispielsweise 100 Euro, für 1.000 Karten zahlen Sie nur 5 Euro mehr.

Auch der Herstellungsort kann eine Rolle spielen. Edle Kleidung etwa darf nicht in China fabriziert sein – das mindert den Wert im Auge des Kunden, so wie ihn das Etikett »Made in Italy« oder gar »Made in Milano« erhöht. Billigkleidung auf der anderen Seite kann sehr wohl in Asien produziert worden sein. Allein die Herkunft assoziiert hier einen bestimmten Qualitätsstandard.

Luxusgüter sind auch deshalb für den Anbieter so teuer, weil sie an jeder Stelle den Eindruck von »exklusiv« vermitteln müssen. Das beginnt beim Beipackzettel, führt über die bei solchen Produkten fast immer emotionale, nur selten informationsorientierte Werbung und hört beim exquisiten Service längst noch nicht auf. So zeigen Sie, dass Sie teuer sind:

- exklusives Ambiente,
- exklusive Geschäftsadresse,
- teure Geschäftsausstattung (Visitenkarte und sonstige Werbemittel),
- professioneller Internetauftritt,
- standesgemäßer Firmenwagen,
- freundliches und serviceorientiertes Personal,
- professionelle und souveräne persönliche Ausstrahlung,
- perfektes Auftreten und edle Kleidung,
- umfangreiche Berufserfahrung, besonders in Führungspositionen,
- überzeugende Referenzliste mit namhaften Kunden.

Bei Waren erwartet der Kunde darüber hinaus:

- eine exklusive Verpackung und Hochglanzbroschüren,
- hohe Produktqualität.

8.2 Preise festlegen

Haben Sie sich auch schon mal über die 50 Euro aufgeregt, die Sie einem Handwerker für einen kleinen Handgriff zahlen mussten? Oder dem Honorar von 100 Euro für eine Stunde Coaching für Existenzgründer nachgeweint? Und dann auch noch so etwas: Da berechnet der Handwerker die Anfahrt und zählt jede angefangene Stunde als ganze, oder der Existenzgründungscoach stellt Ihnen die volle Stunde in Rechnung, obwohl Sie doch eine halbe Stunde vor dem Termin abgesagt hatten. Stehen diese Preise in einem reellen Verhältnis zur erbrachten Leistung?

Jetzt müssen Sie sich fragen, ob Sie sich solche Honorare ebenfalls leisten dürfen – oder vielmehr: müssen. Der größte Fehler, den viele Existenzgründer beim Start begehen, liegt darin, die eigene Leistung zu billig zu verkaufen. Sie vergessen oder wollen nicht wahrhaben, dass 100 Euro pro Stunde für einen Existenzgründer nicht bedeuten, 8 Stunden mal 100 Euro mal 365 Tage Geld zu verdienen, sondern vielleicht nur 1 Stunde mal 100 Euro mal 100 Tage. Existenzgründer vergessen dabei häufig, dass sie wesentlich höhere Kosten haben als Angestellte und die Verantwortung für alles selbst tragen müssen. Sie befinden sich nicht mehr in einem Angestelltenverhältnis; Sie können also weder die Honorare des Coachs noch Ihre eigenen direkt damit vergleichen, was fest angestellte Mitarbeiter verdienen. Realistische Honorare berücksichtigen Ihre Kosten und die Tatsache, dass ein Unternehmer viele Stunden Vorarbeit leisten muss, um in einer einzigen Stunde Geld zu verdienen.

Versuchen Sie einmal auszurechnen, was Sie verdienen müssten, um das gleiche Niveau wie ein Durchschnittsangestellter zu erreichen: Der durchschnittliche Brutto-Monatsverdienst eines Angestellten lag 2006 laut Statistischem Bundesamt in Deutschland bei 3.627 Euro. Netto blieben davon etwa 2.335 Euro, falls keine Kirchensteuer anfiel und der Angestellte die Steuerklasse III hatte. Statistisch gesehen bekommt jeder Angestellter 13 Monatsgehälter. Jeder einzelne der 365 Tage im Jahr wird unserem Angestellten bezahlt – selbst wenn er fast ein Drittel der Zeit keinen Handschlag tut: Nur etwa 220 Arbeitstage lang muss ein Angestellter in die Firma, den Rest der Zeit verbringt er mit 52 Wochenenden, bis zu 30 Urlaubstagen, fast einem Dutzend Feiertagen. Großzügig gerechnet erhält er pro Arbeitsstunde somit immerhin 26,97 Euro brutto.

Als Selbständiger müssen Sie diese 26,97 Euro brutto erst einmal verdienen. Dafür reichen Umsätze in Höhe von 3.652 Euro pro Monat nicht aus. Sie können froh sein, wenn Sie jeden dritten Arbeitstag voll bezahlt bekommen. Vermutlich werden Sie am Anfang viele unterbezahlte Tage arbeiten müssen … In bestimmten Berufen – etwa als Trainer oder Dozent – werden Sie in den Sommermonaten, ob Sie nun in Urlaub fahren oder nicht, kaum etwas verdienen. Auch die Zeit zwischen Mitte Dezember und Mitte Januar ist für einige Existenzgründer de facto verloren, weil dann kaum neue Aufträge hereinkommen. In dieser Zeit gibt es auch kein Geld.

Arbeit haben Sie trotzdem: Für jede E-Mail, die Sie schreiben, müssen Sie mit einer anderen Tätigkeit einen finanziellen Ausgleich schaffen. Jedes Gespräch kostet Sie ebenso unbezahlte Zeit wie Ihre Mittagspause. Das heißt nicht, dass das alles nicht notwendig ist. Im Gegenteil: Sie müssen damit im wahren Sinn des Wortes rechnen. Das E-Mail-Schreiben muss ebenso in Ihre Kalkulation einfließen wie Telefonieren, Verhandeln, Small-Talk, Kontaktpflege, Schreiben von Angeboten etc. Auch Reisekosten, die Sie selbst tragen, Urlaub und Krankheit, müssen bei Ihrer Kalkulation berücksichtigt werden. Ihr Honorar hat zudem die Miete für Ihr Büro, die Kosten für Telefon, Internet und Strom zu tragen. Nicht zuletzt müssen Sie sich selbst ein Gehalt zahlen, das Ihren Lebensunterhalt sicherstellt. Und ganz wichtig: Sie müssen für Ihr Alter vorsorgen, für Ihren Ruhestand sowie für Krankheit, denn wenn Sie als Selbständiger krank werden, zahlt Ihnen kein Arbeitgeber den Ausfall. Krankenversicherungen springen frühestens nach dem 22. Tag Ihrer Krankheit mit Krankentagegeld ein.

Schließlich möchte auch das Finanzamt seinen Obolus, der je nach Steuerklasse und Familienstand unterschiedlich hoch ausfällt. Nur ein Beispiel: Bei einem Gewinn von 25.000 Euro zahlte ein Alleinverdiener mit einem Kind unter 16 Jahren im Jahr 2006 in Deutschland 2.438 Euro Einkommensteuer im Jahr. 2008 werden es zwar voraussichtlich nur noch 1.864 Euro sein – doch auch 1.864 Euro sind Geld und müssen erst einmal durch die Höhe der Honorare und Einnahmen gedeckt sein.

Preisfindung anhand der Zielgruppe

Ihre eigenen Honorare finden Sie, indem Sie Ihre eigenen Kosten kalkulieren, den Wettbewerb beobachten sowie Ihre Zielgruppe und deren Bereitschaft, bestimmte Preise zu zahlen oder nicht. Fragen Sie sich also: Wer kauft Ihre Dienstleistung? Wie viel Geld haben Ihre Kunden zur Verfügung? Welche Preise empfinden sie als angemessen? Marktforschung hilft, Antworten auf diese Fragen zu finden. Eine preiswerte Variante sind selbst durchgeführte Umfragen oder Tests (siehe Kapitel 2.2).

Für Dienstleister kann es sinnvoll sein, zwischen Privat- und Geschäftskunden zu unterscheiden. Privaten Kunden fällt es in der Regel schwerer, hohe Honorare zu zahlen, als Firmen. Schließlich setzen sie ein Stundenhonorar direkt in Bezug zu Ihrem eigenen Verdienst. Die dominante Frage für Privatleute dabei: Ist es das wirklich wert?

> **Tipp: Kunden bestimmen den Preis – Sie den Wert Ihres Produktes**
> Je existenzieller die Dienstleistung für Ihren Kunden, desto mehr werden selbst Privatkunden dafür bezahlen. Auch Angestellte mit durchschnittlichem Gehalt können dazu bewogen werden, tief in die Tasche zu greifen, wenn sie Ihre Dienste zwingend benötigen oder zu benötigen glauben. Ein Beispiel dafür sind die horrenden Summen, die Privatleute für Wahrsager ausgeben – darunter viele Menschen mit niedrigem Einkommen. Die gleichen Leute, die viel Geld in die Zukunftsdeutung investieren, halten ihr Geld bei anderen, sinnvolleren Dienstleistungen zurück. Für Sie heißt das, dass Sie stets die Zahlungsbereitschaft Ihrer Zielgruppe in Bezug auf Ihr Angebot ermitteln müssen.

Wie viel ist eine bestimmte Dienstleistung wert? Das lässt sich nicht immer leicht erfassen. Versuchen Sie Ihre Dienstleistung an einen konkreten Nutzwert zu koppeln. Untermauern Sie beispielsweise Ihr Angebot mit konkreten Zahlen und Fakten (»90 Prozent aller 700 Existenzgründer, die von uns beraten worden sind, sind nach drei Jahren immer noch aktiv m Markt«). So erhöhen Sie den Wert Ihres Angebots in den Augen Ihrer Kunden.

Preisfindung anhand des Wettbewerbs

Kaufen Sie etwa eine Dienstleistung unbesehen ein? Wahrscheinlich nicht, und Ihre Kunden sicher auch nicht. Die meisten informieren sich zuerst über die verschiedenen Angebote und die generelle Preisstruktur am Markt, bevor sie einen Auftrag erteilen. Es ist deshalb auch für Sie wichtig, einen Überblick über die marktüblichen Preise zu bekommen. Was fordern Ihre Wettbewerber für eine vergleichbare Dienstleistung? Welcher Preis liegt am unteren und welcher am oberen Ende? Welche Zusatzargumente rechtfertigen einen besonders hohen Preis? Und umgekehrt: Warum verlangt ein Wettbewerber einen auffällig niedrigen Preis? Fehlen Kenntnisse oder Erfahrungen? Handelt sich um einen Berufseinsteiger? Oder hat sich da jemand augenscheinlich verkalkuliert? Besonders interessant für Sie sind aber weniger die extremen Ausschläge nach unten oder unten. Meist ist es am wichtigsten zu wissen, auf welchem Preisniveau sich die breite Mitte befindet.

Tipp: Informationen inkognito beschaffen

Bei vielen Dienstleistungsangeboten sind die Honorare kaum über Flyer oder das Internet zu recherchieren, da Preise nicht offen genannt werden. Führen Sie in diesem Fall eine Inkognito-Recherche durch, rufen Sie unter anderem Namen und einem Vorwand bei der Konkurrenz an und fragen Sie nach dem Preis für die Leistung. Die folgende Tabelle hilft Ihnen bei der Preisrecherche.

Konkurrent	Dienstleistung	Honorar	Preisargumente des Wettbewerbers
Heinz Müller	Unternehmensberatung	90 Euro pro Stunde	eigene Sekretärin, ansprechendes Ambiente, seit 20 Jahren im Geschäft

Preisfindung anhand der Kosten: Kalkulieren Sie Ihr Honorar

Die eigenen Kosten sind gerade für kleinere Firmen maßgeblich. Sie müssen schon nach kurzer Zeit mit Gewinn arbeiten, um das eigene Überleben zu sichern. Um den Gewinn jedoch überhaupt ermitteln zu können, müssen Sie das kostendeckende Honorar kennen – und es anschließend mit den Wettbewerbspreisen vergleichen.

Private Ausgaben

Nehmen Sie ein Blatt Papier und listen Sie alle Ausgaben auf, die Sie normalerweise haben. Berücksichtigen Sie auch jene Ausgaben, die Ihnen gering erscheinen (etwa für Putzmittel) oder die Ihnen nicht sofort in den Sinn kommen (wie vielleicht die GEZ-Gebühren). Zu den privaten Kosten zählen übrigens auch die Kosten für die Kranken- und Rentenversicherung oder für die Altersvorsorge.

Tipp: Haushaltsbuch

Führen Sie eine Zeitlang über alle Ausgaben Buch. Ein angemessener Zeitraum sind drei Monate, weil sich in diesen drei Monaten Zahlungen wiederholen. Vergessen Sie dabei aber auch einmal jährlich anfallende Kosten nicht, zum Beispiel Zeitungsabonnements oder Versicherungsprämien, falls Sie eine jährliche Zahlweise vereinbart haben. Alternativ können Sie auch die Kontoauszüge der letzten Monate durchsehen.

Folgende Tabelle bietet Ihnen einen Anhaltspunkt dafür, welche Kosten Sie berücksichtigen müssen. Es können je nach Ihren persönlichen Lebensumständen weitere Kosten hinzukommen, etwa für Scheidung, Alimente oder die Pflege der Eltern. Tragen Sie diese Kosten in das leere Feld ein und erweitern Sie die Tabelle nach Bedarf.

Zählen Sie Ihre privaten Ausgaben zusammen. Was kommt als Summe unter dem Strich heraus? So viel müssten Sie einnehmen, um allein Ihre privaten Kosten zu decken. Was Sie einnehmen, ist aber nicht das, was Sie auch als Gewinn erhalten. Berücksichtigen Sie deshalb auch die Einkommensteuer, die Sie für diesen Betrag zahlen müssten. Beispiel: Sie geben im Jahr 20.000 Euro aus. Als Familienernährer müssten Sie im Jahr 2007 bei 20.000 Euro ZVE rund 800 Euro Steuern zahlen. Als Single fielen für Sie bei ebenfalls 20.000 Euro dagegen 2.850 Euro an Steuern an. Berechnen können Sie dies mit einem Programm des Bundesfinanzministeriums (*www.abgabenrechner.de*). Insgesamt ergibt sich für einen Single so ein privater Bedarf von etwa 23.242 Euro. Sie müssen sogar mit noch mehr rechnen, denn inklusive Steuern, also mit Einnahmen in Höhe von 23.242 Euro, zahlen Sie auch wieder

Private Ausgaben	Betrag
Haus	
Miete	
Strom	
Heizung und Wasser	
Müllabfuhr	
Reparaturen	
GEZ und Kabelanschluss	
Auto	
Benzin	
Kfz-Versicherung	
Voll-/Teilkasko	
Reparaturen	
Reinigung und Pflege	
Lebensführung	
Lebensmittel	
Restaurantbesuche	
Haushalt	
Kinder	
Kindergarten	
Tagesmutter, Babysitter	
Schulbücher	

Versicherungen	
Haftpflichtversicherung	
Unfallversicherung	
Krankenversicherung	
Krankenzusatzversicherung	
Rücklage für Krankheit	
Altersvorsorge	
Gesetzl. Rentenversicherung	
Rentenfonds	
Sparverträge	
Kapitallebensversicherung	
Sonstiges	
Spenden	
Geschenke	
Putzhilfe	
Sport	
Urlaub	
Gesamtbetrag	

mehr Steuern – gut 1.000 Euro. Berücksichtigen Sie also stets einen großzügigen Puffer. Um so großzügig und rund rechnen zu können, wird im Folgenden von 25.000 Euro ausgegangen.

In Österreich können Sie Ihre Steuerlast ebenfalls selbst berechnen (*www.bmf. gv.at/steuern/berechnungsprogramme/_start.htm*). In der Schweiz hängt die Höhe der Steuerzahlung vom jeweiligen Kanton ab. Eine Steuerberechnung bietet beispielsweise der Kanton Bern an (*www.fin.be.ch/site/xls-sv-online-berechnung-art66.xls*).

Betrieblich bedingte Ausgaben

Nehmen Sie ein zweites Blatt zur Hand. Notieren Sie hierauf, was Sie betrieblich bedingt ausgeben müssen. Berücksichtigen Sie beispielsweise die Kosten für Papier und Druckerpatronen, Kopien oder Briefmarken und natürlich, falls dies anfällt, Büromiete, Strom, Telefon, Fax, Internet, Auto, betrieblich bedingte Versicherungen, Mitgliedsbeiträge in Berufsverbänden oder Kammern.

Berufliche Ausgaben	Betrag
Büro	
Miete	
Strom	
Heizung und Wasser	
Müllabfuhr	
Reparaturen	
GEZ und Kabelanschluss	
Mitarbeiter	
Lohn/Gehalt	
Honorare für freie Mitarbeiter	
Aufträge	
Sozialversicherungsabgaben	
Auto	
Benzin	
Kfz-Versicherung	
Voll-/Teilkasko	
Reparaturen	
Waschen und Pflege	
Leasingrate	
Essen	
Nahrungsmittel	
Restaurantbesuche	
Einladungen	

Versicherungen	
Berufshaftpflicht	
Berufsunfähigkeits-versicherung	
Marketing	
Werbung und Anzeigen	
Presse und Öffentlichkeits-arbeit	
Sonstiges	
Reparaturen	
Geschenke	
Berufsverbände und Kammern	
Mitgliedschaften	
Zinsen	
Kredite	
Beratung	
Unternehmensberatung	
Rechtsberatung	
Gesamtbetrag	

Rechnen Sie nun die beruflichen Ausgaben zusammen. Beispiel: Sie kommen auf insgesamt 10.000 Euro.

Kontrollrechnung: Einnahmen

Berechnen Sie im dritten Schritt Ihre beruflichen Einnahmen: Wie viel werden Sie verdienen, wenn Sie ganz vorsichtig kalkulieren? Orientieren Sie sich hier an Erfahrungswerten der Branche, die Sie über Netzwerke oder Berufsverbände recherchieren können. Kalkulieren Sie den Einsteigerfaktor: Am Anfang werden Sie maximal die Hälfte dessen erwirtschaften, was ein erfahrener Unternehmer in Ihrem Bereich verdient. Wagen Sie lieber eine vorsichtig-pessimistische als eine zu optimistische Prognose. Fragen Sie sich beispielsweise:

▶ Wie viele Tagessätze können Sie im Jahr voll berechnen (als Seminarreferent oder als Texter)?
▶ Wie viele Halbtagessätze können Sie veranschlagen?
▶ Wie viele Stundensätze können Sie einnehmen (für Beratung)?
▶ Wie oft werden Sie einen Pauschalpreis aushandeln können und wie hoch wird dieser liegen?
▶ Wie viele Zeilen bekommen Sie bezahlt (als Übersetzer oder Journalist)?
▶ Wie viele Seitenpreise bekommen Sie bezahlt?

Wenn Sie alles zusammenzählen: Welche Summe ergibt sich? Um einfach weiterrechnen zu können, wird von 35.000 Euro ausgegangen.

Ziehen Sie nun die beruflichen Ausgaben von den Einnahmen ab. Im Beispiel ergibt sich ein Plus von 25.000 Euro. Das ist ungefähr der Betrag, den Sie zur Deckung Ihrer privaten Lebensführungskosten inklusive Steuern benötigen. Sie werden von dieser Summe vermutlich weniger Steuern bezahlen als oben kalkuliert, denn bei der Einkommensteuererklärung lassen sich nicht nur Betriebsausgaben, sondern auch einige Kosten aus dem privaten Bereich geltend machen. Das sind Kosten für Versicherungen oder auch die Steuerberatungskosten.

Honorar

Als Selbständiger müssen Sie einerseits Ihre Lebensführungskosten decken und andrerseits die Betriebsausgaben bestreiten – selbst wenn Sie sich diese zum Teil von der Steuer zurückholen können. Den steuerlichen Teil können Sie deshalb zunächst nicht berücksichtigen, denn Sie müssen das Geld ja haben und vorstrecken. Wenn Sie keine Steuern zahlen, tragen Sie auch die Ausgaben selbst und teilen sich die Last nicht mit dem Staat. Wenn Sie bei einem Steuersatz von 43 Prozent angelangt sind, nimmt Ihnen der Staat dagegen fast die Hälfte Ihrer Kosten rückwirkend ab. Das sollten Sie wissen, in die folgende Rechnung können diese Faktoren jedoch nicht einfließen.

Rechnen Sie Ihre privaten und beruflichen Ausgaben zusammen. Wie viel Geld müssen Sie jährlich aufbringen? Im Beispiel sind es 35.000 Euro im Jahr. Hier ist ein Puffer enthalten, den Sie sich aber gönnen müssen, da es immer wieder zu unerwarteten Zahlungen kommt – oder Ihre Einnahmen sich nicht so entwickeln wie berechnet.

In diesem Betrag ist Ihr persönlicher Gewinn noch nicht enthalten. Sie wollen ja nicht einfach über die Runden kommen, sondern auch nach und nach ein Betriebsvermögen aufbauen. Sie sollten also den reinen Kosten einen Gewinn hinzurechnen, beispielsweise 10 Prozent. Mit Gewinn ergeben sich 38.500 Euro, die Sie einnehmen müssen, um kostendeckend und gewinnbringend zu arbeiten. Pro Monat sind das etwa 3.208 Euro. Verabschieden Sie sich aber davon, Ihr Einkommen auf den Monat umzulegen. Für Sie ist nur das Jahreseinkommen relevant, da es sehr unwahrscheinlich ist, dass Sie in jedem Monat immer einen ähnlich hohen Betrag erwirtschaften. Trotzdem nutzen Sie den Monatswert als Rechengröße, um sich nun dem Tagessatz und dem Stundenlohn zu nähern.

Weiter oben hatten Sie bereits kalkuliert, mit wie vielen Tages- oder Stundensätzen Sie pro Jahr rechnen können. Wie viele Stundensätze ergeben sich für den einzelnen Monat? Dividieren Sie diese Stundenzahl durch Ihr kalkuliertes fiktives Monatseinkommen.

Beispiel: 3.208 Euro ÷ 40 Stunden = 80,20 Euro pro Stunde.

Sie können natürlich auch Ihren Tagessatz ausrechnen:

3.208 Euro ÷ 10 Tagessätze = 320,80 Euro pro Tag.

Als Einsteiger sollten Sie unbedingt mit weniger bezahlten Stunden rechnen, um auf der sicheren Seite zu sein. Wenn ein erfahrener Trainer zehn Ein-Tages-Trainings im Monat bezahlt bekommt, so können Sie – nach einer Anlauf- und Akquisezeit – bestenfalls mit der Hälfte rechnen. Dafür müssen Sie mehr Zeit in unbezahltes Marketing investieren.

Tipp: Produktive Stunden und Tage berechnen

Selbst wenn das Geschäft wunderbar läuft: Sie können nicht fünf Tage in der Woche voll produktiv sein wie ein Angestellter. Sie brauchen Tage für die Akquise, Tage für Ihr Marketing und Tage für die Buchhaltung. Sie benötigen Urlaub und sind leider auch mal krank. Um auf Ihre produktiven Tage zu kommen, ziehen Sie von 365 Tagen im Jahr ab:

– die Sonn- und Feiertage (circa 124 Tage),
– Urlaub (circa 20 Tage),

- Krankentage (circa 14 Tage),
- Tage für Akquise und Marketing (ein Tag pro Woche, also circa 52 Tage),
- Tage für Buchhaltung (ein weiterer Tag pro Woche, insgesamt also 52 Tage).

Im Beispiel summieren sich die unproduktiven Tage auf 262. Das heißt, es bleiben 103 produktive Tage. Würden Sie an jedem dieser Tage 500 Euro verdienen, kämen Sie auf 47.500 Euro im Jahr. Sicher: Sie können Tage einsparen und auch am Wochenende arbeiten – bleiben Sie aber realistisch und vorsichtig bei Ihrer Kalkulation.

Verfeinern Sie nun Ihre Kalkulation und erstellen Sie zuerst eine Übersicht an Leistungen. Auf welcher Basis werden diese berechnet: pro Stunde, mit Halbtages- oder Tagessatz? Oder pro Zeile, pro Seite oder mit einem Pauschalpreis? Mischen Sie Ihre Kalkulation, sodass unter dem Strich der errechnete Wert zur Kostendeckung herauskommt. Das bedeutet, dass Sie für unterschiedliche Leistungen auch unterschiedliche Honorare nehmen. Das schließt zudem Differenzierung nach Kundengruppen ein: Privatkunden können und müssen Sie oft einen anderen Preis anbieten als Geschäftskunden. Achten Sie darauf, dass Sie insgesamt auf Ihren Schnitt kommen.

Folgende Tabelle zeigt ein Beispiel, wie sich die unterschiedlichen Leistungen eines Beratungsunternehmens differenzieren lassen. Rechnet man alle Leistungen zusammen, ergibt sich ein durchschnittlicher Stundensatz von 60,78 Euro. In unserem Beispiel ist die Auftragslage allerdings bereits gesichert; rechnen Sie als Existenzgründer aber nicht damit, von Anfang an wirklich fünfmal pro Monat für Seminare gebucht zu werden. Der Preis, den Sie auf diese Weise ermitteln, stellt natürlich nur einen Durchschnittswert dar und dient als eine Orientierungsgrundlage. Differenzieren Sie Ihre Preise je nach Leistung, die Sie anbieten – oder auch abhängig vom jeweiligen Kunden. Insgesamt sollte sich ein Durchschnittspreis ergeben, der Ihre Kosten deckt.

Dienstleistung	Bezahlt pro Monat	Honorar-berechnung	Honorar	Summe
Beratung	15	Stundenbasis	85 €	1.275 €
Seminar	5	Tagessatz	500 € (8 Stunden à 62,50 €/Stunde)	2.500 €
Abendkurs	10	Halbtagessatz	200 € (4 Stunden à 50,00 €/Stunde)	2.000 €
Gesamt-einnahmen				5.775 € (durchschnittlicher Stundensatz bei 95 Stunden: 60,78 €)

Tipp: Honorarsatz berechnen

Auf der Internetseite *www.gruenderreports.de/kalk_1.php* können Sie mit einem interaktiven Programm Ihren Tages- und Steuersatz errechnen. Dieser basiert auf Ihren Kosten. Eine Kontrollrechnung überprüft, ob Einnahmen und Ausgaben in einem ausgewogenen Verhältnis stehen.

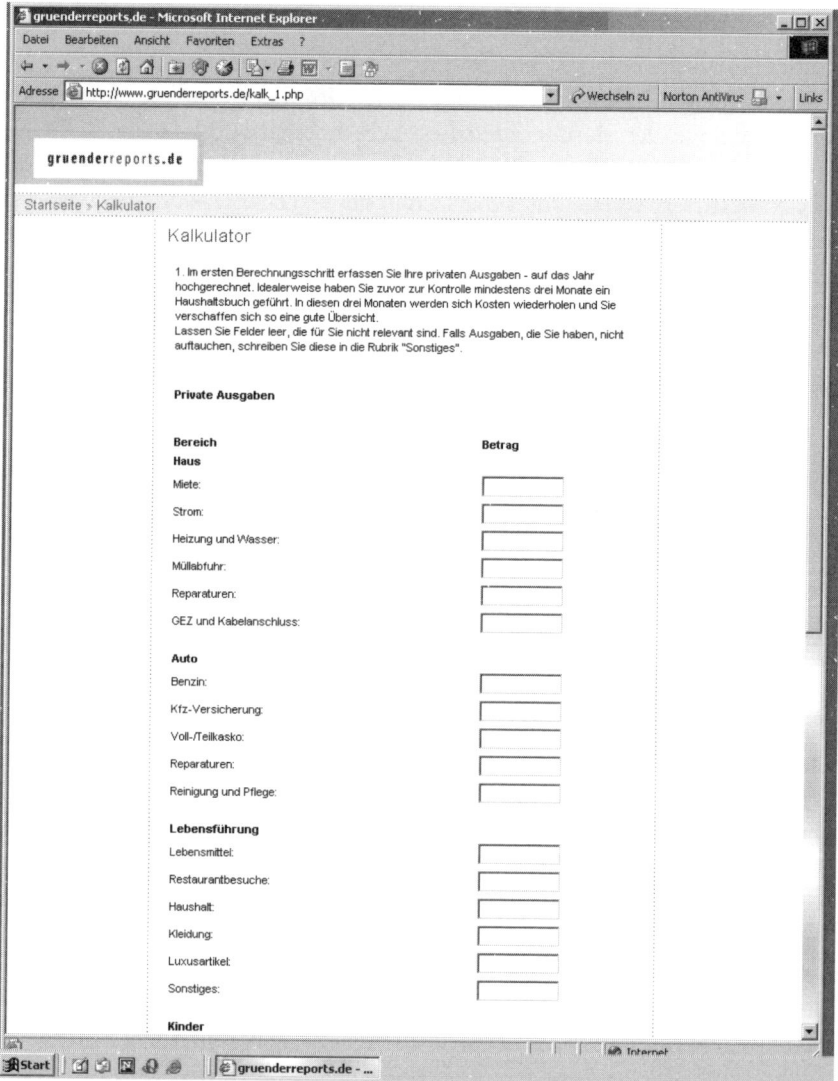

Honorar mit Umsatzsteuer oder ohne?

In den meisten Fällen ist es sinnvoll, Umsatzsteuer zu erheben, selbst wenn Sie sich durch die Kleinunternehmerregelung davon befreien könnten. Das gilt vor allem dann, wenn Sie für Ihre Gründung Investitionen tätigen müssen, denn auf Neuanschaffungen bezahlen Sie in der Regel Mehrwertsteuer, die Sie mit der eingenommenen Umsatzsteuer verrechnen können.

Starten Sie dagegen mit Ihrem alten Computer und müssen außer einem Paket Papier nichts kaufen, kann sich der Verzicht rechnen. Sie können Ihre Preise niedriger ansetzen als die Konkurrenz. Denken Sie dabei allerdings an Ihre langfristige unternehmerische Perspektive. Sie können nicht plötzlich die Preise um 19 Prozent anheben, wenn Sie dann doch mehrwertsteuerpflichtig werden. Besser ist es, von vornherein so zu rechnen, als wäre die Umsatzsteuer bereits im Preis inbegriffen. In diesem Fall haben Sie sogar einen kleinen Gewinn gegenüber den Wettbewerbern, die die Vorsteuer abziehen müssen. Wenn Sie keine Umsatzsteuer abführen, sind Sie zudem von der Umsatzsteuererklärung befreit, die Existenzgründer inzwischen monatlich beim Finanzamt einreichen müssen. Das ist ebenfalls ein Kostenfaktor, den Sie einrechnen müssen – besonders wenn Sie die Buchhaltung oder Steuererklärung von einem Steuerberater erledigen lassen.

Ihre Zielgruppe spielt ebenfalls eine maßgebliche Rolle bei dieser Entscheidung: Wer für Unternehmen arbeitet, kann es sich in bestimmten Branchen – etwa als Unternehmensberater – unter Marketinggesichtspunkten kaum leisten, durch den bekennenden Verzicht auf Umsatzsteuer darauf aufmerksam zu machen, dass er Kleinverdiener ist. Hinzu kommt, dass genannte Preise immer Nettopreise sind. Das Unternehmen rechnet mit der Mehrwertsteuer, ohne dass Sie explizit darauf hinweisen. Verlangen Sie 75 Euro Stundensatz, so gelten diese für eine Firma stets automatisch als 75 Euro plus 19 Prozent (oder plus 7 Prozent, falls der ermäßigte Satz angewendet werden kann). Bei einem Privatkunden ist das nicht so. Er wird erwarten, dass in den 75 Euro bereits alles inklusive ist.

Übersicht: Honorare von Dienstleistern

Die folgenden Honorare basieren auf dem Stand 2004. Beachten Sie dabei, dass es sich um Empfehlungen oder Erfahrungswerte handelt. Bestimmte Berufsgruppen arbeiten nicht mit Tages- oder Stundensätzen, sondern erhalten überwiegend Zeilen- oder Seitenpreise (zum Beispiel Journalisten) oder auch Pauschalen (zum Beispiel manche Designer). Auch wenn Sie zu so einer Berufsgruppe gehören, sollten Sie versuchen, Ihre Honorare auf Tagessätze umzurechnen. So können Sie sich einen besseren Überblick verschaffen. Ansonsten gilt: Kleinere Aufträge sollten Sie mit einem Halbtagessatz abrechnen, der neben dem eigentlichen Aufwand auch Vorbereitung, Recherchen oder Reisekosten deckt.

Beruf	Honorar-Stundensatz	Honorar-Tagessatz	Informationsquelle
Coach	60 bis 200 Euro	bis 3.000 Euro	eigene Recherchen
Grafikdesigner	zwischen 45 und 70 Euro, Trennung von Leistungshonorar und Nutzungshonorar möglich	–	www.agd.de (Allianz Grafik-Designer)
Dozent	15 bis 35 Euro bei der Arbeit für Bildungsträger (1 Stunde entspricht 45 Minuten)	200 bis 500 Euro	eigene Recherchen
Fotograf	160 bis 400 Euro für einen Kurztermin bis 2 Stunden	360 bis 1.000 Euro	www.mediafon.net
Lektor	27 bis 42 Euro	–	www.vfll.de (Verband der freien Lektorinnen und Lektoren)
IT-Berater	80 bis 150 Euro, je nach Schwerpunkt und Erfahrung	–	www.gulp.de
Journalist	50 Euro	310 Euro	http://dju.verdi-verlage.de (Deutsche Journalisten Union) www.journalismus.com
Moderator (Radio)	üblich sind circa 100 Euro, jedoch werden teilweise auch 30 Euro und weniger gezahlt	–	www.freienseiten.de
Moderator (TV)	ab 300 Euro	–	www.freienseiten.de
PR-Beratung	ab 66 Euro	–	www.dprg.de (Deutsche Public Relations Gesellschaft), www.prva.at (Österreich)
PR-Texter	ab 77 Euro	–	www.dprg.de, www.prva.at (Österreich)
Schriftsteller	für Taschenbücher ab 5 Prozent, Hardcover ab 8 Prozent (jeweils vom Netto-Ladenpreis), Staffelung nach Auflage üblich	–	eigene Recherchen
Texter	keine Stundensätze üblich	480 bis 960 Euro	www.werbetexter.com

Beruf	Honorar-Stundensatz	Honorar-Tagessatz	Informationsquelle
Trainer	Stundensatz ist nicht üblich	800 bis 2.500 Euro bei Arbeit für Unternehmen	eigene Recherchen
Webdesigner	35 bis 70 Euro je nach Erfahrung und Qualifikation	pauschal oder auf Stundenbasis	www.gulp.de
Übersetzer	Buch: 11 bis 20 Euro pro Normseite, eventuell plus 1 Prozent vom Netto-Ladenpreis. Andere Bereiche: je nach Sprache ab 80 Cent/Zeile (60 Anschläge)	–	www.mediafon.net, www.literaturueber-setzer.de, sonstige Recherchen
Unternehmensberater	ab circa 75 Euro	ab ca. 500 Euro	eigene Recherchen

Preisfindung anhand der Kosten: So finden Sie den Preis für Waren

Gerade kleinere Unternehmen, etwa Einzelhändler oder Ebay-Powerseller, kommen gar nicht darum herum, auf Basis der eigenen Kosten zu kalkulieren. Sie können – anders als große Unternehmer, die sich auch unrentable Produkte leisten können – nichts oder nicht viel vorschießen. Für Ihre Preiskalkulation errechnen Sie zunächst einmal den Mindestpreis, den Sie einnehmen müssen. Dafür müssen Sie alle Kosten, die dem Produkt zuzurechnen sind, berücksichtigen. Das sind zum einen die Anschaffungskosten und zum anderen alle Kosten, die für Marketing, die Ladenmiete, Mitarbeiter etc. anfallen. Auch Ihren eigenen Lohn müssen Sie einkalkulieren, also einen Gewinnanteil. Sie unterscheiden zwischen Kosten, die Sie dem Produkt direkt zurechnen können, und indirekten Kosten. Diese müssen Sie auf das einzelne Produkt umlegen.

Beispiel: Preisfindung

Als Ebay-Powerseller haben Sie in Südostasien Kinderbetten in Form einer Wolke entdeckt, die im Raum schweben. Sie wissen: Hierzulande wird das ein Hit; kein anderer Händler führt solche Betten. In Asien kaufen Sie das Bett für 80 Euro das Stück inklusive Verschiffung, die Sie in Mengen von jeweils zehn Stück ordern können.

Sie bestellen zunächst zehn Betten, die Sie in einem Lager unterbringen (Miete 200 Euro). Bei Ebay buchen Sie ein Werbeprogramm für 1.500 Euro im Monat. Für das Einstellen der Ware werden eine Angebotsgebühr von 5 Euro und eine Verkaufsprovision von 5 Prozent fällig. Die Kosten für die Verpackung und den Versand zahlen die Käufer. Die direkt zurechenbaren Kosten für die zehn Betten betragen also: 1.500 Euro Werbung plus 50 Euro für die Einstellung bei Ebay plus Provision in unbekannter Höhe, beispielsweise 200 Euro.

Indirekt zuzurechnen sind beispielsweise die Lagermiete zuzüglich der Betriebskosten. Sie müssen also mit den Einkaufskosten mindestens 2.550 Euro einnehmen, also 255 Euro pro Stück, nur um Kosten zu decken. Darin sind nicht enthalten die Kosten für die Wohnungs- oder Büromiete, Internetgebühren oder Ihre Abwicklungskosten. Ebenfalls fehlt noch ein Risikoanteil in der Kalkulation, falls Sie ein Produkt nicht oder nicht sofort verkaufen. Dann müssen Sie auch das Lager länger als einen Monat mieten. Mögliche Retouren sind ebenfalls noch nicht berücksichtigt: Wenn der Kunde die Ware zurückgibt, müssen Sie sie zurücknehmen.

Es empfiehlt sich nun, die Zahlungsbereitschaft Ihrer Kunden mit dem Verkauf eines Bettes zu testen, indem Sie beispielsweise eine Auktion mit 499 Euro starten. Alternativ können Sie gleich einen Preis festlegen, der eine großzügige Gewinnspanne enthält.

Kosten minimieren: Im Einkauf liegt der Gewinn

Sie müssen mit den üblichen Gewinnspannen rechnen: In manchen Branchen liegen diese bei über 100 Prozent (manche Import-Produkte), in anderen sind es bestenfalls 1,2 Prozent (Lebensmittel). Die Gewinnspanne ist das, was Sie an einem Produkt verdienen können, wenn Sie alle Kosten abziehen. Je günstiger Sie also einkaufen, desto bessere Preise können Sie Ihren Kunden bieten. Das ist vor allem dann relevant, wenn Sie Produkte vertreiben, die auch die Konkurrenz anbietet. Durch eine Discount-Strategie können Sie sich zudem vom Wettbewerb absetzen. So gibt es inzwischen beispielsweise auch Discount-Bäcker und Bio-Discounter.

Zunächst bestimmt die Masse den Preis. Je mehr Produkte Sie einkaufen, desto billiger wird es für Sie. Meist existieren detaillierte Rabattstaffeln. Richtige Sprünge machen sich oft erst bei Einkaufsmengen bemerkbar, die über 100 Stück liegen. Wenn Sie aber einen Laden mit Damenkleidung ausstatten, werden Sie auf keinen Fall so viel abnehmen können.

Noch wichtiger als hohe Rabatte sind Ihre Bezugsquellen. Sie können teuer einkaufen oder billig. Sie können mit einem Großhändler einen guten Deal machen oder einen schlechten. Hierin liegt Ihre Chance, die Sie durch geschickte Verhandlungsführung beeinflussen können.

Tipps: Günstig einkaufen

- *Vertreiben Sie die Ware nur einer Marke oder eines Herstellers:* Das verschafft Ihnen automatisch bessere Ausgangsvoraussetzungen. Erstens unterstützen Markenhersteller den Aufbau Ihrer Marke tatkräftig durch landes- und vielleicht sogar europaweites Marketing, zweitens sind die Einkaufskonditionen günstiger.
- *Reduzieren Sie Ihr Sortiment auf wenige Marken:* Sie werden dann zwar nicht in dem Maße unterstützt wie bei einer Ein-Marken-Strategie, fahren aber immer noch besser (günstiger), als wenn Sie von jedem etwas kaufen.

- *Recherchieren Sie Einkaufsquellen im Ausland:* In anderen Ländern existieren oft günstigere Preisstrukturen. Dieselbe Marke kann in Deutschland, Spanien oder Großbritannien zu völlig unterschiedlichen Preisen vertrieben werden.
- *Kaufen Sie direkt beim Hersteller, dessen Agentur oder Vertriebspartner:* Auch Zwischenhändler müssen sich finanzieren und kalkulieren einen Aufschlag gegenüber dem Herstellerpreis ein.
- *Kaufen Sie Restposten oder Saisonware:* Nicht immer müssen Sie das Neueste anbieten. Restposten können Sie bei den Unternehmen selbst, über Großhändler oder über Börsen im Internet kaufen. Aber Vorsicht: Die Restposten-Börsen im Internet sind auch der Konkurrenz bekannt. Besser ist es also, wenn Sie sich eigene Einkaufsquellen erschließen, an die andere nicht ohne Weiteres herankommen. Reisen gehört zu Ihrem Geschäft.
- *Verhandeln Sie geschickt:* Der Hersteller, der Sie beliefert, sollte Sie als Kunde mit guter Entwicklungsperspektive ansehen. Das sind Sie nicht, wenn Sie nur ein Stück im Monat verkaufen.
- *Bauen Sie Kontakte aus:* Wer kann Ware günstig beschaffen? Wer besitzt einen guten Draht zum Hersteller? Nutzen Sie Kontakte!
- *Behalten Sie Ihre Quellen für sich:* Gewiefte Verkäufer reden nicht über ihre Einkaufskontakte.
- *Entdecken Sie unbekannte Marken:* Newcomer sind meist sehr viel günstiger als etablierte Marken. Natürlich sollten die Marken Potenzial besitzen und von Ihren Kunden auch begehrt werden.
- *Entdecken Sie Trends:* Welcher Trend schwappt morgen in den deutschsprachigen Raum? Wenn Sie die Märkte in den USA oder anderen Ländern beobachten, bekommen Sie schnell Wind von neuen Entwicklungen und Moden und können frühzeitig reagieren.
- *Engagieren Sie Trend-Scouts:* Am besten in allen für Sie relevanten Ländern. Das können Firmen oder Privatpersonen sein, die für Sie Trends ausmachen und gegen Honorar melden.

Preise für neue Produkte

Bei neuen Produkten können Sie sich nicht am Wettbewerb orientieren. Sie haben nur zwei Möglichkeiten: sich erst die eigenen Kosten und dann die Zielgruppe anzuschauen. Vielleicht finden Sie auch ähnliche Produkte, die eine Orientierung bieten.

Wie hoch fällt Ihre Gewinnspanne aus? Berücksichtigen Sie bei Ihren Berechnungen die schon erwähnten Skaleneffekte: Je mehr Sie produzieren, desto günstiger wird das einzelne Produkt. Aus diesem Grund führen viele Produzenten ihre Produkte zu einem günstigen Preis ein, der im ersten Schritt noch nicht kostendeckend ist. Erst wenn die Massenproduktion anläuft, erwirtschaften Sie durch die Verkäufe auch Gewinn, weil dann auch Ihre Produktionskosten fallen.

Welchen Preis sind die Kunden bereit zu zahlen? Gründliche Marktforschung hilft falsche Entscheidungen vermeiden. Verkaufen Sie Produkte auf einem Testmarkt zu unterschiedlichen Preisen. Ebenfalls wichtig ist die Antwort auf die Frage, in welchem preislichen Umfeld Ihr Produkt Käufer finden soll. Bei einem Beispiel aus den Gründerporträts, dem *Dentimer* (siehe Kapitel 2.3), könnte es die Fachabteilung Kosmetik in einem Kaufhaus sein. Fragen Sie sich:

▸ Was zahlen Kunden für ein verwandtes Produkt, etwa elektrische Zahnbürsten?

▸ Welche Preisspanne herrscht in dieser Abteilung: Was ist das teuerste und was das billigste Produkt?

Interview: Lernen zu kalkulieren

Die Unternehmensberaterin Irene Kuron ist Geschäftsführerin von OPUS-1, Gesellschaft für Unternehmensberatung, Management & Training mbH, in Bonn (*www.opus1-europe.de*). Die Volkswirtin ist spezialisiert auf Existenzgründung und betriebswirtschaftliche Beratung von kleinen und mittelständischen Unternehmen.

Warum haben viele Existenzgründer solche Schwierigkeiten, ihren Preis festzulegen?
Viele haben Angst davor, der Realität ins Auge zu sehen. Wer richtig kalkuliert, bekommt häufig erst einmal einen Schreck. Aber ein Selbständiger muss wissen, wie viel Geld er braucht, um arbeitsfähig zu sein. Der Schreck ist also immer heilsam.

Wie ermittelt der Existenzgründer seine Kosten?
Er muss zunächst seine privaten und betrieblichen Kosten erfassen. Wenn er schwarz auf weiß sieht, wie viel Geld zusammenkommt, kann er überlegen, ob und woran sich sparen lässt. Hinzu kommt die Steuer (Umsatz- und Einkommensteuer), die fällig wird. Ist alles zusammengerechnet, kann

der Gründer diesen Kosten seine mutmaßlichen Einnahmen gegenüberstellen und sich fragen, wie viele Stunden bzw. Produkte er an den Mann oder die Frau bringen muss, um diese Kosten zu decken.

Woher soll der Gründer wissen, wie viele Aufträge er bekommt?
Er oder sie muss zuvor eine umfassende Marktforschung gemacht haben und wissen, was realistisch ist. Dabei ist eine vorsichtige Schätzung angemessen, die eine Anlaufzeit berücksichtigt.

Was geschieht, wenn die Kunden nicht bereit sind, den Preis zu zahlen?
Eine gute Mischkalkulation ist ganz zentral. Das bedeutet, dass es für unterschiedliche Dienstleistungen und unterschiedliche Kunden auch ver-

schiedene Preise geben kann. Beispiel: Eine Beratungsstunde kostet 45 Euro, ein Seminar mit acht Stunden dagegen 500 Euro am Tag.

Muss jeder Gründer erst einmal klein und preiswert anfangen?
Nein, wer Berufserfahrung mitbringt und diese direkt in die Selbständigkeit einfließen lassen kann, wird auch Honorare am oberen Level vom Kunden bezahlt bekommen – sofern Gesamtauftritt und Leistung stimmen.

Sollten Gründer in Dienstleistungsberufen ihre Preise offen kommunizieren, zum Beispiel im Internet?
Nein, dadurch verschließt sich die Möglichkeit der preislichen Differenzierung. Oft ist es geschickt, die Preisbereitschaft der Kunden individuell zu erkunden. Wenn Sie Ihren Preis auf der Homepage festschreiben, gilt dieser. Sie können dann einem Kunden, mit dem Sie gerne arbeiten möchten, der aber wenig Geld hat, kaum mehr einen Sonderpreis offerieren.

Welchen Rat geben Sie freien Mitarbeitern, die kaum Einfluss auf die Honorare haben?
Tatsächlich ist der Druck groß, und es gibt wenig Spielraum, sei es bei Journalisten, Grafikern, Übersetzern oder Dozenten, die für Bildungsträger arbeiten. Hier führt der Weg oft über die Masse. Wer acht Stunden am Tag, fünf Tage die Woche 25 Euro die Stunde erhält, kann damit durchaus seinen Lebensunterhalt finanzieren, sollte aber immer mehrere Auftraggeber haben.

Und wenn das nicht funktioniert? Wenn unter dem Strich zu wenig übrig bleibt?
Irgendwann steht ein Gründer dann vor der Existenzfrage. Nun kann er oder sie sein Unternehmen neu ausrichten und versuchen, sich neue Kunden zu erschließen, oder muss aufgeben. Eine weitere Möglichkeit ist es, sich zum Beispiel über einen Minijob weitere Einkünfte zu sichern.

Wie sieht es bei Heilberufen aus, welche Handhabe haben Physiotherapeuten oder Hebammen? Hier sind die Sätze durch die Krankenkassen vorgegeben.
Hier gibt es nur zwei Wege. Der eine heißt, ganz klein bleiben und die Kosten niedrig halten. Der andere: Größer werden und Mitarbeiter einstellen. Knallhart rechnen muss man in beiden Fällen. So lässt sich beispielsweise durch eine clevere Tourenplanung viel Zeit sparen und damit Effizienz steigern. Kaum eine Chance, sich langfristig am Markt zu bewähren, hat in diesem Beispiel dagegen das breite Mittelfeld.

Die Zahl der gewerblichen Gründungen im Einzelhandel ist relativ konstant. Welche speziellen Regeln gelten hier?
Kleine Händler haben im Preiswettbewerb oft gar keine andere Chance, als teurer zu sein, denn sie haben auch die schlechteren Einkaufskonditionen. Sie müssen einen Ausgleich dafür bieten, etwa durch ein sehr spezielles Sortiment, individuelle Kundenansprache oder einen hervorragenden Service.

Adressen

Honorar kalkulieren:

- E-Lancer Nordrhein-Westfalen
  (*www.e-lancer-nrw.de*):
  Hier finden Sie einen interaktiven
  Honorarkalkulator.

- DAK (*www.dak.de/content/
  dakprfirmenservice/
  bruttonettorechner.html*):
  Rechnen Sie sich das Nettogehalt
  eines Angestellten aus.

- Bundesfinanzministerium Deutschland
  (*www.abgabenrechner.de*): Berechnungsprogramm zur Einkommensteuer
  vom Bundesfinanzministerium.

- Bundesfinanzministerium
  Österreich (*www.bmf.gv.at/Steuern/
  Berechnungsprogramme/_start.htm*):
  Steuerberechnung Österreich.

- Steuerberechnung Bern
  (*www.fin.be.ch/site/xls-sv-online-
  berechnung-art66.xls*): Beispiel für
  Steuerberechnung Schweiz.

Restpostenbörsen:

- Restposten (*www.restposten.de*):
  Handelsplattform für Restposten,
  Sonderposten, Konkurswaren.

- Fashion X-Change (*www.fashion-x-
  change.com*): Handelsblattform
  für Restposten aus dem Textilbereich.

- B2B-Trade (*www.b2b-trade.de*):
  Großhandel, Rest- und Sonderposten,
  vor allem Elektrogeräte.

- Europarestposten
  (*www.europarestposten.de*) und
  Zentralmarkt (*www.zentralmarkt.de*):
  Restposten aller Art.

9 Marketing

Neue Kunden kommen nicht von selbst, Sie müssen sie erst gewinnen. Wenn Unternehmen Ihre Kunden sind, ist die Telefonakquise meist der einzige Weg, sich einen Stamm aus Kunden oder Auftraggebern aufzubauen und den vorhandenen Kreis zu erweitern. Dieses Kapitel zeigt Ihnen, wie Sie dabei vorgehen und was Sie beim Kontaktaufbau sowie der Präsentation beachten müssen.

9.1 Akquisition

Von Warmakquise spricht man, wenn Sie bereits an einen bestehenden Kontakt anknüpfen können; das erleichtert Ihnen den Einstieg ungemein. Idealerweise wird der Weg geebnet durch ein Vorgespräch zwischen Ihrem Kontakt und dem für Ihr Angebot relevanten Entscheider.

Es ist ein guter Einstieg, wenn Sie sagen können: »Guten Tag, Herr Schiffer, der Personalvorstand Herr Meyer hat Sie mir als Ansprechpartner empfohlen. Haben Sie einen Augenblick Zeit?« Das klingt ganz anders als: »Wer ist bei Ihnen zuständig für Umweltschutz?« Betonen Sie, dass man Sie kennt, auch wenn sich vielleicht keiner direkt an Sie erinnert. Das wirkt wie eine Eintrittskarte, auf der groß VIP steht.

Der direkte Draht zum Entscheider ist jedoch nur selten vorhanden. In den meisten Fällen müssen Sie Umwege und um mehrere Ecken gehen, bevor Sie beim Richtigen landen. Nutzen Sie dazu Helfer, die den Weg verkürzen. Beispiel: Wenn der Freund einer Freundin als Sachbearbeiter in Kontakt mit dem Unternehmen steht, bei dem Sie einen Auftrag akquirieren wollen, können Sie den Freund Ihrer Freundin als Brücke nutzen. Er kann Informationen beschaffen oder telefonisch vorfühlen.

Kontaktliste

Ihr erster Schritt zum Erfolg ist eine aktuelle Kontaktliste. Wen kennen Sie – auch über mehrere Ecken hinweg? Nehmen Sie sich zum Erstellen dieser Liste Zeit, denn viele Namen werden Ihnen nicht auf Anhieb einfallen, sondern erst nach und nach in den Sinn kommen.

Gehen Sie systematisch vor, und fragen Sie sich:

- ▶ Wen kennen Sie aus der Schulzeit?
- ▶ Wen kennen Sie aus Vereinen?
- ▶ Wen kennen Sie von gemeinsamen Hobbys?
- ▶ Wen kennen Sie von Veranstaltungen?
- ▶ Wen kennen Sie aus Berufsverbänden?
- ▶ Wen kennen Sie aus früheren Beschäftigungsverhältnissen?
- ▶ Wen kennen Sie aus der Nachbarschaft?
- ▶ Wen kennen Sie aus dem Internet?

Suchen Sie auch im Internet nach alten Bekannten. Dazu geben Sie Vornamen und Nachnamen, zum Beispiel bei google.de, stayfriends oder xing.de ein. Manch einer der alten Kameraden ist inzwischen sicher einige Hierarchieebenen emporgestiegen oder hat selbst ein Unternehmen gegründet.

Notieren Sie die Namen all Ihrer Kontakte und fragen Sie sich: Was macht die entsprechende Person heute? Wo könnte sich ein Anknüpfungspunkt ergeben? Welche Vorarbeit könnte die Person leisten, um Ihre Dienstleistung oder Ihr Angebot in das Unternehmen hineinzutragen, das Sie interessiert? Oft genügt es, auf jemanden Bezug nehmen zu dürfen, um allein dadurch schon eine erhöhte Aufmerksamkeit zu erzeugen: »Ich habe Ihre Telefonnummer von Ihrem IT-Abteilungsleiter Herrn Ritzka. Wir kennen uns schon seit Jugendtagen.«

Kaltakquise

Bei der sogenannten Kaltakquise rufen Sie in einem Unternehmen an, ohne dort jemanden zu kennen oder Bezug nehmen zu können. Das bedeutet häufig, dass Sie erst herumfragen und sich durchtelefonieren müssen, bevor Sie beim richtigen Ansprechpartner landen. Es bedeutet auch, dass Sie jemanden »kalt« erwischen können – zu einer ungünstigen Zeit, in einer unpassenden Situation. Klären Sie deshalb vor dem Gespräch, ob Ihr Partner am anderen Ende der Leitung überhaupt Zeit hat oder ob Sie besser zu einem späteren Zeitpunkt noch einmal anrufen.

Setzen Sie alles daran, Spuren zu hinterlassen, indem Sie beispielsweise besonders freundlich auftreten oder ein interessantes Angebot unterbreiten. Ihre Gesprächspartner müssen sich später an Sie erinnern. In diesem Fall werden Sie beim nächsten Gespräch auf eine erhöhte Aufmerksamkeit stoßen. Auch eventuell nach geschickte Präsentationsunterlagen werden anders aufgenommen werden, wenn Sie vorher eine positive Erwartungshaltung wecken konnten.

Telefonakquise

Sehr viele Existenzgründer fürchten sich vor der Akquise am Telefon. Einer der am meisten genannten Gründe heißt Sabine oder Petra: »Ich komme einfach nicht an der Sekretärin vorbei.« Angst haben viele Gründer und sogar gestandene Unternehmer davor, als Bittsteller dazustehen und unfreundlich behandelt zu werden. Mit dieser ausgeprägten Scheu vor der Akquise werden Sie allerdings nicht zum Erfolg kommen. Sie sollten versuchen, sich eine andere Denkweise anzueignen und ein neues Verständnis von Akquise zu entwickeln. Stellen Sie Ihr Ziel in den Vordergrund, und ordnen Sie diesem alles Weitere unter.

Falls Sie es nicht schaffen, Ihre inneren Hürden zu überwinden, hilft ein Akquise-Coaching. Lassen Sie sich bei Ihren ersten Schritten ganz praktisch begleiten, und holen Sie sich unmittelbares Feedback. Wenn Sie ohne Coach loslegen, sollten Sie die folgenden Schritte unternehmen:

- ▶ Informieren Sie sich über das Unternehmen, das Sie für Ihre Dienstleistung gewinnen wollen. Warum können gerade Sie ein besonders gutes und passendes Angebot machen, zum Beispiel. aufgrund Ihrer Branchenkenntnis oder anderer Erfahrungen?
- ▶ Definieren Sie Ihr Ziel, bevor Sie mit der Akquise beginnen. Beispiel: »Ich möchte den Personalverantwortlichen dazu bringen, mit mir einen Präsentationstermin auszumachen.« Setzen Sie Ihre Ziele realistisch an, machen Sie es sich aber auch nicht zu einfach. Ein mögliches Ziel könnte lauten, den richtigen Ansprechpartner für schriftliche Unterlagen ausfindig zu machen. Allerdings werden die meisten Unternehmen mit Papier überflutet, einzelne Angebote kaum noch wahrgenommen. Viel besser ist es deshalb, direkt ein persönliches Treffen zu vereinbaren oder sich die Aufmerksamkeit auf anderem Wege zu sichern. Oft liegt auch eine Chance in der dezenten Provokation: »Sind Sie sicher, dass Sie meine Unterlagen wirklich nicht wollen? Ich schicke Sie nicht jedem, dazu sind sie zu wertvoll.«
- ▶ Erstellen Sie einen Plan für Ihr Telefongespräch: Wie möchten Sie vorgehen, um Ihr Ziel zu erreichen? Wen möchten Sie sprechen? Welche Fragen sollten für Sie beantwortet werden (zum Beispiel die nach dem richtigen Ansprechpartner)? Welche Vereinbarung wollen Sie treffen (zum Beispiel ein persönliches Treffen arrangieren oder Präsentationsunterlagen schicken)?
- ▶ Orientieren Sie sich während des Telefonats an den sieben Erfolgsstufen der Telefonverkäufer:

1. *Aufwärmphase:* Beginnen Sie das Gespräch positiv.
2. *Benefit-Analyse:* Was braucht der Kunde?
3. *Argumentation:* Welchen Nutzen hat Ihr Produkt oder Ihre Dienstleistung für den Kunden?
4. *Einwände:* Behandeln Sie Einwände mit Respekt: Geben Sie für Einwände Lob und Bestätigung, führen Sie aber stets zurück zum Ziel.
5. *Zielvereinbarung:* Formulieren Sie das Gesprächsergebnis.
6. *Benefit-Sales:* Ermitteln Sie weitere Kundenwünsche.
7. *Gesprächsabschluss:* Fassen Sie das Gespräch noch einmal kurz zusammen und geben Sie einen Ausblick, wie Sie weiter vorgehen werden.

- ▶ Überprüfen Sie nach dem Gespräch, ob Sie Ihr Ziel erreicht haben. Notieren Sie sich das Gesprächsfazit, und schreiben Sie auf, welche Vereinbarung Sie getroffen haben. Falls das Gespräch zu keinem konkreten Ergebnis geführt hat: Wann wollen Sie den Ansprechpartner erneut kontaktieren? Richten Sie sich ein Wiedervorlagesystem ein.

Tipps: Erfolgreich Telefonieren

- Sitzen Sie bequem. Manche Menschen stehen allerdings bei wichtigen Telefonaten, weil sie so besser reden können.
- Lächeln Sie, Sie wirken dadurch automatisch positiver. Ob Sie zur Kontrolle der Mimik einen Spiegel vor sich aufstellen oder nicht, ist Ihre Sache.
- Engagierte Körpersprache »sieht« und hört der Gesprächspartner. Engagieren Sie sich.
- Passen Sie sich der Redegeschwindigkeit des Partners an.
- Betonen Sie wichtige Aussagen.
- Gehen Sie auf den Gesprächspartner ein und akzeptieren Sie seine besondere Art.
- Bauen Sie eine Beziehung auf, indem Sie genau zuhören, Interesse zeigen und nachfragen.
- Sprechen Sie Ihr Gegenüber direkt und persönlich an. Argumentieren Sie aus seiner Perspektive (»... wird Ihnen helfen, ... ist Ihnen nützlich bei ...«). Fragen Sie sich, warum Ihr Gesprächspartner ausgerechnet Ihr Produkt kaufen sollte.
- Bereiten Sie sich auf Einwände vor.
- Vermeiden Sie negative Begriffe wie »Problem« oder auch ein »Nein«.
- Warten Sie nach Beenden des Gesprächs so lange, bis der andere den Hörer aufgelegt hat.

Akquise per E-Mail

Einige Unternehmer schwören auf E-Mails: »Da kann ich viel besser auf meinen Ansprechpartner eingehen. Außerdem erwische ich ihn nicht auf dem falschen Fuß.« Das ist richtig, und tatsächlich kann die E-Mail eine Alternative sein. Allerdings gelingt es E-Mails nicht, eine persönliche Gesprächsatmosphäre zu schaffen, die mitunter wichtiger als jedes Faktenargument ist. E-Mails bergen zudem ein hohes Potenzial für Missverständnisse. Es ist nämlich gut möglich, dass Ihr Ansprechpartner Sie nach dem Überfliegen in die falsche Schublade steckt. Trotzdem können überraschende, ungewöhnliche Angebote per E-Mail positive Reaktionen hervorrufen. Je einfacher erklärbar und spezieller Ihr Produkt oder Ihre Dienstleistung ist, desto höher die Erfolgswahrscheinlichkeit.

Beachten Sie: E-Mails gehen schnell verloren oder landen im Papierkorb bzw. im Spam-Ordner. Mit Telefongesprächen kann Ihnen das nicht passieren. Um sicherzugehen, dass Sie tatsächlich wahrgenommen wurden, bleibt letztlich nur der Griff zum Telefonhörer.

Akquise bei Privatkunden

Fremde Menschen dürfen Sie nicht unaufgefordert mit E-Mails und Anrufen überfallen. Ausnahme: Diese haben beispielsweise durch Teilnahme an einem Gewinnspiel explizit Ihr Interesse ausgedrückt. Gerade Privatpersonen genießen den besonderen Verbraucherschutz. Verzichten Sie auf die Telefonakquise solcher Kunden, Sie werden damit ohnehin kaum etwas erreichen. Besser ist es, dort präsent zu sein, wo Ihre Kunden sind: auf Messen, Märkten, Seminaren, Veranstaltungen. Sprechen Sie mit ihnen, und legen Sie Ihre Flyer aus.

Akquise für freie Mitarbeiter

Freie Mitarbeiter fühlen sich oft eher in der Rolle eines Bewerbers als eines Unternehmers. Insofern nehmen Sie meist automatisch eine andere Position ein. Tatsächlich ist es ein Unterschied, ob Sie sich als freier Übersetzer bei einem Übersetzungsbüro oder als Managementtrainer in einem Unternehmen vorstellen.

Die Regeln erfolgreicher Akquise sind jedoch die gleichen. Sie definieren Ziele und Wege, diese zu erreichen. Sie führen Gespräche und treffen Vereinbarungen – beispielsweise weitere Informationen über sich zu verschicken. Statt mehr oder weniger aufwändiger Broschüren und Präsentationsunterlagen senden Sie aber ein Profil. Das besteht aus Ihrem Lebenslauf, den sie auf eine Übersicht Ihrer Fähigkeiten und Kenntnisse reduziert haben und der weitgehend von chronologischen Daten befreit sein kann.

Tipps für Freie

- Wählen Sie Gesprächspartner für Ihre Akquise aus, die zu Ihnen passen.
- Machen Sie spezielle Angebote (»Ich möchte Ihnen vorschlagen ...«), keine allgemeinen (»Haben Sie einen Job?«).
- Betonen Sie den Nutzen, den ein Unternehmen ausgerechnet von Ihnen hat.
- Gehen Sie auf die Bedürfnisse des Gegenübers ein, reagieren Sie flexibel.
- Heben Sie die Erfahrungen hervor, über die Sie verfügen.
- Bieten Sie weitere Schritte an, zum Beispiel die Ausarbeitung Ihres Vorschlags.

Persönliche Präsentationen

Gratulation, Sie sind eingeladen! Endlich haben Sie die Gelegenheit, sich selbst und Ihre Dienstleistung vorzustellen oder Ihr Angebot zu verkaufen. Vielleicht wollen Sie etwas verkaufen, vielleicht einfach nur informieren. Doch selbst wenn Letzteres der Fall ist: Wenn Sie sich erst einmal »nur« vorstellen, müssen Sie nichtsdestoweniger von sich überzeugen.

Doch wer sind Ihre Zuhörer? Wen sprechen Sie an und welches Publikum haben Sie? Dies sind die ersten Fragen, die Sie klären sollten. Wahrscheinlich hat Sie das einladende Unternehmen längst über die Gesprächspartner informiert. Falls Ihnen nicht klar ist, wer anwesend sein wird, fragen Sie nach. Erkundigen Sie sich auch nach den Erwartungen der Anwesenden. Vielleicht ist einfach ein unverbindliches Gespräch zum Kennenlernen gewünscht und keine durchgeplante Präsentation. Je genauer Sie über die Rahmenbedingungen informiert sind, desto besser können Sie sich vorbereiten.

Entscheiden Sie im ersten Schritt: Was ist Ihr Ziel bei dieser Präsentation? Machen Sie sich klar, was Sie erreichen wollen, bevor Sie eine Präsentation im Detail planen. Entwickeln Sie eine eigene Dramaturgie, um dem Ziel nahe zu kommen. Wichtig: Planen Sie mögliche Einwände ein. Was könnten die Zuhörer sagen, um Ihre These zu widerlegen?

Baustein 1: Informationen sammeln

Bevor Sie loslegen und eine Struktur entwickeln, gehen Sie auf die Suche. Sammeln Sie alle Informationen, die Sie finden können oder die bereits in Ihrem Kopf »herumschwirren«, in einem Zettelkasten. Dazu gehören:

- *Thesen:* Was behaupten Sie? Welches ist die Ansicht oder Überzeugung, die Sie vertreten möchten? Beispiel: »Unsere Events steigern den Bekanntheitsgrad Ihres Unternehmens.«
- *Schlussfolgerungen:* Welche Konsequenz ergibt sich aus Ihrer These? Beispiel: »Auch für Sie ist solch ein Event eine wichtige Maßnahme, um bald in aller Munde zu sein.«
- *Beispiele:* Was haben Sie bereits geleistet, das die Qualität Ihres Angebots oder Ihre Fähigkeiten beweist? Welche Erfolge können Sie in ähnlich gelagerten Fällen vorweisen? Beispiel: »Beim Unternehmen X führte das publikumswirksame Event zu einer Erhöhung der Namensbekanntheit von 20 Prozent. Gleichzeitig veränderte sich das Image wie geplant in die gewünschte Richtung.«
- *Tatsachen:* Welche Daten und Fakten belegen Ihre Aussagen, untermalen Ihre These? Beispiel: »Laut einer Untersuchung des Marktforschungsinstituts XY ist Event-Marketing das wirkungsvollste Instrument im Bereich der ›Below-the-line-Maßnahmen‹.«

- *Vergleiche:* Was bedeutet das alles im Vergleich zu etwas anderem? Beispiel: »Im Vergleich zu einem Messeauftritt bedeutet das ...«
- *Humor:* Wie können Sie Ihre Präsentation durch einen Witz oder eine Anekdote auflockern, die Zuhörer zum Lachen bringen? Beispiel: Schildern Sie eine witzige Szene von einem Event, die beispielhaft zeigt, welche Wirkung es hatte.
- *Zitate:* Mit welchen Textstellen aus berühmten Werken oder von berühmten Autoren können Sie Ihre Aussagen schmücken?

Baustein 2: Kernaussagen festlegen

Meist haben Sie nur wenig Zeit, um sich zu präsentieren oder Ihr Anliegen anzubringen. Entscheiden Sie, was Sie auf jeden Fall sagen wollen und worauf Sie bei Zeitnot verzichten können. Denken Sie daran: Zu ausführliche Selbstdarstellungen langweilen ohnehin. Bringen Sie Ihre Aussagen in eine Ordnung, und gewichten Sie sie.

Baustein 3: Vergleiche ziehen

Dieser Baustein ist bei Präsentationen wichtig, die dazu dienen, andere von etwas zu überzeugen.

- Beschreiben Sie die bisherige Praxis: Wer macht was, wie, wo, warum und wozu?
- Beschreiben Sie die Unzulänglichkeiten der bisherigen Praxis: Welche Probleme treten auf; wie und wo entstehen Schnittstellenverluste?
- Beschreiben Sie, warum sich ein Produkt oder eine Dienstleistung verändern sollte, aus welchem Grund ein anderer Ansatz notwendig oder nützlich ist.

Baustein 4: Vorteile und Nutzwert erläutern

Auch dieser Baustein bezieht sich auf Präsentationen, die dem Verkauf einer Ware oder Dienstleistung dienen.

- Wie profitiert das Unternehmen von Ihnen und Ihrem Angebot?
- Was bedeutet die Annahme Ihres Angebots?
- Was bedeutet die Zusammenarbeit mit Ihnen?
- Was wird alles besser, schneller, kostengünstiger?
- Welche unternehmerischen Ziele werden erreicht?

Baustein 5: Struktur entwickeln

Gliedern Sie Ihre Präsentation:

- Was wollen Sie wann sagen? Teilen Sie Ihre Präsentation in eine Einführung, einen Mittelteil und einen Schluss.

▶ Sagen Sie zuerst das Allgemeine und erläutern Sie dann Details.

▶ Formulieren Sie jede Aussage so, dass der Nutzwert für das Unternehmen sofort deutlich wird.

Baustein 6: Fazit

Dieser Baustein gehört in jede Präsentation. Fassen Sie das Ergebnis kurz zusammen. Nehmen Sie dabei Bezug auf Ihre These vom Anfang. Vergessen Sie den Schlusssatz nicht. Dieser sollte mindestens ein simples »Ich bedanke mich für Ihre Aufmerksamkeit« sein sowie eine Aufforderung, Ihnen nun Fragen zu stellen.

Tipps: Erfolgreich präsentieren

– Formulieren Sie Ihre Sätze nicht vollständig aus, und lernen Sie diese schon gar nicht auswendig: Das wirkt gestelzt.

– Ihre Aussagen sollten einfach und kurz sein.

– Ihre Aussagen sollten sachlich und faktenorientiert sein.

– Setzen Sie nur das Wissen voraus, das Sie von jedem Teilnehmer aus der Gruppe erwarten können.

– Sprechen Sie die Teilnehmer direkt an, und beachten Sie jeden Teilnehmer.

– Nutzen Sie Medien angemessen, wechseln Sie zum Beispiel zwischen Flipchart und Beamer.

– Gehen Sie auf Einwände ein, und beantworten Sie auch provokante Fragen ruhig und sachlich.

– Falls Sie eine Frage nicht sofort beantworten können: Reichen Sie die Antwort darauf nach.

9.2 Corporate Identity

Dieses Kapitel sagt Ihnen, wie Sie Ihre Außendarstellung einheitlich gestalten. Es nennt sieben Schritte zum professionellen Auftritt und stellt die unverzichtbaren Bestandteile einer Geschäftsausstattung vor. Außerdem verrät es, was freie Mitarbeiter für ihre Corporate Identity tun können.

Was ist Corporate Identity?

Als Unternehmer wollen Sie wahrgenommen werden. Nur selten finden Kunden von sich aus den Weg zu Ihnen. Sie müssen Ihnen vielmehr die Richtung weisen, im übertragenen Sinn »Hier!« rufen. Sicher können Sie mühelos erklären, wer Sie sind und warum Kunden ausgerechnet zu Ihnen kommen sollen. Doch ein anderer

Aspekt ist wesentlich wichtiger: Ihre Kunden müssen Vertrauen zu Ihnen fassen – und dafür müssen Sie ein »vertrautes Gesicht« sein. Anders ausgedrückt: Sie müssen gesehen, beachtet und wiedererkannt werden.

Damit Ihnen das gelingt, sollten Sie immer gleich auftreten. Das bedeutet nicht, dass Sie stets die gleichen Kleidungsstücke tragen müssen. Es geht um das Gesicht Ihres Unternehmens, das immer gleich und unverwechselbar bleiben sollte – bei einem Ein-Mann-Unternehmen genauso wie bei einer großen Firma. Diesen einheitlichen Auftritt bezeichnet man als Corporate Identity – ein Begriff aus dem Marketing.

Wahrscheinlich denken Sie jetzt zuerst an Farben, Formen und Schriften, wenn Sie den Begriff Corporate Identity (CI) hören. Corporate Identity meint aber mehr: Es ist die Gesamtheit des Auftritts Ihres Unternehmens, von dem Sie ein Teil sind. Corporate Identity hilft Ihnen, Geld zu verdienen, weil Sie es Ihren Kunden leichter macht, Sie zu finden beziehungsweise wiederzufinden. Dabei setzt sie sich aus verschiedenen Komponenten zusammen:

- ▶ *Corporate Communications:* Die Art und Weise, wie ein Unternehmen mit seinen Interessengruppen kommuniziert. Dazu zählen beispielsweise Kunden, das regionale Umfeld oder die Medien.
- ▶ *Corporate Design:* Die Art und Weise, wie sich ein Unternehmen darstellt. Dies umfasst weit mehr als nur Farben und Schriften, sondern meint auch einen immer gleich bleibenden Stil, zum Beispiel bei der Auswahl von Fotos oder der Gestaltung des Internetauftritts.
- ▶ *Corporate Behaviour:* Die Art und Weise, wie sich ein Unternehmen verhält. Dabei geht es nicht nur um das Verhalten gegenüber Kunden und Geschäftspartnern, eine ebenso große Rolle spielt das Verhalten gegenüber den Mitarbeitern, das den Zustand einer Firma widerspiegelt.

Versuchen Sie sich einmal ein Bild von bekannten Marken zu machen: Wie sieht die Produktionshalle von Nivea aus? Welche Kleidung tragen Coca-Cola-Mitarbeiter auf Partys? Sie werden feststellen, dass das Bild, das Sie sich von bekannten Unternehmen oder Marken machen, mehr als nur das Logo oder ein paar Produkte beinhaltet und über das reine Design hinausgeht. Von manchen Unternehmen erwarten Sie ein locker-freundliches Auftreten, von anderen ein distanziert-seriöses. Vielleicht fallen Ihnen bestimmte Adjektive ein, um eine Firma oder Marke zu beschreiben. Genauso sollte es auch anderen gehen, wenn Sie später einmal an Ihr Unternehmen denken.

Gründerporträt: Alles nur vom Feinsten

Gudrun Roman führt Buy a dream, einen Internet-Shop für exquisite Designartikel.

Firma	Buy a dream
Gesellschaftsform	Einzelunternehmen
Geschäftsmodell	Versandhandel, Internet-Shop für exklusive Designartikel
Web-Adresse	Alles über Ebay
Gründung	Oktober 2000
Kapitaleinsatz bei Gründung	Einige Tausend Euro
Geschäftsführung	Gudrun Roman, zuvor Leiterin »Selektive Distribution« bei einem Kosmetikkonzern und Inhaberin eines Einzelhandelsgeschäfts
Umsatzentwicklung	Keine Angabe
Gewinn	»Es reicht, um davon gut zu leben«

»Spaghettibolognese« nennt sich Gudrun Roman bei Ebay. Dabei hat ihr Geschäft mit Nudeln nicht viel zu tun. Bei der Namensfindung dachte Roman ganz einfach an das Lieblingsgericht ihres Ehemanns.

Vom Feinsten sind auch Romans Verpackungen aus glattem, weißem Karton, eigenhändig ausgestanzt und mit dem »Spaghettibolognese«-Logo »Buy a dream« versehen. Viel Liebe steckt im Detail. Jedes Designerstück verpackt die Geschäftsfrau eigenhändig, jedes Foto schießt sie selbst. Dabei betreibt sie einen Aufwand wie ein Werbefotograf: Den Hintergrund verhüllt sie weiß und setzt in jedem Bild das Buy-a-Dream-Logo in Szene. »Die Kunden müssen sofort wiedererkennen, wer der Verkäufer ist«, sagt Roman. Fotografiert Roman Kleidung, verleiht sie ihren Anziehpuppen jene Dynamik, die Kleidungsstücke optimal zur Geltung bringt. Beine, Arme und selbst die Haare scheinen irgendwie zu schwingen. Elegant zu schwingen, versteht sich.

Viel Aufwand für Preise ab 19 Euro. Doch ein Buy-a-dream-Paket ist mehr als nur Verpackung. Es drückt Wertschätzung gegenüber dem Kunden aus. Es unterstreicht die Exklusivität der edlen Ware, weckt und verstärkt den Stolz, teure Stücke zum günstigen Preis erworben zu haben. Denn das ist Romans Geschäftsmodell: Designerware zum günstigen Preis – mit wechselndem Angebot.

Voraussetzung für ein gutes Angebot und günstige Kundenpreise sind Top-Einkaufsquellen. Diese hält Roman geheim wie die PIN-Nummeer ihrer EC-Karte – das ist in der Einzelhandelsbranche so üblich. Nur Produkte, die kein anderer zu diesem Preis verkaufen kann, laufen gut. Sobald es ein Accessoire oder Kleidungsstück an jeder Ecke gibt, verfallen die Preise – so wie Supermarktcharakter auf die Preise drückt.

Eine Designerbrille von Laura Biagiotti verliert an Wert, wenn sie in Zeitungspapier gewickelt wird. Ein Tuch von Hermes verliert Exklusivität, wenn es in einem Drogeriemarkt erhältlich ist. Edle Güter brauchen ein edles Umfeld. Jedes Detail muss stimmen: das Produkt, das Umfeld, die Verpackung, die Internetseite und auch die Art, mit Kunden zu kommunizieren. Romans Stil ist gleich bleibend höflich und professionell – auch dies ein Teil der Corporate Identity.

Gudrun Roman ist keine Seiteneinsteigerin. Sie kennt das Einzelhandelsgeschäft und die Luxusartikelbranche. Mit 18 übernahm sie das Einzelhandelsgeschäft ihrer Mutter. Von 1995 bis 2000 war sie bei einem großen Kosmetikkonzern tätig, danach in der IT-Branche, und am 5.10.2000 eröffnete Roman dann ihren ersten Internet-Shop – bei Ebay. Das Auktionshaus sei ideal für den Einstieg, beschere auf einen Schlag ein Millionenpublikum. »Nicht einmal Fernsehwerbung ermöglicht das!« »Spaghettibolognese« trägt inzwischen ein Trademark.

Sieben Schritte zu einem professionellen Auftritt

Viele mittelständische Unternehmen sind mit kaum mehr als einem Logo groß geworden. Die ersten Aufträge waren schon da, als der Inhaber noch mit selbst gestalteten Entwürfen arbeitete. Marketingexperten werden darüber den Kopf schütteln, aber das geschieht häufig. Die Corporate Identity wächst nicht selten mehr oder weniger zufällig. Dabei entsteht allerdings oft ein unklares Bild. Fast immer werden deshalb nach einigen Monaten oder Jahren radikale Korrekturen notwendig – spätestens wenn die Umsätze einbrechen.

Es wäre also falsch zu behaupten, ohne Corporate Identity ließe sich kein erfolgreiches Unternehmen aufbauen. Es kann funktionieren, es kann aber genauso gut schiefgehen. Sicher ist: Ein wechselhafter Außenauftritt der Firma schadet jedem Unternehmen. Wer heute in Blau und morgen in Gelb auftritt, verwirrt die Kunden. Wer sich in der Kundenansprache mal locker, mal konservativ gibt, sorgt für Irritationen. Planen Sie als Ihren Auftritt besser von Anfang an.

Tipp: Vergessen Sie das Verkaufen nicht!

Manche Gründer entwickeln wunderschöne Flyer und tolle Werbematerialien, haben aber noch keinen einzigen Auftrag. Gehen Sie andersherum vor: Sorgen Sie zuerst für erste Aufträge, und gestalten Sie dann Ihre Werbemittel. Sie testen so in der Praxis, ob Sie verkaufen können und wie Sie wirken. Erste Erfahrungen können dann in die Werbemittel einfließen.

1. Namen wählen

Manchmal geht es ganz schnell. Der Firmengründer von Haribo zog einfach drei Silben zusammen, um seinen Namen zu finden: Hans Riegel, Bonn. Andere brauchen Monate, verwerfen Ideen, erfinden neu, beauftragen vielleicht sogar eine auf Namensfindung spezialisierte Agentur. Ob schnell oder langsam: Die Namensfindung sollte in jedem Fall am Anfang stehen. Spätere Änderungen sind dem Kunden nur noch sehr schwer zu vermitteln. Sind Sie erst einmal die »Martina Müller PR-Beratung«, »MM-Beratung« oder »MaMü-Kommunikation«, sollten Sie unbedingt dabei bleiben.

Ihr Firmenname hat viel mit Ihrem Auftritt zu tun. Namensfirmen sind beispielsweise meist mittelständisch und klein. Manche sind etwas größer und haben es zu einiger Bekanntheit gebracht, zum Beispiel Müller Milch oder Data Becker. Das ist aber sicher nicht die Regel. Beachten Sie bei der Namenswahl die Beschränkungen, die sich durch das Gesellschaftsrecht ergeben. Als GbR müssen Sie beispielsweise Ihren Namen mitführen; sie können sich aber auch für eine Kombination aus Fantasie- und Personennamen entscheiden. Beispiel: »Futur Zwei Billhardt & Reiling GbR«. Solche Namen bleiben immer sehr stark mit dem Gründer verbunden und erlangen nur selten Marken- oder gar Kultcharakter. Entscheidend ist jedoch auch die Exklusivität der Kombination: Müller Milch ist einzigartig, »Müller Bau« und »Müller PR« gibt es in jeder Stadt. Entscheiden Sie sich für einen Namen, der zu Ihnen passt, und testen Sie seine Wirkung bei Freunden und Bekannten, bevor Sie damit an die Öffentlichkeit gehen.

Das sind die Merkmale eines erfolgreichen Firmennamens:

- Er ist kurz und leicht zu merken.
- Er macht deutlich, worum es geht, und legt den Kundennutzen dar (Beispiele: Marias Friseurlädchen, Meinestadt.de).
- Er ist ungewöhnlich und fällt auf. Ein Beispiel ist die Internet-Suchmaschine Google, deren Name inzwischen als Marke geschützt ist.
- Vermeiden Sie nichtssagende und schlecht klingende Abkürzungen. IBM ist sicher ein großer erfolgreicher Konzern, doch mit anderem Namen wäre er vielleicht schneller zum Erfolg gekommen.
- Vermeiden Sie negative Assoziationen, die sich manchmal einfach aus einer anderen Sprache ergeben. Finden Sie heraus, was ein Begriff in anderen Sprachen bedeutet.
- Achten Sie auf internationale Nutzbarkeit, wenn Sie expandieren möchten oder ausländische Kunden haben. Eine Recherche lohnt sich vor allem, wenn Sie mit Fantasienamen operieren.
- Denken Sie daran, dass Ihr Name ausbaufähig sein muss, wenn Sie Ihr Geschäftsmodell ändern oder die Produktpalette erweitern. Schlecht gemacht hat das beispielsweise der Erfinder von »duschdas«. Unter diesem Namen lässt sich kaum eine ganze Kosmetiklinie verkaufen. Etwas anders liegt der

Fall, wenn Sie als Friseur nur Haare schneiden wollen und damit glücklich sind. Haben Sie Expansionspläne, wählen Sie dagegen eine andere Strategie – etwa über einen Namen. So machte es die Hamburger Top-Friseurin Marlies Möller, die seit einigen Jahren auch sehr erfolgreich Haarpflegeprodukte unter ihrem eigenen Namen verkauft. Mit »Fischbeker Friseurlädchen« hätte das nicht funktioniert.

2. Logo gestalten

Ein gutes Logo prägt sich ein und identifiziert Sie eindeutig als Absender. Manchmal reichen eine bestimmte Schrift und eine Farbe aus. Wie mit einer außergewöhnlichen typografischen Gestaltung ein hoher Wiedererkennungswert geschaffen werden kann, zeigen eindrücklich die Marken Nivea und Coca-Cola. Deren Schriftzüge wurden speziell im Auftrag des Unternehmens entwickelt und sind keine verwechselbare Massenware wie die Schriften, die Sie auf Ihrem Computer haben. Als Kleinunternehmen sind Sie allerdings meist auf diese weit verbreiteten Schriften angewiesen.

Sie erhöhen die Merkfähigkeit Ihres Namens durch ein Bildelement, das den Schriftzug ergänzt. Dieses Bild sollte mit dem Unternehmensinhalt harmonieren und nicht willkürlich gewählt sein. Bei einem Blumenladen liegt beispielsweise ein florales Motiv nahe, und ein Optiker tut gut daran, als visuelles Element Brillen zu nutzen. Auch Ihr Firmenname kann einen Bezug herstellen, vor allem wenn Ihr eigener Name Bestandteil wird. Das bietet sich bei allen Namen an, die einen realen Bezug haben – etwa Luchs, Koch, Kirsch oder Wolf. Als »Wolf Gartenbau« oder »Koch-Catering« können Sie beispielsweise mit Ihrem Namen spielen. Achten Sie aber darauf, dass Logo und Name die gewünschten Assoziationen auslösen. Notieren Sie auf einem Zettel, für welche Eigenschaften Sie stehen wollen. Werden diese Eigenschaften auch wirklich mit dem Bildelement in Ihrem Logo verbunden? Wie immer empfiehlt sich ein Markttest.

3. Farbe wählen

Bei kleineren Unternehmen kann allein schon die Farbe eine bestimmte Herkunft und Branchenzugehörigkeit signalisieren. So treten Karriereberater fast immer in dunklem Blau oder Grau auf. Auch Rechtsanwälte und Steuerberater wählen gerne diese Farben. Texter und Werber dagegen sind traditionell bunt, wagen es auch mal, ihren Auftritt mit Gelb, Orange, Rot zu gestalten.

Nicht immer ist es gut, sich an der Standardfarbe der Branche zu orientieren. Sie fügen sich damit in die Masse ein, anstatt sich abzugrenzen. Gleichzeitig ist es aber auch ein Risiko, mit dem Gewohnten zu brechen, das Sie nur ganz bewusst eingehen dürfen. Rechtsanwälte müssen seriös wirken und können deshalb sicher nicht in Pink erscheinen. Aber wie wäre es mit dunkleren Rottönen?

Farbe	Schwarz	Weiß	Rot	Grün	Blau	Gelb
Bedeutung	Eleganz Anderssein Illegalität Tod Trauer	Unschuld Reinheit Tugend Schlichtheit	Ärger Aggression Selbst- bewusstsein Liebe Feuer Gefahr	Hoffnung Sicherheit Neid	Treue Männlich- keit Kälte Seriosität Autorität	Kreativität Eifersucht Vorsicht Niedrigpreis
Branchen	Architektur Werbung Mode	Handel (oft in Kombina- tion mit Schwarz)	Auto	Umwelt	Anwälte Ärzte Steuer- berater Personal- berater Bildung	Werbung Lebens- mittel

Lassen Sie Ihre Farbe nicht nur auf dem Briefpapier, der Visitenkarte und im Internet wirken, sondern auch auf Präsentationsmappen oder Taschen. Auch Ihr Büro können Sie in Ihrer Hausfarbe einrichten, und wer mag, kann sich bevorzugt in der Farbe seines Unternehmens kleiden.

4. Schrift wählen

Schrift ist nicht nur Bestandteil Ihres Logos, sondern tritt überall auf, wo Sie schriftlich kommunizieren und sich präsentieren: in einer Broschüre ebenso wie in einer Anzeige, auf einer Rechnung oder mit einer E-Mail. Verwenden Sie in allen Textdokumenten die gleiche Schrift. Insgesamt sollten Sie sich auf zwei Schriftarten beschränken. Überlegen Sie genau, welche Wirkung von der gewählten Schrift ausgeht und welche Assoziationen sie auslöst. Ein und dasselbe Wort kann in unterschiedlichen Schriftarten unterschiedliche Bedeutung erhalten. Schauen Sie sich einmal folgendes Beispiel an:

Text und Design
Text und Design
Text und Design
Text und Design
Text und Design

Schriften können modern oder antiquiert, seriös, verspielt oder romantisch wirken. Sie können einen Retroschick ausstrahlen oder futuristisch sein. Suchen Sie sich eine Schrift aus, die zu Ihrem Unternehmen passt. Achten Sie unbedingt auf gute Leserlichkeit: Es nützt nichts, wenn Ihre Kunden Ihre Schrift nur mit Mühe entziffern können. Auch von Weitem sollte Ihr Name problemlos zu lesen sein, etwa auf einem Büroschild oder auf Ihrem Auto.

Oft ist es sinnvoll, zwischen einer Schrift für den Firmennamen und das Logo einerseits und Schriften für Druckerzeugnisse andererseits zu unterscheiden. Tendenziell ist es besser, für Überschriften eine serifenlose Schrift wie Arial oder Helvetica zu wählen. Das ist eine Schrift, die keine Häkchen an den Enden der Buchstaben hat. Für Fließtexte, also längere Texte, eignen sich Serifenschriften wie die Times New Roman dagegen besser. Selbstverständlich sollte aber alles zueinander passen. Überlassen Sie vielleicht am besten die Wahl der richtigen Schrift einem Grafiker, der sich damit auskennt.

Tipps für die richtige Schriftwahl
- Stellen Sie Lesbarkeit über alles.
- Überlegen Sie, wie die Schrift wirken soll, zum Beispiel modern, konservativ, elegant, billig, trendy, jugendlich, sachlich oder verspielt. Lassen Sie sich am besten von einem Experten bei der Auswahl der Schriften beraten.
- Legen Sie nicht nur die Schriftart, sondern auch die Größen fest, zum Beispiel für den eigentlichen Text und für Überschriften.

4. Grundraster festlegen

Legen Sie ein Grundraster für Ihre Druckerzeugnisse und den Internetauftritt fest. Das Grundraster gibt Auskunft darüber, an welcher Stelle sich beispielsweise Logo, Adresse, Telefon- und Faxnummer oder Bankverbindung auf Ihrem Briefpapier befinden. Legen Sie für alle Ihre Druckerzeugnisse ein Grundraster fest. Dazu gehören die Breite der Seitenränder oder die Größe der Abbildungen. Ihre Publikationen wirken dadurch einheitlich und klar. Außerdem fällt Ihnen das Erstellen von Materialien leichter, wenn Sie sich nicht jedes Mal ein völlig neues Konzept ausdenken müssen. Um ein Grundraster zu entwerfen, können Sie Kästchenpapier zu Hilfe nehmen.

Beispiel: Grundraster für eine Internetseite

Logobereich	Servicebereich (alternativ)
	Identitätsbereich
Navigations-bereich	Contentbereich (Inhalte)
Servicebereich (alternativ)	

5. Aussagen festlegen

Sind Sie ein Unternehmen, das aus »Erfahrung gut« ist? Gelten Sie als »der Experte« auf Ihrem Gebiet? Was für visuelle Gestaltung Ihrer Druck- und Online-Erzeugnisse gilt, gilt auch für die Textaussagen: Sie sollten stets gleich bleiben. Das heißt, dass Sie Ihre Produkte und Dienstleistungen immer auf identische Art und Weise darstellen. Das schließt nicht aus, dass Sie in Werbeaktionen unterschiedliche Aspekte hervorheben, Ihr Tonfall darf allerdings nicht stark von Ihrem übrigen Auftritt abweichen. Wenn Sie heute beispielsweise auf der Luxusschiene agieren, können Sie sich morgen nicht als der billige Jakob präsentieren.

Achten Sie auf mediengerechte Umsetzung Ihrer Texte. Das gilt besonders für das Internet: Informationen werden hier nicht gelesen, sondern kurz überflogen; die Texte sollten also nicht allzu lang sein. Die Nutzer erwarten außerdem die Möglichkeit, selbst aktiv zu werden. Zudem ist das Internet ein ideales Medium, um Hilfsmittel anzubieten: von der Wegbeschreibung bis zu Bedienungsanleitungen für Ihre Produkte. Wichtig: Informationen, die Sie im Internet anbieten, müssen immer aktuell sein.

Tipps für gute Texte

- Achten Sie darauf, dass Ihr Stil und Tonfall zu Ihrem visuellen Auftreten passen und einheitlich sind. Achten Sie dabei besonders auf die Harmonie von Text und Bild.
- Jede Aussage muss für sich verständlich sein.
- Schreiben Sie keine langen Romane, sondern bieten Sie kurze Lesehäppchen. Kommen Sie schnell auf den Punkt.
- Bieten Sie in Ihren Texten Lösungen für den Kunden an, anstatt viel zu beschreiben.
- Wiederholen Sie zentrale Aussagen.
- Vermeiden Sie Fachbegriffe, es sei denn, Sie wenden sich an ein Fachpublikum.
- Verwenden Sie die gleichen Grundaussagen in allen Werbeerzeugnissen.

---

6. Werbemittel festlegen

Die meisten Gründer starten mit Visitenkarte, Briefpapier, Flyer und einer Internetseite. Nicht immer ist das alles unbedingt erforderlich. Fragen Sie sich, welche Werbemittel Sie wirklich brauchen und effektiv nutzen. Wenn Sie für fünf verschiedene Firmenkunden arbeiten, die Sie ohnehin schon kennen, brauchen Sie zunächst nicht einmal eine Visitenkarte, und Ihr Briefpapier für Rechnungen können Sie selbst erstellen. Hauptsache ist, dass Sie als Absender wiedererkennbar sind. Sobald Sie jedoch neue Kunden gewinnen wollen, brauchen Sie einige Hilfsmittel, um sich bekannt zu machen und in Erinnerung zu bringen. Ein persönliches Treffen ist wunderbar: Aber nur wenn sich Ihr neuer Kontakt auch eine Woche noch später anhand Ihrer Visitenkarte an Sie erinnert, wird er Sie anrufen. Um eigenes Briefpapier kommen Sie ebenfalls kaum herum: Sie müssen schließlich Angebote und Rechnungen schreiben und eventuell Broschüren mit einem Anschreiben verschicken.

Ein Werbe-Flyer ist manchmal entbehrlich. Wenn Sie als Unternehmensberater für eine Reihe von Großkunden arbeiten, brauchen Sie gute Kontakte, aber kein Faltblatt mit einer Selbstdarstellung. Spezielle Werbemaßnahmen sind dann nicht erforderlich; also sparen Sie sich diese Ausgabe. Erfahrungsgemäß wird viel Papier produziert, das direkt im Papierkorb landet. Der Grund dafür: Werbemittel werden selten sinnvoll eingesetzt und an die Zielgruppe verteilt. Oft geht es Gründern nur darum, das zu haben, was alle haben.

7. Werbemittel professionell gestalten und produzieren

Sie sparen sich viel Zeit, wenn Sie einen professionellen Grafiker für Ihre Geschäftsausstattung gewinnen. Andernfalls werden Sie Tag und Nacht basteln und am Ende mit Ihrem Ergebnis wahrscheinlich doch nicht zufrieden sein.

Der Entwurf einer Geschäftsausstattung verschlingt keine Unsummen, kann aber leicht 500 Euro und mehr kosten. Mit einer eigenen Internetpräsenz sind Sie schnell bei 2.000 Euro. Das ist für viele Gründer ein Batzen Geld. Denken Sie über Sparmöglichkeiten nach, zum Beispiel ein Tauschgeschäft: Sie lassen sich die Ausstattung von einem Grafiker erstellen, der ebenfalls gerade gründet, und bieten ihm im Gegenzug Ihr Produkt oder Ihre Dienstleistung an. Auf diese Weise schaffen Sie sich gleich eine erste Referenz. Grafiker, die sich neu auf den Markt begeben, finden Sie beispielsweise auf sogenannten Visitenkartenpartys (siehe Kapitel 9.4). Andernfalls lautet die Devise verhandeln.

Briefen Sie den Grafiker oder die Agentur ausführlich. Erklären Sie, wie Sie nach außen wirken wollen, und machen Sie Vorgaben. Nennen Sie die Farben, mit denen Sie sich gut identifizieren können, und solche, die Sie nicht mögen. Gute Grafiker werden Ihnen mehrere Grobentwürfe zur Auswahl geben. Sind Sie mit einem dieser Entwürfe einverstanden, unternimmt der Designer eine Reinzeichnung. Normalerweise verlangt er für beide Tätigkeiten ein Honorar.

Sobald Sie Ihre Werbemittel drucken lassen, brauchen Sie belichtungsfähige Daten, am besten als PDF-Datei. Ein Copyshop kann eine Alternative für kleine Auflagen sein. Wenn Sie viele Farbkopien machen müssen, kommt Sie das letztlich sogar teurer als der Druck im Offsetverfahren oder Digitaldruck. Die Angebote für den Druck von Werbemitteln unterscheiden sich stark. Vergleichen Sie, indem Sie alle Kosten einbeziehen, beispielsweise auch den Versand. Oft sind Flyer günstiger, wenn Sie die Werbung des Anbieters mit aufdrucken. Achten Sie aber darauf, dass diese nicht allzu prominent angebracht ist: Das ist schlechte Werbung für Sie!

Erstausstattung

Machen Sie es nicht wie alle anderen! Bevor Sie Ihre Werbemittel entwerfen, über-legen Sie sich genau, wo diese präsentiert werden. Sollen die Werbemittel verteilt werden? Was ist das Umfeld? Mit welchen Mitteln könnten Sie in diesem Umfeld auffallen? Sie können beispielsweise größer, kleiner, einfacher, bunter oder dezenter sein. Testen Sie die Wirkung Ihres Werbemittels, indem Sie einen Prototyp basteln und probeweise verteilen.

Visitenkarten

Wenig Raum, viel Gestaltung: Das ist eine Herausforderung für Grafiker. Eine ungewöhnliche Karte kann eine gute Werbung für Sie sein. Eine Stanzung bei-spielsweise wirkt seriös, und eine extravagant gestaltete Doppelkarte kann zu einem konservativen Freiberufler passen. Vorsicht jedoch bei außergewöhnlichen For-maten: Ihr Ziel ist es, in möglichst vielen Brieftaschen und Visitenkartenhaltern zu landen. Übergrößen oder runde Karten werden oft weggeworfen, weil der Besitzer nicht weiß, wohin damit.

Die Entwurfskosten für Visitenkarten sind sehr unterschiedlich und beginnen bei rund 70 Euro. Der Druck kostet ab circa 40 Euro für 1.000 Stück.

Briefpapier

Das Briefpapier sollte das gleiche Design wie Ihre Visitenkarten besitzen und alle wesentlichen Kontaktdaten aufweisen; auch die Kontoverbindung kann aufge-druckt sein.

Viel zu selten wird Briefpapier zur eigenen Werbung genutzt. Verweisen Sie auf eigene Angebote oder Neuheiten. Selbst eine Rechnung kann dezente Werbung enthalten, zum Beispiel: »Wir bedanken uns für den Auftrag und die gute Zu-sammenarbeit. Kennen Sie schon unsere neue Website? Unter *www.ich-bin-da.de* sind wir 24 Stunden für Sie da.«

Briefpapier können Sie in unterschiedlichen Variationen drucken lassen: mit eingedruckter Kontonummer für Rechnungen oder als zweite Seite ohne Logo. 1.000 Blatt kosten ab 50 Euro.

Flyer

Bei einem Flyer zur Präsentation Ihrer Produkte spielen die Texte die entschei-dende Rolle. Prägnant und überzeugend sollten sie wirken – und das auf knappem Raum. Doch die meisten Unternehmen überfrachten die Seiten mit zu viel Text und laufen Gefahr, dass die Adressaten die Flyer überhaupt nicht lesen. Dabei gilt die Regel: Wenig ist fast immer mehr.

Auf die erste Seite des Flyers gehören Ihr Logo und eine prägnante, werbewirk-same Kurzbeschreibung Ihres Angebots. Die Mitte ist ideal für ergänzende Erläu-terungen oder eine Preisübersicht. Beachten Sie dabei, dass die rechte Seite immer besser wahrgenommen wird als die linke. Wichtige Informationen sollten also rechts stehen.

Auf die Rückseite des Flyers passt beispielsweise Ihr Foto. Falls Sie eine Dienstleistung anbieten, ist das ein wichtiges Element, damit sich Ihre Kunden ein Bild von Ihnen machen können. Achten Sie darauf, dass Sie den Kunden direkt ansehen. Auch auf der ersten Seite kann sich ein Foto sehr gut machen: Es lenkt die Aufmerksamkeit stark auf Ihre Persönlichkeit. Sinnvoll ist das, wenn Sie sich über Ihre Persönlichkeit und einen Expertenstatus verkaufen, wenn Sie vielleicht schon durch die Medien bekannt sind oder eine besondere Ausstrahlung haben.

Flyer kosten ab 80 Euro für 1.000 Stück im klassischen, sogenannten DIN-A-lang-Format. Das passt in alle Briefumschläge und eignet sich damit besonders gut für den Versand. Achten Sie auf das Porto: Wie schwer darf der Flyer sein, damit der Versand Sie nur das Porto für einen Standardbrief kostet? Wählen Sie gegebenenfalls ein leichteres Papier, um Kosten zu sparen.

Tipp: Postkarten statt Flyer

Postkarten sind (ab ca. 50 Euro für 500 Stück) preiswerter zu verschicken und wirken oft besser als Flyer. Durch den begrenzten Platz müssen Sie sich auf wesentliche Aussagen beschränken. Besonders schick sind überformatige Karten, die auch ideale Informationsträger sind und durchaus nicht immer per Post verschickt werden müssen, sondern beispielsweise auf Veranstaltungen verteilt werden können oder an zentralen Stellen auslegen. Natürlich können Sie Postkarten auch ergänzend zum Flyer einsetzen, beispielsweise für Ankündigungen. Wichtig: Postkarten müssen auffallend sein, damit Sie wahrgenommen werden.

Internetpräsenz

Lassen Sie sich bei der Gestaltung Ihrer Internetpräsenz nicht von Technik-Freaks überrumpeln. Eine einfache klassisch dreigeteilte Seite (links Index, oben Logo, Mitte Text) kommt immer noch am besten an. Auch hier ist Übersichtlichkeit wichtiger als modische Verspieltheit.

Überlegen Sie, nach welchen Informationen die Besucher Ihrer Website suchen. Wählen Sie die Informationen entsprechend aus. Beispiele: Freie Mitarbeiter und Kreative können Arbeitsproben zum Download anbieten; ein Seminaranbieter kann einen Terminkalender einfügen. Die Selbstpräsentation und die Präsentation Ihres Angebots gehören natürlich ebenfalls dazu. Bündeln Sie Ihre Texte zu kleinen Häppchen, denn im Internet werden lange Texte nicht gelesen. Bieten Sie auf jeder Seite eine Kontaktmöglichkeit an – und zwar Telefon und E-Mail.

Firmenschild

Ein Firmenschild ist wichtiger Aufmerksamkeitsbringer. Je zentraler Ihr Büro gelegen ist, desto mehr Menschen laufen daran vorbei und könnten Ihr Schild sehen. Wer jeden Tag an Ihrem Büro vorbeikommt, wird Ihren Namen verinnerlichen, wenn er werbewirksam positioniert ist. Denken Sie daran, wenn Sie Ihr Büro auswählen: Ein Firmenschild im Haus bringt weniger als ein Schild, das draußen angebracht ist.

Auto-Aufkleber

Wenn Sie eine Internetadresse besitzen, die leicht zu merken ist, können Sie diese auf eine Folie drucken und ins Rückfenster Ihres Autos kleben. Gerade wenig erklärungsbedürftige Produkte lassen sich so ideal bewerben. Falls Sie Telefonnummern angeben, sorgen Sie dafür, dass diese leicht merkbar sind: 59 99 99 ist besser als 57 79 02 01. Solche Aufkleber können Sie ab rund 5 Euro drucken lassen.

Interview: »Ich inszeniere mich selbst«

Michael Böhm betreibt im Spargeldorf Herten-Scherlebeck die Werbeagentur Augenfänger (*www.augenfaenger.de*). Er ist spezialisiert auf Guerilla-Marketing von kleinen und mittleren Unternehmen.

Was muss ich tun, um als Existenzgründer oder kleines Unternehmen bekannt zu werden und Kunden zu gewinnen?
Das Wichtigste überhaupt ist es, die eigene Zielgruppe zu kennen: Wer kauft mein Produkt? Erst wenn das klar ist, kann ich Mittel und Wege finden, die Zielgruppe zu erreichen. Den wenigsten Unternehmen ist jedoch bewusst, wen sie ansprechen wollen. Eine typische Antwort von Mittelständlern lautet: »Ich will alle als Kunden.« Alle gibt es aber nicht. Eine Firma, die alle anspricht, kann das nicht auf eine wirklich authentische Art und Weise tun und erreicht deshalb meistens nicht einmal seine potenziellen Kunden.

Was macht mich denn authentisch?
Ein einheitliches Bild, Wiedererkenn-barkeit. Ein China-Restaurant sollte als China-Restaurant auftreten – mit allen Konsequenzen und dem vermeintlichen Risiko, damit nicht »jeden« anzusprechen. Es wäre falsch, auch Wiener Schnitzel auf die Karte zu setzen oder die Serviererinnen in deutschem Gasthaus-Stil herumlaufen zu lassen. Deutsche Schlager im Hintergrund machen sich in diesem Umfeld ebenfalls nicht gut. Besser wäre es, das Ambiente so zu gestalten, dass alles zueinander passt und es keine Brüche gibt.

Ein Geschäft mit Moden für Mollige etwa sollte mit dem Auto erreichbar, am besten mit Parkplätzen vor dem Haus ausgestattet sein und besonders geräumige Umkleidekabinen haben; auch die Verkäuferin darf nicht Größe 36 tragen.

*Angenommen, die Zielgruppe ist
gefunden: Was tue ich als Nächstes?*
Ich inszeniere mich selbst. Ich sorge
dafür, dass ich geschlossen auftrete
und meine Kunden mich problemlos
wiedererkennen.

Ein Beispiel?
Ich schicke Kunden beispielsweise
immer orangefarbene Briefe, die ich
persönlich und ohne Absender
adressiere. Das macht mich wiedererkennbar. Die Briefe kommen an –
meist direkt beim Geschäftsführer.
Außerdem bekommen Kunden von
mir als Werbegeschenk ein Marzipan-
Auge. Da erinnern die sich eher
dran als an einen Kugelschreiber –
garantiert. Außerdem ist die Herstellung billiger. Und auch meine

Stammkunden erkennen meine Briefe
selbst in einem Postberg.

*Müssen sich Existenzgründer abgren-
zen? Ist das nicht auch immer teuer?*
Ja, Existenzgründer müssen sich
unbedingt von anderen abheben. Das
muss nicht teuer sein. Die einfache
Regel lautet: Low-Budget-Marketing
kostet wenig Geld und viel Zeit.
High-Budget-Marketing kostet viel
Geld und wenig Zeit.

*Haben Sie ein Beispiel für Low-
Budget-Marketing?*
Eine Kundin, die eine Änderungs-
schneiderei eröffnete, verteilte statt der
üblichen Flyer Stofffetzen mit ihrer
Webadresse bei den potenziellen Kunden. Das kam gut an.

Corporate Identity für freie Mitarbeiter

Eine hohe Wiedererkennbarkeit ist für alle gut: für Unternehmer ebenso wie für
Angestellte. Für freie Mitarbeiter, die vor Kunden wie Angestellte eines Unternehmens auftreten, gilt das erst recht. Da sie über keine soziale Absicherung verfügen,
müssen sie stets nach neuen Auftraggebern Ausschau halten. Wenn Sie also nur für
einen oder zwei Auftraggeber tätig sind, sollten Sie dafür sorgen, dass andere auf
Sie aufmerksam werden. Dezente Werbemittel wie eigenes Briefpapier und eigene
Visitenkarten helfen dabei.

Oft bekommen Sie von Ihrem Auftraggeber Visitenkarten zur Verfügung
gestellt, damit Sie vor Kunden als dessen Mitarbeiter auftreten können. Diese Karte
müssen Sie selbstverständlich nutzen, denn Sie würden die Kunden nur verwirren,
wenn Sie sich als freier Mitarbeiter erklären und mit eigener Corporate Identity
auftrumpfen. Trotzdem empfiehlt es sich, eine Zweitkarte in der Tasche zu haben.
Schließlich begegnen Ihnen immer wieder potenzielle neue Auftraggeber oder vielleicht sogar Direktkunden.

Ein Flyer ist dagegen für freie Mitarbeiter ebenso überflüssig wie eine Broschüre.
Anders die Internetseite. Sie eignet sich hervorragend zur eigenen Akquise. Ihre
derzeitigen Auftraggeber können Sie auf der eigenen Webseite gleich als Referenz
nennen – auch das ist Werbung.

Tipps: Freie Mitarbeiter

– Entwickeln Sie eine eigene Signatur für E-Mails, die Name und Adresse sowie vielleicht sogar einen kurzen Werbespruch enthält.
– Tragen Sie sich in Datenbanken ein, und nutzen Sie dazu immer dieselben Informationen.
– Gestalten Sie ein Profil, das Ihre Kenntnisse beschreibt, passend zu Visitenkarte und Geschäftspapier.
– Machen Sie sich für bestimmte Dinge bekannt, etwa Ihre Zuverlässigkeit, Termintreue, kreative Lösungen, einen Schwerpunkt in Ihrer Tätigkeit.

Corporate Identity selbst gemacht

Natürlich rate ich Ihnen, für die Gestaltung Ihrer Unterlagen einen erfahrenen Grafiker oder eine Agentur zu Rate zu ziehen. Aber ich weiß auch, dass viele Gründer ihr eigenes Logo entwerfen und sich ihre Flyer selbst basteln – nachts mithilfe von Word und Powerpoint. Diese ersten Versuche nehmen viel Zeit in Anspruch und sehen meist nicht besonders professionell aus. Trotzdem sind Sie vermutlich stolz auf Ihre Entwürfe. Sie sollten sie aber unbedingt kritisch aus der Perspektive Ihrer Kunden oder Auftraggeber betrachten; Freunde und Ehepartner sind die falschen Ratgeber, wenn es darum geht, Ihren Firmenauftritt zu beurteilen. Lassen Sie es Ihre potenziellen Kunden tun und fragen Sie die, die Ihr Produkt oder Ihre Dienstleistung kaufen! Tun Sie das, bevor Sie tausend Flyer in den Druck geben; zehn Farbausdrucke reichen für den Anfang.

Mithilfe des folgenden Fragenkatalogs finden Sie heraus, wie gut Ihre Werbemittel ankommen:

▶ Wie ist Ihr erster Eindruck?
▶ Wie wirkt die Gestaltung auf Sie?
▶ Finden Sie alle wesentlichen Informationen?
▶ Würden Sie die angebotene Dienstleistung in Anspruch nehmen oder das Produkt kaufen?
▶ Reizt Sie der Flyer, Kontakt aufzunehmen?

Adressen

Allgemeine Informationen:

– Hewlett Packard (*http://h41139.www4.hp.com/de/de/online_tools/color_code_game.html*): Spiel zu Farbbedeutungen.

– Workshop Akademie.de (*www.akademie.de/office-programme/office-microsoft-word-lernen/tipps/ms-word/word-booklets.html*): Anleitung für den einfachen Broschürendruck mit Word.

9.3 Werbung

Als Existenzgründer haben Sie wenig Geld für Werbung übrig. Investieren Sie es sinnvoll. Denn auch hier gilt meist: Weniger ist mehr! In diesem Kapitel definieren Sie Ihre eigenen Ziele und entwickeln eine Strategie, die zu Ihrem Unternehmenskonzept passt. Sie bekommen zahlreiche konkrete Anregungen, um Ihr Geschäft zum Laufen zu bringen und mithilfe von sinnvollen Werbemaßnahmen dauerhaft am Leben zu halten.

Beliebte Marketingfehler

Sie können viel lernen, indem Sie Ihre Konkurrenz beobachten. Bei anderen erkennen Sie oft sofort, was falsch läuft. Lernen Sie daraus!

Fehler 1: Fehlende Marketingstrategie

»Wir haben eröffnet. Unser Willkommensgeschenk: 10 Prozent Rabatt auf alle Schuhe.« Zur Geschäftseröffnung ihres Kinderschuhgeschäftes schaltet Petra Meier eine halbseitige Anzeige in einem Wochenblatt. Einen Monat später inseriert sie in der *Frankfurter Rundschau* und bucht gleich eine 4-Farb-Anzeige. Dann schickt sie Pressemeldungen an insgesamt hundert Adressaten heraus. Zu dem über Aushänge an Laternenpfählen angekündigten Tag der offenen Tür unter dem Motto »Lernen Sie uns kennen« kommen allerdings nur zwei Personen, und auch die Anzeigen locken niemanden in den Laden.

Fehler:

- Die Werbebotschaft ist öde und weckt kaum Aufmerksamkeit.
- Die einmalige Schaltung einer Anzeige ist zu wenig.
- Der 4-Farb-Druck einer Anzeige ist zu teuer.
- Große Anzeigen passen nicht zu einem kleinen Schuhgeschäft.
- Ein Einzelhandelsgeschäft braucht kein überregionales Umfeld.
- Der Presseaussendung wurde zu breit gestreut.
- Das Motto zum Tag der offenen Tür ist nichtssagend und weckt keine Neugier.

Verbesserungsvorschläge:

- Die Botschaft der Anzeige kundenorientiert formulieren: Fragen Sie sich, was Ihre Kunden interessiert und wodurch sich ihr Problem lösen lässt.
- Besser mehrere kleine Anzeigen schalten als eine große: Es ist ein Irrglaube, dass groß auch groß wirkt. Ihre Anzeige sollte dem Leser zudem immer wie-

der an der gleichen Stelle begegnen – dann wird er sich vielleicht irgendwann an Sie erinnern.

▶ Das richtige Medium wählen: In diesem Beispiel eignen sich regionale Medien, da ein Schuhgeschäft sicher keine Kunden aus der nächsten Großstadt anzieht.

▶ Lieber wenige Medien gezielt ansprechen als wild streuen: So vermeiden Sie, dass Ihre Information ungelesen in den Papierkorb wandert.

▶ Ein starkes Motto wählen, das die Aufmerksamkeit der Kunden erregt: Statt »Lernen Sie uns kennen« beispielsweise »Gewinnen Sie Kinderschuhe für das ganze nächste Jahr!«

▶ Die Botschaften aufeinander abstimmen: Warum die Kinderschuhe nicht auch in der Anzeige als Gewinn ausschreiben? Sie wecken damit doppelte Aufmerksamkeit.

Fehler 2: Konkreter Kundennutzen fehlt

»Machen Sie sich frei. Ich richte Ihnen Konten mit der KHK-Software ein. Das macht Sie unabhängig vom Steuerberater.« Marius Mull lässt 2.000 Flyer drucken und legt sie überall aus, wo Existenzgründer aufeinandertreffen. Der studierte Betriebswirt gewinnt mit dieser Aktion jedoch keinen einzigen Kunden. Auch Werbebanner, die er im Internet in Existenzgründerportalen schaltet, bringen keinen Erfolg. Nach drei Monaten macht er sein Geschäft wieder dicht.

Fehler:

▶ Die Botschaft ist viel zu kompliziert: Der Nutzen eines Produktes oder einer Dienstleistung muss sich sofort erschließen.

▶ Der Text ist lausig: »Machen Sie sich frei« führt die Assoziationen in eine völlig falsche Richtung.

▶ Dienstleistungen sind über Werbebanner kaum zu verkaufen – vor allem nicht in Kombination mit einer unausgereiften Botschaft.

Verbesserungsvorschläge:

▶ Den Nutzen der Dienstleistung klar auf den Punkt bringen.

▶ Anreize für den Leser schaffen. Die Aussage könnte lauten »Sparen Sie 1.000 Euro im Jahr«, verbunden mit einem Rechenbeispiel auf der Rückseite.

▶ Die Botschaft der Anzeige muss sich dem Leser sofort erschließen. Schreiben Sie einfach, in Wortwahl und Satzbau.

▶ Slogans sind nur dann gut, wenn Sie überzeugend sind. Andernfalls ist ein klar artikuliertes Verkaufsargument prägnanter und reicht völlig aus.

▶ Die besseren Werbeträger für diesen Zweck sind Aushänge und Flugblätter. Im Internet bieten sich Textanzeigen bei Suchmaschinen wie Google an.

Fehler 3: Fehlende Corporate Identity

Rosi Heinz und Marc Seher, eine Bürogemeinschaft, wollen gemeinsam Kunden gewinnen. Rosi bietet Laufbahnberatung für Karrierefrauen, Marc Manager-Trainings. Gemeinsam operieren sie unter dem Dach Top-Train, wobei Rosi das Logo in Blau und Marc das Logo in Grün verwendet. Auf der Website verfügen sie über eigene Bereiche: Direkt beim Klick auf die Homepage muss sich der Kunde zwischen Rosi Heinz und Marc Seher entscheiden.

Fehler:

- ▶ Der gemeinsame Auftritt wird durch die getrennten Designs konterkarriert.
- ▶ Top-Train assoziiert etwas Falsches, nämlich eine Verbindung zu Eisenbahnen.
- ▶ Die Internetseite weist nicht sofort auf das Angebot hin, sondern auf (unbekannte) Namen.

Verbesserungsvorschläge:

- ▶ Wer als Unternehmen gemeinsam auftritt, benötigt eine gemeinsame Botschaft und ein einheitliches Design. Das Angebot sollte also im ersten Schritt dem Unternehmen und nicht den Personen zugeordnet werden.
- ▶ Bei der Farbe darf nicht differenziert werden. Ein Unternehmen sollte sich für eine Farbe entscheiden.
- ▶ Der Kunde sollte auf der Internetseite sofort sehen, wo er ist und welche Dienstleistungen er wählen kann. Erst dann kann er sich anhand der Viten für die jeweiligen Schwerpunkte der beiden Geschäftspartner informieren.
- ▶ Nach Kundengruppen zu differenzieren ist teuer und erfordert von Ihnen gleich mehr Werbemaßnahmen. Wenn Sie sich hier als Texter und dort als Full-Service-Unternehmen anpreisen, stiftet das außerdem Verwirrung.

Fehler 4: Falsche Maßnahmen

Die Grafikerin Sabine Sour startet mit einer Freundin, einer Texterin, eine Mailing-Aktion, bei der sie mit dem folgendem Text 5.000 Unternehmen per E-Mail kontaktiert: »Sehr geehrte Damen und Herren Entscheider, fest angestellte Grafiker sind teuer, wir sind billig. Wir leisten das Gleiche wie Fulltime-Angestellte zu deutlich günstigeren Tarifen. Als Team sind wir aufeinander eingespielt und können komplexe Projekte durch unterschiedliche Kompetenzen gemeinsam bewältigen. Engagieren Sie uns, wir machen's für Sie!« Auf die 5.000 E-Mails – teuer bei einem Adresshändler gekauft – kommen nur 20 Antworten – die sich alle über den »Spam« beschweren.

Fehler:

- Unerwünschte E-Mails werden kaum gelesen.
- Es ist unwahrscheinlich, dass sich über E-Mail in diesem Segment Kunden gewinnen lassen.
- Unpersönliche Ansprache.
- Nicht branchengemäße Ansprache: »Sehr geehrte« passt nicht in die Werbeszene.
- Kein Grafiker sollte sich als »billig« verkaufen. Hier gilt der Künstlerbonus und die weit verbreitete Meinung, dass billig mit schlechter Qualität gleichzusetzen ist.
- Eher langweiliger Text, der nicht wirklich packt: Dass eine Texterin dafür verantwortlich zeichnet, mag man nicht glauben.

Verbesserungsvorschläge:

- Im ersten Schritt sollte sich das Team über die Zielgruppe einig werden: Spricht es Direktkunden an oder Agenturen? Welche Direktkunden: Existenzgründer, Freiberufler oder Institutionen?
- Zeigen statt reden – das gilt bei Designern natürlich ganz besonders. Der Weg dahin: Akquise mit verbindlicher Verabredung eines persönlichen Gesprächs. Optimale Ergänzung: eine gute Präsentation auf der Website.
- Eine Mailing-Aktion kann funktionieren, wenn der Grafiker gezielt bestimmte Unternehmen anspricht, etwa eine Branche, in dem er sich gut auskennt und für den er viele Arbeitsproben bereithält.
- Sich entscheiden, was verkauft werden soll: Einzeldienstleistung oder Full-Service? Im letzten Fall hätten sich die beiden als Unternehmen oder Team vorstellen sollen, das alles aus einer Hand bietet.

Werbung mit kleinem Budget

Fangen Sie nicht gleich mit Fernsehwerbung an – es geht auch viele Nummern kleiner. Die Maßnahmen, die im Folgenden vorgestellt werden, kosten wenig und sind nicht minder effektiv. Wichtig ist: Sprechen Sie Ihre Kunden immer auf dieselbe Art und Weise an – egal mit welcher Werbemaßnahme. Ihre Aussagen, Ihre Präsentation, Ihre Corporate Identity müssen stimmig sein und dürfen sich nicht stark verändern. Nur so lösen Sie einen Wiedererkennungseffekt aus, und nur durch Wiedererkennung gewinnen Sie Kunden! Gerade Dienstleister müssen sich immer wieder ins Blickfeld der Kunden bringen. Je häufiger die Begegnung, desto größer die Wahrscheinlichkeit, dass Sie als kompetent wahrgenommen werden.

Anzeigen

Jede Anzeige sollte so gestaltet sein, dass Sie exakt den Nerv Ihrer Zielgruppe trifft. Ob zu große Füße, der falsche Job oder fehlende Sprachkenntnisse: Bieten Sie konkrete Lösungen an: Schuhe ab Größe 45, Karriereberatung mit Jobgarantie, Spanisch für Anfänger. Das ist verhältnismäßig einfach, wenn ein konkreter Wunsch bereits vorhanden ist. Wer schon seit Jahren Schuhe in Übergrößen sucht, den Job wechseln möchte oder Spanisch lernen will, ist aufmerksam. Sie müssen nur noch mit dem Finger schnippen und sagen: Hier bin ich!

Schwieriger wird es, falls Sie Produkte und Dienstleistungen anbieten, die zwar ein latentes Bedürfnis ansprechen, aber noch nicht zu einem konkreten Wunsch geworden sind. Wecken Sie also Wünsche. Das können Sie am besten, indem Sie die wichtigsten Bedürfnisse Ihrer Zielgruppe ansprechen wie Sicherheit, Wohlstand, Selbstverwirklichung, Erfolg oder Genuss und Lebensfreude. Hier ein Beispiel: »Wollen Sie endlich wieder richtig gut schlafen? Feng-Shui-Beraterin schafft ein schlafgesundes Umfeld bei Ihnen zu Hause.«

Die meisten Unternehmer, die Ihre Anzeigen selbst texten, haben Probleme, sich auf die wesentlichen Kernaussagen zu beschränken. Sie wollen Ihre Leistung bis ins Detail beschreiben, die eigene Kompetenz belegen. Doch das ist überflüssig, denn in den meisten Fällen will ein Kunde lediglich, dass sein Problem schnell gelöst wird. Kommen Sie also rasch auf den Punkt.

Tipps für erfolgreiche Anzeigen

- Sprechen Sie Bedürfnisse an, wecken Sie Wünsche.
- Schreiben Sie einfach.
- Schalten Sie die Anzeige mehrmals hintereinander. Legen Sie dann eine Pause von vier Wochen ein. Wiederholen Sie Ihre Aktion in regelmäßigen Abständen.
- Wählen Sie die Medien aus, die für Ihre Zielgruppe relevant sind. Je spezieller, desto besser – und meist auch preisgünstiger.
- Kleine Anzeigen können wirkungsvoller sein als große, schwarzweiße mehr Aufmerksamkeit wecken als bunte.
- Achten Sie auf die richtige Platzierung. Die rechte Seite einer Zeitschrift wird eher wahrgenommen als die linke, der äußere Seitenrand eher gesehen als der innere.
- Achten Sie auf das richtige Umfeld. Eine Horoskop-Hotline passt besser zu den Partnerschaftsanzeigen als zu den Stellenangeboten.
- Das Umfeld sollte konstant bleiben. Schalten Sie die Anzeige immer an der gleichen Stelle. Das sorgt für eine gute Wiedererkennbarkeit.
- Variieren Sie Slogans und Aussagen zu Ihrem Unternehmen nicht. Je öfter ein Kunde die gleichen Aussagen über Sie hört, desto besser kann er sich merken, wer Sie sind.

Zeitpunkt:

- Überlegen Sie, wann Sie Ihre Zielgruppe am besten erreichen können. Normalerweise sind die Sommermonate und die Zeit um Weihnachten schlecht für Anzeigen im Dienstleistungsbereich. Dem Einzelhandel beschert Weihnachten hingegen hohe Umsätze. Schalten Sie Anzeigen auch passend zur Saison: Ein Handwerker könnte beispielsweise damit werben, auch über Weihnachten und in den Sommerferien erreichbar zu sein.
- Schalten Sie die Anzeige regelmäßig, mindestens viermal hintereinander, bevor Sie eine kurze Pause einlegen.
- Machen Sie keine Pause, wenn das Geschäft gut läuft. Motto: Läuft das Geschäft schlecht, wirb, läuft es gut, wirb noch mehr.

Geeignet für: Alle Existenzgründer, die Direktkunden haben. Nur bedingt geeignet für Grafiker, Journalisten und Texter. Bestimmte Gruppen von Freiberuflern müssen die für Sie geltenden Werbebeschränkungen beachten.

Kosten: Ab 20 Euro für eine Kleinanzeige.

Erfolgsfaktor: Bei Produkten kann der Erfolg unmittelbar eintreten; Dienstleistungen müssen meist erst anlaufen. Das bedeutet, dass sich erst nach mehrmaligem Schalten überhaupt eine spürbare Resonanz einstellt. Erfolgt gar keine Reaktion, sollten Sie den Text der Anzeige, das Medium, in dem sie werben, und die Platzierung überdenken.

Aufmerksamkeitsbringer

Auffallen ist nicht alles, aber wichtig. Dafür steht Ihnen meist nur wenig Geld zur Verfügung. Nutzen Sie deshalb die vorhandenen Möglichkeiten, zum Beispiel Plastik- oder Papptüten. Warum sollen sie schmucklos daherkommen? Färben Sie die Tüte in Ihrem Corporate Design und drucken Sie einen Spruch auf, den sich die Leute merken. Schöne Plastiktüten sind mehr als ein Transportmittel: begehrte Blickfänger.

Ähnliches gilt für die Autos. Ein bunt beklebtes Auto kann viele Blicke auf sich ziehen. Natürlich muss das Auto zur Geschäftsidee passen: Schrill und bunt assoziiert preiswert, gediegen, und einfarbig wird eher als teuer wahrgenommen. Auch Marken spielen eine Rolle in der Außenwahrnehmung: Ein edles Designergeschäft kann schlecht mit einem alten Fiat werben, ein Malermeister kaum mit einem Alfa Romeo. Indes gibt es keine feste Regeln. Wenn Sie anders auftreten, als »man« erwartet, kann dies auch eine gute Werbung darstellen.

Poster sind ebenfalls preiswerte Werbeflächen. Bringen Sie sie überall dort an, wo Ihre Kunden hinkommen. Mit etwas Glück können Sie die Flächen sogar kostenlos nutzen, etwa die Wand im Supermarkt, im Fitness-Studio oder im Fotogeschäft. Auch Ampeln und Laternenpfähle können prima Adressen sein – wenn Sie sie systematisch nutzen.

Weitere Aufmerksamkeitsbringer:

▶ Postkarten: Sind diese schön gestaltet, läuft Ihre Werbung fast von selbst. Bei allem Sinn für ansprechende Gestaltung Kontaktadresse nicht vergessen!

▶ Ladenfenster: Warum nur ein Name über der Tür? Locken Sie Kunden mit Sprüchen und Angeboten.

▶ Werbemittel wie Feuerzeuge, Kugelschreiber oder Kalender: Gestalten Sie etwas Besonderes, die üblichen Billigartikel gibt es viel zu oft.

▶ Aufkleber: Bringen Sie Ihre Werbung überall an – an Briefen, Türen, Laternenpfählen.

Tipps für erfolgreiche Aufmerksamkeitsbringer

– Nutzen Sie Ihre Hausfarben, auch bei der Einrichtung von Büroräumen.
– Gehen Sie weg vom Gewohnten, verwenden Sie ungewöhnliche Formen, Aussagen.
– Halten Sie Ihre Botschaften so einfach und leicht verständlich wie möglich.

Spar-Tipp: Verbünden Sie sich mit Ihrem regionalen Umfeld. Suchen Sie vor allem den Kontakt mit Unternehmern, die mit Ihrer Zielgruppe in Berührung kommen. Ein Bewerbungsberater kann ideal die Postkarten eines Fotografen verteilen, der Fotograf die Flyer des Bewerbungsberaters.

Zeitpunkt: Immer.

Geeignet für: Alle Existenzgründer, die Direktkunden haben. Nur bedingt geeignet für Grafiker, Journalisten und Texter. Bestimmte Gruppen von Freiberuflern müssen die für Sie geltenden Werbebeschränkungen beachten.

Kosten: Ab 50 Euro für einen Auto-Aufkleber, ab 5 Euro für einen Aufkleber mit Internetadresse.

Erfolgsfaktor: Meist sind solche Aktionen langfristig angelegt. Sie müssen mit Ihrem auffälligen Auto mehrmals auftauchen, bis Sie wirklich bewusst registriert werden.

Direktmailings

Wenn Sie Kunden direkt ansprechen, haben Sie die besten Chancen, diese für sich zu gewinnen. Direktmarketing ist eines der wirkungsvollsten Instrumente, weil Sie hier die Möglichkeit haben, mit Ihrer Zielgruppe in einen Dialog zu treten. Aus diesem Grund leben Mailings von Response-Elementen: etwa Fragebögen, die der Kunde ausfüllen soll, oder Formularen zur Anforderung weiterer Infomationen. Diese Elemente machen den Erfolg einer Maßnahme zudem unmittelbar messbar: Wie viele Kunden haben auf die Mailingaktion reagiert?

Wählen Sie dazu zunächst Ihre Zielgruppe genau aus: Wen wollen Sie ansprechen? Fragen Sie sich dann, welches Problem der Kunde hat und welche Lösung Sie anbieten können. Schreiben Sie dann einen Brief. Dabei sollten Sie den typischen Blickverlauf des Kunden berücksichtigen, wenn er ein Mailing liest:

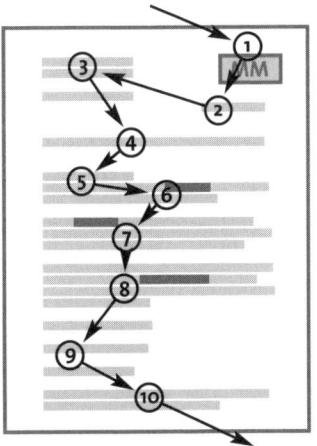

Blicklauf beim Betrachten eines Mailings

(1) Firmenlogo,
(2) Datum,
(3) Kundenadresse,
(4) Headline,
(5) persönliche Ansprache,
(6), (7) und (8) Werbetext, in dem einzelne Passagen durch Unterstreichungen und Fettdruck betont werden,
(9) Unterschrift,
(10) eventuelles Postscriptum.

[Quelle: www.textakademie.de]

Wenn Sie einen faltbaren Flyer als Direktmailing gestalten, sollten Sie ebenfalls bestimmte Regeln beachten. Dazu gehört beispielsweise, dass Sie die wichtigste Aussage vorne anbringen und vertiefende Informationen auf der Innenseite.

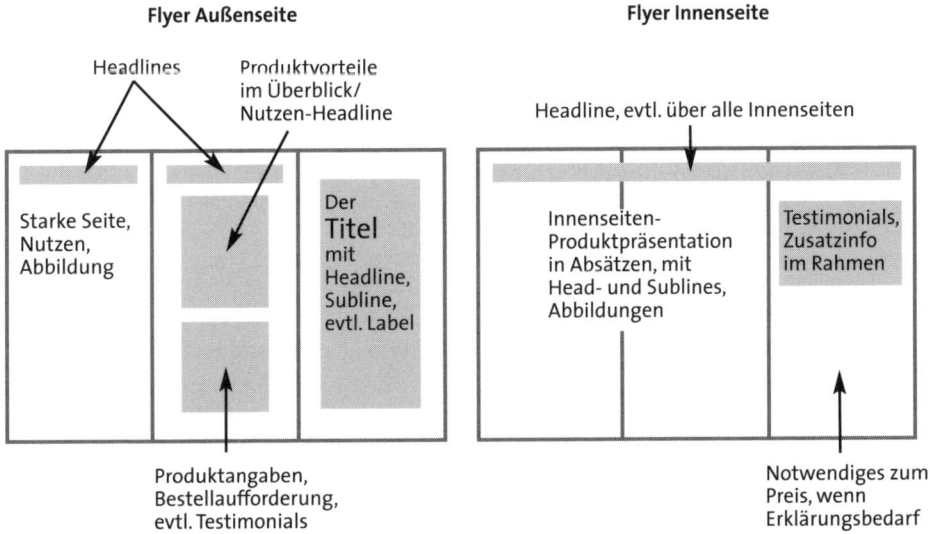

[Quelle: www.textakademie.de]

Entscheiden Sie sich für eine Distribution, die sich an der Zielgruppe orientiert. Der Postweg ist oft die beste Wahl: Briefe werden meist gewissenhafter wahrgenommen als E-Mails. Sie haben eine haptische Wirkung, ziehen Blicke auf sich, wirken unterschwellig oder direkt – bis zur Entscheidung, sie wegzuwerfen. Bei E-Mails reicht ein Klick.

E-Mails können zwar eine preiswerte Alternative darstellen, doch ist die Wahrscheinlichkeit, wahrgenommen zu werden, eher gering. Sollten Sie sich dennoch für diesen Weg des Direktmailings entscheiden, ist die Qualität Ihrer Adressen wichtig. Haben sich Interessenten in Ihren Newsletter eingetragen oder stammen sie aus Ihrer eigenen Datenbank, ist die Erfolgsquote vermutlich hoch. Kaufen Sie Adressen ein, so sollten Sie die Herkunft ermitteln. Wie sind die Adressen erhoben worden? Handelt es sich um Namensadressen (Vorname.Nachname@…) oder Funktionsadressen (info@…)? Im Allgemeinen sind Namensadressen besser, da die Wahrscheinlichkeit größer ist, dass die E-Mail direkt beim richtigen Empfänger landet.

Vorsicht: Immer wieder ziehen Gründer durch das Internet und »grabben« Adressen. Das ist nicht erlaubt. Sie dürfen nur dann Werbung senden, wenn jemand sein Einverständnis gegeben hat. Bei eigenen Kunden dürfen Sie davon ausgehen, dass diese an Informationen interessiert sind. Bittet Sie jedoch jemand, aus dem Verteiler herausgenommen zu werden, müssen Sie dieser Bitte sofort nachkommen.

Tipps für erfolgreiche Direktmailings

- Den Blickverlauf beim Aufbau des Briefes beachten.
- Den Leser direkt und mit Namen ansprechen.
- Eine Betreffzeile integrieren.
- Sich als Absender klar zu erkennen geben.
- Jederzeit signalisieren, dass Sie den Dialog wünschen – am besten durch Angabe Ihrer Telefonnummer und Ihrer E-Mail-Adresse.
- Durch Überschriften Orientierung bieten.
- Einfach und verständlich schreiben.
- Sofort auf den Punkt kommen.
- Reaktionselemente (Response) einbauen.
- Ein Postscriptum integrieren; dies wird von manchen Kunden zuerst gelesen.

Zeitpunkt: Suchen Sie einen Zeitpunkt aus, zu dem Ihre Zielgruppe gut erreichbar ist. Bei Direktmails im Internet ist es ideal, wenn die Werbung morgens vor dem ersten Abruf der E-Mails im Kasten ist.

Geeignet für: Alle Existenzgründer, die in einem etwas größeren Rahmen starten und ein Produkt oder eine Dienstleistung verkaufen.

Kosten: Auch wenn Sie das Mailing selbst schreiben, kosten Sie zumindest der Versand und der Kauf von Adressen Geld. In der Mailingfactory der Deutschen Post (www.mailingfactory.de) zahlen Sie beispielsweise für 1.000 Adressen und die Mailing-Organisation ab 250 Euro. Hinzu kommt das übliche Porto.

Erfolgsfaktor: Je nach Geschäftsmodell. Es gibt Dienstleistungen, die lassen sich nur persönlich verkaufen. Auch die größten Mailing-Aktionen bringen dann wenig oder gar nichts. Entscheidend für den Erfolg ist die Auswahl der richtigen Adressen. So kann eine Direktmarketingfirma, die als Aktion kostenlose Dessous an Kundinnen verschickt, um damit für ein dauerhaftes Dessous-Abo zu werben, gezielt Frauen bis 40 Jahren anschreiben.

Expertenwerbung

Wenn Sie in einem speziellen Dienstleistungssegment tätig sind, sollten Sie Experte werden. Setzen Sie sich das Ziel, zu denen zu gehören, die als Erste genannt werden, wenn es um Ihr Thema geht. Ein Beispiel: »Dr. Andreas Lutz ist der Experte für Überbrückungsgeld.«

Der Weg dorthin ist steinig. Sie werden nicht von heute auf morgen als Experte gelten, vielmehr werden Sie Schritt für Schritt darauf hinarbeiten müssen und viel Geduld brauchen. Am Anfang werden Sie sich anbieten und oft geradezu aufdrängen müssen. Bieten Sie Vorträge an, nehmen Sie an Chats teil, diskutieren Sie in themenbezogenen Internetforen. Beweisen Sie Ihr Wissen, indem Sie erst einmal kostenlos helfen und Rat erteilen.

Ein hervorragendes Werbemittel und ein guter Beleg für Ihren Expertenstatus ist ein eigenes Buch. Damit belegen Sie Ihre Kompetenz und steigern Ihr Ansehen. Ist das Buch auch noch fachlich überzeugend, haben Sie es sicher bald bis ganz nach vorne geschafft. Finden Sie keinen Verlag, weil das Thema zu speziell ist, können Sie es selbst oder als Book-on-Demand veröffentlichen, zum Beispiel bei Libri.

Nutzen Sie jede Gelegenheit, auf sich aufmerksam zu machen, und verteilen Sie Ihr Werk großzügig bei sogenannten Multiplikatoren. Das sind Menschen oder Institutionen, die über Ihr Buch reden werden. Beispiel: Wenn Sie als auf Franchising spezialisierter Unternehmensberater ein Buch über Franchising schreiben, sollten Sie dafür sorgen, dass der Deutsche Franchising-Verband als Pate auftritt oder das Werk zumindest empfiehlt.

Tipps für erfolgreiche Expertenwerbung

Zeitpunkt: Jederzeit und vor allem dauerhaft. Sie müssen sich immer wieder ins Blickfeld Ihrer Zielgruppe bringen.

Geeignet für: Alle Existenzgründer, die sich auf einem Fachgebiet profilieren möchten.

Kosten: Keine.

Erfolgsfaktor: Sehr hoch, solange Sie glaubwürdig sind, es schaffen, eine wirkliche Nische zu besetzen, und einen langen Atem besitzen.

Events

Unter den Begriff »Event« fällt alles, was früher als Veranstaltung bezeichnet wurde. Events haben zwei Funktionen: Zum einen locken sie Ihre potenziellen Kunden an und machen auf Sie und Ihr Unternehmen aufmerksam, zum anderen binden Sie vorhandene Kunden an Ihr Unternehmen und prägen Ihr Image. Je spannender und ungewöhnlicher ein Event, desto größer die Chance, dass es langfristig wirkt und Ihnen neue Kundschaft beschert.

Die wichtigste Veranstaltung für kleinere Unternehmen ist der »Tag der offenen Tür«. Dieser ist allerdings nur dann interessant, wenn Ihre Kunden davon einen konkreten Nutzen haben. Beispiel: Eine Computerschule lädt ein und bietet den Besuchern 25 Prozent Rabatt bei sofortiger Anmeldung für Kurse.

Das sind weitere Beispiele für Events:

- ► Ein Modegeschäft lädt einen Visagisten und einen Stilberater ein und bietet einen Sonntag lang Beratung unter dem Motto: »Machen Sie das Beste aus Ihrem Typ!«
- ► Ein Friseur bietet »Cut & Party«: einen Abend Haare schneiden für 10 Euro und anschließend eine Party.
- ► Eine Unternehmensberatung lädt zum Ideen-Check. Einen Tag lang können Gründer ihre Geschäftsideen kostenlos prüfen lassen.

Auf jeden Fall muss die Veranstaltung zu Ihnen passen. Es bringt nichts, wenn Sie über eine Single-Party lauter junge Leute anlocken, als Massagestudio jedoch eher eine ältere Klientel ansprechen. Als kleiner Gründer sollten Sie zudem darüber nachdenken, ob Sie sich nicht mit anderen zusammentun können, Ihre Kraft bündeln und sich zudem die Kosten teilen. Beispiele für sinnvolle gemeinsame Kraftakte: Feng-Shui-Berater und Möbelhaus, Arzt oder Rechtsanwalt und Künstler (Ausstellung), Friseur und Mode, Optiker und Stilberater, Buchhändler und Autor.

Tipps für erfolgreiche Events

Zeitpunkt:

- – Jederzeit. Bei der Festlegung des passenden Termins orientieren Sie sich an Ihrer Zielgruppe. Sind es beispielsweise Angestellte, sollten Sie den Abend bevorzugen.
- – Je nach Konzept ist es sinnvoll, Events regelmäßig zu veranstalten, zum Beispiel immer am dritten Wochenende eines Monats, in den Sommerferien, oder zwei Wochen vor Weihnachten.

Geeignet für: Alle Existenzgründer, die einen eigenen Laden oder vorzeigbare Räume besitzen oder mieten können.

Kosten: Ab 0 Euro bei Tag der offenen Tür, nach oben unbegrenzt.

Erfolgsfaktor: Je nach Event kann die Resonanz schnell erfolgen oder langfristig angelegt sein. Trotzdem sollten Sie immer auch eine Erfolgskontrolle einbauen. Bei Fachforen oder Workshops können Sie beispielsweise Listen auslegen, in denen die Teilnehmer Ihre Meinung abgeben. Ganz wichtig: Geizen Sie nicht mit Flyern, Visitenkarten und Informationsbroschüren. Nur große Institutionen können es sich leisten, solches Material zu verkaufen oder zurückzuhalten.

Internetwerbung

Das Internet ist das ideale Medium für alle, die wenig Geld zur Verfügung haben. Sehr wirkungsvoll sind beispielsweise kleine Textanzeigen in Suchmaschinen wie Google. Diesen Anzeigenplatz kaufen Sie ein, wobei Sie pro Suchwort und Klick auf Ihre Anzeige zahlen. Kunden, die Ihre Anzeige sehen, klicken mit der Maus darauf und landen dann bei Ihrem Angebot.

Wichtig ist, dass Sie ein Umfeld mit hohem Wiedererkennungswert bieten. Die Überschrift in der Anzeige sollte sich auf der angeklickten Seite wiederfinden; auch die Aussagen müssen harmonieren. Wenn Sie als Optiker ein kostenloses Kontaktlinsen-Set bewerben, so sollte der Kunde beim Klick darauf sofort zu weiterführenden Informationen gelangen, die sich auf genau dieses Angebot beziehen. Solche Textanzeigen können Sie mittlerweile auch in Portalen finden, die zum jeweiligen Thema passen, zum Beispiel Fitnessprodukte auf der Seite von *www.fitforfun.de*. Die Portale holen sich diese Anzeigen dabei aus dem Pool von Google und anderen Anbietern wie *www.overture.de* und *www.espotting.de*. Beide bieten selbst keine Suchmaschinen an, sondern stellen Suchmaschinen Angebote zur Verfügung.

Werbebanner können ebenfalls erfolgreich sein, vor allem wenn sie zu genau zu der Zielgruppe passen, die das Angebot besucht. Beispiel: Wenn Sie ein Fitnessprodukt vertreiben, kann sich ein Banner auf einem Fitness- oder Sportportal lohnen. Suchen Sie sich die Portale und Internetangebote aus, die für Ihre Zielgruppe interessant sind.

Tipps für erfolgreiche Internetwerbung

Zeitpunkt: Jederzeit und regelmäßig.

Geeignet für: Alle Existenzgründer, auch Freiberufler, sofern sie im Direktauftrag tätig werden.

Kosten: Ab 30 Euro pro Monat für Textanzeigen, je nach Stichwort und Beliebtheit der Anzeige.

Erfolgsfaktor: Sachliche Anzeigen, welche die Zielgruppe direkt ansprechen, haben den größten kommerziellen Erfolg. Besser wenige Klicks von potenziellen Kunden als viele von Internetsurfern, die nur auf der Suche nach Abwechslung sind.

Partnerprogramme

Partnerprogramme sind internetbasierte Programme, bei denen Sie anderen Anbietern dafür Geld zahlen, dass Sie Ihnen Zulauf bescheren. Ein prominentes Beispiel ist Ebay: Für jede Anmeldung, die aufgrund einer Empfehlung von einer anderen Seite erfolgt, zahlt das Auktionshaus 5 Euro. Das lässt sich technisch relativ einfach nachvollziehen. Derartige Programme eignen sich für alle Unternehmen, die im Internet etwas verkaufen: Hotels, E-Shops, Informationsdienste.

Manche Partnerprogramme zahlen sogar immer dann, wenn der Besucher einer anderen Seite auf die eigene klickt. Hier liegen die Summen im Cent-Bereich. Da der Erfolg aber nicht direkt messbar ist und ein Klick noch lange keinen Kauf bedeutet, empfiehlt sich diese Methode weniger.

Wichtig ist, dass Sie mit Partnern zusammenarbeiten, die Ihnen tatsächlich Zulauf bescheren, weil sie Ihre Zielgruppe anlocken. Beispiel: Verkaufen Sie Hotelzimmer, so sollten Sie Ihre Partner und Kunden auf Reiseseiten suchen. Entwickeln Sie Ihr eigenes Partnerprogramm, und bieten Sie dieses gezielt an. So können Sie Ihre Kooperationspartner für einen Klick, der von der Seite des Partners auf Ihre Seite führt, oder für einen direkten Kauf oder eine Bestellung belohnen. Schauen Sie sich an, wie andere es machen, zum Beispiel bei *www.affilinet.de*.

Tipps für erfolgreiche Partnerprogramme

Zeitpunkt: Jederzeit und durchgängig.

Geeignet für: Alle, die im Internet hochpreisige Produkte oder Dienstleistungen vertreiben.

Kosten: Für die technische Umsetzung je nach Umfang des Auftrags, sonst keine, da ja nur dann Geld gezahlt wird, wenn ein Kauf erfolgt. Wichtig: Um Partner zu gewinnen, müssen Sie attraktive Konditionen bieten. Orientieren Sie sich am Wettbewerb in Ihrem Segment!

Erfolgsfaktor: Ideal, um sich weithin bekannt zu machen.

Public Relations (PR)

PR lautet die Abkürzung für Public Relations beziehungsweise Öffentlichkeitsarbeit. Es ist die Kommunikation mit den Interessengruppen einer Firma, zum Beispiel Kunden, Investoren und Medien. Auch die regionalen Behörden können zu den Interessengruppen zählen: Viele Unternehmen engagieren sich in ihrem Umfeld, sponsern Kindergärten oder soziale Projekte. Durch eine strategisch geplante Kommunikation kann eine Firma ein bestimmtes Image von sich schaffen, um beispielsweise als besonders sozial oder familienfreundlich zu gelten.

Der Umgang mit den Medien, die Pressearbeit, ist der wichtigste Bestandteil effektiver Öffentlichkeitsarbeit. PR ist langfristig angelegt und hat nur in Ausnahmefällen kurzfristige Effekte, etwa bei Ankündigungen von Seminaren oder Buchbesprechungen. Sie zählt im Marketing-Mix zum Bereich Kommunikation, darf aber nicht mit Werbung verwechselt oder vermischt werden, da sie anderen Gesetzen folgt und subtiler funktioniert.

Pressevertretern können Sie beispielsweise nicht einfach Ihre Unternehmensbotschaften unterjubeln. Sie suchen vielmehr News: einen Aufhänger mit Neuigkeitswert. Was als »neu« empfunden wird, ist je nach Medium verschieden. Für regionale Zeitungen, etwa Wochen- und Anzeigenblätter, kann Ihre Unternehmens-, Praxis- oder Ladeneröffnung durchaus einen Neuigkeitswert besitzen – vor allem wenn Sie die Nachbarschaft zu einem Umtrunk einladen oder eine kostenlose Aktion starten. In überregionalen Zeitschriften können Sie mit ungewöhnlichen Aktionen (siehe virales Marketing), echten Neuentwicklungen oder auch neuen Herangehensweisen punkten.

In Tageszeitungen kommen Sie als Kleinunternehmen mit einer klassischen Gründungsmeldung wahrscheinlich nicht hinein. Hier müssen Sie sich schon etwas mehr einfallen lassen. Überlegen Sie: Was könnte für die Leser der Zeitschrift interessant sein? Mitunter können Sie sich einfach als Interviewpartner und Experte in einem Artikel anbieten. Beispiel: Als Ernährungsberater stehen Sie Rede und Antwort zum Thema »gesunde Ernährung«.

Auch in Magazinen müssen Sie mit Ihrem Unternehmen nicht notwendigerweise einen ganzen Artikel dominieren. Es reicht, wenn Sie als Experte oder Zitatgeber auftauchen. Auch mit Ihrer Lebens- oder Unternehmensgeschichte können Sie sich darstellen – etwa in einer Zeitschrift für Existenzgründer. Dabei bleibt immer noch genug Raum, um Ihre Geschäftsidee vorzustellen. Auch andere Magazine, etwa Frauenzeitschriften, sind an solchen Gründungsstorys interessiert. Warten Sie nicht, bis Sie gefragt werden, sondern bieten Sie sich aktiv an. Platzieren Sie aber unbedingt Ihre Webadresse, damit der Leser jederzeit weitere Informationen abrufen kann.

Weitere Eintrittskarten in die Medien:

- ▶ eine radikale und provozierende These, die das bisher Bekannte auf den Kopf stellt;
- ▶ ein Buch, das ebenfalls provokant ist oder Neues vermittelt;
- ▶ Status als Experte beziehungsweise Insiderwissen;
- ▶ Kenntnis oder gar Setzen von Trends.

Tipps für erfolgreiche PR

- Ein gutes Verhältnis zu Redakteuren und freien Journalisten ist entscheidend. Wenn Sie einen guten Eindruck hinterlassen, wird man immer wieder gerne auf Sie zurückkommen.
- Stellen Sie sich regionalen Medien am Telefon oder persönlich vor. Bei dieser Gelegenheit können Sie beispielsweise den Ansprechpartner für Pressemitteilungen erfragen. Schicken Sie keine Pressemitteilungen ins Blaue.
- Sprechen Sie den jeweiligen Ressortverantwortlichen an. Wer das ist, ist meist im Impressum zu lesen.
- Drängeln Sie nicht: Nachfassen wird zwar in PR-Kursen gelehrt, es kann aber viel beschäftigte Journalisten auch sehr stören. Finden Sie einen Mittelweg, und suchen Sie das Gespräch auch unabhängig von aktuellen Themen.
- Werden Sie wichtiger Informant zu Insider-Themen. Das macht Sie unentbehrlich und sorgt quasi automatisch für eine gute Presse.
- Lassen Sie sich Texte von Interviews stets autorisieren. Das heißt, dass Sie sie vor Abdruck noch einmal lesen und gegenzeichnen.
- Besprechen Sie stets, in welcher Form Ihr Name genannt wird. Sorgen Sie dafür, dass der interessierte Leser etwa durch Angabe einer Internetadresse nicht lange nach Ihnen suchen muss.
- Buchstabieren Sie Ihren Namen, geben Sie Visitenkarten aus. Journalisten haben wenig Zeit, sodass sich schnell ärgerliche Flüchtigkeitsfehler einschleichen.
- Schreiben Sie kurze und journalistische Pressemeldungen, die nach dem Prinzip »das Wichtigste zuerst« aufgebaut und frei von Werbekauderwelsch sind. Lassen Sie sich am besten von einem Profi helfen.

Zeitpunkt: Immer wenn es eine Nachricht gibt, die aus der Sicht von Lesern einer Zeitschrift interessant ist. Meist sind für Gründer vor allem die regionalen Medien interessant. Experten sollten zudem Fachartikel schreiben. Beispiele für regionale relevante Themen: Tag der offenen Tür, Spende für den Kindergarten, besondere Angebote, Mitgliedschaft in einer wichtigen Vereinigung etc.

Geeignet für: Alle Existenzgründer, es sei denn, diese arbeiten nur für indirekte Kunden.

Kosten: 0 bis 1.000 Euro, wenn PR-Profis eine Meldung schreiben und versenden. Regelmäßige PR-Begleitung durch eine Agentur gibt es ab 1.000 Euro pro Monat

Erfolgsfaktor: Die Veröffentlichung einer Seminarankündigung kann schnelle Resonanz hervorrufen. Ähnliches gilt für einen Presseartikel. In der Regel ist PR allerdings langfristig angelegt und hat einen stark imagebildenden Charakter. Geduld ist also gefragt.

Virales Marketing

Bei viralem Marketing stecken Sie andere mit einem Virus an – natürlich nur im übertragenen Sinn. Praktisch funktioniert das so: Sie bieten etwas an oder tun etwas, was Sie direkt ins Gespräch bringt. Etwas, das so ungewöhnlich ist, dass die Leute von sich aus darüber reden werden und die Nachricht multiplizieren. Virales Marketing bezeichnet also Aktionen, die über Mundpropaganda funktionieren oder sich im Internet per E-Mail verbreiten

Ansteckend ist zum Beispiel Lachen: Ein guter Witz verbreitet sich fast von selbst. Ähnliche Effekte lösen andere Produkte aus, wenn Sie kostenlos erhältlich sind, zum Beispiel ein Online-Spiel, eine kostenlose E-Mail-Adresse gegen Spam, ein Gratis-Geschenk oder ein Gutschein. Aber auch konkrete Aktionen gehören zum viralen Marketing: Die Initiative »Kreative helfen Arbeitslosen« bietet zeitweise kostenlose Beratung und konkrete Hilfe; das spricht sich rum – im eigenen Netzwerk und weit darüber hinaus.

Spannung ist ebenfalls ein geeignetes Mittel, Interesse zu wecken und wachzuhalten. Sogenannte »Blogs« im Internet sind dafür ein gutes Beispiel: Das sind Internet-Tagebücher, die öffentlich geführt werden. Prominentes Beispiel: Rüdiger Nehberg, der auf diese Weise die ganze Welt an seinen Dschungeltrips teilnehmen ließ. Das hat durchaus auch einen kommerziellen Aspekt, da dies den Buchverkäufen zugute kommt.

Achtung: Virales Marketing beruht oft auf dem Neuheitseffekt. Nur wenn eine Sache noch unbekannt ist, stößt sie auf breites Interesse. Außerdem kann es auch gefährlich sein, Aufmerksamkeit um jeden Preis zu erringen. Ihre Marketing-Idee sollte letztlich immer zum Ziel haben, Kunden zu gewinnen.

Tipps für erfolgreiches virales Marketing

Zeitpunkt: Jederzeit. Ideal ist vor allem der Zeitpunkt, bevor ein neuer Trend entsteht (und sehr schwer zu finden).

Geeignet für: Alle Unternehmer.

Kosten: Virales Marketing muss nichts kosten; auf jeden Fall ist es erheblich billiger als klassische Werbung.

Erfolgsfaktor: Eine gut gemachte virale Marketing-Kampagne sorgt für einen hohen Aufmerksamkeitswert. Doch Vorsicht: Wichtig ist, dass die Aufmerksamkeit auch wirklich Ihnen oder Ihrem Produkt zuteil wird. Beispiel: Das bekannte Spiel »Moorhuhn-Jagd« hat sich von der Auftraggeber-Firma Johnny Walker abgekoppelt und für diese kaum einen Werbewert erzeugt. Es muss also ein Bezug zu Ihnen oder Ihrem Angebot vorhanden sein.

Gründerporträt: »Viele Kunden fahren anderthalb Stunden, um bei mir zu kaufen«

Ina Wißmann verkauft individuelle Brunnen aus edlen Steinen.

Firma	Brunnenstudio
Gesellschaftsform	Einzelunternehmen
Geschäftsmodell	Verkauf von Zimmerbrunnen und Brunnen für den Garten
Ort	Ramelsloh, Niedersachsen
Internet	www.brunnenstudio.de
Gründung	März 2003
Kapitaleinsatz bei Gründung	Ein paar hundert Euro für die ersten Brunnen
Inhaberin	Ina Wißmann
Entwicklung	Demnächst Einzug in ein 100-Quadratmeter-Ladengeschäft; Expansion nur, wenn sie nicht auf Kosten der besonderen Brunnen-Qualität und der guten Beratung geht
Erreichen der Gewinnschwelle	Nach wenigen Wochen

In den ersten Monaten ihrer Selbständigkeit ließ Ina Wißmann ihre Brunnen im kleinen Wohnzimmer sprudeln und dampfen. Überall standen die dekorativen Luftbefeuchter, Blausalz-Lampen und edlen Steine.

Da arbeitete die gelernte Kauffrau noch im Vertriebsinnendienst und öffnete das Hausgeschäft nur zweimal in der Woche, abends von 18 bis 20 Uhr. Die Kunden kamen trotzdem – angelockt von kleinen Anzeigen in der Wochenzeitung, Broschüren und vor allem Brunnenpartys, auf denen Wißmann Steine ausstellte. Die Mundpropaganda setzte sich in dem kleinen Dorf Ramelsloh, das aus einem Bäcker, einer Sparkasse, einer Kirche und wenigen hundert Einwohnern besteht, fast von selbst in Gang.

Dass sich das Geschäft weit über die Grenzen von Ramelsloh herumsprach, ist vor allem das Verdienst der Inhaberin, denn Ina Wißmann verkauft ihre Dekorationsobjekte mit Herz und viel Engagement. Damit ihre Kunden zufrieden sind, rät sie auch schon mal vom Kauf ab; Hauptsache, der Käufer ist glücklich mit seiner Errungenschaft.

Alle Brunnen sind Einzelstücke und nicht im Baumarkt erhältlich. Damit das so bleibt, hält Wißmann ihre Lieferanten geheim – so wie es alle gewieften Einzelhändler tun. Sie schafft sich dadurch ein einzigartiges Sortiment.

Mit einem so schnellen Erfolg hatte Wißmann allerdings nicht gerechnet. Nach vier Monaten war die Nachfrage so groß, dass die frisch gebackene Ladenbesitzerin ihren Vollzeitjob an den Nagel hängen konnte, obwohl das Brunnenstudio sie zu diesem Zeitpunkt noch nicht voll ernährte. Immerhin gab es da noch ihren Ehemann, der die Durststrecken überbrücken half. Denn um sich in einem abgelegenen Dorf wie Ramelsloh dauerhaften Zulauf zu verschaffen, waren mehrere Kraftakte nötig – und zwar im wahrsten Sinne des Wortes: Eine Zeitlang baute Wißmann ihre Brunnen auf Märkten auf. Das bedeutete, bleischwere Steine in den Firmenwagen zu laden, erst aufzubauen und später wieder abzubauen. Doch der ungewöhnliche Stand fiel überall auf. So sehr, dass Wißmann immer wieder von Veranstaltern gebeten wurde, doch mit einem Stand an Märkten teilzunehmen. Viel Geld brachten die Marktverkäufe jedoch nicht ein; die meisten Umsätze erzielte sie erst, nachdem die Stände abgebaut waren. Die Kunden hatten Broschüren und Visitenkarten mitgenommen, um sich das Studio vor Ort anzusehen. »Manche fahren anderthalb Stunden und mehr, um Brunnen zu kaufen.«

Nach den Marktauftritten startete die Brunnen-Frau eine Mailing-Aktion, bei der sie vor allem Freiberufler wie Ärzte und Steuerberater anschrieb und auf ihre Brunnen aufmerksam machte. Schließlich machen sich die hübschen Gebilde aus Stein sehr gut in Praxen und Büroräumen: Sie schaffen durch das leise Plätschern eine angenehme Atmosphäre und sorgen nebenbei für gute Luft.

Am Anfang hatte Wißmann noch alle Werbematerialien selbst gestaltet und getextet. Inzwischen überlässt Wißmann ihre Werbe-Flyer und Mailings Fachleuten. »Ich habe gelernt, Aufgaben abzugeben«, sagt sie. Andere können viel besser und schneller layouten und texten – eine wichtige Erkenntnis, die viele Gründer erst spät haben. Dabei schafft sich der Unternehmer durch das Abgeben Raum und Zeit, sich auf das Wesentliche zu konzentrieren.

Wesentlich für Wißmann ist es, die eigene Kompetenz zu erweitern. Deshalb lässt sie sich zur Steintherapeutin ausbilden. Obwohl sie schon viel über die therapeutischen Kräfte von Rosenquarz, Bergkristallen oder auch Smaragden weiß, reicht ihr das nicht. Sie will Wissen vermitteln, das weit unter die Oberfläche geht und über populäres Know-how hinausgeht: »Ich will meine Kunden einfach optimal beraten können.«

Ihr individueller Werbecocktail

Gute Cocktails bestehen aus der richtigen Dosierung. Überlegen Sie jetzt, welche Maßnahmen Sie gerne in Angriff nehmen würden und was Sie sich davon erhoffen. Suchen Sie für jede Maßnahme eine Begründung, die sich auf Ihre Zielgruppe bezieht und möglichst konkret ist, zum Beispiel: »Anzeigen, weil ich damit im Wochenblatt ideal auf meinen neuen Friseursalon hinweisen kann.« Maßnahmen, die für Ihr spezielles Geschäftsmodell unsinnig sind, streichen Sie heraus.

Anzeigen, weil …	
Aufmerksamkeitsbringer, weil …	
Direktmailings, weil …	
Events, weil …	
Expertenwerbung, weil …	
Partnerprogramme, weil …	
PR, weil …	
Internetanzeigen, weil …	
Virales Marketing, weil …	

Folgende Checkliste hilft Ihnen dabei, Ihren individuellen Maßnahmenkatalog zusammenzustellen:

▶ Wo können Sie Ihre Flyer verteilen? Denken Sie beispielsweise an Veranstaltungen, Institutionen etc.
▶ In welchen Zeitungen können Sie Ihre Anzeigen platzieren? Denken Sie regional, überregional und branchenspezifisch, und berücksichtigen Sie auch Radio-, Fernseh- und Kinospots.
▶ Welche Medien und anderen Interessenten sollen Ihre Pressemitteilungen und Informationen erhalten? Wie heißt der dortige Ansprechpartner?

Werbepaket für freie Mitarbeiter

Als Honorarkraft werden Sie weder Anzeigen noch PR benötigen. Werben können Sie trotzdem. Machen Sie sich unverwechselbar, und grenzen Sie sich von Ihren Wettbewerbern ab. Bieten Sie mehr als nur gute Arbeit.

Das sind ein paar Ideen, die Sie gerne weiterentwickeln können:

▶ Ein Fachjournalist schreibt für seine Auftraggeber jeden Monat einen Newsletter per E-Mail, in dem er interessante Neuerungen vorstellt.
▶ Auf Ihrer Internetseite veröffentlichen Sie immer die aktuellen Tagesthemen aus Ihrer Branche.
▶ Sie weisen in der Signatur Ihrer E-Mail auf Workshops, Veröffentlichungen o. Ä. hin.

Werbeplan

Eine einzige Maßnahme verhilft selten zum Durchbruch. Wichtig für Ihren Erfolg ist die Kombination aus verschiedenen Werbemaßnahmen, die Sie zeitlich ganz genau planen sollten. Dafür müssen Sie sich regelmäßig Informationen beschaffen: Wann publiziert Ihre Tageszeitung wieder das »Reise-Spezial«, für das Sie einen redaktionellen Beitrag schreiben möchten? Wann gibt es den nächsten Aktionstag zum Thema Berufseinstieg, an dem Sie Ihre Bewerbungsberatung anbieten? Planen Sie Ihre Werbeaktivitäten möglichst für ein Jahr im Voraus. Bleiben Sie dabei aber flexibel genug, um auch auf kurzfristige Ereignisse reagieren zu können.

	Maßnahme/Medium	Termin/Anlass	Kosten
Januar			
Februar			
März			
April			
Mai			
Juni			
Juli			
August			
September			
Oktober			
November			
Dezember			

Erfolgskontrolle

»Wie sind Sie auf uns aufmerksam geworden?« Die Effekte von Anzeigen oder PR-Maßnahmen lassen sich oft nicht einer einzelnen Aktion zuordnen. Da Ihre Kunden oft vier- bis fünfmal auf Sie aufmerksam geworden sein müssen, bevor Sie zu Ihnen kommen, lässt sich vielleicht wenigstens der letzte Werbekontakt ermitteln.

Um die Wirkung der eigenen Werbung zu prüfen, ist es am besten, den Kunden zu fragen – etwa beim Erstgespräch am Telefon oder in einem kurzen Fragebogen. Listen Sie dazu alle Werbemittel auf, die Sie nutzen. Der Erfolg von Internet-Werbung lässt sich über verschiedene Auswertungsverfahren leicht messen, indem Sie die Reaktionen auf Anzeigen unmittelbar nachvollziehen (»tracken«). Informieren Sie sich beim Anbieter Ihrer Website oder einem externen Dienstleister über Möglichkeiten des Web-Controllings.

Werbung trotz Werbeverbot

Bestimmte Gruppen von Freiberuflern sind in Deutschland und Österreich in ihrer Werbung eingeschränkt. Die Regeln sind hierbei sehr unterschiedlich und berufs-spezifisch. Dem Mediziner in Österreich ist es beispielsweise untersagt, Flugblätter oder Postwurfsendungen zu verteilen oder seine Person und seine ärztliche Tätigkeit »in aufdringlicher Weise« darzustellen. Ähnliches gilt für Deutschland, wenn auch in einem etwas anderen Wortlaut. Beschränkt sind hier zum Beispiel auch Fahrlehrer: Wirbt er mit Preisen, muss er die vom Gesetz bestimmten Einzelpreise nennen.

Oft existieren sogar Unterschiede je nach Bundesland. Doch die Fesseln haben sich in den letzten Jahren stark gelockert: Das Bundesverfassungsgericht sieht Beschränkungen oder Verbote auch bei standesrechtlichen Berufsgruppen nur dann noch als rechtmäßig an, wenn ein sachlicher Grund vorliegt und der Eingriff verhältnismäßig ist, das heißt, wenn die Werbesache wirklich der Rede wert ist.

Welche Beschränkungen für Sie gelten, erfahren Sie bei der für Sie zuständigen Kammer. Oft werden Sie an Grenzen stoßen – wagen Sie hier ruhig mal etwas mehr als zu wenig. Denn Werbung ist für alle Berufsgruppen wichtiger denn je. Nur wenn Sie auf sich aufmerksam machen, werden Sie gesehen.

Internet

Grundausstattung ist eine eigene Internetseite, die inzwischen auch Zahnärzten zugebilligt wird. Hier können Sie sich präsentieren und Ihre Schwerpunkte vorstellen. Eine hervorragende Werbewirkung entfalten gut aufbereitete Informationen: Anwälte kennen und nutzen Informationen schon lange, um auf sich aufmerksam zu machen und Kompetenz zu demonstrieren. Bei anderen Berufen ist diese Form der unterschwelligen Werbung weniger verbreitet und oft noch nicht ausgereift. Eine gute Chance für Sie!

Diese Punkte sollten Sie beachten, wenn Sie im Internet auf sich aufmerksam machen wollen:

▸ Sorgen Sie für hochwertige Informationen, die Ihre Kunden in dieser Form nur bei Ihnen erhalten. Überlegen Sie sich ein Informationskonzept für Ihre Website.

▸ Lassen Sie sich finden. Melden Sie Ihre Internetseite bei den Suchmaschinen an.

Oft suchen Kunden mithilfe von Google und anderer Suchmaschinen nach Ihnen – und finden Sie nicht. Lassen Sie sich finden, indem Sie beispielsweise die Textanzeigen bei Google auf der rechten Seite buchen. Gibt ein Kunde etwa »Steuerberater Hamburg« ein, stößt er dann automatisch auf Sie.

Kleinanzeigen

Es muss nicht immer eine Praxiseröffnung sein: Clever ist der Arzt, der das neue Wartezimmer, das er speziell für Kinder eingerichtet hat, im lokalen Wochenblatt bewirbt oder auf seine neuen, ungewöhnlichen Öffnungszeiten hinweist. Gegen Vorstellungen ist auch nichts zu sagen: Sie und Ihr Team freundlich lächelnd – so zeigen Sie, dass Patienten sich bei Ihnen wohl fühlen. Natürlich können auch Anwälte oder Steuerberater diesen Weg wählen.

Redaktionelle Texte

Schreiben Sie über sich und Ihre Arbeit, stellen Sie sich vor, oder geben Sie Tipps – aber keine Rechtsberatung, denn das ist nicht erlaubt. Damit werben Sie besser für sich als mit einem Slogan. Schreiben Sie über sich und Ihre Aktivitäten, und machen Sie sich dabei interessant für die Leser. Viele Wochenblätter übernehmen solche Texte kostenlos oder verlangen nur einen geringen Obolus.

Visitenkarten und Briefpapier

Keinem Freiberufler ist es verboten, Visitenkarten und Briefpapier zu nutzen. Darauf dürfen Sie sachlich vermerken, welche Schwerpunkte Sie haben und über welche Qualifikationen Sie verfügen. Auch ein Hinweis auf Ihre Internetseite gehört hierhin.

Kreativ sein

Machen Sie es anders als Ihre Kollegen, und lassen Sie sich für Ihre Werbung etwas Originelles einfallen. Ein paar Anregungen:

▸ Geben Sie eine Zeitschrift für Ihre Kunden, Patienten oder Mandanten heraus. Stellen Sie hier nicht nur neue wissenschaftliche Erkenntnisse vor, sondern schreiben Sie vor allem auch über sich und Ihre Mitarbeiter. Sagen

Sie, wer Sie sind, was Sie planen, geben Sie Antworten auf die häufigsten Fragen – die Resonanz wird riesig sein. Außerdem bauen Sie eine feste Kundenbeziehung auf.

▶ Veranstalten Sie kostenlose Workshops und Informationsabende zu bestimmten Themen.

▶ Steuerberater oder Rechtsanwälte können Networking-Partys veranstalten. Hier treffen sich die Mandanten zum Kennenlernen und Vernetzen. Das ist auch eine gute Gelegenheit, neue Kunden zu gewinnen.

▶ Machen Sie Ihre Räumlichkeiten zur Attraktion. Patienten wollen sich bei ihrem Arzt wohl fühlen. Warum also nicht Kaffee und Kekse anbieten? Rechtsanwälte können durch ungewöhnliche, moderne Gestaltung ihrer Räume eine bestimmte Klientel gewinnen, beispielsweise Werbeagenturen.

Adressen

Allgemeine Informationen:

– Textakademie (*www.textakademie.de*): Das A und O des Mailing-Textens.
– Bernd Roethlingshofer (http:berndroethlingshofer. typepad.com/): Kostenloses E-Book »Leben mit kleinem Budget«.

Direkte Hilfe und Kontakte:

– Printshop 24 (*www.printshop24.ch*): Empfehlenswerte Online-Druckerei für Flyer, Postkarten etc..
– Wettbewerbszentrale (*www.wettbewerbszentrale.de*): Zentrale zur Bekämpfung unlauteren Wettbewerbs.
– Das Auge (*www.dasauge.de*): Kreative finden.
– Sloganizer (*www.sloganizer.de*): Werbesprüche aus dem Internet.

9.4 Networking

Viele Existenzgründer glauben an Wunder: Sie denken, die Kunden würden ihnen das Haus einrennen, sobald sie hier und dort eine Anzeige geschaltet haben. Das passiert aber nicht. Werbung kann nur eine Aktion in einem Bündel von verschiedenen Maßnahmen ausmachen. Sie muss zudem strategisch geplant und zielgruppenorientiert sein. Sie muss immer wieder und regelmäßig geschaltet werden, damit sie wirkt, und sie muss von mehreren Seiten auf den Kunden einwirken.

Ein Beispiel: Ihr künftiger Kunde Herr Meyer liest Ihre Anzeige im Internet bei Google. Eine Woche später lässt ein guter Bekannter von Ihnen gegenüber Herrn Meyer Ihren Namen fallen. Schließlich hört Herr Meyer Ihr Interview im Radio. Zuletzt überreicht einer Ihrer Kooperationspartner Herrn Meyer Ihre Visitenkarte.

Jetzt endlich greift Herr Meyer zum Telefon und macht einen Termin aus. Bis dahin war es ein weiter Weg, aber solch langen Wege sind normal: Zwischen vier- und siebenmal muss ein Kunde Ihren Namen hören oder sehen, bevor er ihn bewusst wahrnimmt, Vertrauen schöpft und aktiv wird – also einen Termin mit Ihnen ausmacht.

Gerade als Existenzgründer helfen Ihnen Beziehungen, um auf sich aufmerksam zu machen. Diese helfen, Ihren Namen und Ihr Geschäft bekannt zu machen. Gerade Dienstleistungen verkaufen sich oft am besten über persönliche Kontakte und Menschen, die Sie weiterempfehlen. Bauen Sie deshalb frühzeitig ein Kontaktnetz auf, über das Sie Ihre Bekanntheit steigern. Dieses Kapitel zeigt anhand von vielen praktischen Beispielen, wie es geht.

Gründerporträt: »Dass wir extrem gute Arbeit leisten, sollen auch andere wissen«

ConceptPeople pflegen ihre Beziehungen mit System.

Firma	ConceptPeople Consulting GmbH
Gesellschaftsform	GmbH
Geschäftsmodell	Durchführung von IT-Projekten im Auftrag von Unternehmen
Ort	Hamburg
Internet	www.conceptpeople.de
Gründung	2001
Kapitaleinsatz bei Gründung	Einige tausend Euro zur Überbrückung der ersten Monate, Kosten für GmbH-Gründung (25.000 Euro plus Nebenkosten)
Geschäftsführer	Philipp O. Meißner, Bjarne Jansen, Andreas Röther
Entwicklung	Stetiges Wachstum
Erreichen der Gewinnschwelle	Schon nach wenigen Monaten

Informatiker sind nicht gerade dafür bekannt, große Redner zu sein. Sie können sich nicht gut verkaufen, bröseln lieber vor sich hin, sagt man. Wenn sie präsentieren, lassen sie seitenlange Tabellen und Zahlenkolonnen auf die Zuschauer niederprasseln. Dieses Vorurteil stimmt oft, aber es stimmt nicht immer. ConceptPeople sind anders – und das zeigen und sagen sie. Der erste Unterschied liegt im äußeren Eindruck: Die vier jungen Männer tragen keine Jeans und Zottelhaare, sondern Anzüge, sogar mit

Krawatte. Der blitzblanke Konferenztisch, Stühle und Geschirr kommen vom Designer, und selbst White Board und Stifte wirken repräsentativ.

Hinter allem steckt ein Konzept: hinter ihrer Arbeit, ihrem Auftreten, ihren Honoraren, die am oberen Ende angesiedelt sind. Unternehmen engagieren ConceptPeople nicht, wenn sie vor allem auf die Kosten achten müssen, sondern weil sie darauf vertrauen, hier die bestmögliche Lösung für ihr Projekt einzukaufen. Denn gescheiterte Projekte sind teuer: Wer mehr Geld in die richtigen Leute investiert, zahlt am Ende weniger. Ein Seitenblick auf das Unternehmen Toll Collect, das in Deutschland die Maut eintreiben sollte, lässt ahnen, welche Summen sich durch Inkompetenz in den Sand setzen lassen. »Dazu gehört es auch, Situationen falsch einzuschätzen«, so Setzwein.

Die Personen, die Conceptpeople gewinnen wollen, sind Entscheider. Es sind die Chefs und Manager, die sie in die Unternehmen bringen. Die sie von ihrer Arbeit überzeugen müssen. Denn Fakten sind wichtig, aber Fakten sind es nicht allein. Wichtig ist es, immer da zu sein, wenn jemand jemanden sucht. Und das bedeutet auch, die richtigen Leute zu kennen. Leute, die nicht lange suchen, sondern sofort die richtige Visitenkarte zur Hand haben. Die von Conceptpeople – die schöne, dezente mit weinroter Schrift auf Weiß.

»Unser Konzept ist extrem gute Arbeit«, sagt Christian Setzwein. Jedes Projekt muss ein Erfolg sein. Dafür tun sie alles. Sie sind auch da, wenn es schwierig wird. Setzwein ist überzeugt: »Die besten Leute sind die, die den Kopf nicht in den Sand stecken, wenn es Probleme gibt. Die Lösungen suchen und finden.« Keine Referenzliste der Welt kann das so gut herüberbringen wie ein persönliches Gespräch. Für renommierte Unternehmen hat jeder IT-Spezialist schon einmal gearbeitet. Doch was ist aus dem Projekt geworden? War es wirklich erfolgreich? Um eine echte Referenz zu gewinnen, braucht es Zeit und Vertrauen. Dazu gehören persönliche Gespräche – auch einmal bei einem gemeinsamen Bier oder Essen.

Dass der Aufbau eines Unternehmens über kontinuierliches Networking viel Geduld erfordert, wissen ConceptPeople. Akquise ist harte Arbeit, und Networking ist eine Form der Akquise. Es dauert bis zu einem Jahr, bis aus einem neuen Kontakt ein Kunde wird. Bis dahin muss investiert werden, immer wieder nachgefragt und Überzeugungsarbeit geleistet werden. Nur wer dabei sein Ziel im Blick behält, bleibt am Ball.

»Wir wachsen lieber langsam, dafür aber kontinuierlich«, sagt Geschäftsführer Philipp O. Meißner. Bis 2008 wollen die vier dann auch ein neues Marktsegment erobern – mit Softwarelösungen für Unternehmen. Was dahinter steckt, wollen ConceptPeople noch nicht verraten. Auf alle Fälle wird bis dahin das Netzwerk der vier noch weiter wachsen. Und das Vertrauen groß genug sein, um es auch in ein neues Produkt zu setzen.

Mundpropaganda

Um sich einen Namen zu machen, müssen Sie Mundpropaganda in Gang setzen. Sie müssen sich bekannt und von sich Reden machen. Das ist die Voraussetzung dafür, dass Sie sich ein spezielles Gebiet überhaupt erst erschließen können. Ob als der beste Anbieter für bedruckte Schirmmützen, begabter Übersetzer für osteuropäische Sprachen oder niveauvoller Kunstmaler: Das Prinzip ist in allen Branchen und Berufen gleich.

Bald wird es Ihr Name sein, der fällt, wenn ein Kunde nach einem kompetenten Designer, einem medienerfahrenen Coach oder einem imageorientierten Stilberater fragt. Bis es so weit ist, braucht es jedoch Zeit und Geduld. Denken Sie hierbei lieber in Jahren als in Wochen oder Monaten. Networking bringt selten schnelle Erfolge, dafür aber lang anhaltende. Wie nachhaltig Ihre Erfolge sind, liegt allein in Ihrer Hand. Auf jeden Fall müssen Sie sich dauerhaft engagieren und Zeit investieren. Übrigens sorgt auch virales Marketing, das Sie bereits kennengelernt haben, für die gewünschte Mundpropaganda.

Networking

Hinter einem Netzwerk stehen Menschen, die unbewusst oder bewusst in eine Beziehung zueinander getreten sind. Das kann ebenso eine rein geschäftliche Beziehung sein wie eine privat-geschäftliche – oft lässt sich das gar nicht genau trennen. Netzwerke werden aber nicht nur aus beruflichen Gründen initiiert – in vielen sind Sie bereits Mitglied, ohne dafür etwas tun zu müssen: Ihr Freundeskreis gehört beispielsweise dazu. Viele bewusst initiierte Netzwerke hätte man früher Clubs genannt. Tatsächlich sind die Grenzen oft fließend, allerdings stehen die meisten Netzwerke anders als Clubs allen offen.

Das Prinzip effektiven Networkings lautet: »Man trifft sich.« Gelegentlich, regelmäßig, mit dem ganzen Netzwerk oder mit einzelnen Mitgliedern. Die Möglichkeiten der Kontaktpflege sind meist vom Netzwerk selbst festgelegt. Ein paar Beispiele:

- ▶ Beim Business-Frühstück reden die Teilnehmer über Ihr Geschäft (zum Beispiel BNJ (Business Network International).
- ▶ Beim Gourmet-Dinner knüpfen bis zu 24 Frauen geschäftliche Kontakte (zum Beispiel Femmes geniales).
- ▶ Beim Stammtisch wird Privates und Geschäftliches ausgetauscht (fast alle Netzwerke, auch Verbände und Vereine sowie Clubs).
- ▶ In Workshops werden Themen erarbeitet (zum Beispiel Webgirls).
- ▶ Seminare sorgen für Know-how-Transfer.
- ▶ Kongresse führen fachlich orientierte und interessierte Menschen zusammen.

Immer mehr Netzwerke etablieren sich mithilfe des Internets. In Online-Netzwerken stehen Ihnen vor allem die folgenden Werkzeuge zur Verfügung:

- *Mailing-Listen:* E-Mails werden an alle Teilnehmer geschickt, die auf diesen Diskussionslisten stehen.
- *Foren und Newsgruppen:* Moderierte oder unmoderierte Diskussionen an einer Art schwarzem Brett.
- *Chats:* Online-Diskussionen, die ohne Zeitverzögerung geführt werden.
- *Messenger:* Online-Diskussionen, die mithilfe einer speziellen Software fast ohne Zeitverzögerung geführt werden.
- *Blogs:* Einer schreibt, andere kommentieren.

Gründerporträt: »Netzwerke sind mein Vertriebsweg«

Bettina Boos ist Meisterin im Networking.

Firma	ZFDW (Zeit für das Wesentliche)
Gesellschaftsform	Einzelunternehmen
Geschäftsmodell	Office-Management, Interims-Assistenz
Internet	www.zfdw.de
Gründung	Juli 2003
Kapitaleinsatz bei Gründung	Etwa 500 Euro fürs Netzwerken
Geschäftsführung	Bettina Boos, ehemals Assistentin der Geschäftsführung
Umsatzentwicklung	»Sieht gut aus!«
Gewinn	»Das auch.«

Gitano schlummert auf dem Sofa. Der alternde Settermischling aus dem Tierheim hat viel Zeit zum Dösen, Schlafen, Fressen, Kraulen – also die wesentlichen Dinge in einem Hundeleben zwischen Macintosh-Computer und Telefon. Wo die einen Karriere und Kind vereinbaren, bringt Bettina Boos Karriere und Hund unter eine Decke.

Karriere macht Bettina gerade mit dem Aufbau eines besonders pfiffigen und kreativen Office-Managements. Sie arbeitet als Interims-Assistentin und übernimmt Office-Aufgaben auf Projektbasis. Damit der Hund dauerhaft betreut ist, wechselt sie sich mit Mann Carsten ab, der als IT-Berater ebenfalls selbständig ist.

Kunden gewinnt Bettina ausschließlich über Netzwerke. Obwohl sie nicht einmal ein Jahr aktiv im Geschäft ist, ist sie in Hamburg überall bekannt: ob bei den Jetztwerkern, den verschiedenen Visitenkarten-Partys oder dem Business-Frühstück von Meeting plus. Und im Open Business Club zählt sie zu den Mitgliedern mit den meisten Kontakten.

Gut drei Monate dauerte es, bis der erste Auftrag einging. In dieser Zeit probierte Bettina einiges aus und rief beispielsweise unbekannte Firmen an. »Ich habe dabei gemerkt, dass Kaltakquise nicht meine Sache ist. Ich muss mit den Leuten sprechen, sie ansehen.« Ein Mailing aus dieser Zeit wurde nie herausgeschickt, denn plötzlich enwickelte sich aus dem Netzwerk ein erster Auftrag. Dann kamen der zweite, der dritte und ...

Die forsche Ludwigshafenerin zweifelt nicht daran, dass sie ihr Geschäft noch weiter ausbauen wird. Schließlich hatte sie schon seit ihrer Lehre als Bürogehilfin bei BASF mit hochkarätigen Leuten zu tun, die sie immer wieder zur Höchstleistung anspornten. Vom Konzern bis zur Werbeagentur hat sie viele Unternehmen von innen gesehen und in großen und kleinen Firmen auch das größte Chaos schnell beseitigt. Genau das ist ihr Talent: schnell den Überblick zu gewinnen und sofort zu wissen, was zu tun ist. Networking betreibt sie genauso.

Ihre vielen Kontakte hat sie immer weiter ausgebaut. Auf Visitenkarten-Partys, die Business-Kontakte anbahnen, ist sie regelmäßig Gast. Viele Gespräche haben sich auf dieser Plattform schon ergeben. »Meine Visitenkarten, ein dicker Stapel, sind am Ende immer alle weg«, freut sie sich. Klar, denn auch das Geschäftsmodell stimmt: Zeit für die wesentlichen Dinge im Leben braucht schließlich jeder: der Steuerberater um die Ecke, der Rechtsanwalt eine Straße weiter und die Bäckerei nebenan. Und natürlich auch der Hund.

Berufsverbände

Netzwerke und Berufsverbände sind zwei verschiedene Paar Schuhe, und Existenzgründer brauchen von jedem ein Paar. Berufsverbände dienen nicht nur der Kontaktpflege, sondern wirken auch nach außen als Interessenvertretung, die in Gesellschaft und Politik die Ziele ihrer Berufsgruppe durchzusetzen versuchen. Sie engagieren sich beispielsweise für Honorarempfehlungen, Weiterbildung oder die Information der Öffentlichkeit über ihren Beruf. Reine Lobbyarbeit bringt für Ihre Auftragssituation in der Regel wenig; hier eignen sich Netzwerke besser, die verschiedene Kompetenzen bündeln, anstatt sich gegenseitig Konkurrenz zu machen.

Freiberuflern stehen fast immer ein oder mehrere berufsspezifische Verbände zur Auswahl, denen Sie beitreten können. Hinzu kommen Unternehmerverbände wie die Wirtschaftsjunioren oder der Bund der Unternehmerinnen.

Empfehlungsmanagement

Networking ist gut und wichtig; wer aber strategisch vorgehen will, kommt mit Empfehlungsmanagement meist weiter. Empfehlungsmanagement bedeutet, dass Sie sich Partner suchen, die Sie bei jeder passenden Gelegenheit weiterempfehlen. Machen Sie es umgekehrt genauso.

Damit das funktioniert, müssen Sie sich fragen: Wer kommt oft mit Ihren Kunden zusammen? Wer begegnet Ihrer Zielgruppe häufig? Verbünden Sie sich mit diesen Menschen. Lassen Sie sich empfehlen, und geben Sie einen Stapel Visitenkarten mit. Provisionen können dafür einen Anreiz bilden, aber auch die Geschäftsbeziehung stören, denn oft ist der ausschlaggebende Empfehler im Nachhinein kaum auszumachen. Besser funktioniert Empfehlungsmanagement nach dem Prinzip: Was ich mag, das empfehle ich auch gern und bereitwillig. Lernen Sie also zunächst ein paar Leute kennen, mit denen Sie dann ruhig lockere oder auch feste Vereinbarungen zum gegenseitigen Weiterempfehlen treffen. So tragen beispielsweise die Mitglieder von BNJ (Business Network International, *www.bni.de*) stets Visitenkarten der anderen Netzwerk-Teilnehmer bei sich.

Tipps: Networking in der Praxis

- Begeben Sie sich nicht mit dem egoistischen Gedanken in ein Netzwerk, möglichst viele Kontakte zu knüpfen und diese dann hemmungslos auszubeuten. Das kommt schlecht an.
- Networking beruht auf dem Prinzip von Geben und Nehmen. Nur wenn Sie auch etwas für den anderen tun, tut dieser etwas für Sie. Sie müssen zuerst investieren, bevor Sie profitieren können.
- Sie dürfen um Gefälligkeiten bitten. Das ist legitim. Trauen Sie sich.
- Nehmen Sie alle Menschen bewusst als potenzielle Empfehler wahr – vom Nachbarn bis zur Kindergärtnerin: Jeder kennt Menschen, die Ihnen irgendwann auch einmal beruflich behilflich sein können.
- Scheuen Sie sich nicht, Geschäfte zu machen. Viele Menschen betreiben intensiv Kontaktpflege, ohne je zu einem Abschluss zu kommen. Geschäfte machen gehört zum professionellen Networking.
- Vergessen Sie unsinnige Tipps wie: »Reden Sie auf Partys nie länger als zehn Minuten mit einer Person.« Networking soll Spaß machen und ist kein Leistungssport.

Test: Wie Sie sich ins Gespräch bringen

Welche Maßnahme eignet sich für Sie, um Kontakte aufzubauen und zu pflegen? Die folgende Checkliste zeigt Ihnen, wie Sie sich ins Gespräch bringen können:

Treten Sie auf Veranstaltungen und Kongressen als Redner auf.	☐
Besuchen Sie Veranstaltungen, und reden Sie mit möglichst vielen Menschen – oder mit wenigen intensiv.	☐
Bieten Sie Ihre Hilfe an, wann immer Sie können.	☐

Tragen Sie sich überall ein, wo Sie gesehen werden, zum Beispiel in Branchenverzeichnisse. ☐

Moderieren Sie Foren im Internet. ☐

Abonnieren Sie Mailing-Listen und verfassen Sie eigene Beiträge. ☐

Nehmen Sie an Diskussionen im Internet teil. ☐

Offerieren Sie kostenlose oder preisgünstige Workshops. ☐

Bieten Sie sich als Gesprächspartner für Experten-Chats an. ☐

Schreiben Sie ein Buch, das Sie als Experte ausweist. ☐

Planen Sie einen Tag der offenen Tür. ☐

Planen Sie eine spektakuläre Aktion. ☐

Lassen Sie Ihrer Kreativität freien Lauf: Überlegen Sie, welche Maßnahmen für Sie sonst noch in Frage kommen. Wichtig ist in jedem Fall, dass Sie konstant am Ball bleiben.

Interview: »Zusammen sind wir ein großes Team«

Vor vielen Jahren entdeckte Simone Walter, Designerin und Initiatorin der Jetztwerker (*www.jetztwerk.de*), Networking per Internet für sich. Aus einer regionalen Mailing-Liste ist inzwischen ein überregionales Netzwerk entstanden: das Jetztwerk. Per Internet führen die Jetztwerker berufsbezogene Diskussionen, gewinnen Kooperationspartner und angeln sich neue Aufträge. Walter verrät, wie Netzwerken in der Praxis funktioniert.

Was bringen Netzwerke Existenzgründern und Unternehmern?
Neuunternehmer können andere Gründer und Selbständige kennenlernen. Daraus entstehen oft fruchtbare Kooperationen. Diese ermöglichen es kleinen Ein-Mann-Unternehmen unter anderem, größere Projekte und umfassende Aufträge in Angriff zu nehmen.

Wie funktioniert das in der Praxis?
Nehmen Sie als Beispiel eine

Internetseite. Um diese zu erstellen, brauchen Sie einen Texter, einen Programmierer, einen Designer und vielleicht auch einen Fotografen. In Netzwerken wie unserem finden sich solche Leute schnell zu Teams zusammen.

Entsteht da nicht auch viel Konkurrenz?
Da bei uns alle Branchen zusammenkommen, gibt es kaum Konkurrenzdruck. Das ist bei klassischen Berufs-

verbänden anders: Da kommen
Menschen mit gleichen Interessen
zusammen, die im Alltag aber um
die gleichen Kunden kämpfen und
deshalb wenig geneigt sind zusammen-
zuarbeiten. Unter dem Strich kommt
also bestenfalls ein Wissensaustausch
zustande.

*Ist dieser aber nicht auch wichtig?
Wie funktioniert der Wissensaustausch
bei Ihnen?*
Unsere Mitglieder können Seminare
und Workshops anbieten, um die
eigene Arbeit vorzustellen. Auf
diese Art und Weise wächst nebenbei
auch das Verständnis für den Job des
anderen und natürlich entsteht über-
greifendes Know-how und Schnitt-
stellenwissen. Dieses ermöglicht
mir, in meinem Job noch besser zu
werden.

*Können Mitglieder über Ihr Netzwerk
auch neue Jobs bekommen?*
Ja, aber oft eher auf dem indirektem
Weg. Wenn die Netzwerker unter-
einander bekannt sind, dann vergeben
Sie auch Aufträge untereinander.
Das ist jedoch eher ein Nebeneffekt.
Wichtig ist, dass sich die Mitglieder
persönlich treffen und sich nicht nur
über die virtuelle Diskussionsliste im
Internet austauschen. Dafür veranstal-
ten wir regelmäßige Stammtische und
natürlich auch die bereits erwähnten
Workshops.

*Ist es Ihrer Meinung nach sinnvoll,
Empfehlungen mit Provisionen zu
vergüten?*
Meiner Erfahrung nach geht es auch
ohne. Wenn der eine Unternehmer den
anderen empfiehlt, so wird es bald auch
in die umgekehrte Richtung funktionieren. Networking ist ein Geben und
ein Nehmen.

*Wie stellt sich ein neues Mitglied am
besten vor?*
Wir wollen nicht nur wissen, was
jemand macht, sondern auch wer er ist.
Was für ein Mensch steckt in dem
Neuen? Aus diesem Grund finde ich
zu werbliche Selbstdarstellungen eher
langweilig. Ich bin an der Persönlichkeit hinter dem Unternehmer interessiert.

*Welche Regeln sind bei Ihnen sonst
noch zu beachten?*
Wichtig ist es, sich kurz zu halten.
Wer an Diskussionen teilnimmt, sollte
wirklich nur auf den Teil einer E-Mail
antworten, auf den er sich bezieht.
Das ist in Gesprächen am Stammtisch
schließlich nicht anders.

Adressen und Kosten

Netzwerk	Internet	Zielgruppe	Angebote in Auswahl	Kosten
Cap Up	www.cap-up.de	Unternehmer und Angestellte in höheren Positionen	Online-Visitenkarte, systematisches Kontakteknüpfen online, Foren	ab 5 € pro Monat
Gründen im Team (GIT)	www.g-i-t.de	Gründer	Foren, Beratung von Profis	kostenlos
Femity	www.femity.de	Unternehmerinnen und Gründerinnen	Selbstdarstellungen und Präsentationen, Foren	Basiseintrag kostenlos, Visitenkarte oder Firmenpräsentation ab 69,60 € pro Jahr
Femmes geniales	www.femmesgeniales.de	Business-Frauen bundesweit	gemeinsames Gourmet-Dinner, Seminare, Workshops, Fachvorträge	17,60 € pro Monat plus Aufnahmegebühr in Höhe von 89 €
Jetztwerk	www.jetztwerk.de	alle, vorwiegend selbständige (Freiberufler und Unternehmer) in kleinen Firmen	Mailing-Listen, Selbstpräsentation im Internet, Stammtische	58 € pro Jahr
Meeting Plus	www.meetingplus.de	Geschäftsleute (mit Konkurrenzausschluss)	strategische Empfehlungen, Selbstpräsentation im Internet, Business-Frühstück, exklusiver Clubcharakter	ab 55 €/Monat
Netznord	www.netznord.de	Unternehmerinnen aus Norddeutschland	keine ursprüngliche Online-Aktivität, nur Marktplatz, Branchenbuch	ab 46 € für den Link auf die eigene Website

Netzwerk	Internet	Zielgruppe	Angebote in Auswahl	Kosten
Xing	www.xing.de	Unternehmer und Angestellte in höheren Positionen	Online-Visitenkarte, systematisches Kontakteknüpfen online, Foren, Netz im Netzwerk gründen (eigene Foren)	ab 6 € pro Monat
Webgrrls	www.webgrrls.de	Frauen in den neuen Medien, fest angestellt und selbständig	Mailing-Liste, Selbstpräsentation auf Internetseite	60 € pro Jahr
Visitenkarten-Partys	www.kontakte-machen.de	alle Gründer und Kleinunternehmer	Live-Veranstaltungen, keine direkte Interaktion im Internet	Eintritt ab 12 €

Weitere Adressen:

– Business-Update (*www.business-update.de*): Netzwerk für Unternehmerinnen und Unternehmer.

– Business-Breakfast (*www.business-breakfast-club.de*): Frühstücksclub.

– Business Network International (*www.bni.de*): Empfehlungsclub

– Successity (*www.successity.de*): Online-Club

– Linked-In (*www.linked-in.com*): Englischsprachiger Business-Club

10 Mitarbeiter

Wenn Ihr Geschäft gut läuft, wird der Tag irgendwann zu kurz für Sie: Dann werden Sie Aufgaben abgeben wollen, um den Kopf für Ihre eigentliche Arbeit frei zu haben. Dafür müssen Sie sich nicht unbedingt gleich fest an Mitarbeiter binden. Vieles lässt sich am Anfang mit freien Mitarbeitern oder auf Auftragsbasis regeln. Alternativen sind ein Minijob und Einstellungszuschüsse vom Arbeitsamt. In diesem Kapitel erfahren Sie, was Sie über Outsourcing sowie Auswahl und Beschäftigung von Mitarbeitern wissen müssen.

10.1 Outsourcing, freie und feste Mitarbeiter

Wenn Sie Ihre Arbeit allein nicht mehr schaffen, sollten Sie sich zunächst fragen: Gibt es Aufgaben, die Sie abgeben können? Können Sie Tätigkeiten oder Projekte an Dritte vergeben? In erster Linie bieten sich hier Tätigkeiten an, die nicht zu Ihren Kernaufgaben gehören. Für das Outsourcing eignen sich besonders Buchhaltung, Schreiben von Werbetexten, grafische Gestaltung und technische Umsetzung von Internetseiten. Auch den Büroservice – etwa die Annahme von Telefonaten und Terminvereinbarungen – können Sie zunächst an einen externen Dienstleister auslagern.

Ihre Akquise können Sie jedoch schwer in andere Hände geben, vor allem wenn Sie Ersttermine verabreden und erklärungsbedürftige Dienstleistungen verkaufen. Solche Dienstleistungen sind eng gekoppelt mit Ihrem persönlichen Auftreten und hängen entscheidend vom individuellen Know-how und Branchenwissen ab. Meist ist es besser, wenn Sie die Fäden weiter selbst in der Hand halten.

Gründerporträt: »Wir wachsen, aber bleiben schlank«

Mit Outsourcing ist Etracker auf Wachstumskurs.

Firma	Etracker
Gesellschaftsform	GmbH
Geschäftsmodell	Web-Controlling
Ort	Hamburg
Internet	www.etracker.de
Gründung	1999
Kapitaleinsatz	Fünfstellig
Gesellschafter	Christian Bennefeld und Oliver Krapp
Mitarbeiter	20
Erreichen der Gewinnschwelle	Längst fließen satte Gewinne

Irgendwann kam Oliver Krapp die Idee, dass es doch schön wäre, Besucher zu zählen. Da war er Geschäftsführer einer der ersten Partnerbörsen im Internet. Er recherchierte und fand kein vernünftiges Werkzeug für aussagekräftige Besucherstatistiken im Internet. Krapp entschloss sich also, solch ein Hilfsmittel selbst zu entwickeln. Daraus entstand 1999 der Dienst Etracker, der heute im Internet etabliert ist und mit 21.000 Kunden in ganz Europa satte Gewinne einfährt. Um Etracker aufzubauen, investierte Krapp sein Geld, das er in vielen Jahren als Programmierer bei der Firma Sun Microsystems schwer verdient hatte: Seine Firma ist komplett eigenfinanziert. Das hatte eine entbehrungsreiche Zeit zur Folge, denn erste Gewinne flossen erst nach anderthalb Jahren.

Ende 2000 stieß der Mathematiker Christian Bennefeld dazu, der heute den Vertrieb regelt, während sich Krapp ganz auf die Technik konzentriert. Rund 20 Mitarbeiter sind inzwischen bei Etracker, in den letzten Jahren gab es aufgrund des Wachstums mehrere Umzüge.

Für ihr Geschäft braucht Etracker keine teuren Büroräume. Wenn sich Firmenkunden ankündigen, mietet Bennefeld einen repräsentativen Konferenzraum in der Innenstadt. Bennefeld will keine Riesenfirma mit großem Mitarbeiterstamm aufbauen. Trotzdem hat er Etracker 2003 zur GmbH umgewandelt – »vor allem aus Haftungsgründen«, so Bennefeld. Kredite für einen weiteren Wachstumsschub kommen nicht in Frage. »Wir wollen schlank bleiben, um schnell und flexibel agieren zu können. Das ist unser Geheimrezept.« Alle Dienstleistungen, die sich an Dritte vergeben lassen, hat Etracker deshalb ausgelagert.

Die Computer, welche die Auswertungen verarbeiten und Daten verwalten, stehen bei einem anderen Anbieter, dessen Kerngeschäft Betreuung und Wartung ist. »Das machen die einfach gut. Wir müssten viel zu viel in den Aufbau einer eigenen Infrastruktur investieren. Warum sollten wir?« Das eigene Kerngeschäft sieht Etracker in der Entwicklung und im Vertrieb ihres Web-Controlling-Systems. Darauf möchten sie alle Kraft ausrichten und immer besser werden. Marktführer sind sie schon.

Outsourcing und freie Mitarbeiter

Die meisten Aufgaben sind vom Umfang und Zeitrahmen begrenzt und lassen sich in Form eines Projekts und eines Auftrags erledigen. Sie müssen dafür keinen Arbeitsplatz zur Verfügung stellen und sparen dadurch Kosten. Klären Sie Rahmenbedingungen. Wie lange braucht Ihr Auftragnehmer? Welches Honorar verlangt er? Holen Sie alternative Angebote ein, und vergleichen Sie Preise und Leistungen.

Honorar

Wenn Sie einen Dienstleister gefunden haben, müssen Sie ein Honorar vereinbaren: auf Stundenbasis oder als Pauschalbetrag. Eine Honorierung nach Zeitaufwand birgt meist ein gewisses Risiko, denn Sie wissen nicht, wie schnell der Auftragnehmer arbeitet. Niemand möchte »Schnecken« sponsern. Deshalb sollten Sie Ihren

Auftragnehmer um schriftliche Schätzung des Aufwands bitten. Erhebliche Abweichungen sind dann nur nach Rücksprache mit Ihnen möglich.

Pauschalsummen bieten sich bei größeren Projekten an. Sie lohnen sich meist, wenn ein bestimmtes Arbeitsvolumen regelmäßig anfällt und Sie einen Dauerauftrag vergeben. Wenn Sie beispielsweise einer PR-Agentur die Pressearbeit übertragen, können Sie einen monatlichen Festbetrag vereinbaren. Dieser umfasst dann ein bestimmtes – genau definiertes – Kontingent an Leistungen. Alles, was darüber hinausgeht, wird nach festen Sätzen abgerechnet. Auch diese Sätze sind selbstverständlich vorher zu vereinbaren.

Orientieren Sie sich an den branchenüblichen Honoraren, die Sie beispielsweise im Internet oder über Berufsverbände recherchieren können (siehe Kapitel 8.2). Achten Sie darauf, dass Ihr Auftragnehmer Mehrwertsteuer erhebt, falls auch Sie diese geltend machen. Sie können dann eingenommene und ausgegebene Mehrwertsteuer miteinander verrechnen. Normalerweise bedeutet das bares Geld für Sie, denn Sie müssen nur die Differenz aus eingenommener und ausgegebener Mehrwertsteuer als Vorsteuer an das Finanzamt abführen (siehe Kapitel 4.4). Ist Ihr Auftragnehmer mehrwertsteuerbefreit, sollte er für einen günstigeren Preis arbeiten, damit sich die Ersparnis für Sie rechnet.

Auswahl der Mitarbeiter

Mundpropaganda liefert oft die besten Empfehlungen. Fragen Sie bei Kollegen, bei Berufsverbänden oder anderen Netzwerken: Wer hat bereits gute Erfahrungen mit einem Dienstleister gemacht? Mundpropaganda allein reicht jedoch nicht aus, schließlich gibt es viele Fälle, in denen Empfehlungen ein Freundschaftsdienst sind oder individuelle Vorlieben eine Rolle spielen.

Wenn Sie einen Texter oder Designer engagieren, können Sie sich über die Empfehlung hinaus leicht einen Überblick über Arbeitsproben verschaffen. Andere Auftragnehmer sollten Referenzen nennen können. Falls sich die Qualität eines Auftragnehmers auch an Berufserfahrung oder Zertifizierungen messen lässt, sollten Sie auch diese Faktoren berücksichtigen. In diesem Fall lassen Sie sich eine kurze Vita geben.

Bevor Sie eine Dienstleistung nach außen geben, bitten Sie den Auftragnehmer zum persönlichen Gespräch. Fragen Sie Ihren künftigen Auftragnehmer beispielsweise:

- ▸ Wie werden Sie das Projekt in Angriff nehmen?
- ▸ Wie sind Sie bei vergleichbaren Aufträgen vorgegangen?
- ▸ Wie stellen Sie sich ein erfolgreiches Projekt vor?
- ▸ Wo sehen Sie unter Umständen Probleme?
- ▸ Welche Referenzen haben Sie?

Schriftliche Vereinbarungen

Treffen Sie eine schriftliche Vereinbarung über die Rahmenbedingungen, und halten Sie getroffene mündliche Absprachen später noch einmal schriftlich fest. Achten Sie dabei nicht nur auf den Zeitrahmen und das vereinbarte Honorar. Sie sollten sich zudem absichern, falls Urheberrechte ins Spiel kommen. Lassen Sie sich schriftlich bestätigen, dass beispielsweise Bilder frei von Rechten Dritter sind. Das ist wichtig, da sonst Sie für die Verletzung von Urheberrechten, zum Beispiel bei Texten, Bildern, Layoutentwürfen, Musik oder Software, in die Pflicht genommen werden. Das kann für Sie teuer werden.

Besprechen Sie, was passiert, wenn die Abgabe sich verzögert oder Sie das Material nicht verwerten können oder wollen. Bei kreativen Aufträgen sollten Sie sich auf jeden Fall über die Vorgehensweise bei Nachbesserungen einig werden: Was passiert, wenn der Erstentwurf nicht Ihren Vorstellungen entspricht und Änderungen erforderlich sind? Vereinbaren Sie von vornherein eventuelle Korrekturläufe; das ist im kreativen Bereich so üblich. Vielleicht können Sie auch einen Kreativwettbewerb veranstalten: Fordern Sie mehrere Kreative auf, beispielsweise ein Logo für Sie zu entwickeln, und zahlen Sie den Teilnehmern eine Aufwandsentschädigung. Dem Gewinner erteilen Sie dann den ganzen Auftrag.

Mündliche Absprachen sind vor dem Gesetz genauso verbindlich wie schriftliche Vereinbarungen, im Streitfall oft aber nur schwer zu belegen. Trotzdem wirken umfangreiche Regelwerke bei kleineren Summen überdimensioniert. Bedenken Sie, dass Sie überall, wo Sie einen Rechtsanwalt hinzuziehen, mit teilweise erheblichen Kosten rechnen müssen. Das lohnt sich nur bei hochdotierten Verträgen und umfassenden Aufträgen.

Freie Mitarbeiter

Freie Mitarbeiter holen Sie sich immer dann, wenn es sich um eine Tätigkeit handelt, die über einen längeren Zeitraum ausgefüllt werden soll. Ein freier Mitarbeiter darf auch in Ihrem Büro arbeiten und dort vor Ort bestimmte Projekte übernehmen, sofern er auch für andere Auftraggeber tätig ist. Ist die Mitarbeit auf Dauer angelegt, empfiehlt sich ein Vertrag über freie Mitarbeit. Dieser ist allerdings nicht automatisch rechtsgültig, denn entscheidend ist die Tätigkeit an sich. Das heißt: Welcher Arbeit geht der Mitarbeiter wirklich nach? Ist er in der Praxis von Ihnen abhängig oder ein eigenständiger Unternehmer?

Letzteres müssen Sie gewährleisten: Ihr freier Mitarbeiter darf auf keinen Fall weisungsgebunden sein, also gezwungen, Ihren Arbeitsanweisungen zu folgen. Er muss vielmehr unternehmerisch selbständig auftreten – andernfalls ist er ein Angestellter ohne Vertrag. Als solcher besitzt er die gleichen Rechte und Pflichten wie Angestellte: Er genießt ebenfalls Kündigungsschutz und hat Anspruch auf Urlaub und Mutterschutz. Das kann für Sie als Arbeitgeber ein großes Problem werden, falls im Nachhinein Sozialversicherungsbeiträge fällig werden. Im Extremfall müssen Sie diese für mehrere Jahre auf einmal zahlen – eine Nachzahlung, die sich schnell auf mehrere zehntausend Euro summiert und schon manchen Unternehmer ruiniert hat. Das sind Kennzeichen dafür, dass ein freier Mitarbeiter nicht wirklich frei ist:

- ▶ Er ist in die Organisation Ihres Betriebs eingegliedert und arbeitet nur für einen Arbeitgeber.
- ▶ Er ist an Ihre Weisungen gebunden und hat feste Arbeitszeiten.
- ▶ Er wird arbeitszeitbezogen und pauschal bezahlt, nicht auf Basis eines Stundenhonorars.
- ▶ Er darf Ihnen durch eigene Tätigkeit oder Tätigkeit für ein anderes Unternehmen keine Konkurrenz machen.

Das sind die Merkmale einer echten freien Mitarbeit:

- ▶ Der echte freie Mitarbeiter ist hinsichtlich Ort, Zeit und Verfahren der Leistungserbringung freiberuflich oder gewerblich selbständig und trägt ein eigenes Geschäftsrisiko.
- ▶ Er kann selbst eigene Mitarbeiter einstellen.
- ▶ Er verwendet eigene Arbeitsmittel und hat ein eigenes Büro.
- ▶ Er kann uneingeschränkt für andere Auftraggeber tätig werden.

Einen Mustervertrag finden Sie im Internet zum Beispiel auf den Seiten der IHK Hanau (*www.hanau-ihk.de*).

Interview: Risiko freie Mitarbeiter?

Michael W. Felser ist Rechtsanwalt mit eigener Kanzlei in Brühl (*www.felser.de*) und spezialisiert auf Arbeitsrecht und Scheinselbständigkeit (*www.scheinselbststaendigkeit.de*).

In welche Falle können Unternehmer tappen, die freie Mitarbeiter beschäftigen?
Wenn der Mitarbeiter nur für einen Auftragnehmer tätig und weisungsgebunden ist, ist er in Wirklichkeit Arbeitnehmer. Für ihn gelten dann die gleichen Regeln wie für einen Angestellten. Als Arbeitgeber müssen Sie für ihn auch Sozialabgaben zahlen – auch im Nachhinein: Sie müssen dann unter Umständen für die ganze Beschäftigungszeit den Arbeitgeberanteil der Arbeitslosenversicherung, Renten-, Kranken- und Pflegeversicherung nachbezahlen.

Wie schütze ich mich als Arbeitgeber davor?
Sie können den Mitarbeiter im Vertrag bestätigen lassen, dass er auch für andere Unternehmen tätig ist.

Das kann sich ja ändern. Vielleicht arbeitet der Mitarbeiter erst auch für andere Auftraggeber und dann nur noch für einen.

Deshalb reicht eine einmalige Unterschrift nicht aus. Als Unternehmer sollten Sie sich regelmäßig über den Status des Freien informieren.

Was kann dem Unternehmer sonst noch passieren?

Der Selbständige, der in Wahrheit ähnlich wie Angestellte beschäftigt ist, kann sich »einklagen«, z. B. um so eine Abfindung zu erzielen oder Arbeitslosengeld zu bekommen.

Erste (feste) Mitarbeiter

Wenn Sie gerade die Gewinnzone erreicht haben, können Sie sich nicht gleich einen Vollzeitmitarbeiter leisten. Aber auch freie Mitarbeiter sind nicht für alle Tätigkeiten geeignet. Günstige Alternativen sind Studenten, Praktikanten und Minijobber. Billig sind diese Mitarbeiter deshalb, weil Sie für diese keine oder nur geringe Sozialabgaben abführen müssen. Auszubildende eignen sich dagegen weniger als Sparmodell, selbst wenn deren Gehalt noch gering ausfällt: Die Ausbildung kostet Sie auch Geld. Azubis sind dann ideale erste Mitarbeiter, wenn Sie einen Angestellten suchen, der mit Ihrem Unternehmen »mitwächst«.

Gleich um welche Art von Mitarbeitern es sich handelt: Sie müssen sie anmelden. Dafür benötigen Sie eine Betriebsnummer, die Sie bei der Arbeitsagentur erhalten. Auch der Krankenkasse müssen Sie neu angestellte Mitarbeiter melden. Von ihr erhalten Sie ebenfalls eine Betriebsnummer. Nicht vergessen dürfen Sie die Berufsgenossenschaften, die Ihre Arbeitnehmer gegen berufliche Risiken und Arbeitsunfälle absichern. Schon der erste Mitarbeiter wird Pflichtmitglied in der Berufsgenossenschaft.

Aushilfen

Über einen sogenannten Werkvertrag können Sie Mitarbeiter auch zeitweise fest einstellen. Der Mitarbeiter muss in dieser Zeit allerdings von Ihnen sozialversichert werden; Sie müssen ihn also bei den Sozialversicherungsträgern anmelden. Er benötigt zudem eine Lohnsteuerkarte.

Studenten

Studenten sind die idealen Aushilfen, denn Sie sind nicht versicherungspflichtig in der Arbeitslosen-, Kranken- und Pflegeversicherung und deshalb für Sie kostengünstig. Verdient der Student weniger als 400 Euro im Monat oder arbeitet er nicht mehr als zwei Monate am Stück beziehungsweise 50 Tage im Jahr, bleibt Ihnen auch die Rentenversicherungszahlung erspart. Versicherungsfrei sind allerdings nur ordentlich eingeschriebene Studenten. Lassen Sie sich vor Beginn der Tätigkeit

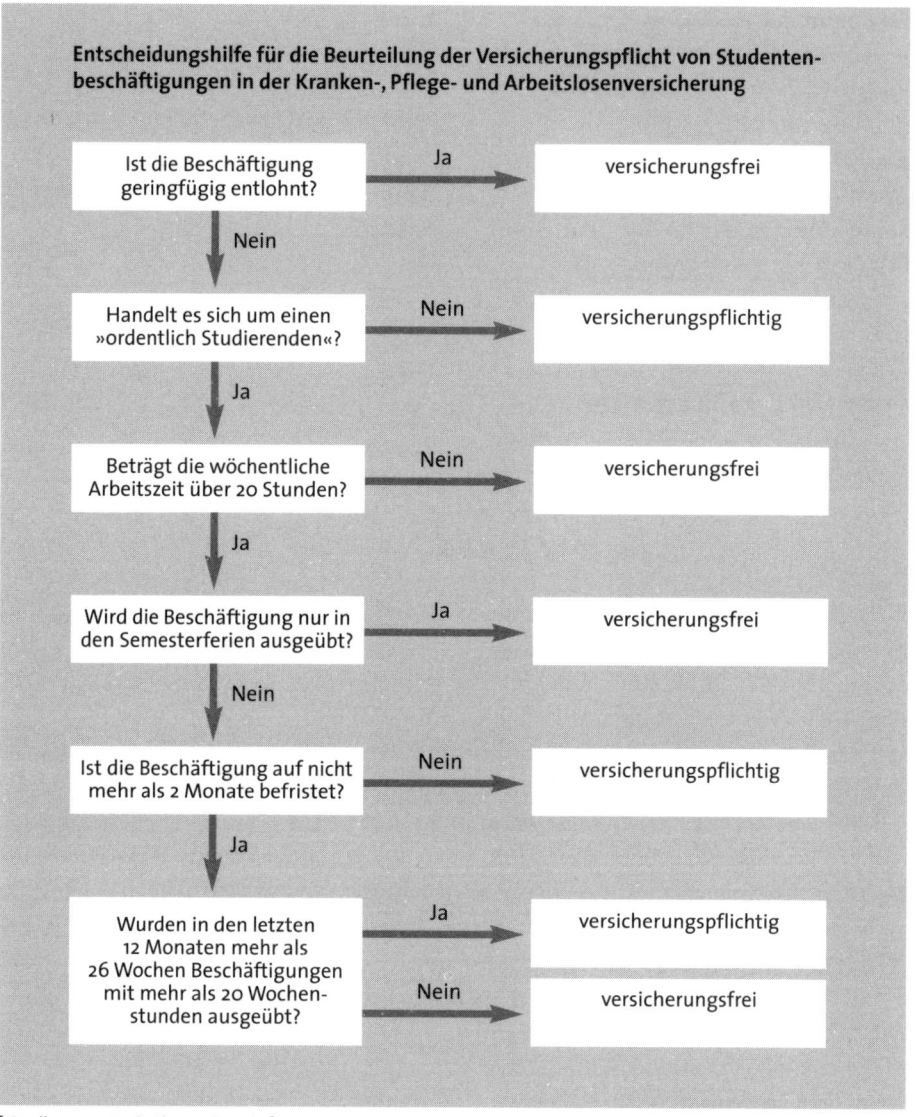

Entscheidungshilfe für die Beurteilung der Versicherungspflicht von Studentenbeschäftigungen in der Kranken-, Pflege- und Arbeitslosenversicherung

Ist die Beschäftigung geringfügig entlohnt?	→ Ja →	versicherungsfrei
Nein ↓		
Handelt es sich um einen »ordentlich Studierenden«?	→ Nein →	versicherungspflichtig
Ja ↓		
Beträgt die wöchentliche Arbeitszeit über 20 Stunden?	→ Nein →	versicherungsfrei
Ja ↓		
Wird die Beschäftigung nur in den Semesterferien ausgeübt?	→ Ja →	versicherungsfrei
Nein ↓		
Ist die Beschäftigung auf nicht mehr als 2 Monate befristet?	→ Nein →	versicherungspflichtig
Ja ↓		
Wurden in den letzten 12 Monaten mehr als 26 Wochen Beschäftigungen mit mehr als 20 Wochenstunden ausgeübt?	→ Ja →	versicherungspflichtig
	→ Nein →	versicherungsfrei

[Quelle: www.techniker-online.de]

einen Immatrikulationsnachweis zeigen und legen Sie diesen in Kopie zu Ihren Lohnunterlagen.

Zudem müssen sich Studenten mehr als 20 Stunden pro Woche ihrem Studium widmen, um den Status zu erhalten. Aus diesem Grund sollten Sie sich schriftlich bestätigen lassen, dass der Student bei keinem anderen Unternehmen beschäftigt ist und insgesamt nicht mehr als 20 Stunden in der Woche arbeitet. Beschäftigen Sie einen Studenten mit mehr als 20 Stunden, so wird dieser automatisch versicherungspflichtig.

Praktikanten

Je schlechter die wirtschaftliche Lage, desto eher sind Bewerber bereit, für wenig oder gar kein Geld zu arbeiten und ein Praktikum zu absolvieren. Übliche Dauer für Praktika sind Zeiträume von sechs Wochen bis zu einem Jahr. Oft finden sich sogar fertig ausgebildete Mitarbeiter und hochqualifizierte Kräfte. Immer seltener ist ein Praktikum deshalb nur mit Kaffeekochen und Kopieren verbunden, immer häufiger mit ganz normaler Arbeit, manchmal sogar mit eigenen, abgeschlossenen Projekten.

Kleine und mittlere Firmen zahlen für das Praktikum oft gar nichts. Ein unentgeltliches Praktikum ist für Sie als Arbeitgeber unkomplizierter in der Abwicklung und günstiger in Bezug auf die Lohnnebenkosten. Sie müssen dann nämlich kaum Sozialversicherungsbeiträge abführen: Lediglich 24,50 Euro (Westdeutschland) beziehungsweise 20,30 Euro (Ostdeutschland) beträgt die pauschale Abgabe, falls Sie Ihre Praktikanten ohne Entgelt beschäftigen – es sei denn, der Praktikant ist Student. In diesem Fall gelten die oben genannten Regelungen.

Azubis

Auszubildende sind (meistens) jung und lernbereit und kosten Sie erst einmal viel weniger als eine ausgebildete Fachkraft. Auf der anderen Seiten sind sie aber auch noch nicht voll einsatzfähig. Trotzdem: Mit einem Azubi können Sie wachsen und sich jemanden heranziehen, der die besonderen Bedürfnisse Ihres Unternehmens von der Pike auf kennenlernt. Es kann also für Sie sehr interessant sein, mit einem Lehrling die ersten Schritte Richtung Expansion zu gehen.

Dafür müssen Sie meist keine besonderen Voraussetzungen erfüllen. Nach dem Berufsbildungsgesetz darf ausbilden, wer persönlich und fachlich geeignet ist. Fachlich bedeutet: Sie müssen in einem Beruf ausgebildet sein, der dem Ausbildungsberuf nahe steht. Ein Informatiker darf beispielsweise einen Mediendesigner ausbilden, ein Bäcker aber keinen Kaufmann.

Die Eignung musste früher laut Ausbilder-Eignungsverordnung (AEVO) mit einem Zeugnis nachgewiesen werden. Die strengen Regeln hat die Regierung nun gelockert; bis zunächst 2008 gilt: »Ausbilder im Sinne des § 1 sind für Ausbildungsverhältnisse, die in der Zeit vom 1. August 2003 bis 31. Juli 2008 bestehen oder begründet werden, von der Pflicht zum Nachweis von Kenntnissen nach dieser Verordnung befreit.« Im Handwerk sind in der Regel weiterhin die Meister für die Ausbildung zuständig. Eine Ausnahme besteht lediglich in zulassungsfreien Handwerken.

Im Schnitt verdienen Lehrlinge im ersten Lehrjahr laut Institut der deutschen Wirtschaft in Köln 563 Euro (Westdeutschland) beziehungsweise 585 Euro (Ostdeutschland); im zweiten Jahr gibt es 660 Euro (West) beziehungsweise 454 Euro (Ost) und im dritten Jahr 698 Euro (West) beziehungsweise 611 Euro (Ost). Am teuersten sind Lehrlinge in der Druckindustrie: Hier gibt es ab 763 Euro brutto. Durchschnittlich kostet ein Azubi ein Unternehmen in drei Jahren insgesamt

50.000 Euro. Auch ohne Tarifbindung dürfen Sie Ihre Azubis nicht ausbeuten: Ihr Gehalt muss dann mindestens 80 Prozent des Tariflohns betragen.

Ein Wermutstropfen für Arbeitgeber ist die Berufsschulpflicht. Diese besteht für alle, die bei Antritt der Lehre das 21. Lebensjahr noch nicht vollendet haben. Alle anderen sind zum Besuch der Berufsschule berechtigt. Die Dauer des Schulbesuchs ist je nach Beruf und Land unterschiedlich geregelt: Im Handwerk sind 12 Wochenstunden üblich. Häufig wird die Berufsschule aber auch im Blockunterricht besucht, das heißt, dass Ihr Lehrling dann beispielsweise gleich sechs Wochen am Stück gar nicht für Sie verfügbar ist.

Gründerporträt: »Mit meiner Azubine bin ich voll zufrieden«

Folkert Klemme hilft bei der Planung von Veranstaltungen – und ihm hilft seine Azubine.

Firma	Vacazio.com
Gesellschaftsform	Einzelunternehmen
Geschäftsmodell	Softwarehaus für Event-Software
Mitarbeiter	1 Auszubildende
Internet	www.vacazio.com
Gründung	Oktober 2002
Kapitaleinsatz bei Gründung	Wenige tausend Euro
Geschäftsführung	Folkert Klemme, ehemals Geschäftsführer eines Softwarehauses
Umsatzentwicklung	Steigt kontinuierlich an
Gewinn	Reichte von Anfang an zum Leben

Folkert Klemme sitzt mit seiner Azubine im schmucklosen 50-Quadratmeter-Büro der Internet-Factory in Hamburg. Jeder hat seinen eigenen Schreibtisch und Computer: der einzige Luxus. Hier wird gearbeitet, Software (weiter-)entwickelt – sonst nichts.

Das war nicht immer so. Folkert Klemmes zweites Büro war die Business-Class im Flugzeug. Doch irgendwann war der Reiz des Aufsteigens für den ehemaligen Geschäftsführer des IT-Unternehmens Data Access verflogen. »Wer viel Geld verdient, muss auch viel Geld ausgeben«, sagt der in Niebüll vor der Insel Sylt aufgewachsene IT-Spezialist. Geld versetzt einen in Zugzwang: repräsentatives Domizil nahe Blankenese, Urlaub in Palm Beach und Armani für die Kids.

Klemme ist kein Opfer einer Entlassungswelle oder Insolvenz. Er hat selbst gekündigt – am zehnten Jahrestag seiner Einstellung mit 42 Jahren. Ganz ohne böse Worte hat er selbstsicher einen Schlussstrich gezogen. Die Trennung verlief so friedlich, dass er seinen Firmenwagen, einen Mercedes SLK, noch ein Jahr fahren durfte. So etwas geht nur mit Amerikanern als Chef, die freuen sich, wenn sich ein Mitarbeiter selbständig macht. Als Klemme dann, das Jahr war zu Ende, den SLK gegen einen Geländewagen eintauschen musste, kam aber doch ein wenig Wehmut auf. War ja doch ganz schön, das bisschen Luxus.

Aber so geht es auch: Einen Lehrling hat Klemme eingestellt – vor allem aus Kostengründen, denn Azubis verdienen eben nur ein geringes »Lehrgeld« und kein richtiges Gehalt. Das Wichtigste aber ist: Beide profitieren voneinander: Die junge Dame bekommt unterschiedliche Aufgabenbereiche hautnah mit und lernt mehr als in einem riesigen Unternehmen – schließlich läuft bei Klemme alles zusammen. Einziger Wermutstropfen für Klemme: die Berufsschule. Alle sechs Wochen bleibt der Schreibtisch zwei Wochen leer.

Dann muss Klemme Vacazio alleine führen. Mit der sogenannten ASP-Software lassen sich Events so planen, dass es keine Pannen mehr gibt. Und Pannen gibt es bei öffentlichen und geschlossenen Veranstaltungen immer und immer wieder; das fängt bei der Sitzordnung an: Welcher Promi oder illustre Kongressteilnehmer hat noch keinen Platz und darf auf keinen Fall in die letzte Reihe? Normalerweise laufen solche Planungen am Flipchart und auf dem Papier. Bei mehreren hundert oder gar tausend Gästen geht immer etwas schief – es kann gar nicht anders sein. Seine Software spart somit Zeit und Ärger. Die Veranstalter und Organisatoren können sich wieder auf das Wesentliche besinnen: auf die Verleihung der Goldenen Kamera, auf die Vorträge auf einem Fachkongress für Künstliche Intelligenz oder auf die Auswahl der Speisen bei der Premierenfeier eines neuen Musicals.

Klemme will mit Vacazio expandieren, eine GmbH gründen, groß und größer werden, weitere Mitarbeiter einstellen. Warum? Weil er in einer schweren Zeit gestartet ist, schon jetzt guten Umsatz macht und eben ein Unternehmertyp ist. Weil er eine gute Geschäftsidee hat und eine pfiffige Azubine, die jetzt schon eigenständig arbeitet.

Familienmitglieder

Besser, es bleibt erst mal in der Familie! Familienmitglieder sind engagierter und loyaler. Außerdem kennen sie Ihre Stärken und Schwächen und können Ihnen somit sofort unter die Arme greifen. Deshalb kann es von Vorteil für Sie sein, wenn der erste Mitarbeiter ein Familienmitglied ist. Oft ergeben sich dadurch sogar Steuersparmöglichkeiten. Wenn Sie Ihren Partner für sein Engagement offiziell entlohnen, können Sie Ihre Kosten dafür als Betriebsausgaben geltend machen. Das senkt Ihr zu versteuerndes Einkommen. Gleichzeitig kann Ihr Partner Geld für eine Tätigkeit einnehmen, für die unter Umständen gar keine Steuern anfallen, zum Beispiel bei einem Minijob.

Denken Sie daran, dass bei zusammen veranlagten Ehepartnern Einnahmen wieder auf der Guthabenseite erscheinen. Bei anderen Familienmitgliedern ist dies nicht so. Das Geld, das Sie für im Betrieb beschäftige Tanten und Neffen ausgeben, ist als Betriebsausgabe erst einmal weg.

Minijobs

Können Sie absehen, dass Sie regelmäßig Hilfe brauchen werden? Dann ist es Zeit, über feste Arbeitsverträge nachzudenken. Der erste Schritt dahin führt meist über einen Minijob. Minijobs sind Tätigkeiten auf 400-Euro-Basis, für die der Arbeitnehmer keine Sozialversicherungsbeiträge zahlen muss. Drei verschiedene Arten von Minijobs gibt es:

- ▶ *Geringfügig entlohnte Minijobs:* Das sind Minijobs, bei denen die Entlohnung regelmäßig nicht mehr als 400 Euro beträgt. Wieviel Sie Ihrem Minijobber in der Stunde zahlen, ist dabei egal.
- ▶ *Kurzfristige Minijobs:* Das sind Minijobs, bei denen die Beschäftigung nicht mehr als 18 zusammenhängende Arbeitstage dauert – arbeitsfreie Samstage, Sonn- und Feiertage zählen nicht dazu.
- ▶ *Minijobs in Privathaushalten (Putzhilfe, Kindermädchen):* Hier wird eine Pauschalsteuer von nur 13 Prozent fällig.

Als Arbeitgeber zahlen Sie pauschale Abgaben in Höhe von 30 Prozent an die Minijob-Zentrale der Bundesknappschaft: 13 Prozent Krankenversicherung, 15 Prozent Rentenversicherung sowie eine pauschale Lohnsteuer von 2 Prozent. Ihre Beiträge an die Bundesknappschaft überweisen Sie monatlich oder lassen sie per Lastschrift einziehen.

Als Arbeitgeber können Sie zwischen einer Pauschalbesteuerung oder einer Besteuerung gemäß der vorgelegten Lohnsteuerkarte wählen. Was sich mehr lohnt, hängt vom Einzelfall ab. Bei den Lohnsteuerklassen I (Alleinstehende), II (bestimmte Alleinerziehende mit Kind) oder III und IV (verheiratete Arbeitnehmer) fällt bei einer geringfügigen Beschäftigung bis 400 Euro monatlich gar keine Lohnsteuer an. Hier lohnt sich die Versteuerung über die Lohnsteuerkarte, sofern Ihr

Arbeitnehmer über das Jahr gerechnet steuerfrei bleibt. Im Zweifel ist deshalb der pauschale Weg besser, schließlich sind 2 Prozent nicht viel: bei 400 Euro gerade mal 8 Euro pro Monat.

In der Minijob-Zentrale (*www.minijobzentrale.de*) finden Sie einen Meldebeleg für die Sozialversicherung als PDF-Dokument. Diesen schicken Sie bei der Bundesknappschaft in 41555 Essen ein. Seit 2006 sind Sie verpflichtet, solche Unterlagen elektronisch zu übermitteln.

Achtung: Weisen Sie Ihre Minijobber darauf hin, dass sie für eine vollwertige Rentenversicherung die Differenz von derzeit 7,5 Prozent zwischen dem Pauschalbetrag des Arbeitgebers (12 Prozent) und dem vollen Rentenversicherungsbetrag (19,5 Prozent) selbst zahlen müssen. Der Mitarbeiter kann darauf allerdings auch verzichten. Möchte er den vollwertigen Sozialversicherungsschutz, ist es Ihre Aufgabe, diesen Betrag einzubehalten und an die Minijob-Zentrale abzuführen.

> ### Tipp: Jobs mit weniger als 400 Euro
> Für einen Jungunternehmer sind 400 Euro viel Geld. Wenn Sie kleiner einsteigen wollen, ist das aber kein Problem. Dauert die Beschäftigung nur zwei Monate ohne Unterbrechung, handelt es sich um eine Aushilfstätigkeit. Für dauerhafte Tätigkeiten bezahlen Sie genauso viel wie für den klassischen 400-Euro-Minijob – gleich ob der Mitarbeiter 100 oder 390 Euro verdient.

Niedriglohn-Jobs

Wenn Sie einen Arbeitnehmer beschäftigen, der zwischen 401 und 800 Euro verdient, arbeitet dieser auf Niedriglohn-Basis. Dafür bezahlen Sie maximal rund 21 Prozent des tatsächlichen Entgelts als Lohnsteuer. Der Arbeitnehmer muss ab 401 Euro 4 Prozent und dann schrittweise bis zum Erreichen der 800 Euro 21 Prozent abführen. Niedriglohn-Jobs fallen in die Zuständigkeit der jeweiligen Krankenkassen, steuerlich ist das Finanzamt zuständig.

Teilzeitjobs

Ein Teilzeitjob ist rechtlich einer Festanstellung gleichzusetzen. Dabei entstehen dieselben Pflichten (und Kosten) wie bei einer Vollzeitstelle, mit Nebenkosten von rund 22 Prozent. Eine Vollzeitstelle ist oft etwas günstiger als zwei Teilzeitpositionen, da bei Teilzeit noch weitere Kosten dazukommen, etwa durch die Bereitstellung eines zusätzlichen Arbeitsplatzes. Allerdings sind Sie mit Teilzeitjobs flexibler: Wenn Sie eine Sekretärin vormittags und eine nachmittags beschäftigen, kann die eine bei Krankheit leicht und ohne Einarbeitung für die andere einspringen.

10.2 Beschäftigungsverhältnis

Wenn Sie sich entschieden haben, einen oder mehrere Mitarbeiter einzustellen, müssen Sie sich über Ihre Pflichten klar werden. Welche Regeln Sie beachten müssen, welche Kosten auf Sie zukommen, wie Sie Mitarbeiter einstellen und wieder loswerden, erfahren Sie in diesem Kapitel.

Pflichten als Arbeitgeber

Mit der Anstellung eines Mitarbeiters übernehmen Sie Verantwortung. Auch Pflichten rufen: So müssen Sie bezahlten Urlaub gewähren – mindestens vier Wochen – und Feiertage vergüten. Sie müssen Arztbesuche und andere wichtige Termine während der Arbeitszeit zulassen, sofern diese sich nicht anders legen lassen. Erkrankt Ihr Mitarbeiter, sind Sie verpflichtet, sein Gehalt sechs Wochen lang weiter zu überweisen.

Immer wieder gibt es Arbeitgeber, die versuchen, Ihre Pflichten zu umgehen, und eigene Vereinbarungen mit Ihren Mitarbeitern treffen. Unter Druck und bei der schlechten Arbeitsplatzlage ist manch Arbeitnehmer geneigt, ungesetzlichen Regelungen zuzustimmen. Für Arbeitgeber birgt das trotzdem ein Risiko: Mitarbeiter können ihre Situation beispielsweise bei der Deutschen Rentenversicherungsanstalt Bund oder Bundesknappschaft melden und möglicherweise einen Prozess gegen Sie anstrengen. Dann drohen saftige Nachzahlungen.

Es hilft alles nichts: Ist Ihr Mitarbeiter krank, in Mutterschutz oder Urlaub, müssen Sie das Gehalt weiter auszahlen. Dafür erhalten Sie von der Bundesknappschaft eine Ausgleichszahlung, wenn Sie nicht mehr als 30 Mitarbeiter beschäftigen.

Das sind weitere wichtige Bestimmungen, die Sie beachten müssen, wenn Sie Mitarbeiter beschäftigen:

▶ Die reguläre Arbeitszeit beträgt acht Stunden. Bis zu zehn Stunden am Tag sind zulässig.

▶ Sie müssen dem Mitarbeiter innerhalb von sechs bis neun Stunden mindestens eine halbe Stunde Pause gönnen.

▶ Sonn- und Feiertage sind arbeitsfrei, es sei denn, der spezielle Job erfordert Wochenendarbeit.

▶ Mindestens vier Wochen Urlaub (20 Tage) sind gesetzlich vorgeschrieben – darunter geht nichts.

▶ Werdende Mütter genießen besonderen Schutz: Sechs Wochen vor der Entbindung müssen sie nicht mehr arbeiten. Mütter können allerdings freiwillig länger arbeiten, zwingen dürfen Sie sie nicht. Acht Wochen nach der Geburt zahlt die Krankenkasse einen Teil dazu.

▶ Beschäftigen Sie mehr als 15 Mitarbeiter, dürfen diese von Ihnen Teilzeitarbeit verlangen – falls nicht »betriebliche Gründe« dagegen sprechen.

▶ Für Ausländer aus EU-Staaten gilt die Niederlassungsfreiheit, alle anderen benötigen eine Aufenthaltsgenehmigung.

▶ Sie müssen Ihre Mitarbeiter bei der zuständigen Berufsgenossenschaft anmelden; die Adressen können Sie über die IHK erfragen. Hier können Sie auch sich selbst registrieren und freiwillig versichern.

▶ Sie sind verpflichtet, Ihren Mitarbeitern ein Arbeitszeugnis auszustellen.

Lohn

Einen gesetzlich vorgeschriebenen Mindestlohn gibt es nur in einigen Branchen, etwa dem Dachdecker- und Elektrohandwerk. Überall sonst dominieren tarifliche Empfehlungen. Unterschreiten Sie orts- und branchenübliche Tarife um mehr als 20 Prozent, kann dies sittenwidrig sein. Bewegen sich Ihre Preise mehr als 20 Prozent unter dem Durchschnitt, könnte sogar Lohnwucher vorliegen – und dieser gilt als Straftatbestand. In jedem Fall kann Ihr Arbeitnehmer Sie auf ein marktübliches Gehalt verklagen. Zahlen Sie also besser von vorneherein ein übliches, dem Markt, der Branche, den Fähigkeiten des Mitarbeiters und seiner Berufserfahrung angemessenes Gehalt. Das vermeidet Frust und sorgt für zufriedene, loyale und motivierte Mitarbeiter.

Lohnnebenkosten

Als Arbeitgeber müssen Sie tief in die Tasche greifen – auch für die soziale Absicherung Ihrer Angestellten. Die Sozialversicherungsbeiträge teilen Sie sich mit dem Mitarbeiter. Ein Abwälzen auf dessen Schulter ist auch mit seinem Einverständnis strikt verboten. Zum Bruttogehalt gesellen sich:

▶ Krankenversicherung in Höhe des Beitragssatzes des Mitarbeiters. Sie dürfen auf die Wahl der Kasse – und damit des Beitragssatzes – keinen Einfluss nehmen. Ist Ihr Mitarbeiter privat versichert, bezahlen Sie die Hälfte der privaten Versicherung. Bei einem Beitragssatz von 14 Prozent fallen für Sie 7 Prozent an.

▶ Pflegeversicherung: 0,85 Prozent.

▶ Rentenversicherung: 9,95 Prozent.

▶ Arbeitslosenversicherung: 2,1 Prozent.

Insgesamt summieren sich die Lohnnebenkosten pro Arbeitsplatz auf 19–22 Prozent, nach Krankenkassensatz.

Einstellungszuschuss

Gründern zahlt die Arbeitsagentur maximal ein Jahr lang 50 Prozent der Lohnkosten, falls sie einen Mitarbeiter unbefristet einstellen: Für die ersten sechs Monate bekommen Sie 60 Prozent und für weitere 6 Monate 40 Prozent. Angenommen Ihr Mitarbeiter soll 2.000 Euro brutto verdienen, beläuft sich bei 25 Prozent Lohnnebenkosten die Förderung auf fast 20.000 Euro innerhalb eines Jahres. Auf diese Weise können Sie zwei Mitarbeiter fördern lassen. Ihre Mitarbeiter müssen vorher allerdings mindestens drei Monate arbeitslos gewesen sein oder Kurzarbeitergeld bezogen haben. Die Förderung gibt es nur während der ersten beiden Gründungsjahre.

In manchen Fällen können Sie noch mehr Geld herausholen – und vielleicht Ihre Mitarbeiter sogar umsonst bekommen. Hier existieren je nach Bundesland unterschiedliche Modelle. Oft gibt es auch einen Verhandlungsspielraum. Ein Beispiel: Während der ersten beiden Monaten finanziert das Arbeitsamt Ihren neuen Mitarbeiter voll, weitere acht Monate schießt es die Hälfte zum Lohn zu. Sie haben auf diese Weise die Möglichkeit, Ihren künftigen Mitarbeiter ausgiebig zu testen. Lassen Sie sich von Langzeitarbeitslosigkeit nicht schrecken. Wer länger als 18 Monate keinen Job hatte, ist damit nicht automatisch arbeitsfaul oder erfüllt seine Aufgabe schlecht. Oft hat er einfach nur den falschen Beruf, eine nicht mehr aktuelle Ausbildung, ist zu alt oder hat ein anderes kleines Handicap.

Manche Arbeitsagenturen haben weitere Programme aufgelegt: Es werden Arbeitnehmer über 55 Jahre gefördert oder Arbeitnehmer ohne Schulausbildung und Abschluss. Auch ältere Manager können unter Umständen als Interimsmanager mit Zuschuss bei Ihnen arbeiten. Erkundigen Sie also sich bei Ihrem Arbeitsamt nach Einstellungszuschüssen.

Mitarbeiterauswahl

Lassen Sie sich bei der Einstellung nicht ausschließlich von Ihrem Gefühl leiten, sondern gehen Sie systematisch vor. Erstellen Sie zuerst ein Anforderungsprofil: Welche Tätigkeiten soll Ihr künftiger Mitarbeiter ausüben, und was muss er dafür können? Welche Qualifikationen und Erfahrungen braucht er? Was müssen seine persönlichen Stärken sein?

Ein-Mann-Unternehmen und kleine Firmen sind bei Bewerbern nicht besonders beliebt; die meisten möchten lieber bei Großunternehmen arbeiten. Eine schlechte Arbeitsmarktlage erleichtert zwar die Rekrutierung, trotzdem werden Sie es schwer haben, die besten Kandidaten für sich zu gewinnen. Überlegen Sie also genau, was Sie als Arbeitgeber dem Bewerber bieten können. Welche Entwicklungsmöglichkeiten haben Mitarbeiter bei Ihnen? Können und wollen Sie den Mitarbeiter fördern?

Das Anforderungsprofil ist die Grundlage für Ihre Stellenbeschreibung. Suchen Sie zunächst in Ihrem Umkreis oder über berufliche Netzwerke. Bringt Sie das nicht weiter, schalten Sie eine Anzeige:

▸ Wochenblatt: Stellen für gewerbliche Mitarbeiter und Teilzeitjobs; eine Anzeige in der Tageszeitung ist dafür meist zu teuer.

▸ Tageszeitung: Posten für Angestellte und Spezialisten.

▸ Arbeitsamt: alle offenen Stellen für Arbeiter und Angestellte.

▸ Internet: besonders für Angestellte oder bei überregionaler Suche.

Werben Sie im Internet oder in einer überregionalen Zeitung, werden auch Bewerber aus anderen Gegenden auf Ihre offene Stelle aufmerksam. Auch diesen sollten Sie eine Chance geben. Wer sich bewusst verändern möchte und für eine Stelle eine weite Fahrt oder gar einen Umzug auf sich nimmt, ist oft hochmotiviert. Trotzdem besteht ein Risiko: Sie werden vielleicht die zweite Wahl sein, der Bewerber sucht weiter nach einer größeren Firma oder einem Arbeitgeber in der Nähe.

Vorstellungsgespräch

Ein Vorstellungsgespräch ist dazu da, sich gegenseitig kennenzulernen. Da bekanntlich vier Augen mehr sehen als zwei, ist es fast immer sinnvoll, einen weiteren Partner hinzuzuziehen. Das kann Ihr Geschäftspartner oder ein externer Personalberater sein. Wichtig ist, dass Sie sich auf das Vorstellungsgespräch genau vorbereiten: Was möchten Sie erreichen? Welchen Job bieten Sie an? Welche Tätigkeiten beinhaltet er? Welche Perspektiven und Entwicklungsmöglichkeiten gibt es?

Beginnen Sie das Gespräch mit etwas Smalltalk zum Aufwärmen, und leiten Sie dann zur Position und zu Ihrem Unternehmen über. Bitten Sie den Bewerber im zweiten Teil, seine berufliche Laufbahn zu schildern. Stellen Sie anschließend gezielte Fragen, die sich aus dem Lebenslauf ergeben sowie aus seiner Bewerbung. Ihre Fragen sollten vor allem darauf zielen, die Kompetenz des Bewerbers in Bezug auf die Stelle zu ermitteln. Ist er in der Lage, den Job bestmöglich auszufüllen?

Private Fragen sollten Sie zunächst ausklammern, es sei denn, es ergibt sich ein offenes Gespräch, indem der Bewerber bereitwillig von sich selbst erzählt. Wenn jemand für ein Vorstellungsgespräch nach Hamburg kommt, können Sie davon ausgehen, dass er auch bereit ist, seine Heimatstadt Köln zu verlassen, um bei Ihnen zu arbeiten – unabhängig davon, ob er in einer festen Partnerschaft lebt oder nicht.

Verbotene Fragen, zum Beispiel nach einer Schwangerschaft, sind für Sie ohnehin irrelevant, da der Bewerber Sie nicht (wahrheitsgemäß) beantworten muss. Ob eine Frau vorhat, Kinder zu bekommen, können Sie auch nicht mit letzter Sicherheit ermitteln. Das Risiko, dass der frisch eingestellte Mitarbeiter plötzlich wieder Ihr Unternehmen verlässt, krank oder schwanger wird, bleibt immer.

Unterscheiden Sie zwischen offenen und geschlossenen Fragen. Mit geschlossenen Fragen treiben Sie den Bewerber in eine Ecke und zwingen ihn zu kurzen Antworten. Solche geschlossenen Fragen lassen sich nur mit ja und nein oder durch die Nennung einer Zahl, zum Beispiel des Alters, beantworten. Um etwas über den Bewerber herauszufinden, sind diese Fragen ungeeignet. Deshalb sollten Sie offene Fragen stellen, die den Bewerber dazu bringen, Dinge von sich selbst aus der eigenen Perspektive zu erzählen. Beispiele:

- ▶ Wie sieht Ihr typischer Arbeitstag aus?
- ▶ Welche Dinge sind Ihnen im Beruf und im Privatleben wichtig?
- ▶ Was bedeutet für Sie Karriere?
- ▶ Wo liegt für Sie der Unterschied zwischen einem kleinen und einem großen Unternehmen?
- ▶ Was waren bisher Ihre größten Erfolge?
- ▶ Was waren Ihre schlimmsten Misserfolge?
- ▶ Wie gehen Sie mit Misserfolgen um?

Mitarbeiter entlassen

Gerade in der Anfangszeit möchte sich kaum ein Existenzgründer festlegen. Wer weiß, wie sich die Auftragslage entwickelt? Was ist, wenn nicht alles nach Plan läuft oder wenn Mitarbeiter und Chef einfach nicht zusammenpassen? Damit kleine Unternehmen kein großes Risiko eingehen, wenn sie Mitarbeiter einstellen, greift der Kündigungsschutz seit 2004 erst ab einer Unternehmensgröße von zehn Mitarbeitern (Teilzeitkräfte zählen die Hälfte). Darüber hinaus gilt er auch erst nach sechs Monaten ununterbrochener Tätigkeit. Vereinbaren Sie in jedem Fall eine Probezeit von sechs Monaten: Während dieser Zeit können Sie sich täglich oder binnen einer für beide Vertragspartner gültigen Frist von dem Mitarbeiter trennen; üblich sind 14 Tage.

Beschäftigen Sie weniger als zehn Mitarbeiter, reicht ein sachlicher Grund für eine ordnungsgemäße Kündigung aus. Haben Sie mehr als zehn Mitarbeiter, dürfen Sie nur aus drei Gründen kündigen: verhaltensbedingt, personenbedingt und betriebsbedingt.

Eine verhaltensbedingte Kündigung kann bei disziplinarischem Fehlverhalten des Mitarbeiters ausgesprochen werden, zum Beispiel bei häufigen Fehlzeiten, Alkohol- oder Drogenkonsum, Arbeitsverweigerung, Diebstahl oder Unterschlagung. Der verhaltensbedingten Kündigung muss in der Regel eine (schriftliche) Abmahnung vorausgehen. Nur in Ausnahmefällen, zum Beispiel bei Diebstahl, ist eine fristlose Kündigung zulässig.

Ursachen für personenbedingte Kündigungen sind beispielsweise mangelnde Eignung oder lang andauernde Krankheit. Eine personenbedingte Kündigung hat also meist etwas mit der Arbeitsleistung des Mitarbeiters zu tun.

Die betriebsbedingte Kündigung kann dann ausgesprochen werden, wenn der Arbeitsplatz aufgrund von Umstrukturierungsmaßnahmen und unternehmerischen Veränderungen wegfällt und dem Mitarbeiter keine Alternative angeboten werden kann. Wenn mehrere Mitarbeiter auf vergleichbaren Arbeitsplätzen tätig waren, ist eine Sozialauswahl zu treffen. Diese muss die Dauer der Betriebszugehörigkeit, das Lebensalter, eventuelle Unterhaltspflichten und Schwerbehinderungen des Beschäftigten berücksichtigen. Oft zahlen Firmen in solchen Situationen hohe Abfindungen, denn in der Regel möchten sie den jüngeren Nachwuchs behalten. Arbeitsgerichte haben zwar entschieden, dass ein halbes Bruttogehalt pro Jahr Betriebszugehörigkeit ausreichend ist, doch werden von größeren Firmen meist erheblich höhere Summen gezahlt. Sorgen Sie für eine friedliche Trennung, die auch Ihren Mitarbeiter mild stimmt. Andernfalls könnte er einen Arbeitsrechtler hinzuziehen. Aber daran müssen Sie als Gründer hoffentlich jetzt noch nicht denken.

Betriebsrat und Gewerkschaften

Ein Betriebsrat ist für viele Arbeitgeber ein Schreckgespenst: Nicht wenige versuchen alles, um die Gründung einer solchen Arbeitnehmervertretung zu vermeiden, und setzen ihre Mitarbeiter unter Druck, damit sie keine Arbeitnehmervertretung installieren. Manchmal werden zur Not sogar Versammlungen boykottiert und Gewerkschaftsmitglieder benachteiligt. Tun Sie das nicht: Die Zusammenarbeit mit dem Betriebsrat kann konstruktiv und ertragssteigernd sein: Ein Miteinander statt Gegeneinander befruchtet den Unternehmenserfolg und lässt »Betonköpfen« und eingleisig-betriebsfeindlichem Denken keine Chance.

Ist der Betriebsrat da, kommen Sie nicht mehr um ihn herum: Sowohl Einstellungen als auch Kündigungen muss er zustimmen – und auch sonst hat er fast überall ein Wort mitzureden. Details zu Wahl und Aufgaben können Sie im Betriebsverfassungsgesetz unter *http://bundesrecht.juris.de/bundesrecht/betrvg* nachlesen, gute Arbeitgeber-Tipps in Bezug auf den Betriebsrat vermittelt die Internetseite *www.arbeitsrecht.org*.

Eng verbunden mit dem Betriebsrat sind die Gewerkschaften, wobei ein Betriebsrat nicht notwendigerweise auch Gewerkschaftsmitglied sein muss. Betriebsräte arbeiten allerdings mit Gewerkschaften zusammen. Solche Gewerkschaften haben sich für bestimmte Branchen formiert, etwa die IG Metall für die Metallbranche oder Verdi für Dienstleistungen. Die Hauptaufgabe der Gewerkschaften ist die Festsetzung von Tarifen und deren regelmäßige Erhöhung in Zusammenarbeit mit den Arbeitgebern. Gewerkschaften müssen deshalb streikfähig sein, um ihre tariflichen Interessen durchzusetzen, und haben vom Grundgesetz her das Recht, mit den Arbeitgebern Verträge abzuschließen.

Übrigens: Kein Unternehmen muss einen Betriebsrat gründen. Ab fünf ständigen Mitarbeitern, von denen drei wählbar sein müssen, ist die Gründung jedoch möglich.

Österreich und Schweiz

Das meiste in diesem Kapitel Gesagte gilt auch für Österreich und die Schweiz. Unterschiede ergeben sich im Wesentlichen aus dem Arbeitsrecht.

In Österreich sind beispielsweise nur Entlassungen von heute auf morgen zu begründen, Kündigungen können sonst auch fristgerecht ohne Grund ausgesprochen werden. Detaillierte Informationen und Gesetzestexte gibt es etwa bei *www. arbeitskammer.at* oder beim österreichischen Bundesministerium für Wirtschaft *www.bmwa.at*.

Auch in der Schweiz ist das Kündigen einfacher: Nur auf speziellen Wunsch muss eine Kündigung schriftlich begründet werden, ansonsten reichen ein Grund und die Einhaltung der vereinbarten Frist aus. Es gibt eine maximale wöchentliche Arbeitszeit von 45 Stunden und die Pflicht, mindestens vier Wochen Urlaub zu gewähren. Jeder Arbeitgeber muss für seine Mitarbeiter Beiträge an die Arbeitslosenversicherung entrichten.

Adressen

Allgemeine Informationen:

- Minijobzentrale der Bundesknappschaft (*www.minijobzentrale.de*): Die Bundesknappschaft verwaltet die kleinen Jobs.

- Deutsche Rentenversicherungsanstalt Bund (*www.deutsche-rentenversicherung-bund.de*). Die Deutsche Rentenversicherungsanstalt Bund ist für Angestellte zuständig.

- Bundesagentur für Arbeit (*www.arbeitsagentur.de*): Bei der Arbeitsagentur können Sie Ihre Stellen kostenlos veröffentlichen.

- Techniker Krankenkasse (*www.tk-online.de*): Studenten beschäftigen – wichtige Informationen für Arbeitgeber zum Download.

Musterverträge:

- IHK Hanau (*www.hanau.ihk.de*): Die IHK Hanau bietet kostenlos jede Menge Musterverträge für Arbeitgeber.

- Kienbaum (*www.kienbaum.de*): Für 300 Euro können Sie den »Vertrag mit freien Mitarbeitern« bei der Kienbaum Management Consultants GmbH in Gummersbach bestellen.

- Focus (*www.focus.de*): Hier erhalten Sie ab 2 Euro kommentierte Verträge vom Vertrag für freie Mitarbeitern bis zur Kündigung.

Weitere Adressen finden Sie im Kapitel 5.

11 Krisen

Kein Unternehmen ist immer gleich erfolgreich. Alle müssen hin und wieder schlechte Zeiten durchmachen. Um diese zu überstehen, gibt es zahlreiche Strategien, die dieses Kapitel vorstellt. Es gibt Selbständigen bei kleinen und großen Krisen Tipps, Rat und Hilfestellung – bis hin zum Thema Insolvenz.

11.1 Fehlentwicklungen erkennen und vermeiden

Niemand wird ohne Grund zahlungsunfähig. Jede Insolvenz kündigt sich an – manchmal allerdings nur sehr kurzfristig. Bestimmte Verhaltensweisen begünstigen Insolvenz:

▶ Viele Jungunternehmer glauben, Umsatz sei fast so gut wie Gewinn. Das ist falsch: Sie können 30.000 Euro einnehmen und dabei sogar noch Verluste machen.

▶ Der Unternehmer kümmert sich zu spät um einen Kredit. Wenn die Bank die Krise ahnt, ist es für den Kredit zu spät. Planen Sie Ihre Kredite langfristig, ebenso wie Ihre generelle Liquidität.

▶ In ihrer Not überreden Gründer die Familie einzusteigen und reißen diese mit sich in den Abgrund.

▶ Der Unternehmer nimmt zu viel Geld für seine privaten Bedürfnisse aus der Firmenkasse und lebt über seine Verhältnisse.

▶ Der Unternehmer bestellt Waren und schließt Geschäfte ab, ohne zu wissen, ob er die Leistungen auch noch bezahlen kann. Wenn Sie fahrlässig Gläubiger schädigen, können Sie sich wegen betrügerischen Bankrotts strafbar machen.

Für finanzielle Pleiten können unterschiedliche Gründe verantwortlich sein: Die wirtschaftliche Lage spielt eine Rolle, neue Trends und Entwicklungen, erstarkender Wettbewerb und harter Preiskampf, zu schnelles Wachstum, fehlende Unterstützung von Banken, Ausstieg von Gesellschaftern oder Rückzug von Investoren. Wer nicht rechtzeitig reagiert, schlittert in die Insolvenz. In diesem Fall hat der Unternehmer meist schon mehrere Wochen und Monate die Augen vor der Realität verschlossen, sich selbst etwas vorgemacht und den richtigen Zeitpunkt für das Krisenmanagement verpasst. Dabei trägt er nicht nur für sich selbst Verantwortung, sondern auch für seine Familie und seine Mitarbeiter. Doch oft zählt nur eines: den eigenen Betrieb am Leben zu halten – um (fast) jeden Preis.

Krisen erkennen

Gehen die Umsätze nach unten? Sinkt Ihr Gewinn? Analysieren Sie die Gründe für eine schlechte Unternehmensentwicklung, sobald sich diese abzuzeichnen beginnt:

- ▶ Sind die Einkaufspreise oder die Kosten für Rohstoffe gestiegen?
- ▶ Haben Sie Kunden verloren?
- ▶ Ordern Ihre Kunden weniger?
- ▶ Ist ein neuer Wettbewerber am Markt, der mit Dumping-Preisen Ihre Kunden lockt?
- ▶ Verschlechtert sich die allgemeine wirtschaftliche Situation?
- ▶ Beeinflusst der aktuelle Euro-Kurs Ihre Geschäftsentwicklung?

Fragen Sie sich im nächsten Schritt, woher diese Entwicklung rührt und wie Sie darauf Einfluss nehmen können:

- ▶ Haben Sie Kunden verloren, weil diese mit Ihrer Dienstleistung nicht zufrieden waren? Welche Maßnahmen können Sie ergreifen, um eine höhere Kundenzufriedenheit zu erreichen?
- ▶ Ordern Ihre Kunden weniger? Wie können Sie sie dazu bewegen, mehr zu bestellen? Ist beispielsweise Cross-Selling eine geeignete Maßnahme, also der Verkauf weiterer Produkte?
- ▶ Führt die wirtschaftliche Situation zu einer Kaufzurückhaltung? Wie können Sie diese Zurückhaltung beeinflussen? Können Sie spezielle Dienstleistungen oder Produkte für vorsichtige Kunden anbieten?
- ▶ Ist Ihre Gewinnspanne zu gering? Überprüfen Sie Möglichkeiten, diese zu erhöhen, zum Beispiel: das Geschäft größer aufziehen oder günstigere Einkaufsquellen suchen.
- ▶ Funktionieren die Geschäftsabläufe nicht richtig? Überprüfen Sie, wo und an welcher Stelle es hapert. Was können Sie tun, um das Problem zu lösen?
- ▶ Wird Ihre Botschaft nicht verstanden? Überprüfen Sie Ihre Werbematerialien und den eigenen Auftritt gegenüber Kunden. Fragen Sie sich: Ist Ihr Geschäftsmodell zu komplex, oder stellen Sie es zu komplex dar? Überarbeiten Sie gegebenenfalls Ihre Werbematerialien.
- ▶ Kommen Sie nicht zum Geschäftsabschluss? Fragen Sie sich: Woran scheitert es? Scheuen Sie sich vor Verhandlungen? Haben Sie Schwierigkeiten, über Geld zu sprechen?
- ▶ Sind Ihre Preise zu niedrig? Passen Sie sie an?
- ▶ Kaufen Sie oft Produkte ein, die keiner haben will, sodass Sie darauf sitzen bleiben? Überlegen Sie, woher das kommt und was Sie dagegen tun können. Engagieren Sie unter Umständen Trend-Scouts. Ermitteln Sie vor dem Einkauf durch einen Testverkauf (siehe Kapitel 2.2), ob das Produkt genug Abnehmer finden wird.
- ▶ Legen Ihnen Menschen oder Institutionen Steine in den Weg? Fragen Sie sich, wie Sie dagegen ankommen oder ob es einfachere Wege gibt, Ihr Ziel zu erreichen. Oder sind die Hürden unüberwindbar?

Krisen vorbeugen

Jede Unternehmensgründung ist eine Berg-und-Tal-Fahrt. Sie bleiben niemals stehen. Damit Sie nach einem Tal schnell wieder in die Höhe kommen, müssen Sie Ihr Angebot oder Ihren Marktauftritt den neuen Gegebenheiten anpassen. Eine der wichtigsten vorbeugenden Anti-Krisen-Maßnahmen ist somit die Veränderung des eigenen Produkt- oder Dienstleistungsangebots. Sie müssen immer am Ball bleiben und genau das anbieten, was Ihre Kunden wünschen oder Ihre Konkurrenten nicht leisten können. Fragen Sie sich auch in guten Zeiten, wie Sie Ihr Produkt verändern und Ihre Dienstleistung verbessern können. Hören Sie nie auf, den Wettbewerb zu beobachten! Und selbstverständlich sollten Ihnen auch die Bedürfnisse der Kunden stets vertraut und nahe bleiben. Nur so können Sie rechtzeitig reagieren, wenn sich Bedürfnisse ändern. Damit Sie erst gar nicht in eine Krise geraten, können Sie einiges tun.

▸ Sprechen Sie mit Ihren Kunden. Ermitteln Sie deren Zufriedenheit und Bedürfnisse, zum Beispiel nach weiteren oder ergänzenden Produkten oder Dienstleistungen.
▸ Sorgen Sie für eine hohe Kundenzufriedenheit.
▸ Erweitern Sie Ihren Kundenstamm, und verjüngen Sie ihn gegebenenfalls. Vermeiden Sie eine Überalterung, wenn Kunden mit Ihrem Unternehmen wachsen.
▸ Entwickeln Sie Ihr Produkt immer weiter; bleiben Sie nicht stehen.
▸ Sorgen Sie regelmäßig für neue Ideen im Marketing.
▸ Verändern Sie Ihr Geschäftsmodell, bevor sich neue Trends durchgesetzt haben. Beispiel: Hörbücher sind ein Mega-Trend. Wenn Sie als Verlag bisher nur Bücher angeboten haben, sollten Sie darüber nachdenken, Hörbücher in Ihr Programm aufzunehmen. Fragen Sie sich, wohin sich dieser Trend entwickelt und welche Branchen und Zweige er wohl noch erfassen wird. Möglicherweise wird es bald einen Boom gesprochener Sachbücher geben. Und wie lange wird es dauern, bis diese im Internet zum Download feilgeboten werden?
▸ Hören Sie niemals auf, Werbung zu machen. Denken Sie an das Motto: »Läuft es schlecht, wirb. Läuft es gut, wirb mehr.«
▸ Beobachten Sie Trends und Entwicklungen, die Ihrer Dienstleistung oder Ihrem Produkt gefährlich werden könnten. Beispiel: Ein Damenmodengeschäft verkauft seit Jahren die gleichen Marken. Diese Marken waren anfangs »in«, liefen gut und haben dann an Wert verloren. Die Besitzerin hat es jedoch versäumt, rechtzeitig auch auf neue Marken-Trends zu reagieren und das Angebot zu verändern.
▸ Behalten Sie Ihre Finanzen immer im Blick, und verschließen Sie nicht die Augen.

Befinden Sie sich mit Ihrem Unternehmen schon auf Talfahrt, ist es noch lange nicht zu spät gegenzusteuern. Wichtig ist, dass Sie jetzt handeln:

▶ Prüfen Sie, ob Sie Ihr Honorar beziehungsweise Ihre Preise senken oder besser noch Rabatte anbieten können. Vorsicht: Wenn Sie sich einmal nach unten bewegen, kann das eine Abwärtsspirale in Gang setzen. Preiskürzungen kommen zudem nur in Frage, wenn ein hoher Preis der Auslöser für Kaufzurückhaltung war.

▶ Prüfen Sie, ob sich Honorare oder Preise vielleicht sogar erhöhen lassen, ohne dass Ihnen Kunden abspringen.

▶ Optimieren Sie Ihre Preisstrategie. Können Sie Ihre Schwerpunkte so gestalten, dass Sie Tätigkeiten mit guten Verdiensten Priorität einräumen?

▶ Geben Sie Aufgaben ab, damit Sie sich mehr auf Ihren eigentlichen Job konzentrieren können.

▶ Überlegen Sie, ob Sie Kooperationen eingehen können, die Ihnen neue Kunden bescheren.

▶ Verstärken Sie Ihre Vertriebsaktivitäten.

▶ Verbessern Sie Ihre Akquise.

▶ Prüfen Sie, ob es sinnvoll ist, sich künftig mehr auf wichtige, finanzstarke Kunden zu konzentrieren.

▶ Verbessern Sie gegebenenfalls Ihr Mahnwesen, wenn Sie zu hohe Außenstände haben. Überlegen Sie, wie Sie schlecht zahlende Kunden dazu bewegen, Rechnungen pünktlich zu begleichen. Können Sie zum Beispiel Skonto anbieten, telefonisch oder mit einem netten Schreiben an die ausstehende Zahlung erinnern?

▶ Gewinnen Sie neue Investoren, die Geld in Ihr Unternehmen stecken.

Je früher Sie die Fahrt nach unten stoppen, desto größer sind die Chancen, die Talfahrt aufzuhalten – bevor der Gang zum Insolvenzgericht ansteht.

Tipp: Geld frühzeitig überschreiben

Vermögen, das vor einer Unternehmenskrise an einen Ehepartner übertragen worden ist, darf im Konkursverfahren nicht angetastet werden, auch wenn keine Gütertrennung vereinbart war. Die Übertragung kurz vor einem (absehbaren) Zusammenbruch kann jedoch strafbar sein.

Erste-Hilfe-Maßnahmen

Sind Ihre Ausgaben deutlich höher als Ihre Einnahmen? Dann müssen Sie ans Sparen denken. Droht gar die Zahlungsunfähigkeit, müssen Sie sofort radikale Maßnahmen einleiten. Vorgestellt werden im Folgenden eine Schlankheitskur, schnelle Geldbeschaffungsmaßnahmen sowie eine Radikaldiät.

Tipps für eine Schlankheitskur

Manche der folgenden Maßnahmen sind auch in guten Zeiten sinnvoll, denn damit sparen Sie eine Menge Geld:

- Ziehen Sie in ein kleineres Büro oder ins Home-Office.
- Fahren Sie ein kleineres und günstigeres Auto – oder gar keines.
- Verkaufen Sie nicht benötigte Anlagen und Büromöbel, alte Geräte und Computer.
- Drucken Sie statt eigener Broschüren nur Flyer – oder verzichten Sie ganz darauf.
- Weichen Sie auf Aldi-Kaffee und Kekse aus, statt Ihre Kunden kostspielig zu bewirten.
- Drucken Sie Ihre Unterlagen nur noch einfarbig statt vierfarbig aus.
- Telefonieren Sie nur noch über Billigrufnummern.
- Nutzen Sie den Internetzugang nur noch, wenn es wirklich erforderlich ist.

Tipps für die schnelle Geldbeschaffung

Erhöhen Sie Ihre Einnahmen:

- Arbeiten Sie mehr, und wickeln Sie mehr Aufträge ab.
- Setzen Sie vermehrt Produkte ab, die Ihnen viel Gewinn einbringen.
- Lasten Sie Ihre Kapazitäten besser aus.
- Vermeiden Sie Reklamationen durch verbesserte Leistung und höhere Qualität.
- Gewähren Sie keine oder weniger Rabatte.
- Vermieten Sie das eigene Büro oder die Praxis unter.

Sorgen Sie dafür, dass Sie Ihre Einnahmen schneller realisieren als bisher:

- Fordern Sie Anzahlungen von Kunden.
- Verkürzen Sie Lieferzeiten.
- Stellen Sie die Rechnung sofort nach der Leistung.
- Liefern Sie gegen Nachnahme oder Lastschriftverfahren.
- Reichen Sie Schecks unmittelbar nach Erhalt ein.

- Vereinbaren Sie Bankeinzug bei Dauerkunden.
- Führen Sie Sonderaktionen für Barzahler durch, und gewähren Sie Skonto.
- Bedienen Sie schnell zahlende Kunden bevorzugt.
- Treiben Sie alle offenen Forderungen ein, und intensivieren Sie Ihr Mahnwesen.

Tipp: Neue Kunden gewinnen

Haben Sie zu wenig Kunden? Kommen Sie gar nicht richtig auf die Beine?
Dann müssen Sie Ihre Akquise stärken, um neue Aufträge ans Land zu ziehen.
In schlechten Zeiten kann 80 Prozent Ihrer Arbeitszeit aus Akquise bestehen,
in guten sollten es mindestens 20 Prozent sein. Lernen Sie, erfolgsorientiert vorzugehen. Ein begleitendes Coaching kann Ihnen dabei helfen.

Senken Sie Ihre Ausgaben mithilfe der folgenden Maßnahmen:

- Reduzieren Sie Lagerbestände bei Vorräten.
- Prüfen Sie den Einkauf, und suchen Sie nach günstigeren Bezugsquellen.
- Reduzieren Sie freiwillige Leistungen, zum Beispiel Mitgliedsbeiträge und Spenden.
- Handeln Sie eine höhere Kreditlinie aus, um Überziehungszinsen zu vermeiden.
- Nutzen Sie Rabatte und Skonti beim Einkauf.

Verzögern Sie Ausgaben, soweit es geht:

- Leasen Sie teure Anlagegegenstände, anstatt sie zu kaufen.
- Vereinbaren Sie Ratenzahlung bei Einkäufen.
- Vereinbaren Sie längere Zahlungsziele mit Lieferanten.
- Nehmen Sie Sonderabschreibungen zur Verlagerung von Steuerzahlungen in Anspruch.
- Bilden Sie steuerliche Rückstellungen, zum Beispiel Ansparabschreibungen (siehe Kapitel 4.4).
- Reduzieren Sie Privatentnahmen.
- Beantragen Sie die Stundung von Steuerzahlungen.

Tipps für eine Radikaldiät

Wenn alles nichts hilft und Sie vor der Zahlungsunfähigkeit stehen, helfen nur noch einschneidende Maßnahmen. Diese sind meist sehr schmerzhaft, aber jetzt unvermeidlich.

- ▸ Streichen oder kürzen Sie das eigene Gehalt.
- ▸ Verzichten Sie auf Urlaub.
- ▸ Kürzen Sie das Gehalt der Mitarbeiter.
- ▸ Reduzieren Sie die Stundenzahl Ihrer Mitarbeiter.
- ▸ Entlassen Sie Mitarbeiter.
- ▸ Konzentrieren Sie sich aufs Kerngeschäft und stoßen Sie nicht lukrative Geschäftszweige ab.

11.2 Insolvenz

Unternehmen sind dann insolvent, wenn Sie zahlungsunfähig oder überschuldet sind. Zahlungsunfähig bedeutet, dass Sie Rechnungen von Lieferanten oder Gehälter nicht mehr begleichen können. Überschuldet heißt, dass Ihre Verbindlichkeiten (Kredite, Zinsen) höher sind als das Vermögen.

Insolvenzverfahren

Sowohl Ihre Gläubiger als auch Sie als Schuldner können einen Antrag beim Insolvenzgericht stellen. Bei einer AG oder GmbH darf auch der Geschäftsführer die Rolle des Schuldners übernehmen. Nach der Meldung prüft das Gericht, ob genügend Unternehmenswerte vorhanden sind, damit sich ein Insolvenzverfahren lohnt. Falls das der Fall ist, wird ein Insolvenzverwalter bestellt und das Verfahren eröffnet. Drei Monate bleibt der Insolvenzverwalter im Unternehmen und prüft mit Ihnen die vorhandenen Werte, danach liefert er einen Bericht ab. Die Gläubigerversammlung entscheidet, ob Ihre Firma saniert oder liquidiert werden soll. Größere Unternehmen werden häufig saniert, da in der Regel erhebliche Vermögenswerte vorhanden sind, zum Beispiel Maschinen, aber auch Marken gehören dazu. Kleinere Unternehmen mit weniger als hundert Mitarbeitern werden hingegen meist geschlossen.

Als Inhaber tragen Sie wahrscheinlich noch lange an eigenen und auch privaten Schulden – besonders als Einzelunternehmer. Von diesen Schulden können Sie sich nach dem Insolvenzverfahren, das sich im Einzelfall über Monate und Jahre hinziehen kann, in einem Restschuldbefreiungsverfahren befreien lassen. Für dieses Verfahren, die sogenannte Privatinsolvenz, müssen Sie zuvor ein Unternehmens- oder Verbraucherinsolvenzverfahren durchlaufen haben. Als Personengesellschaft tragen Sie immer auch die betrieblichen Schulden mit; doch auch die Gesellschafter einer GmbH sind vor Schulden nicht gefeit. Um überhaupt Kredite zu bekommen, haften Sie normalerweise mit dem Privatvermögen; geht die GmbH in Konkurs, ist auch Ihr Privatvermögen betroffen – das nennt man Durchgriffshaftung.

Tipp: Insolvenzgeld beantragen

Für drei Monate, in der Schweiz sogar für vier Monate, zahlt das Arbeitsamt Insolvenzgeld an die Mitarbeiter einer von Insolvenz bedrohten Firma. Beantragen Sie dieses Geld rechtzeitig. Wenn gute Aussichten bestehen, das Unternehmen zu retten, können Mitarbeiter so gebunden und der Betrieb aufrechterhalten werden.

Restschuldbefreiung

Früher mussten auch Privatleute und gescheiterte Unternehmer ihr Leben lang Schulden mit sich herumschleppen, jetzt sind es nur noch sechs Jahre. Doch diese sechs Jahre sind hart, denn Sie müssen »Wohlverhalten« nachweisen. Das heißt, Sie müssen jede bezahlte Arbeit annehmen, die Ihrer Qualifikation entspricht; theoretisch dürfen Sie sogar wieder freiberuflich oder gewerblich selbständig sein. In der Praxis ist das eher schwierig, denn Sie bekommen von keiner Bank Geld. Während dieser Zeit arbeiten Sie komplett für Ihre Gläubiger, die auch Ihr gesamtes verpfändbares Eigentum erhalten. Der Begriff »Wohlverhalten« bezieht sich auf alle Bereiche: Schwarzarbeit führt zum Ausschluss aus dem Insolvenzverfahren. Im siebten Jahr können Sie von der Restschuld befreit werden, wenn Sie zuvor Wohlverhalten gezeigt haben: gearbeitet, einen Teil Ihrer Schulden beglichen und am Existenzminimum gelebt haben.

Insolvenzverschleppung

Geschäftsführer einer GmbH müssen in Deutschland spätestens drei Wochen nach Bekanntwerden der Zahlungsunfähigkeit Insolvenz anmelden, andernfalls droht ein Verfahren wegen Insolvenzverschleppung und die strafrechtliche Verfolgung. Sie können nicht nur mit einer Geldstrafe belangt werden, Ihnen droht sogar eine Freiheitsstrafe.

Interview: Was tun, wenn die Insolvenz droht?

Anne Koark war eine erfolgreiche Unternehmerin mit mehr als dreißig Mitarbeitern. Als Trust in Business (TIP) beriet die Engländerin Firmen, die in Deutschland Filialen oder Büros eröffnen wollten. Dafür mietete die Mutter zweier Söhne Räume, beschaffte Mitarbeiter und stellte Bürodienstleistungen zur Verfügung. Dann überrollte die Wirtschaftsflaute Deutschland und zog die Geschäftsidee in die Krise. Plötzlich wollte sich kaum noch jemand in Deutschland niederlassen; auch neue Geschäftsfelder ließen sich nicht erschließen. Die Geschichte ihrer Insolvenz hat Koark in Tagebuchform in ihrem Buch *Insolvent und trotzdem erfolgreich* niedergeschrieben.

Frau Koark, macht jeder, der in Konkurs geht, auch Fehler?
Natürlich, aber wo gibt es keine Fehler? Entscheidend ist doch, dass man aus Fehlern lernt.

Haben Insolvente dazu überhaupt noch eine Chance?
Ja, nach sechs Jahren Wohlverhalten. Doch auch dann dürfte es schwer sein, etwa bei einer Bank noch einmal einen Kredit zu bekommen. Bis dahin haben viele von Sozialhilfe gelebt; das Image ist zerstört. Es ist sicher nicht einfach, dann wieder neu anzufangen. Ihre Fehler sind den Insolventen jedoch sehr bewusst. Ich denke, die meisten Unternehmer würden sie beim zweiten Mal nicht noch einmal begehen. Ganz im Gegenteil: Gut möglich, dass sie bei einem zweiten Start sogar die besseren Unternehmer wären.

Wie ist das Image von Insolventen?
Schlecht, denn ein insolventer Unternehmer gilt als schlechter Unternehmer. Er traut sich deshalb oft nicht, über seine Situation zu reden. Er hat keine Lobby, niemanden, der sich seiner annimmt. Es kommen sehr viele Fragen und Probleme auf ihn zu. So haben es Insolvente schwer, neue Jobs als Angestellte zu finden. Sie müssen aber in einer Position arbeiten, die ihrer oft hohen Qualifikation angemessen ist, damit die Gläubiger bedient werden können. Viele bekom-

men auch kein Arbeitslosengeld, weil sie als Unternehmer länger als vier Jahre nicht in die Arbeitslosenversicherung eingezahlt haben.

Während des Insolvenzverfahrens gibt es aber auch für diejenigen Insolventen, die Anspruch hätten, kein Arbeitslosengeld. Stimmt das?
Ja, in dieser Zeit ist der Unternehmer verpflichtet, dem Insolvenzverwalter zur Verfügung zu stehen. Damit steht er dem Arbeitsmarkt nicht zur Verfügung, argumentiert das Arbeitsamt. Und deshalb gibt es kein Geld.

Gibt es Wege, Insolvenz zu verhindern? Haben Sie einen speziellen Tipp?
Der wichtigste Ratschlag lautet: Frühzeitig einen guten und vor allem neutralen Berater heranziehen. Das muss ein Berater sein, der sich gut in betriebswirtschaftlichen Fragen auskennt. Jeder Unternehmer, der eine Firma selbst aufgebaut hat, ist zu einem gewissen Grad betriebsblind. Er hängt an seiner Firma, sodass er viele Entwicklungen nicht mehr objektiv sehen kann.

Wie finde ich einen geeigneten Berater?
In Datenbanken, Branchenverzeichnissen und natürlich auf Empfehlung. Das Problem besteht eher darin, dass der Unternehmer in der Krise kein Geld hat, einen Berater zu bezahlen.

Wie lässt sich das lösen?
Ich betreibe die Initiative »Bleib im Geschäft« (BIG), ein gemeinnütziger Verein. Das Ziel von BIG ist es unter anderem, Unternehmen in der Krise Rat und Unterstützung zu geben.

Wie lebt es sich für Insolvente?
Am Existenzminimum. Ich musste meine Eigentumswohnung aufgeben, meine Kreditkarte, bekam monatelang nicht einmal Kindergeld.

Insolvenz in Österreich und der Schweiz

Das österreichische Insolvenzrecht kennt die Möglichkeit der Entschuldung. Nach sieben Jahren Existenzminimum können Privatpersonen und ehemalige Unternehmer schuldenfrei sein und noch einmal von vorne anfangen. Der erste Schritt ist ein außergerichtlicher Einigungsversuch mit den Gläubigern. Scheitert dieser, wird das Konkursverfahren eröffnet. Dieses findet indes nur statt, wenn dafür ausreichend Geld vorhanden ist – mindestens 4.000 Euro.

In der Schweiz existiert ein Privatkonkurs, der jedoch nicht von den Schulden und Gläubigern befreit. Er kann nur eine Erleichterung verschaffen, da der Schuldner danach etwas mehr als das Existenzminimum verdienen kann; viel mehr darf es aber nicht sein. Neues Vermögen muss direkt an die Gläubiger abgeführt werden, bis die Schulden getilgt sind. Für die Eröffnung eines Konkursverfahrens sind 5.000 Franken fällig.

Adressen

Schuldnerberatungen:

- Bundesarbeitsgemeinschaft Schuldnerberatung (*www.bag-sb.de*): Schuldnerberatung in Deutschland.

- Website von Anne Koark: *www.anne-koark.de*

- Unternehmer in Not (*www.unternehmer-in-not.at*): Schuldnerhilfe und Beratung in Österreich.

- Sozialinfo (*www.sozialinfo.ch*): Schulden in der Schweiz.

Nachwort:
Erfolgsmaßstäbe

Wie lange dauert es eigentlich, bis Sie sich etabliert haben? Woran merken Sie, dass Ihr Unternehmen gescheitert ist? Solche besorgten Fragen begleiten viele Unternehmer. Sie sind leider nicht pauschal zu beantworten, denn es gibt keine allgemein gültigen Lösungen. Doch es gibt hilfreiche Tipps, Anhaltspunkte und Erfahrungswerte.

Unternehmensziele

Ab wann bin ich erfolgreich? Das ist je nach Geschäftsmodell unterschiedlich. Ein Einzelhandelsgeschäft kann mit sehr viel Glück und zugkräftiger Werbung vom ersten Tag an gut laufen. Viele Dienstleistungen brauchen ein bis drei Jahre, bis sie sich voll am Markt etabliert haben. Manch freier Journalist benötigt sogar zehn Jahre, bis er sich mit einem Thema so bekannt gemacht hat, dass die Auftraggeber von selbst kommen. Für die meisten Dienstleister gilt Folgendes:

- ▶ Die Akquise-Bemühungen sollten nach drei bis sechs Monaten Erfolg zeigen.
- ▶ Nach etwa einem halben Jahr Akquise sollte sich auch in erklärungsbedürftigen Geschäftsfeldern mindestens ein konkreter Auftrag ergeben haben.
- ▶ Nach einem Jahr sollte sich abgezeichnet haben, ob eine Idee sich durchsetzen wird. Das Interesse am Produkt muss jetzt sehr konkret sein.
- ▶ Nach drei Jahren haben viele ein erstes Auftragshoch erreicht.
- ▶ Nach fünf Jahren haben Sie es geschafft.

Meilensteine

Der Maßstab sind jedoch nicht allgemeine Empfehlungen, der Maßstab sind Sie selber. Setzen Sie sich Meilensteine: Wann sollen Sie welches Ziel erreicht haben? Diese Meilensteine sollten möglichst konkret formuliert sein, Ihnen genug Zeit zur Umsetzung lassen und Sie nicht in Bedrängnis bringen.

So können die Meilensteine zum Beispiel bei einem Trainer aussehen:

- ▶ Nach einem Monat: mindestens zwanzig Kontakte mit potenziellen Interessenten hergestellt.
- ▶ Nach drei Monaten: zwei Präsentationen erfolgreich durchgeführt.
- ▶ Nach sechs Monaten: ein mindestens dreitägiges Firmentraining durchgeführt.
- ▶ Nach einem Jahr: vier erfolgreiche Firmentrainings durchgeführt.

Es lassen sich natürlich auch Umsatzziele als Meilensteine definieren. Optimal ist eine Kombination aus weichen Zielen und Umsatzzielen. Umsatzziele sind konkreter, weiche Ziele lassen sich besser formulieren und eignen sich eher, um daraus eine Unternehmensvision zu entwickeln.

Prüfen Sie regelmäßig, was Sie bisher erreicht haben. Falls Sie von Ihren Zielen abweichen und Ihre Meilensteine nicht erreichen: Welche Gründe gibt es dafür? Hindern Sie äußere Umstände? Stehen Sie sich selbst im Weg, weil Sie die Akquise nicht intensiv genug betreiben?

Unternehmensleitbild

Oft hilft es, das zentrale Unternehmensziel in ein Leitbild einzubetten. Ein schriftlich fixiertes Unternehmensleitbild bietet Ihnen immer dann Orientierung, wenn Sie aufgeben wollen oder Gefahr laufen, sich zu verzetteln. Es erinnert Sie an die wichtigsten Fragen, die Sie sich schon bei der Gründung gestellt haben: Was möchten Sie erreichen? Welche Mission und Aufgabe hat Ihr Unternehmen? Schreiben Sie es auf.

Ein Unternehmensleitbild nennt sich auch Mission-Statement. Es definiert die Eckpunkte der eigenen Geschäftätigkeit und enthält auch Aussagen zu Umwelt und Moral. Es zeigt also nicht nur, welche Ziele Sie erreichen wollen, sondern auch, mit welchen Mitteln. Hier ein Beispiel für ein kurzes Mission-Statement: »Wir möchten das erste Kindermodengeschäft in Hamburg führen, das auch von Kindern geliebt und gerne besucht wird. Bei uns sollen sich die Kleinen wohl fühlen. Deshalb haben wir eine eigene Spielecke eingerichtet. Wir verkaufen nur Mode, die von Kindern ausprobiert und für gut befunden wurde. Unsere Kleidung wird nicht in Billiglohnländern hergestellt und ist unter ökologischen Gesichtspunkten unbedenklich.«

Umwege zum Erfolg

Der betriebswirtschaftliche Idealfall ist eine Linie, die stetig ansteigt. Im ersten Monat 200 Euro Gewinn, dann 500, 1.000, 2.000 Euro. Doch so einfach ist es in Wirklichkeit selten; die Praxis zeigt, dass Geschäftsgründungen nur in Ausnahmen idealtypisch verlaufen.

Viele Gründer dümpeln jahrelang am Existenzminimum, bis endlich ein großer Auftrag kommt, der alles verändert. So hatte die Stilberaterin Anna drei Jahre ums Überleben gekämpft, bis sie eines Tages mit dem Geschäftsführer einer großen Luxushotelkette zusammenkam. Der erste Auftrag: Stilberatung für das komplette Personal einer Filiale. Seitdem hatte Anna genug zu tun. Das Beispiel zeigt, dass Sie sich Ihre Ziele selbst setzen müssen. Hätte Anna zu früh aufgegeben, hätte sie eine Chance verpasst. Umgekehrt hat es aber auch keinen Sinn, jahrelang an einer Geschäftsidee festzuhalten, mit der sich kein Geld verdienen lässt.

Gemischtwarenladen-Prinzip

Alle Marketingstrategen raten: Verzetteln Sie sich nicht! Verfolgen Sie nur eine Sache! Stellen Sie sich gegenüber Ihren Kunden widerspruchsfrei dar! All diesen guten Ratschlägen zum Trotz kann sich aus einem Gemischtwarenladen durchaus ein lukratives Geschäft entwickeln. Viele Gründer haben am Anfang einfach viel zu bieten und können sich noch nicht entscheiden, worauf sie sich konzentrieren sollen. Andere haben Spaß daran, mehrere Sachen parallel zu machen. Wieder andere müssen aus schlichter wirtschaftlicher Notwendigkeit verschiedenartige Aufträge annehmen oder neben ihrem Gewerbe noch anderen Tätigkeiten nachgehen. Oft stellt sich eines der vielen Geschäftsmodelle nach ein paar Monaten oder ein, zwei Jahren als besonders erfolgversprechend heraus. Dann können Sie die Geschäftsfelder abstoßen, die Ihnen persönlich weniger liegen oder die Ihnen weniger Gewinn bringen.

Womit die Marketingstrategen ohne Frage Recht haben: Zu viele Informationen erschlagen potenzielle Kunden, irritieren sie und lenken vom eigentlichen Geschäft ab. Wenn Sie zwei ganz unterschiedliche Geschäftsmodelle verfolgen, ist es oft besser, diese unabhängig voneinander zu vermarkten. Schaffen Sie sich dann für jeden Bereich eine eigene Visitenkarte, eine eigene Internetseite und eigene Werbemittel an.

Gründerporträt: »Hartnäckigkeit gewinnt: Wer etwas will, erreicht es auch«

Julia Sohn hat eine E-Learning-Akademie gegründet.

Firma	Vame.de Akademie GbR
Gesellschaftsform	GbR
Geschäftsmodell	E-Learning-Akademie
Ort	Düsseldorf und überall
Internet	www.vame.de
Gründung	Juli 2003
Kapitaleinsatz bei Gründung	Fünfstellig
Inhaberin	Julia Sohn
Entwicklung	Viele Interessenten
Erreichen der Gewinnschwelle	Längst erreicht

Es grenzt an ein Wunder, dass es die Vame-Akademie überhaupt gibt. Der Kampf gegen die deutsche Bürokratie – Ziel war die Zulassung als Akademie für Fernunterricht – war alles andere als leicht. Doch Julia Sohn hat es geschafft. In Deutschland ein ambitioniertes Unternehmen gründen ist keine leichte Aufgabe, weiß Sohn seitdem. »Es ist ein einzigartiger Kraftakt, wenn es Menschen gibt, die auf jeden Fall verhindern wollen, dass man weiterkommt«, sagt Sohn. Sie aber ließ sich von nichts und niemand aufhalten. Beste Voraussetzungen für einen erfolgreichen Start. Beste Voraussetzungen, die die deutschen Beamten allerdings nicht interessierten. Sie saßen Fristen aus, verschleppten Unterlagen, legten Steine in den Weg. Manchmal muss man einfach den Blickwinkel ändern und andere Wege gehen.

Die Vame-Akademie ist mittlerweile offizieller Weiterbildungsträger der IHK und kooperiert mit dem Euro Business College, Düsseldorf. Absolventen der Vame-Akademie haben somit die Möglichkeit, neben dem Privatabschluss einen weiterführenden kaufmännischen Abschluss oder einen universitären Bachelor-Titel zu erlangen.

Die Akademie ermöglicht es ihren Teilnehmern, berufsbegleitend zu studieren. Neben virtuellen Live-Schulungen sowie gelegentlichen Schulungen im Raum Düsseldorf steht eine E-Learning-Plattform zur Verfügung.

Julia Sohn schuftete, verdiente Geld, tüftelte am Konzept, arbeitete an weiteren E-Learning-Projekten. Sie weiß: Viele andere hätten diesen langen Atem nicht gehabt, hätten aufgegeben und wären auf halbem Weg stehengeblieben.

Eine der Regeln erfolgreicher Unternehmer dürfte sich damit bewahrheiten: Wer etwas wirklich will, erreicht es auch. Weil er oder sie von der Idee überzeugt ist, vielleicht sogar besessen davon und allein dadurch schon Kräfte freisetzt, die andere nicht mitbringen.

Beste Voraussetzungen für einen erfolgreichen Start. Beste Voraussetzungen, die die deutschen Beamten allerdings nicht interessierten.

Interview: Mit Stress umgehen lernen

Alexandra Rotermund-Federer ist Körperpsychotherapeutin und arbeitet viel mit Existenzgründern (www.alexandra-rotermund.de). Sie sagt: Viele bemühen sich viel zu wenig um den Ausgleich zwischen Herz und Gehirn.

Viele Gründer sind furchtbar gestresst, sei es, weil sie zu viele Aufträge haben, oder weil sie nicht ausgelastet sind. Was können diese Menschen tun?
Sie sollten Lust auf ihre Arbeit und ihr Können entwickeln. Wichtig ist es, Vertrauen in das eigene Potenzial zu bekommen.

Neben dem Bedarf an konkretem Handwerkszeug sind es oft die Inneren Klippen, die für den Start einer Existenzgründung und dauerhaften Erfolg von Selbständigkeit eine entscheidende Rolle spielen.
Die Gleichzeitigkeit von Über- und Unterforderung, der Kreislauf aus zu wenig Aufträgen und zu viel Stress in der Gründungsphase ist vielfach nur sehr schwer zu ertragen. Denn das Kennzeichen einer Gründung ist meist die lange Vorlaufzeit. Es dauert oft sehr lange, bevor überhaupt ein Auftrag oder ein Kunde kommt. Diese Zeit aber ist sehr wesentlich und arbeitsintensiv, weil es um Schaffung von Struktur, Netzwerk und konkretem Handwerkszeug für die eigene Selbständigkeit, im Innern und Außen, geht. Ein eigenes Unternehmen zu gründen setzt etwas ganz Wesentliches voraus: Fühlbares Vertrauen in das eigene Potenz und Produkt.

Das ist vergleichbar mit einem Kleinkind, das laufen lernt. Um laufen zu lernen, muss sich das Kind von der sicheren Hand der Eltern lösen, um seine eigenen Schritte zu machen. Ein ähnliches Urvertrauen braucht auch der Gründer in sich und sein Produkt. Das ist viel, viel wichtiger als das erlernbare Wissen um den Business Plan oder die Finanzen, weil es einen durch Durststrecken und Krisen trägt.

Und wie kann man dieses Vertrauen stärken?
Sorgen Sie mit Pausen, Urlaub und vernünftigen Arbeitszeiten für sich selbst. Holen Sie sich Unterstützung durch einen Therapeuten, Coach oder Berater, auch wenn das Geld kostet.

Sie setzen auf Körper-Psycho-Therapie: Was braucht der Körper, damit er mit dem Geist in Einklang stehen kann?
Ich setze auf eine gute Verbindung zwischen Herz und Gehirn. Selbstvertrauen und menschliche Beziehungen führen zu gefühltem Erfolg und Leistungsstärke! Falls dies nicht ausgebildet ist, setzt meist schon der Körper irgendwann die Grenzen, er bildet Symptome wie zum Beispiel Migräne, Herzrasen, Bluthochdruck, Bandscheibenvorfall. Wir leben in einem Zeitalter des Analysierens, des Zerlegens in seine Bausteine, Einzelteile – dieses analytische Denken macht es uns schwer bis unmöglich, uns als Ganzes zu erfahren. In der Körperpsychotherapie nun geht es darum, diese Zusammenhänge wieder zu erfahren und zu begreifen und für sich fühlbar, denkbar und handelbar zu machen.

Was kann ein Gründer durch Körperpsychotherapie erreichen?
Wiederkehrende Denk- und Verhaltensmuster erkennen und verändern. Ein Beispiel: Jemand gründet ein Unternehmen, investiert jede freie und an sich nicht freie Minute, arbeitet sieben Tage die Woche und manchmal auch nachts, Gedanken quälen, der Gründer wälzt Existenzängste hin und her. Dann entwickelt er Druck im Kopf, ein Symptom. Er geht zum Arzt und erfährt, dass er Bluthochdruck hat und bekommt blutdrucksenkende Mittel verschrieben. Er nimmt die Mittel, arbeitet aber im gleichen Stil weiter. Früher oder später wird der Gründer entweder einen Herzinfarkt, einen Schlaganfall oder andere schlimme Krankheiten bekommen. In meiner Arbeit geht es darum, körperliche und psychische Symptome in ihrer Wechselwirkung zu erkennen und entsprechend damit umzugehen zu lernen, und auch im Stress den Zugang zu seinen Grenzen, Wünschen und seinem Vertrauen nicht zu verlieren.

Können da nicht auch viele andere Methoden helfen?
Natürlich, viele Wege führen nach Rom. Aber das besondere meiner Methode ist, dass ich die Verbindung Herz und Gehirn in den Mittelpunkt stelle. Das Ganze nennt sich Herz-Gehirn-Methode. Dabei nutze ich modernste Erfahrungen der Gehirnforschung, der Neurobiologie, der Bindungsforschung und der Körperpsychotherapie in meiner Arbeit. Das kann man schlecht beschreiben. Am besten, Sie probieren es aus!

Anhang

Glossar

AfA: Absetzung für Abnutzung. Wirtschaftsgüter werden über mehrere Jahre gemäß einer Tabelle von der Steuer abgeschrieben. Sie mindern Ihren Gewinn und damit Ihr zu versteuerndes Einkommen.

AG: Aktiengesellschaft, eine Kapitalgesellschaft.

Akquise: Die Erschließung von neuen Kunden.

Basel II: Gesamtheit der Eigenkapitalvorschriften. Damit verbunden ist ein Rating-System (Bewertung), mit denen Banken die Kreditwürdigkeit nach bestimmten vorgegebenen Prüfkriterien einordnen müssen. Basel II soll der willkürlichen Vergabe von Krediten Einhalt gebieten.

Buchhaltung: Das Ablegen und Verwalten von Belegen (Rechnungen, Quittungen, Kontoauszüge etc.) für Einnahmen und Ausgaben.

Deutsche Rentenversicherungsanstalt Bund: Die Herrin über Ihre Rentenbeiträge und zuständig, um Scheinselbständigkeit festzustellen.

Business-Plan: Ein Unternehmenskonzept, das Ihre Geschäftsidee beschreibt und auf den Punkt bringt.

Coaching: Eine Methode, Menschen sanft zu lenken und zu ihrem Ziel zu führen.

Doppelte Buchführung: Wer mehr als 350.000 Euro Umsatz macht, mehr als 30.000 Euro Gewinn einfährt oder/und einen Handelsregistereintrag hat, ist zur doppelten Buchführung verpflichtet (auch kaufmännische Buchführung). Diese erfasst alle Buchungen zweifach und ist komplexer als eine Einnahmen-und-Überschuss-Rechnung.

Economies-of-Scale: Skaleneffekte. Je mehr Sie produzieren, desto billiger wird das Produkt.

Einkommensteuererklärung: Als Unternehmer deklarieren Sie in der Einkommensteuererklärung die Einkünfte aus selbständiger oder gewerblicher Tätigkeit.

Einnahmenüberschussrechnung: Freiberufler und Einzelunternehmer mit niedrigem Umsatz beziehungsweise Gewinn (siehe doppelte Buchführung) müssen beim Finanzamt nur eine Einnahmenüberschussrechnung einreichen (auch Einnahmen- und Ausgabenrechnung). Diese stellt Einnahmen und betriebliche Ausgaben in einer vom Finanzamt vorgegebenen Weise gegenüber.

Einstiegsgeld: Gründungsförderung für Bezieher von Arbeitslosengeld II.

E-Lancer: Ein Freelancer, der im IT-Bereich tätig ist und keine eigene Firma hat, sondern auf Auftragsbasis arbeitet. Nicht zu verwechseln mit dem Freiberufler.

Existenzgründungszuschuss (ExGZ): Amtliche Bezeichnung der Ich-AG.

Franchising: Erfolgreiche Unternehmen vergeben Lizenzen für ihre Idee. Als Lizenznehmer realisieren Sie die eingekaufte Geschäftsidee an einem bisher unerschlossenen Standort. Dabei hilft Ihnen der Lizenzgeber.

Freelancer: Freelancer sind Selbständige, die keine eigene Firma haben, sondern in die Unternehmen hineingehen oder im Auftrag der Unternehmen zu Hause arbeiten. Freelancer sind nicht notwendigerweise Freiberufler, sondern können auch Gewerbetreibende sein.

Freiberufliche Tätigkeiten: Meist akademische Tätigkeiten, die ein Studium voraussetzen. Auch Künstler sind freiberuflich, ebenso fast alle Heilberufe.

Freie Mitarbeit: Als freier Mitarbeiter sind Sie im Auftrag eines oder mehrerer Unternehmen tätig – auf gewerblicher oder freiberuflicher Basis, je nach Geschäftsmodell.

GbR: Gesellschaft bürgerlichen Rechts, eine Personengesellschaft.

Gebrauchsmuster: Dem Gebrauchsmuster liegt in der Regel ein einfacheres Funktionsprinzip zugrunde als dem Patent. Es ist leichter zu erhalten.

Gewerbe: Das Steuerrecht unterscheidet gewerbliche und freiberufliche (selbständige) Tätigkeit. Gewerblich sind beispielsweise alle Einzelhandelsgeschäfte, Handwerker und produzierenden Betriebe.

Gewerbesteuer: Steuer, die Gewerbetreibende abführen müssen. Berechnet sich nach dem Hebesatz einer Gemeinde.

Gewinn: Das, was nach Abzug aller betriebsbedingten Kosten von Ihren Einnahmen übrig bleibt. Das zu versteuernde Einkommen ist geringer als der Gewinn. Es ergibt sich aus dem Gewinn abzüglich privat abzugsfähiger Kosten wie Krankenkasse.

GmbH: Gesellschaft mit beschränkter Haftung, eine Kapitalgesellschaft.

Gründungszuschuss: 2006 eingeführte Förderung für Gründungen aus der Arbeitslosigkeit. 9 Monate gibt es 300 Euro zum Arbeitslosengeld dazu.

Handelsgesetzbuch (HGB): Das HGB regelt das Geschäftsgebaren unter Kaufleuten.

Handelsregister: In dieses beim Amtsgericht geführte Register tragen sich Kaufleute ab einer bestimmten Unternehmensgröße ein. Andere Unternehmen können den Eintrag einsehen und sich somit die Existenz der Firma bestätigen lassen.

Honorar: Vergütung für Dienstleistungen.

Insolvenz: Zahlungsunfähigkeit oder/und Überschuldung bei den Banken.

Interimsmanager: Ein Manager auf Zeit, der für einige Monate ein Unternehmen oder eine Abteilung leitet – etwa in Krisen.

Kapitalgesellschaft: Gesellschaft, die eine juristische Person ist und deshalb nicht privat haften kann, zum Beispiel GmbH, Limited oder AG.

KEF: Kritische Erfolgsfaktoren. Eine Methode, die Risiken Ihres Geschäftsmodells zu analysieren

KG: Kommanditgesellschaft, eine Personengesellschaft.

Kleinunternehmer: Wenn Sie weniger als 17.500 Euro Umsatz im Jahr erwirtschaften, gelten Sie als Kleinunternehmer. Sie müssen dann keine Umsatzsteuer erheben, dürfen es aber.

Künstlersozialkasse (KSK): Künstler (Wort, Bild, Musik) können sich bei der KSK renten- und krankenversichern lassen. Die KSK übernimmt wie ein Arbeitgeber 50 Prozent der Beiträge.

Limited: Eine Kapitalgesellschaft, die im Vergleich zur GmbH schnell zu gründen ist.

Marke: Eine Marke ist das Gesicht eines Produktes, die Merkmale, die es wiedererkennbar machen. Marken lassen sich auch als Markenzeichen schützen.

Marketing-Mix: Dazu gehören die Definition des Produkts, die Festlegung von Vertriebskanälen und Preisen sowie die Kommunikationspolitik, also Werbung und Öffentlichkeitsarbeit.

Markt: Der (virtuelle) Platz, auf dem Ihr Produkt angeboten wird.

Mehrwertsteuer: Alle Produkte und Dienstleistungen haben einen Mehrwert, auf den der Staat eine Steuer erhält. In Deutschland beträgt die Mehrwertsteuer derzeit 7 oder 19 Prozent. Der Begriff wurde inzwischen durch »Umsatzsteuer« ersetzt.

Minijob: Ein Job auf 400-Euro-Basis, auf den der Arbeitnehmer keine Abgaben zahlt. Sie als Arbeitgeber zahlen 30 % pauschale Abgaben.

Mischkalkulation: Eine Preiskalkulation mit dem Ziel, für verschiedene Zielgruppen je nach Zahlungsbereitschaft unterschiedliche Preise festzulegen.

Neufoeg: Ein österreichisches Modell zur Förderung von Gründungen.

Online-Panel: Internet-Umfragen, die in einem bestimmten Zeitraum wiederholt werden.

Outsourcing: Das Auslagern von Geschäftsprozessen oder auch ganzen Abteilungen.

Patchworker: Menschen, die mehrere Tätigkeiten miteinander kombinieren – ein bisschen angestellt arbeiten und ein bisschen selbständig.

Patent: Eine komplexere Erfindung, die einmalig ist und deshalb vor Nachmachern geschützt werden kann.

Personengesellschaft: Eine Gesellschaftsform wie die GbR, bei der die Gesellschafter voll mit ihrem Privatvermögen haften.

Public Relations (PR): Die bewusst gesteuerte Kommunikation mit bestimmten Interessengruppen oder Multiplikatoren, den Medien oder auch Kunden.

Selbständigkeit: Im steuerrechtlichen Sinn ein Freiberufler. In diesem Buch und allgemein als Synonym zu Unternehmer verwendet. Selbständige und Unternehmer können sowohl Freiberufler als auch Gewerbetreibende sein.

SWOT: »Strengths«, »Weaknesses«, »Opportunities« und »Threads«, auf Deutsch: Stärken, Schwächen, Chancen und Bedrohungen. Die SWOT-Analyse bringt die Stärken und Schwächen einer Geschäftsidee auf den Punkt.

Umsatz: Alles, was Sie durch Ihre Geschäftstätigkeit einnehmen.

Umsatzsteuer: Wenn Sie Umsatz erwirtschaften, wird darauf eine Steuer fällig, die Umsatzsteuer.

Umsatzsteuer-Identifikationsnummer (USt-IdNr.): Ersetzt die Steuernummer und ist für den innereuropäischen Rechnungsverkehr unentbehrlich.

Unternehmenssteuerreform: Maßnahmen zur Senkung der steuerlichen Belastung von Unternehmen ab 2008. (Ziel: Senken der Belastung unter 30 %)

Unternehmensübernahme: Die Übernahme eines bereits bestehenden Betriebs.

Unternehmer: Alle, die eigenständig etwas unternehmen, ob Freiberufler oder Gewerbetreibender.

Unternehmergesellschaft (UG): Neue Mini-GmbH, die sich mit 1 Euro gründen lässt.

Virtuelles Team: Freelancer, die vor allem über das Internet arbeiten, schließen sich immer häufiger in virtuellen Teams zusammen.

Vorsteuer: Wenn Sie mehrwertsteuerpflichtig sind, können Sie ausgegebene Mehrwertsteuer von eingenommener Umsatzsteuer abziehen. Das nennt sich Vorsteuerabzug. Die Differenz aus Mehrwertsteuer und Umsatzsteuer führen Sie an das Finanzamt ab.

Zielgruppe: Das sind die Menschen und Firmen, die Sie mit Ihrem Angebot ansprechen möchten – Ihre potenziellen Käufer oder Kunden.

Zu versteuerndes Einkommen: Vom Gewinn können Sie noch weitere Kosten als Sonderausgaben abziehen. Was übrig bleibt, ist Ihr zu versteuerndes Einkommen.

Literaturverzeichnis

Abraham, Jay: *Powermarketing mit kleinem Budget. 6 CDs*, Rusch Verlag AG 2006

Angeli, Susanne: *Der Online Shop – Handbuch für Existenzgründer*. Markt und Technik, 2006

Böhme, Ingo: *Mein eigener eBay-Shop. Gründen Sie ein erfolgreiches Online Business*. Markt und Technik, 2006

Boress, Allan S.: *Jetzt brauche ich Aufträge!*. mvg, 2005

Bonnemeier, Sandra: *Praxisratgeber Existenzgründung, Erfolgreich starten und auf Kurs bleiben*, Beck, 2004

Bösel, Stefan: *Freie Mitarbeit in den Medien*. VS, 2007

Dittmann, Willi: *Steuer 2007 für Selbständige, Freiberufler und Existenzgründer*. Haufe, 2006

Düssel, Mirko: *Praktische Grundlagen für aktives Pricing*. Cornelsen, 2005

Eder, Barbara: *Existenzgründung für Frauen. Entscheidungshilfen für einen erfolgreichen Start*. Humboldt, 2006

Eller, Peter: *111 Steuertipps (Tips) für Kleinbetriebe und Freiberufler*. Bund-Verlag, 2006

Engelhardt, Werner: *Grundzüge der doppelten Buchhaltung. Mit Aufgaben und Lösungen*. Gabler, 2006

Gloszeit, Holger: *Kundenakquise*. Haufe, 2006.

Gemeiner, Alois: *Das Low-Budget-Werbe 1x1*. Moderne Industrie, 2005

Goldstein, Elmar: *Kontieren und buchen. Richtig, sicher und vollständig nach DATEV, IRK, BGA*. Haufe, 2006

Härter, Gitte: *Networking. 6 CDs + mp3-Cd. Kontakte gekonnt küpfen*. RADIOROPA Hörbuch, 2006

Härter, Gitte: *Kundenakquise*. Cornelsen, 2004

Hofert, Svenja: *Erfolgreich als freier Journalist*, UVK, 2. Auflage 2006

Hofert, Svenja: *Existenzgründung im Team*, Eichborn, 2005

Hofert, Svenja: *Existenzgründung für Trainer, Berater, Coachs, Gabal*, 2006

Hofert, Svenja: *Bewerben ohne Bewerbung*, Eichborn, 2005

Kastin, Klaus: *Marktforschung mit einfachen Mitteln*. Beck, 3. Aufl. April 2007

Leppin, Karin/Konar Mutafoglu: Nebenbei selbstständig. Ratgeber für Selbstständige in Teilzeit. Humboldt, 2004

Lutz, Andreas: *Gründungszuschuss und Einstiegsgeld*. Linde, 2006

Lutz, Andreas: *Praxisbuch Networking*. Linde, 2005

Maikranz, Franz: *Das Existenzgründungskompendium*. Springer, 2004

Massow, Martin: *Freiberufler-Atlas. Schnell und erfolgreich selbständig werden*. Ullstein Tb, 2006

Nolte, Jo B.: Existenzgründung. Verbessern Sie Ihre Gründungschancen. Haufe, 2006.

Nussbaum, Cordula/Gerhard Grubbe: *Die 100 häufigsten Fallen bei der Existenzgründung*, 2. Auflage Haufe, 2006

Olbert, Hans: *Trainingsverträge – Beratungsverträge,. Grundlagen der Vertragsgestaltung und Musterverträge*. Verlag Managerseminare, 2005

Reich, Michael: *Innovative Geschäftsmodelle im deutschen Internetmarkt*. Hansebuch, 2006

Schlembach, Claudia: *Business Plan*. Cornelsen, 2005

Schmidt, Wolfgang: *Freie Mitarbeit. Ehrenamt. Minijob von A-Z*. DTV, 2007

Seidl, Conrad: *Die Marke ICH*. Redline Wirtschaftsverlag, 2006

Register